도시계획의 조류

김영훈 역

TOKYO LONDON PARIS NEW YORK

技文堂

서 문

21세기를 바라보는 오늘날, 정치, 경제, 사회 각 분야에서 변혁이 요구되고 있고, 패러다임 · 시프트(Paradime Shift)가 진행되고 있다.

도시, 그리고 도시계획 또한 개혁의 조류 한가운데에서 새로운 발상의 전환이 요구, 진행되고 있다.

현실속의 도시생활을 보면, 가치의식의 변화보다 사람들의 생활양식, 생활행동에 변화가 일고 있다. 또한, 생활의 풍부함이 보다 가까운 곳에서 느껴지고 있고, 성숙에서 안정으로의 주의식 변화도 강하게 인식되고 있다.

이들의 변혁, 변화에 따라 진보라고 하는 플러스 요인도 있지만, 또 한편으로는 환란을 일으키는 마이너스 요인도 발생하고 있다. 거리에는 과거와 새로운 시대가 Patchwork모양처럼 함께 공존하고 있다.

도시는 생명체이고, 오늘날 도시화의 흐름 속에서, 도시는 새로운 기능을 선택하면서 거대화된 대도시권을 형성해왔다.

근대도시계획의 주조는 어디에 있었을까, 그리고 도시로의 인구집중의 궤적은 어떠하였을까, 그것에 대하여 런던, 파리, 뉴욕 그리고 도쿄는 어떻게 행보를 해왔을까.

이들 세계적 도시라고 일컬어지는 도시에서는, 지금 동일한 듯 한 조류가 평행적으로 발생하고, 동일한 문제로 고민하고 있다. 이것은 국경이 없는 글로벌(Global)시대의 현상이라고 말할 수 있겠다.

21세기를 향해서 도시계획은 어떠한 계획전략으로 진행시켜 오고 있을까.

본서의 목적은 이러한 과정에의 도전이다. 필히 성공했다고는 말할 수 없지만 이후 각계각층에서 시사하는 바를 알려줄 수 있는 계기가 된다면 행운이다.

1985년부터 와세다 대학 대학원생을 대상으로 도시계획 강의를 해왔다.

강의의 중심테마는 도쿄를 중심으로 하여 뉴욕, 런던, 파리의 도시계획에 관한 것이었고, 도시의 역사와 함께 지금까지 전개해 왔던 여러 계획을 평가하고, 그 저면에 흐르는 도시계획의 조류를 정확히 확인하고 앞으로의 발전을 시험해 보려는 것이다.

이를 위해 각 도시를 수차례에 걸쳐 방문하였고, 관계기관에서 정보를 얻었다. 본서는 이러한 강의의 집대성을 시도했던 것이다.

「대도시는 어디로 가는가, 그리고 그의 조류는?」란 사상이다.

도시에 대한 생각은 여러 해에 걸쳐 내 자신의 주변에 있었다.

태어난 곳은 도쿄의 중심인 일본 하시모토(橋本)거리이고, 소년기부터 가로의 변화를 느껴왔고, 1984년 대학을 졸업한 후 도쿄의 도시계획, 수도권의 정비 계획 등의 업무에 일관해서 종사해왔다.

지난 동안 다수의 대선배에게서 많은 것을 얻었다.

특히, 은사인 이시가와(石川)박사의 사사를 받으며 도시계획에 대한 '즐거움'을 교육받았다.

이시가와 선생은 일본의 초기 도시계획법이 시행된 시기에 도시계획을 도입하고, 그 생애를 통하여 일본 도시에 대한 애정을 쏟아 부었다. 「도시계획이라는 일을 가르치기 위하여 이 세상에 태어났다」라고 이이누마(飯沼一省)는 말한다.

그 후로는 전쟁 후의 도쿄 근대화를 위하여 전력을 다한 야마다(山田正男)박사의 여러 해에 걸친 교육지도에 의한 것이었다.

또한, 지금까지 관계된 각 방면의 여러 선배 및 후배의 지도 및 지원을 받은 것에 이 기회를 빌어 깊은 감사를 드린다.

본서 발행에 있어서 다수의 내외 참고문헌을 인용 받은 제자제현에 깊은 감사를 드리며, 끝으로 출판까지 수년간에 걸쳐 山海堂 이시가와(石川)사장님, 야마다(山田 正彦)군에게 대단한 신세를 지며 발간할 수 있게 되었다. 깊은 사례를 드린다.

저 자

역자 서문

도시계획의 흐름

우리나라의 도시계획의 흐름은 일본 식민지 시대를 시점으로 하여 진행되었고, 그 후 경제적 활성화에 편승해서 자연적으로 발생하는 도시의 형태로 변모해 오다가 1971년 도시계획법이 제정되었다.

이러한 도시는 생명체이며 유기체이고, 오늘날까지의 도시화의 흐름 속에서, 도시는 새로운 기능을 선택하면서 거대화된 대도시권을 형성해왔다. 우리나라의 경우도 피해 갈 수 없는 상황을 맞고 있음을 부인할 수 없다.

그러한 과정 속에서 지금 우리나라는 도시재생에 대한 탐구와 고찰을 위한 시동을 걸고 있다. 대학 교수 및 연구원들, 공공기관 및 민간단체의 도시재생에 관한 연구 논문 및 세미나가 다양하게 이루어지고 있다. 2006년 건설교통부 R&D 혁신 로드맵에 의하여 미래 가치 창출이란 슬로건 아래 도시재생사업단이 출범하게 된 계기가 되었다.

이에 미흡하나마 도시재생 의미의 시발점으로 거슬러 올라갈 수 있는 내용을 다루어 보고자 하는 취지로 이 책을 출간하기로 결심했다.

이 책은 저자가 유럽 및 선진 도시들의 도시계획 사례 및 개발 방안들을 찾아 검토 정리하여 장·단점을 분석한 후 도쿄의 도시계획의 흐름과 연계하여 고찰하고, 나아가 21세기의 도시계획의 방향성을 제시하고자 한 책이다.

역자는 단지계획이란 분야에 관심을 가지면서 도시를 해석해 나가면서 건축을 접근하고자 하는 열망으로 어느 해 봄 도시대학원의 문을 두드렸고, 많은 도시 서적을 접하다가 우연히 발견한 이 책을 통하여 많은 배움과 도전을 받았다.

이에 도시 건축 입장에서 도시를 해석하고픈 열망으로 이 책을 번역하기로 한 것이다.

현재 역자는 도시 및 건축설계 전문업체인 [하우드]엔지니어링 건축설계사무소의 디자인본부 본부장으로 있으면서 우리나라의 도시개발사업과 도시재생을 도시 및 건축의 통합된 시야에서 바라보면서 많은 문제점과 개선방안의 대안들을 제안하고 있다.

도시계획에 관심 있거나 참여하고 있는 실무자 및 관계 공무원, 도시계획의 학생들에게도 좋은 참고서가 되리라 믿어 의심치 않는다. 또한 건축분야에서 도시를 이해하고자 하는 분들에게도 좋은 지침서가 되리라 믿는다.

도시의 매력을 점점 이해하고 있는 역자에게는 원문의 간결하고 명확한 내용을 의미 그대로 잘 전달한다는 것에 작은 어려움이 있었다. 번역과정을 거치면서 새로 얻은 지식들이 많았으며, 도시를 이해하는데 한층 성숙한 모습을 갖게 하였다. 부족한 점들에 대하여는 독자 분들의 꾸중을 달게 받고 발전의 기회로 삼고자 한다.

끝으로, 많은 독자층이 없는 분야임을 알면서도 쾌히 출판에 협조해주신 강해작 사장님께 심심한 사의를 표하며 항상 옆에서 지켜봐주는 최광복 소장에게도 고마움을 전한다. 아울러 독자 여러분의 행운을 기원하는 바이다.

2007.7

역자

차 례

1 시작하기

대도시의 탄생은 역사적으로 볼 때, 각 시대를 배경으로 도시가 가진 양상이 변화하고 있다는 것을 알 수 있다. 거기에는 도시계획의 조류라고 일컬어지는 것이 흐르고 있다.

에밀리 존의 메트로폴리스(1990년)를 참고해 보면, 농업사회 시대의 제1차 도시혁명으로서는 1세기에 로마가 65만, 알렉산드리아가 40만, 그리고 9~15세기의 바그다드가 90만, 장안(西安)이 75만, 콘스탄티노플(이스탄불)이 30만 명의 인구를 가진, 그 당시 문명의 중심지였다.

1750년까지 100만 명을 가진 도시는 나타나지 않았다. 북경(北京)이 최초였고, 다음으로 한구(漢口), 그리고 도쿄(東京)가 18세기 중엽에 100만 도시가 되었다.

공업사회 시대였던 제2차 도시혁명은 19세기에 시작해서, 1811년에 런던이 100만 도시에 이르렀고, 1853년에는 파리, 1857년에 뉴욕, 1870년에는 빈으로 이어졌다. 산업혁명으로 인해 100만 도시에 들어섰으며 도시계획도 근대도시계획의 이론전개가 활발해졌다.

20세기에 들어서 증기기관의 기술개발로 인하여 런던, 파리, 베를린, 빈, 모스크바, 상페테르부르크, 뉴욕, 시카고, 필라델피아, 도쿄, 캘커타 등 11개의 도시가 100만 도시에 진입했다. 20년 후에는 그 수가 20개 도시, 1940년에는 51개 도시, 1961년에는 80개 도시가 되었고, 도시규모는 확대되고 증가되었다. 1980년대 중반에는 226개 도시가 되었다.

석유를 중심으로 하는 에너지자원으로 인하여 산업의 공업화, 교통수단으로 철도와 자동차가 도입되어 도시는 놀라운 성장을 이루어 왔다.

지구 전체적으로 볼 때, 이들 100만 도시는 서로 군집을 이루지 않으며 유럽에서는 29도시, 미국에서는 37도시, 중국은 45도시, 라틴아메리카에서는 21, 아프리카 21, 그리고 일본이 10개 도시이다. 100만 도시 가운데 500만 명 이상의 인구를 가진 도시가 27개, 그리고 그 가운데 6개 도시가 1,000만 명 이상이 되었다.

6대 도시로는 뉴욕, 로스앤젤레스, 멕시코시티, 도쿄, 상하이, 상파울루 등이고, 부에노스아이레스와 북경이 그 뒤를 잇고 있다.

유럽은 이 단계에서 탈락하여 예전부터의 전통을 가진 서구 선진국의 도시군이 된 반면에 발전도상국의 진출이 현저해졌다.

제3차의 도시혁명에 들어서는 대도시는 그 인구수를 가지고 정의할 수 없게 되었고, 도시의 질(質), 즉 정치, 경제, 사회, 문화에 의해 지역사회의 기능과 구조를 고려하게 되었다.

20세기 후반부터 공업의 고도화, 다국적화와 함께 새롭게 서비스 산업의 진출이 각국의 국내와 국제간을 연결하고, 통신을 중심으로 즉 제4차 산업이 우주공간을 이용하는 지구규모로서 태동되어 왔다.

이들 경제, 사회, 기술의 변혁은 석유위기 이후 세계 대도시를 직격하여, 도시활동의 변화에 대응하는 도시구조의 재구축이 각 도시의 중심부에 놓여 재개조, 재개발의 모습으로 나타났다.

그리고 세계도시라고 불리는 도시간의 광범위한 교류가 일상화되고, 교통수단으로서 항공기의 발달과 통신망의 고도화가 종래의 국경을 없애고 교류를 촉진시키고 있다.

뉴욕, 런던, 파리, 도쿄가 세계도시로서의 역할을 맡게 되었다. 세계도시와 지구규모와는 정치, 경제, 사회의 여러 문제에 대하여 협의하고 조정하면서 시민이 교류하는 기능을 가지게 된 것이다.

장래의 대도시는 어떠한 비전을 갖는 도시이어야 하는가?

지금까지의 대도시의 발전경과를 보면, 계획면에서는 2가지의 조류과정을 걸어왔다. 그것은 집중과 분산이다. 집중은 중심부에 집적되고, 분산은 외곽에 집적한다.

오늘날 대도시의 생활패턴은 교외에서 중심부로, 그리고 중심부에서 교외로의 일상적 이동의 리듬에 맞추고 있다. 그 때문에 어떤 대도시에 있어서도 중심부는 교통혼잡, 교통공해의 감소가 중심테마가 되고 있다.

대도시권 구조의 재편에 대한 발상의 전환이 행해져야 할 때가 오고 있다고 말할 수 있다.

나는 최근의 몇 년 동안 대학원에서 도쿄를 중심으로 뉴욕, 런던, 파리를 테마로 해서 강의를 진행해 왔다. 본서에서는 각 도시의 도시계획의 역사를 되돌아보고, 거기에서 오늘날 전개되고 있는 계획을 평가하고 발상의 전환에 의한 내일의 일보를 내딛을 것을 시험해 보았다.

「대도시는 어디로 가는가? 그리고 그의 조류는 무엇인가?」라는 생각을 정리해 보았다.

(2 장 근대도시계획의 주조(主潮))

근대도시계획의 논리로서 위에서 언급한 산업혁명이라는 시대적 배경 가운데 도시의 이상팽창과 도시 내의 불편하고 비위생적인 환경의 개선과 해결책으로서 사회문제의 논리가 팽배하게 논해지고 있다.

이런 가운데, 도시계획의 이론으로 하워드의 전원도시 이론이 발표되었고, 파리에서는 주택지역의 도시단위라고 하는 근린주구 이론이 제안되었다. 근린주구의 사고방식은 커뮤니티의 사고방식으로 발전하였다. 또한, 생활권의 구성에서 도시-지방-국토로 광역화가 계획의 대상이 되어 왔다. 또한, 도시 형태론으로 볼 때, 르 꼬르뷔제의 이상 대도시론의 제안이 이루어졌다. 도시의 실루엣도 도시구조에 의해 다양해졌다.

국토계획의 입장에서 새로운 도시형태로의 수도 건설이 캔버라, 브라질리아에서 행해졌다.

근대도시계획의 주조는 도시의 성장과정 속에서 장기적 시야를 내다보았던 이론과 실제의 요람기였다고 말할 수 있다.

(3 장 인구집중과 도시계획의 배경)

도시로의 인구집중 경향은 정치, 경제, 사회 그리고 기술의 변화가 상호 연관되어 발생해오고 있다. 특히, 산업구조의 변혁과 기술 혁신은 커다란 요인이다.

(1) 산업구조의 변혁

초기의 단계에서는 제1차 산업에서 제2차 산업으로의 이동으로 시작하여 기술혁신과 함께 거대한 제2차 산업이 확대되어 왔다.

그리고 오늘날에는 제2차 산업에서 제3차 산업으로의 이동에 의한 변혁기이고, 탈공업화 사회로 불리고 있다.

(2) 기술혁신

교통기관의 기술혁신은 보행시대에서 해상운송의 시대로, 산업혁명에 의한 철도의 발달, 그리고 고속도로망의 형성과 함께 자동차 시대를 맞이하였고, 오늘날에는 고차원 정보화로 불리는 기술혁신과 함께 초고속철도, 제트 항공기의 시대를 맞이하고 있다.

인구집중 경향은 상기의 요인에 의해 도시규모의 확대화를 보여주고 있다. 인구이동의 패턴으로 보면 농촌에서 주변도시로, 그리고 주변도시에서 대도시로의 단계적 이동패턴에서 농촌에서 대도시로 직접이동의 패턴으로 변화하고 소도시권, 중도시권, 대도시권을 형성하여 왔다.

오늘날, 도시로의 인구집중은 일본 총인구의 80%에 달하고 있다.

3장에서는 일본의 농업국시대부터 메이지(明治) 이후의 문명개화를 시작으로, 최근 100년간의 여러 변혁에 의해 도시의 양상변화, 거기에 수반된 도시계획, 지방계획, 국토계획의 각 레벨에서의 법제도, 정책, 계획전략의 변화 흐름을 살펴본다.

또한, 세계의 도시화 경향으로서 미국의 도시로의 인구집중을 교통수단 변혁이란 관점에서 분석하고, 선진국의 도시문제 조류를 살펴보고, 세계의 선진공업국의 도시화와 함께 발전도상국의 도시화를 소개하고 있다.

거대도시는 선진국의 입장만은 아니며 발전도상국에 있어서도 금후 커다란 사회문제가 되고 있다.

(4 장 대도시권 계획의 주조(主潮))

도쿄를 시작으로 런던, 파리, 뉴욕 등 오늘날 세계를 리드하는 대도시에 대하여 도시의 성장과정에서 도시계획에 의한 수단을 어떻게 이용하는가를 문제로 삼아보고자 한다. 산업혁명을 지나서 각 도시들은 대도시 문제, 즉 런던에서는 전원도시라는 뉴타운에 의한 모(母) 도시가 가진 흡인력을 런던의 주변에 분산시키려 하였고, 파리는 파리 시내의 인구 재분배화를 역점에 두었고, 뉴욕에서는 맨해튼 주변으로 분산화를 구상하려 했으며, 도쿄에서는 선진국의 예를 참고로 하여 동일하게 분산화 방침을 진행하려고 하는 등 각 도시들은 노력을 해왔다. 그러나 대도시의 거대화는 억제시키는 것이 불가능하여 각 도시는 광역권계획이라는 대도시권 계획을 시작하여 왔다. 그 후에 산업구조의 변혁, 기술혁신을 동반하는 등 오늘날까지 각 도시는 수차례에 걸쳐 계획방침을 개정해 오고 있다. 특히 최근에는 변혁의 속도를 가속화 시키고, 계획 개정의 속도도 가속화되고 있다.

산업구조의 변혁에 수반한 계획방침은 종래의 분산화의 동향에서 중심부, 도심부의 재집중화란 새로운 방향전환을 보여주고 있다.

이러한 배경으로는 도시 생활양식의 변화, 그리고 그 저면에는 생활행동에 대한 가치관의 변화가 있다. 또한, 여성의 사회진출, 고령화, 도쿄 이외의 도시에서는 타민족의 유입에 의해 사회구조의 변화가 일어났다.

도시계획의 법 제도에 있어서도 각국이 가진 도시구조의 변혁에 대한 개발·재개발에 대한 전략에 대응한 여러 제도를 결정해왔다.

도쿄 대도시권의 21세기의 동향으로는(4.4.5), 인구규모가 3,300만 명 이상이 되어 다른 세계적 도시권과 비교할 때 1,000만 명 이상을 초과하는 거대한 인구집적을 하고 있다고 말할 수 있는 특징을 가지고 있다. 따라서 계획상의 대책과 시책도 다른 대도시권보다도 좀 더 과감한 계획전략이 요청되고 있다.

필자는 다핵 다권형(多核 多圈型) 연합 도시권 구조를 실현화시키기 위하여 다음과 같이 도쿄 대도시권의 계획적 접근으로서 권역별 계획전략을 수립하고 명확화 해야 한다고 제언하고 그의 검증을 시험해 보았다.

(1) 대도시권의 외주에는 교외형의 주택지가 대부분이고, 여기에 업무 핵 도시를 육성 강화하는 계획이 있지만 검증결과 계획목표의 달성은 불안하다. 거기서 업무 핵 도시군의 취업인구 증강과 그 배후권의 통근구조의 강화가 필요하고 그를 위해서 계획전략을 조망해 볼 수 있다. 따라서 「외부에 업무지구를」 이란 슬로건을 내걸고 계획목표를 명확히 했다.

(2) 대도시권의 내부에는 특히 이너시티(Inner-City)란 구조개혁을 위해 각종 재개발을 진행해 왔지만 한편으로는 기존 커뮤니티의 붕괴를 불러왔고, 그 대책을 위한 커뮤니티의 구성대책이 문제가 되었다.

이너시티의 재구축에 대해서는 기존의 직장을 중시하면서 도시형 주택의 증강을 도모하는 계획전략이 중요하다. 여기에서 「내부에 주택」이란 슬로건을 내걸고 계획목표를 명확히 했다.(5장)

기본적으로는 대도시권의 직장과 주거의 근접화를 도모하는 도시구조의 확립을 목표로 할 수 있도록 강조하고 있다.

(5 장 도시교통)

도시가 확대 성장하는 과정과 안정 성장을 하는 과정 사이에 교통문제의 해결을 완수하기 위한 역할은 더없이 중요하다는 것이다.

5장에서는 도시교통에 대해서 우선 최근의 도쿄구부(東京區部)의 토지이용계획의 개정변천(4장)에 입각하여 계획도로망의 계획개정, 도시고속철도(지하철)망의 계획개정의 변천 속에서 사고방식의 변화에 대하여 논하고 있다. 특히, 토지이용 및 용적률 구성과 도시계획도로 용량과의 균형 있는 방법이 중요하다는 것을 강조하고 있다.

다음으로, 도시교통에 있어서는 매크로(Macro)의 일상생활과 마이크로(Micro)의 일상생활 행동권에 대응한 계획전략의 중요성에 대해서 논하고 있다. 이를 위해 매크로의 일상생활 행동권의 변화를 사람의 행동을 중심으로 패션트립(Fashion Trip) 조사결과와 함께 물자유도조사결과에서 명확히 하고 있다. 즉, 대도시권의 권역별 교통수단으로서 자동차 이용과 철도 이용의 실태와 추이, 지역간의 유동패턴의 변천이다.

화물의 이동이 있는 도쿄권의 화물유통 비전에 대해서는 차후에 제시하는 방법으로 조사결과에 제시하고 있다.

다음으로, 마이크로의 일상생활 행동권으로서 도쿄부의 교통 인프라구조(Infra Structure)의 상황과 이것들을 어떠한 사용방법으로, 어떻게 사용되어지는지에 대한 변화를 명확히 알 수 있다.

여기서, 이너시티 이용교통기관의 수단에 있어서 철도, 특히 지하철의 역할이 증대되고, 도로혼잡의 해소라는 면에서 도로교통량의 억제에 대한 그 외 대응책을 생각해야 하는 시기가 온 것이다.

또한, 이너시티 커뮤니티의 재활성화, 재구축에 있어서는 지하철 12호 순환부(環狀部)의 건설이 가로 가꾸기의 커다란 기폭제로서 중요한 역할을 가진다.

(6 장 도시재개발 · 도시개발)

6장에서는 마이크로한 활동을 중심으로 한 일상생활 행동의 변화에 대해서 자동차 이용의 권역특성(특히 「차를 가지지 않는」 지역과 「2대 이상의 복수 보유」 지역의 존재)을 명확히 하고, 또한 사회적 조류의 변화에 수반하는 동향을 파악해 지역적 계획으로서 도시재개발 · 도시개발의 위치를 정립하고, 그 역할에 대하여 논하고 있다.

재개발 · 신개발에 있어서 마이크로한 지구 교통체계의 도로계획에서 달성해야 할 기능으로서 보행자계 도로체계의 강화와 여러 방책에 대하여 논하고 있다.

뉴욕 · 맨해튼에서 재개발과 Street · Life(거리생활)에 있어서의 방법, 주차장 규제에 의한 자동차의 발생교통량의 억제에 대하여, 또한 센트럴 런던의 중심부에 있어서의 자동차교통의 침정화(沈靜化) 대책과 보행자 공간의 확대에 대한 여러 시책을 소개한다.

다음으로, 도쿄의 사무소 연면적(延面積)의 증대 동향과 도시재개발의 위치 만들기의 실행, 뉴욕에서의 유도용적제(Incentive Zoning)에 의한 유도 보너스로 만들어진 여러 시설의 평가와 동 제도의 개정방향, 또한 런던의 재개발 동향과 커뮤니티의 부활에 대하여 소개한다.

이들 조류 가운데 도쿄 이너시티의 21세기를 향한 도시상과 정비목표를 채택하고 있다.

(7 장 도시계획의 신조류)

오늘날 도시계획의 커다란 조류는 정치, 경제, 사회, 문화의 변혁이라고 하는 흐름과 고차정보를 포함한 기술혁신이라는 흐름 속에서 도시계획도 발상의 전환에 의하는 변혁을 요구받고 있다. 특히, 도시를 계획하려는 의의 및 철학에서부터 다시 볼 필요가 있다.

도시계획의 학문분야에 대해서도 종래 이상의 광범위한 관계분야의 확대를 보여주고, 인문과학과 자연과학의 중간영역을 포함하는 새로운 계획학의 개발연구가 중요하게 되어 왔다.

또한 도시계획체계에 있어서는 종래의 물적 계획에 사회계획을 포함하는 종합적 계획체계의 수립이 중요하다. 계획내용에 있어서는 계획수립의 프로세스, 계획관리, 사업화 관리의 프로세스, 사업후의 시설관리의 프로세스에 대하여 지역주민의 의향 파악, 공적 측면과 사적 측면의 역할분담이 중요하다.

21세기를 향한 도시계획의 조류에 있어서는 앞 장까지의 각 조류와 함께 다음과 같은 새로운 조류가 있다.

세계경제를 시야에 넣는 경제개발계획, 성장관리계획, 환경관리계획, 사회계획에서의 움직임일 것이다.

일본에서는 이들 분야에 대해서 아직 충분하지는 않지만 이후라도 새로운 계획체계의 연구개발을 진행시킬 필요가 있다.

2 근대도시계획의 주조

2.1 근대도시의 요람

새로운 이상도시를 만들려고 하는 꿈은 누구나 품는 것이다.

이 꿈을 찾아 예전부터 여러 부류의 사람들이 그 구상을 꿈꿔왔다. 유토피아의 사조는 그러한 꿈의 표현이라고 말할 수 있다.

토마스 모어를 필두로 이 방면으로는 칸파넬라, 바세리에서부터 19세기의 사상가인 윌리엄 모리스, 오웬, 모하드, 버킹엄, 리차드슨 등의 이름을 떠올릴 수 있겠다.

이 꿈이 현실화되어 나타난 것이 19세기말의 에베네저 하워드가 그렸던 전원도시론이다. 여기서, 우리들은 근대도시계획의 요람기를 되돌아볼 필요가 있다.

중세를 지나 르네상스 시대를 거쳐 19세기의 산업혁명에 들어서 근대도시 문제는 무르익는다. 즉, 공업의 발전은 종전의 도시생활을 혼란시켰고, 교통의 발전은 종전의 도시형태를 무질서하게 확대시켰으며, 도시로의 인구집중에 의한 대도시화는 그곳의 여러 가지 폐해를 일으킨 것이다.

근대에 있어서 도시계획의 주제는, 인구의 도시집중에 기인한 많은 문제에 대한 해결책을 찾는 것이었다. 여기서, 우리는 근대도시계획에 들어가기 전에 역사적 산물인 고대에서 르네상스까지의 도시계획기법을 되돌아 볼 필요가 있다.

「로마는 하루만에 알 수 없다」란 말이 있듯이 과거에서 현재, 그리고 현재에서 미래로의 과정에 걸쳐 인지(人智)의 순수함을 크게 활용해야 할 것이고 우리는 그 역할을 완수할 의무가 있다.

이 역사적 산물이라고도 말할 수 있는 계획기법 가운데 오늘날에도 더욱 연구되고, 그 효용을 근대화시켜야 할 것은 다음의 두 가지가 있다.

(1) 고대도시에 있어서의 시민광장의 기법

시민광장은 그리스와 로마의 고대도시에 그 존재가 분명하게 나타나 있다. 그리스에서는 아고라(Agora), 로마에서는 포럼(Forum)이라고 불려지고 있는 것이다.

고대도시의 교통형태는 인간의 발에 의한 것이라고 할 수 있으며, 인간의 걷는 속도와 시간이 사회권을 결정하고 그 중심에 시민광장이 있었다.

당시의 광장은 인간의 소리가 미치는 범위의 넓이를 갖고 주변에는 시민들의 심벌이 있는 사원, 극장, 관공서를 배치하고, 그 건물 파사드(facade)는 주랑과 회랑으로 둘러싸여 광장의 가운데에는 시장을 열어 그곳에 시민생활의 전부가 직결하고 있는 것이다.

이러한 광장은 그 후 유럽의 각 도시로 파급되어 오늘날의 근대도시에도 새로운 의의를 찾아볼 수 있다.

그것은 오늘날, 자동차 사회 시대에 있어서는 보행자 공간의 확보라는 의미로, 도시의 중심부 개조계획에 있어서는 그러한 기능을 구체화해야 할 것이 각지에서 나타나고 있다.

(2) 르네상스 시대에 있어서의 도시조형의 기법

르네상스 도시계획의 특징은 도시미이다. 즉, 불바르(Boulevard), 비스타(Vista, 修景美), 광장 등의 조원적 조형이며, 가로망은 몇 개의 방사 순환형의 조합을 이루고 있고, 또는 바둑판형과 사선형을 이루는 것이 특징이다. 이들이 도시계획은 기하학적 미의 추구가 주체가 되어 오늘날의 자동차 사회 시대에서는 가로망 구성과 교통의 질, 기능구성과의 관계에 있어서 적합하지 않게 되어 왔던 것이다.

그러나 불바르, 비스타(Vista), 광장 등의 조원적 기법은 도시설계-Urban Design으로서 오늘날에도 기능에 맞는 배치를 시도하고 있다.

한편, 일본의 마을 가꾸기는 어떻게 되어 있었을까?

고대 도시계획은 헤이조쿄(平城京), 헤이안쿄(平安京)에서 볼 수 있으며 바둑판무늬형(碁盤目型)의 도시계획이다. 그 후 근세에 들어 가로 만들기의 대표적인 것은 성하정적(城下町的)수법이다. 가로망은 바둑판무늬형인 것은 장방형 형이고, 가로를 전략적으로 굴절시키고 다르게 하여 막다른 길을 도처에 만들고 있다. 오늘날, 도시계획가로사업의 수행에 있어서 많은 경우에는 좋지 않은 모습으로 각지에 남아 있다.

그러나 성하정의 특징으로 토지이용에 대한 계획수법으로서 주거, 상업, 공업의 각 집단지역을 정하여 사원을 접합시키거나 화제지(火除地)를 만들어 건축물에 방화적 제한을 추가하는 등 계획총체적 수법을 사용하고 있다.

당시의 가로 폭원은 보행자가 주로 이용하도록 2간~4간(3.6m~7.2m) 정도이고, 가로근의 간선도로는 6간(10.8m) 정도였다.

2.2 전원도시의 탄생

산업혁명 이후 도시의 이상 팽창발전은 무질서하게 발달했기 때문에 불편, 비위생적 도시를 출현시켰고, 그 개선이 도시문제의 과제였다.

그 과제를 해결하는 방책으로서 나타난 것이 19세기말(1898년)에 에베네저 하워드(Ebenezer Howard(1850~1928))가 묘사한 전원도시론(Garden City)과 그 후 20세기 초인 1903년에 제1의 전원도시인 레치워스(Letch worth)의 탄생에 의해 명확해졌다.

그 전원도시는 그 후 영국에서 볼 수 있는 신도시-New Town을 도입하고, 새로운 거리 만들기의 형성으로 발전시켰다. 그 사상은 구 소련을 포함한 유럽의 새로운 운동으로서 오늘날에도 계승되고 있다.

하워드는 그의 사상을 "Tomorrow"란 제목의 책에 정리해놓고 있다.

하워드의 사상은 당시 사회적 사상이었던 인구의 도시로의 과집중을 우려해야 할 폐해를 가지고 있다고 말하는 것에서부터 출발하고 있다.

그는 말하기를-「사람들을 도시로 끌어들이기 위하여 과거에도 움직이고, 현재에도 움직이고 있는 이유가 무엇인지 이 원인을 총칭하여 일시적 매력(Attraction)이라고 명명해보자. "도시가 가진 문제를 극복해낼 매력을 창조하는 것이 가능해진다면 사람들의 도시집중을 유효하게 저지할 수 있다." 도시는 예를 들면, 자석과 같고 사람은 철침(鐵針)과 같은 것이다. 현재의 도시가 가진 것보다도 그 이상의 자석을 가지고 대항하지 못한다면 아무리 하여도 사람들의 도시집중을 방지하는 것은 불가능하다.」

이러한 주장으로부터, 1920년대에는 "Garden City of Tomorrow"라는 책이 발행되었다. 하워드는 도회지의 장단점, 시골의 장단점을 적출(摘出)하고, 이들의 장점만을 결합한 새로운 결합체인 "Town-Country"를 만들었다. 그것이 그림 2.1이다. 사람들을 끌어들이는 3가지의 마그넷으로 구성되어 있다. 그 다음은 그 신 결합체의 내부구조를 창조하는 것으로, 이것이 그림 2.2, 그림 2.3이다.

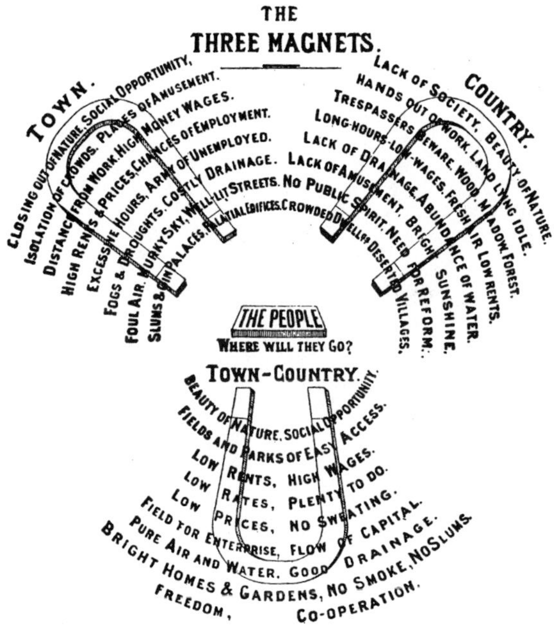

그림 2.1 하워드가 생각한 도시와 농촌과 전원도시와의 자력

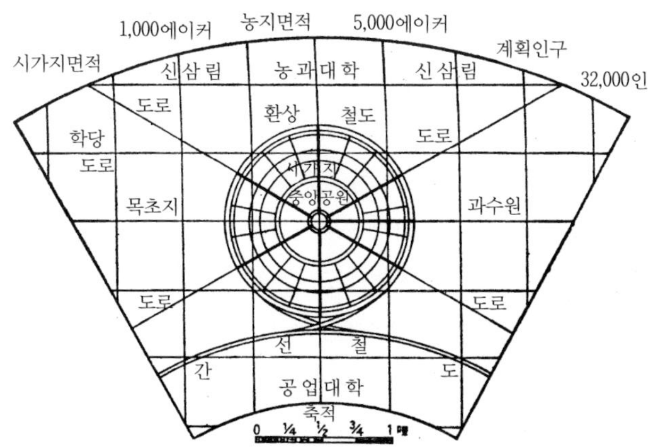

그림 2.2 하워드의 전원도시(Garden City)의 모형도

전원도시와 농업지대와의 일체화된 계획이다. 시가지의 주택은 녹지가 많은 정원을 가진 것이고, 도심에는 중앙공원이 배치되어있다. 가로는 넓고 방사형이며, 또한 환상형으로 충분히 배치되어 있다.

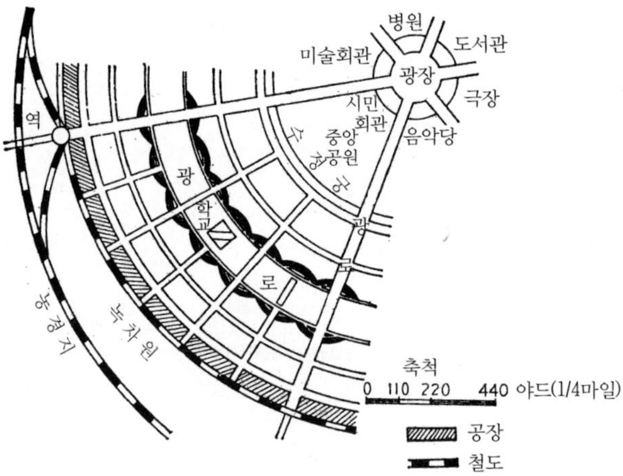

그림 2.3 하워드의 전원도시의 일부 확대도

우리는 여기서 당시 영국의 도시 상황이 아닌 사회환경을 조사해서 오늘의 도시상황과 비교할 필요성이 있다.

하워드의 사상적 배경은 ①당시 영국의 식민지 대책에 대한 불만으로 식민지는 빈민이나 범죄인 등을 추방하는 하나의 수단으로 이용되어 이것이 대도시 외곽으로 대다수의 하급노동자들을 몰아내는 방법과 동일한 것이었으며, 노동자들은 도시 내에 밀주(密住)하고 극히 비위생적인 거주환경을 야기시켜 산업을 외곽으로 내몰고, 노동자들을 외곽으로 이주시키려 했다. ②그러나 한번 외곽으로 대공업을 이주하여 그곳에 산업도시가 출현되면 저렴한 지가는 바로 폭등하고, 토지투기의 열기를 양성하며, 오히려 노동자들의 생활을 위협하는 결과가 초래되는 상황에 대해 모든 토지를 공유하지 않고 부당한 지가의 폭등을 방지해야 할 것이다. 이러한 사상은 당시 하워드 스펜서와 토마스 스펜스가 주장하였다.

이렇듯이, 당시에는 도시 내의 사회계급의 문제가 강하고, 도시와 농촌간의 격차가 매우 심하였던 것이다.

1920년 영국의 전원도시 및 도시계획협회는 전원도시의 정의를 다음과 같이 말하고 있다.

「전원도시는 건강한 생활과 산업을 위해 설계되는 도시이다. 그의 위대함은 사회생활의 편리를 완전하게 하는 것 그 이상은 아니며, 주변은 산업지대를 갖고 위요되어 토지 전체를 공유하거나, 공공단체를 위하여 신탁되어지는 것이다.」

하워드의 도시계획 구상은 앞의 그림 2.2, 2.3과 같이 그 도시의 크기는 약 6,000에이커(약 2,400ha), 중앙부 1,000에이커(약 400ha)에 주거지, 상업지, 공업지를 배치하고, 주위의 5,000에이커(약 2,000ha)를 농업지로 개발하고, 중앙부에 인구 최고 30,000명, 농업지 인구 2,000명으로 상정하여 컴퍼스와 규정을 이용해서 이상적이고 기하학적인 설계를 하고 있다.

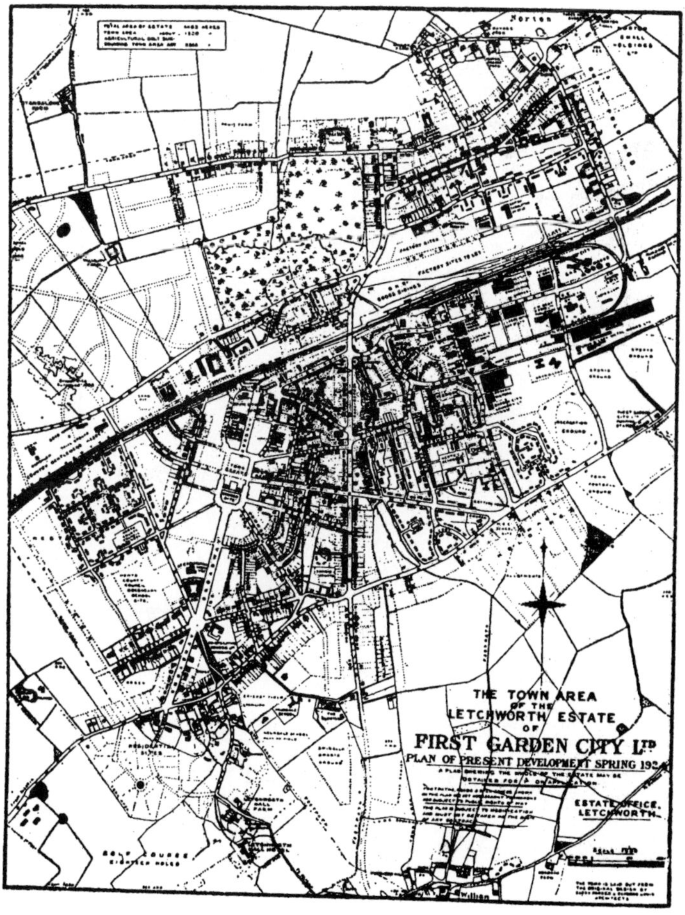

그림 2.4 초기의 레치워스(Letch worth)의 계획도

하워드의 구상은 새로운 도시계획가 토마스 아담스(Thomas Adams, 1871 ~1940), 레이몬드 언윈(Raymond Unwin(1863~1940))에 의해 실제 설계가 진행되었다.

1930년, 제1전원도시주식회사가 런던의 동북부 약 50㎞의 레치워스 지대를 선택하여 극비리에 토지를 매수했다. 그 설계는 계획인구 3만 명으로 하여 정교하게 지형을 이용한 곡선적인 것으로서, 아담스의 설계에 의한 전문가적 수법이었다.(그림 2.4)

그림 2.5 웰윈의 도시계획도

1920년에는 레치워스의 성공을 보고 런던의 동북부 약 3㎞의 웰윈(Welwyn 계획인구 5만 명)에 제2 전원도시주식회사가 하워드의 제창으로 설립되었고 언윈에 의해 설계되었다.

그 무렵 주택지의 설계도 점차로 정교하게 되었고 19세기 후반 이후 특히, 독일에서 발달 유행했던 설계가 도입되었다(그림 2.5, 2.6). 후에, 애버크럼비(Sir Patrick Abercrombie)는 웰윈의 설계가 뛰어나다고 평가하고 있다.

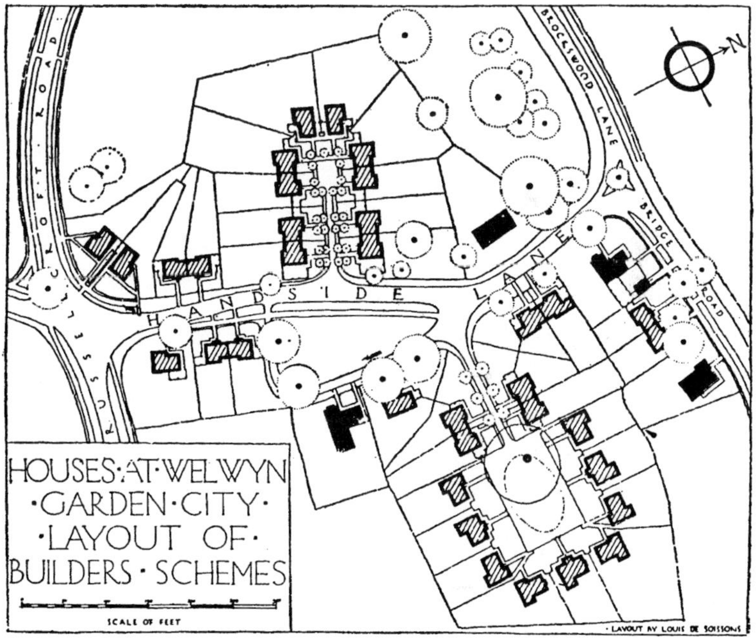

그림 2.6 웰윈의 주거지 설계의 일례

2.3 근린주구의 형성

1929년 미국의 클래런스 페리(Clarence Perry, 1872~1944)에 의해서 근린주구단위의 아이디어가 발표되었다. 그는 주택지의 이론으로서 「뉴욕시와 그 주변의 지방계획」에서 그 구상을 말하고 있다.

근린주구(Neighbourhood)라는 것은 주거지역의 계획단위로서, 초등학교를 중심으로 형성되며 주거에 알맞은 인구규모를 수용하는 지구이다. 그 면적은 인구밀도에 따라 변화한다.

페리는 기본적 이념으로서 근린주구를 다음과 같이 정의하고 있다.

① 근린주구의 범위 내에 알맞은 초등학교와 그 외 공공시설은 하나의 중심점에 적당하게 집약되어야 한다.

② 근린주구에는 작은 공원과 레크리에이션 계통이 주구의 필요성을 충족시키도록 계획되어야 한다.

③ 근린주구에는 하나 혹은 몇 개의 쇼핑지구가 교통동선에 병행해서 계획되어야 한다.

④ 근린주구의 주위는 간선도로에 의해 둘러싸일 필요가 있고, 주구 내에 통과교통이 없도록 설계해야 한다.

이러한 사고방식은 주택지에 있어서는 근린생활의 안정성 확보를 도모하여 초등학교의 아동이 통학할 경우 그 도로변에 간선도로나 철도의 횡단 없이 주부의 일상생활용품의 쇼핑에도 안전하고 편리한 범위-일상생활권-의 확보가 고려된 것이다.

근린주구의 기본적 설계는 그림 2.7과 같다.

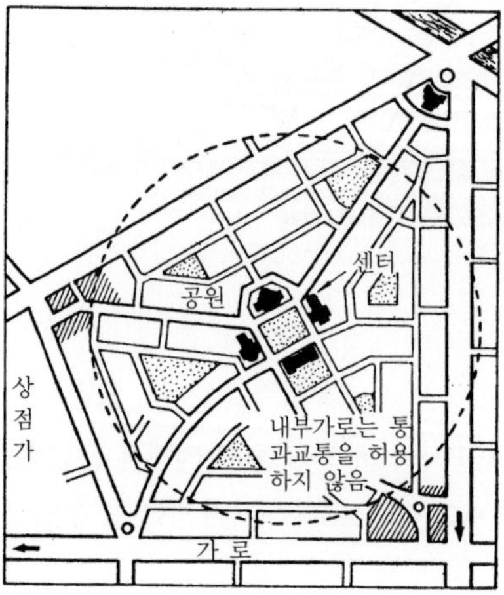

그림 2.7 근린주구의 배치

하나의 초등학교를 요구하는 인구에 의해 형성되는 계획의 최소단위이다. 면적의 10%를 레크리에이션 공원시설을 둔다.

이 사상은 그 후 미국에서 헨리-라이트(Henry wright, 1878~1936), 루이스 멈포드(Lewis Munford, 1895~) 등에 의해 이러한 수법이 채용되었다.

일본에도 주택지의 계획단위로서 근린주구의 수법이 많이 채용되고 있다.

근린주구의 인구 규모로 당초 페리의 구상은 초등학교 1,000~1,200명으로, 5,000~6,000명의 인구를 상정했지만 일본에서는 8,000~10,000명의 인구규모를 수용하는 것이 표준으로 되어 있다.

4개소의 소매점가, 목욕탕, 우체국, 진료소 등이 배치된다. 소매점가의 내용으로는 마켓, 일상생활용품점, 약국, 음식점, 이발소, 세탁소, 진료소 등이다.

근린주구의 모델 플랜은 그림 2.8과 같다.

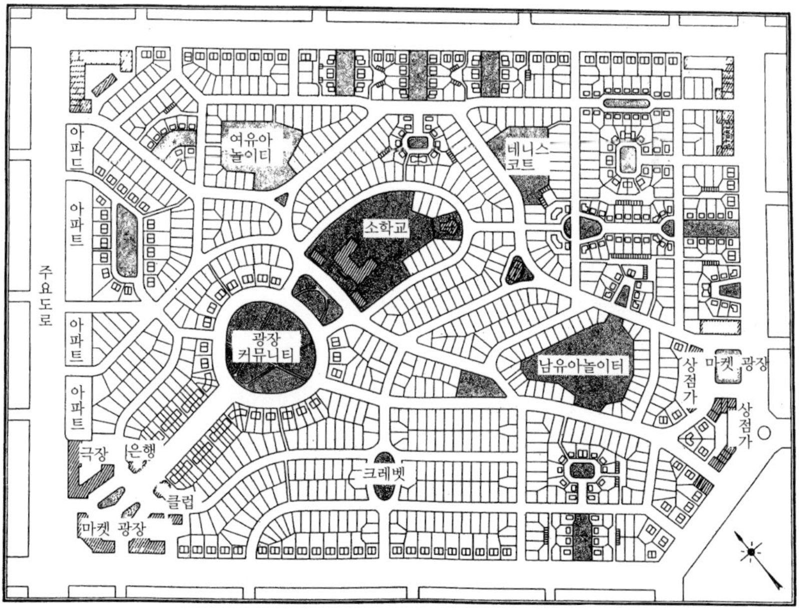

출전 : John Levy "Contemporary Urban planning" 1988. p.143

그림 2.8 1920년대의 근린주구의 모델 플랜

근린주구의 구상은 영국의 전원도시의 추세와 맞물려서 미국에서 1920년대의 루스벨트 대통령의 뉴딜정책으로 대도시 주변에 신도시 건설의 기운을 일으켰다.

1923년 헨리 라이트, 클래런스 스테인(Clarence Stein, 1882~1975)에 의해 뉴욕

의 교외에 전원도시의 모델설계가 행해져 그 시기의 계획수법이 그 후의 신도시 건설의 기조가 되었다.

1924년에는 서니 사이드 가든(Sunnyside Garden, 맨해튼), 1928년에는 래드번(Radburn 뉴저지)을 건설하고, 미국의 전원도시의 움틈이 되었다. 래드번은 1920년대에는 처음으로 「자동차 시대」로의 대응책으로서 인간과 자동차의 분리를 설계에 반영한 주택지 계획으로 제2차대전 후에는 한층 주목받게 되었다.

래드번의 특징으로는 그림 2.9처럼 내부의 오픈스페이스가 커다란 블록으로 둘러싸고 내부 보행자 도로의 시스템 확립, 지구 내의 자동차의 진입을 막는 도로체계의 확립을 낳게 되었다.

근린주구 몇 개씩을 합하여 그 상위에 있는 계획을 커뮤니티 계획(Community Planing)이라 한다. 사회학에서는 커뮤니티란 말은 지역사회라고 번역되어 일반적으로는 명확한 정의는 없는 듯하다.

그러나 일반적으로는 커뮤니티라고 하는 경우에는 단적으로 지역의 안전, 편리라고 하는 면에 머무르지 않고 거주자간의 지역사회 생활 전반에 대해 정신적 결합의 장으로서의 계획목표를 갖고 있다.

커뮤니티의 개념은 유럽의 도시계획의 표어에도 있듯이 신도시의 건설 및 기성 시가지의 계획에 있어서도 커뮤니티란 계획단위로서 도시의 마스터플랜(기본계획)을 고려하고 있다.

이처럼 커뮤니티 대상지역은 근린주구가 몇 개씩 합쳐진 지역사회이며 일반적으로는 5만~8만 명 정도의 인구를 대상으로 하고 있는 경우가 많다.

이러한 지역사회의 형성에 있어서 주요간선도로, 고속도로, 대규모 도시시설에 의해 분단되는 것이 좋지 않은 것은 당연하다.

제2차대전 후, 세계의 선진 각국에서는 기성 시가지를 포함한 커뮤니티의 개발, 재개발(Community Development)로서 지역사회의 주(住) 환경을 중심으로 한 개발계획이 추진되어 왔다.

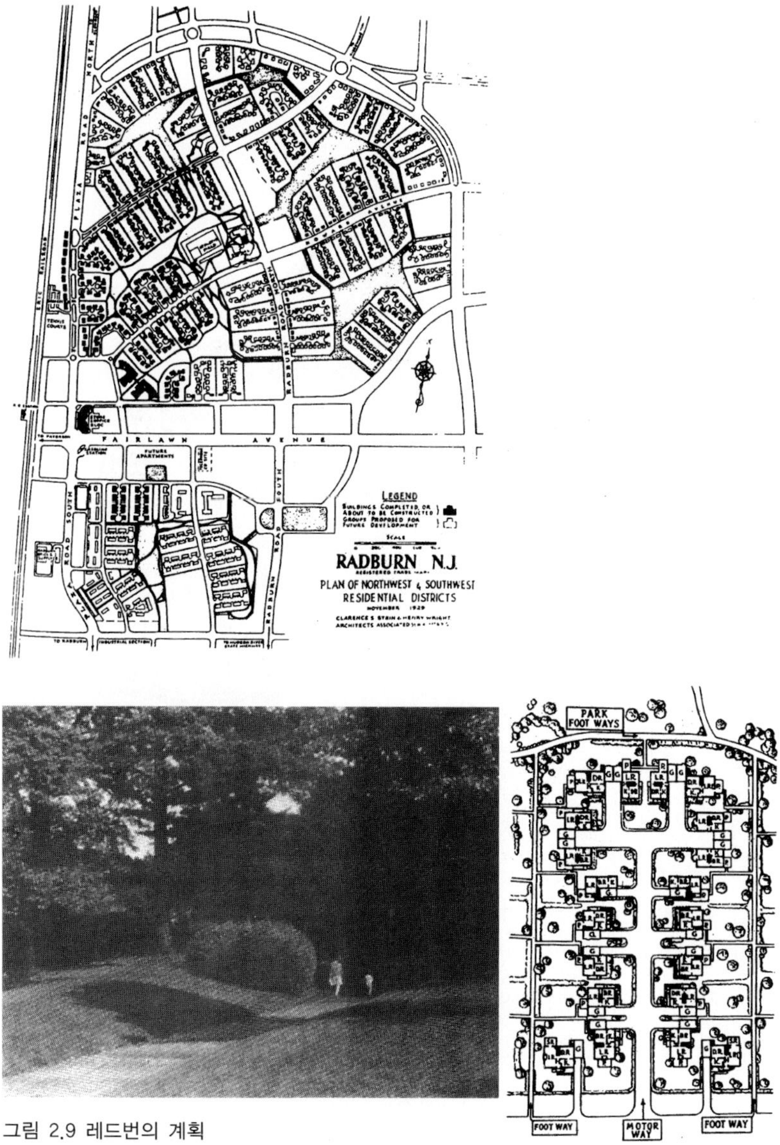

그림 2.9 레드번의 계획

주 : 위 그림은 1920년대의 마스터플랜, 아래 왼쪽은 주택지의 일부(쿨데삭), 사진은 주택지의 보행자로

2.4 생활권의 구성

독일은 제1차 대전 후 국토개발을 상위계획으로 한 지들룽 계획(Siedlung Planning, 주거계획)의 하나로 새로운 도시의 형태를 만들어 왔다. 그 대표적인 것은 1939년 베를린 대학의 고트프리드 페더(Gottfried Feder)의 이상도시이다.(그림 2.10)

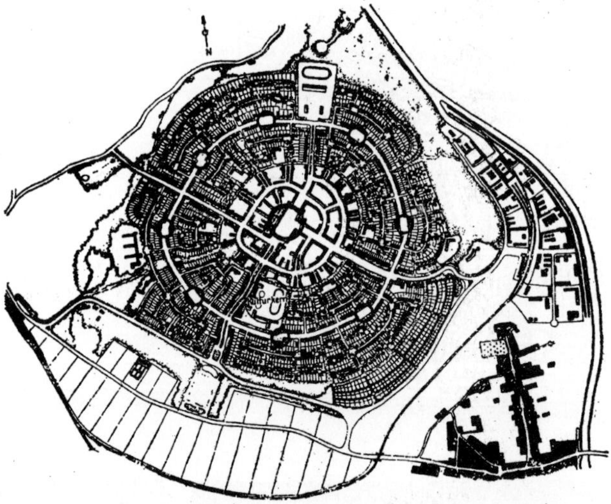

그림 2.10 페더의 이상도시

페더는 인구 2만 명을 가진 가장 이상적인 크기로 하여 직업구성별로 필요면적을 산정하고 여기에 대응하는 필요한 공관(公館) 등의 면적을 첨가해 도시의 시가지 면적으로 하고 이 주변에 농림지대를 배치했다.

도시구성의 특징은 생활권의 구성을 이루는 것에 있다. 즉, 도시구성으로서 일상중심, 주말중심, 월말중심의 생활행동을 규정하고 각각의 생활권을 쌓아올리는 도시를 구성해야 한다고 주장한다. 이것은 도시계획의 중점이 한층 광범위하게 확대되고 도시기능이 복잡다단하게 걸쳐있어 도시의 발전 동향을 규제하기 위해 지방계획(Regional Plan)과 국토계획(Natural Plan)의 규정이 요청되고 있다.

여기에서 당시 독일의 사정을 되돌아 볼 필요가 있다.

1902년 렉스 아딕케스법(Lex Adickes)으로 토지에 관한 규정을 결정하고, 1918년에는 당시의 프로시아 법률로서 아딕케스법을 채용하기로 결정했다. 아딕케스법은 도시계획을 위해 구획정리를 비용안분(費用按分)방법에 의해 행해지기도 한 것이다.

이것으로 토지소유자로부터 공공용지 - 가로, 광장, 기타 공공시설용지 제공의 나머지를 확보하여 신시가지 개발에 있어 매우 유효한 수법이 되었다. 일본에서는 지금도 구획정리사업의 기본이 되고 있다.

제1차대전 이후, 나치 독일에서는 주로 국방적 견지에서 지정학(Geo-Politick)이 발흥하여 자급자족경제(Autarkie, 아우타르키)적인 국토계획 사상이 풍미한 이래 지방계획이론은 단지 도시의 과거화 방지 내지는 국토계획을 구성하는 지역분자이고 국토계획, 지방계획, 도시계획이 일련의 종합적·합리적인 토지계획체계로 여겨졌다.

일본의 이시가와(石川光曜, 1893~1955) 박사의 연구를 보면 도시의 세력권은 도시의 규모와 경제력이 함께 커 나갔다. 도시규모는 세력권의 규모 및 경제력과 함께 결정되었다. 도시는 무턱대고 발생하는 것은 아니며 도시의 분포는 그의 세력권에 의해 결정된다. 대도시 상호간의 거리는 크고, 소도시 상호간의 거리는 작고, 중도시는 중간에 있는 것이다.

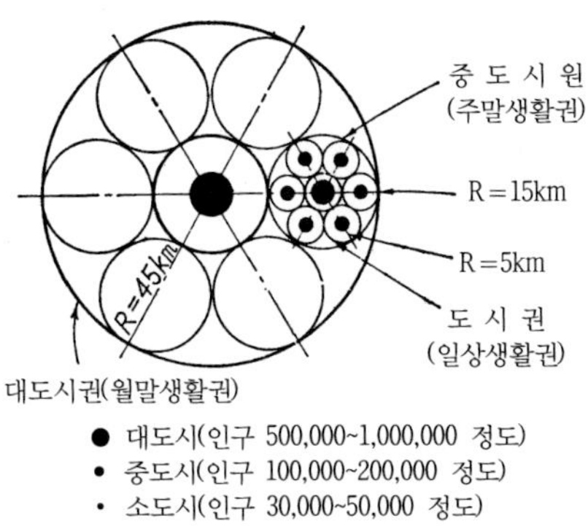

그림 2.11 도시의 권역구조

이시가와 박사는 대도시 - 도쿄를 상정했다 - 의 권역구조 및 도시 상호간의 모델을 그림 2.11과 같이 나타내고 있다.

대도시의 세력권은 45km, 중도시의 세력권은 15km, 소도시의 세력권은 5km이다. 동시에 각각의 도시권은 대체로 일상 통근권이고, 또한 소비적으로 본다면 소도시권은 일상생활권, 중도시권은 주말생활권, 대도시권은 월말 생활권이다.

2.5 도시형성의 이론

근대의 도시 및 도시계획의 주요한 과제는 인구의 끝없는 도시집중에 기인한 많은 문제에 대한 해결책이다.

이것은 결과적으로 본다면 도시 교외에 있는 도로를 따라서 시가지의 무질서한 발전(Ribbon Development)과 박모지대(薄暮地帶, Twilight Area)라고 불리는 도시 교외의 공장, 주택, 상점 등의 무질서한 마을 가꾸기, 또한 도시 내부에는 교통혼잡, 통근거리와 통근시간의 장대화, 대도시 내의 과밀에 의한 보건, 위생, 공해 등의 환경 악화 등 과대도시의 폐해라고 불려지는 일련의 사회, 보건, 교통 등 여러 문제이다.

근대도시계획의 지도이론은 일반적으로 이러한 것의 해결을 기본적 목표로 하고 있다. 이 일은 제2차 대전 후의 도시계획의 과제에도 커다란 영향을 주었다. 즉, 전원도시이론, 근린주구이론, 생활권 - 광역도시이론, 국토계획과 지방계획이론이라는 일련의 도시형태에 관한 이론이다.

이들의 움직임에 대해서 1922~25년 르 꼬르뷔제(M. Le Corbusier, 1887~1965)는 이상적 대도시론을 전개했다. 르 꼬르뷔제의 대도시이론은 인구 300만 명을 계획규모로 하여 생각한 미래파 도시의 구상이다.

구상의 중요한 내용은 4개의 기본적 도시구성 기능의 분리이다. 그것은 보차분리, 슈퍼 블록, 필로티의 각주를 가진 초고층 건물, 그리고 공원 안의 도시이다.(그림 2.12, 2.13)

이들은 기성 도시가 가진 과밀을 저감시켜 주거밀도와 교통의 증대에 대응시킴으로써 보다 많은 옥외와 녹지공간을 창출하는 것이다.

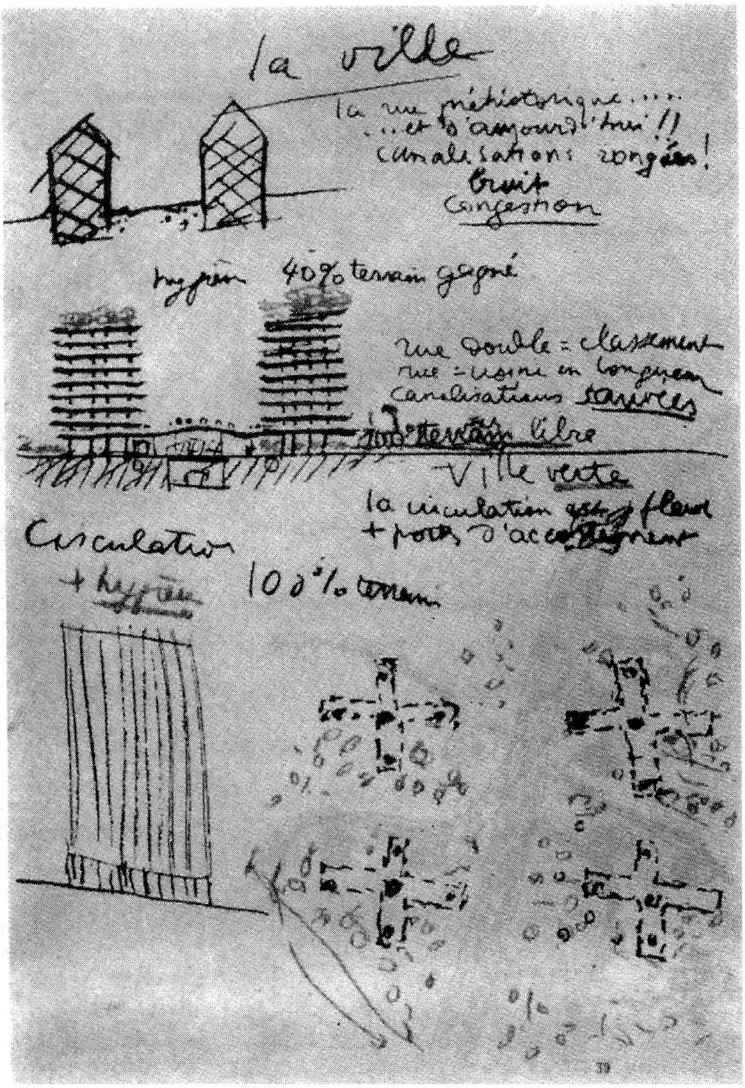

그림 2.12 르 꼬르뷔제의 이상도시

구상 내용으로는 광 폭원 가로를 교통공간으로 결정하고 지하에 지하철도, 근교철도, 원거리 철도를, 지상에 고속도로와 공항을 입체적으로 배치하는 등 당시 도시는 확실히 미래파라고 말할 수 있는 계획 비전을 갖고 있었다.

한편, 근대도시계획 주조의 배경에는 산업구조가 산업혁명에 의해 제1차 산업에서 제2차 산업으로의 이동, 농촌에서 도시로의 인구집중에서 시작되었다고 볼 수 있다.

도시의 구조도 여러 가지로 변화하고 애버크럼비(Sir Patrick Abercrom-bie)가 도시의 윤곽에 의해 그 특징을 표현한 것이 그림 2.14에서처럼 나타나고 있다.

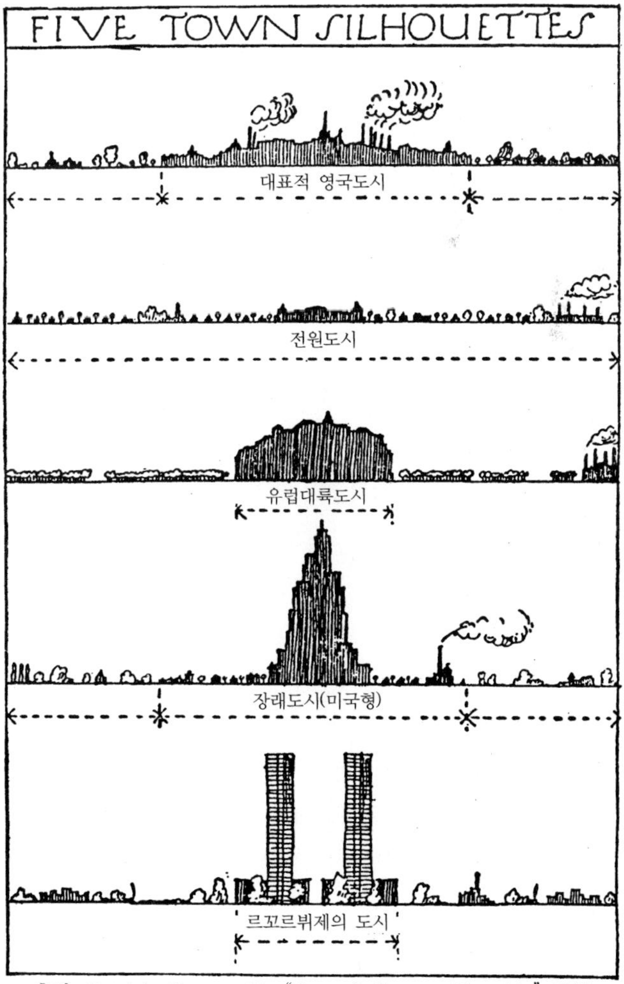

출전 : Patrick Abercrombie "Twon & Country Planning" 1933.

그림 2.14 도시구조의 실루엣

영국의 대표적인 도시의 윤곽을 기본으로 한 전원도시, 그리고 유럽대륙에 있어서 성벽을 가진 도시, 미래 도시로서 미국 뉴욕에서 볼 수 있는 마천루형의 도시, 그리고 르 꼬르뷔제가 묘사한 도시의 윤곽이 있다.

당시 일본의 대표적인 도시의 윤곽을 생각해 보면 성을 중심으로 한 텐슈가쿠(天守閣)의 돌출된 저층 가로의 연속성일 것이다.

새로운 도시형태로 국토계획의 입장에서 신수도의 건설이 캔버라와 브라질리아에서 행해졌다. 두 도시의 탄생과 지금까지의 상황을 개설하면 다음과 같다.

(1) 캔버라(Canberra)

호주연방 정부는 1910년 헌법에서 새로운 수도를 내륙부에 건설하려고 결정했다. 1911년 신수도의 설계를 국제 현상공모로 모집하여 1912년 미국 시카고의 월터 벌리 그리핀(Walter Berley Griffin, 1876~1937)의 계획안이 채택되었다.

그리핀의 계획 기조는 가든 시티의 원칙과 함께 르네상스의 어반 디자인을 채택하여 도시미가 강조되었다. 도시구조로서의 지형과 랜드스케이프를 중시하고 3개의 구릉과 그 사이에 있는 계곡에 새로운 도시를 계획하였다.

3개의 언덕에는 각각 국회의사당, 중앙도서관, 중심 시빅센터를 배치하고 계곡 부분에는 아름다운 인공호수(그리핀 호수)를 배치하였다. 중앙의 인공호수를 중심으로 3개의 언덕 트라이앵글(삼각 축), 강력한 곡선을 강조하는 랜드 축이 계획의 악센트로 되어 있다.

1913년~1920년 사이에 그리핀이 현지에서 지도하면서 건설이 시작되었다. 당시의 인구는 137명이었다 한다.

1925년 그리핀의 계획을 기본으로 하는 정부의 계획이 결정되었다.(그림 2.15)

계획인구는 2만5천 명이고 최대 인구는 7만5천 명이었다.

건설속도는 느려서 본격적인 건설이 시작된 것은 1957년 이후였다. 같은 해 수도건설법을 제정하고 수도건설위원회(National Capital Development Commission)가 설치되었는데 사업기간을 20년 정도로 하였다.

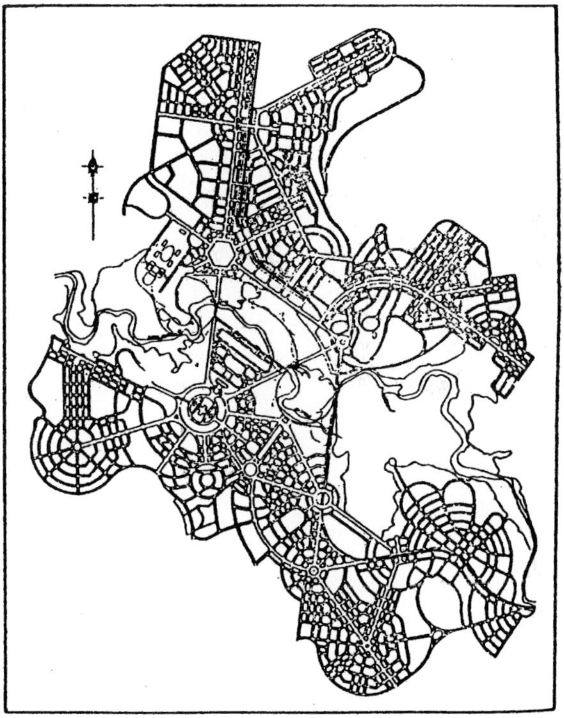

그림 2.15 캔버라 계획

1963년에 인공호수가 완성된 전후로 관청가와 중심 상업시설이 완성되었으며 1965년에는 인구가 8만 명을 넘었다.

1962년 이후 외곽에 계획인구 6~10만 명 급의 뉴타운을 4개소 결정하여 건설이 진행되었다.

1965년에는 인구규모 2만 명을 목표로 한 캔버라와 그 주변계획이 제정되었고, 1984년에는 인구규모 40만 명을 목표로 한 대규모의 캔버라 계획이 결정되었다. 이 계획은 캔버라를 중심으로 주변의 뉴타운을 포함해 Y Plan이라 불려졌으며 Y 선상에 도시를 배치하고 있다.(그림 2.16)

1983년의 인구는 23만 5천명이 되었는데, 계획으로는 1991년에 29만5천명, 2003년에 37만 8천명으로 예측되었다.

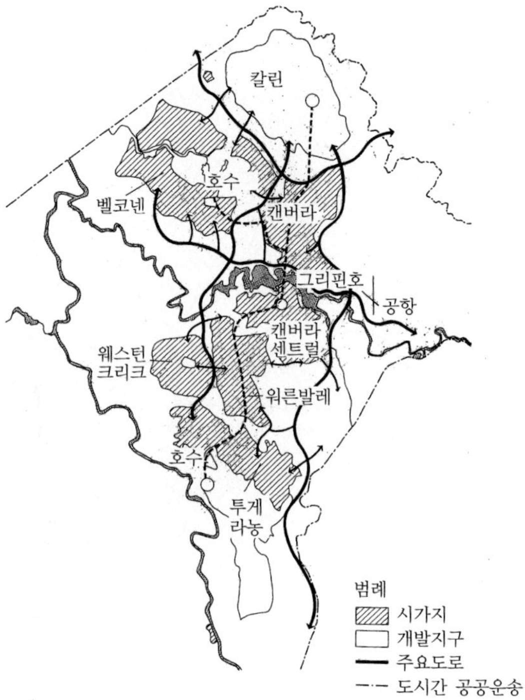

그림 2.16 대 캔버라계획

1984년 계획의 특징은 인구증가를 기대했던 캔버라에서 사무소 기능을 뉴타운으로 옮기고 직주근접을 강화하려는 것이다.

이는 중심부의 소음, 대기오염, 수질오염 등의 환경대책을 위한 것이고, 또한 교통 인프라(Infra)의 투자레벨을 전역에 평준화하기 위한 것이다. 인구의 취업구성으로 볼 때도, 1976년 통계로는 제2차 산업이 9%, 제3차 산업이 91%로서 이 가운데 공무원 군인이 32%를 점유하고 있는 특화한 구성에 대하여 도시규모의 확대에 어울리는 도시기능으로서의 직장으로 제2차 제조업의 강화, 제3차 사무소 기능을 뉴타운에 전개, 도시로서의 사회적 · 경제적 구성의 밸런스를 이루는 것을 목표로 하고 있다.

1989년, 필자가 캔버라를 방문했던 때에는 건국 200주년 기념으로서 1988년에 완성한 새로운 국회의사당 잔디밭과 어울려 아름다운 자태를 내보이고 있었다. (그림 2.17) 1988년은 캔버라가 탄생한 지 75년째였다.

그림 2.17 캔버라 신 국회의사당(촬영 저자)

(2) 브라질리아(Brasilia)

브라질은 1891년 헌법에서 신도시를 브라질 중앙공원으로 옮기기로 결정했다. 1892년에 중앙공원 조사위원회가 설치되어 후보지 조사가 이루어졌으나 구체적인 움직임은 볼 수 없었다.

1946년 헌법에 수도이전이 재확인되어 1955년에 신수도 건설지가 선정되었다. 1956년에 신수도를 브라질리아로 이름 붙이고 신수도건설공사(NOVACAP)를 설립하고 건설에 착수하여 놀랄만한 속도로 1960년에 천도가 이루어졌다. 신수도의 설계는 국제 현상으로 하여 브라질인 루시오 코스타의 계획이 당선되었다.

대통령 궁궐, 대성당 등 주요 건축물은 뉴욕의 국제연합빌딩의 설계자의 한 사람으로 알려진 브라질의 오스카 니마이어의 설계이다.

브라질리아의 도시계획의 특징은 십자형으로 교차한 2개의 거대한 축을 가지고 거대한 비행기와 같은 형상을 한 대담한 구상이다.(그림 2.18)

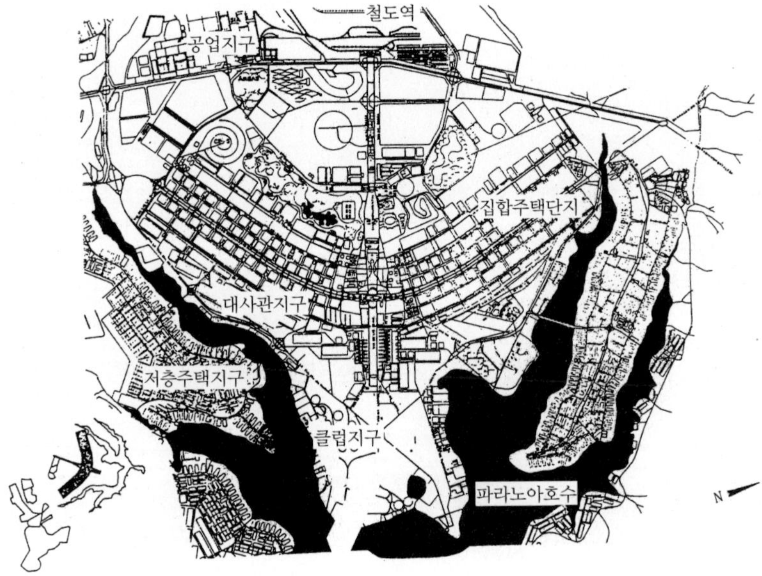

그림 2.18 브라질리아 파일럿 플랜

동체부분의 축은 중앙에 잔디를 넓게 깐 모뉴멘트 대로이고 그 양측에 행정지구, 업무지구, 상업지구, 호텔지구, 텔레비전 · 라디오방송국 지구, 버스터미널 등이 정연하게 구획되고 텔레비전 탑과 중고층 빌딩군이 혁신적인 건축물로 배치되어 있다.

한편, 날개부의 축은 에이쇼 대로로서 양측이 주택지구이고, 각 지구는 슈퍼블록(240m×240m)으로 필로티의 연속된 7개 층 건물의 집합주택이 연결되어 커뮤니티의 여러 시설이 배치되어 있다.

날개부와 인공호수(파라노아호수, 면적 약 40㎢) 사이에는 각국 대사관이나 각종 스포츠 오락 클럽이 설치되고, 인공호의 해안 쪽은 저층 고급주택지가 형성되어 있다.

도로망의 특색은 신호를 전부 배제함을 의도로 설계되었는데 상기 2개의 축선을 중심으로 하여 간선도로와 그 외의 도로의 구분을 명확히 알 수 있고, 간선도로 상호 교차는 전부 입체교차, 그 외 교차점은 T자 교차, 로터리 방식이 채용되어 자동차 사회에 대응한 계획이다.

브라질리아의 계획인구는 50만 명으로 계획되어 당초보다 증대된 인구의 유입으로 주변에 뉴타운이 계획되었다.

1988년 현재 8개소의 뉴타운이 건설되어 새로운 개발이 더욱 진행되고 있다. 인구 동향을 보면, 건설 이전에는 6,000명 정도의 소집락이었으나, 1960년의 전 도시는 약 14만 명(브라질리아 약 7만 명 : 주변 뉴타운 약 7만 명)이었다.

1970년에　54만 명 (24만 명 : 30만 명)

1980년에 120만 명 (32만 명 : 84만 명)

1988년에 180만 명 (44만 명 : 127만 명)

이 되었다.

이들의 급격한 인구증가의 대부분은 동북부, 중앙서부 등의 농촌지역에서 저소득자층의 유입에 의한 것이다. 이들의 유입으로 하베라라고 불리는 슬럼도 발생하게 되고, 주택공급과 하베라의 해소가 중요한 과제가 되었다.

또한, 고용문제도 심각하여 정치·행정기능으로 특화한 도시로서 새로운 인구에 대응한 새로운 직장으로의 산업개발이 과제라고 할 수 있다.

참고문헌

1) 鈴木信太郎「新しい都市計画の方向」山海堂，1962 年
2) 市政調査資料第 10 号「イギリスの田園都市」(財) 東京市政調査会，1926 年
3) Sir Patrick Abercrombie “Town and Country Planning” Oxford University Press, 1943
4) John M. Levy “Contemporary Urban Planning” Prentice Hall Inc., 1988.
5) 石川栄耀「都市計画及国土計画－その構想と技術－」工業図書 (株)，1941 年
6) ル・コルビュジエ，古川達雄訳「闡明プレシジョン」二見書房，1942 年
7) Metropolitan Canberra Policy Plan & Development plan, National Capital Development commission Technical Paper 47, August 1986
8) 高橋　忍「計画都市ブラジリアの都市問題」新都市，1988 年 12 月号

3 인구집중과 도시계획의 배경

일본의 도시 인구집중 상황을 보면, 메이지(明治)시대 초기의 근대화로의 출발에서부터 지금까지의 1세기 남짓 동안 산업구조가 제1차 산업에서 제2차, 제3차 산업으로의 이동속도에 의해 도시화가 진전되고, 특히 전후의 산업구조의 변혁은 대도시로의 인구집중을 격화시켰다. 이러한 도시화 과정은 경제적 요인도 있지만, 동시에 사회·정치면에 의한 것도 있고 교통, 통신, 정보 등의 기술혁신에 의한 것도 있다고 할 수 있다. 계획 측면에서는 도시계획, 특히 국토계획의 입장에서 대응해 오고 있다. 이상의 변화와 변혁의 고비를 파악하여 이하 각 단계별로 분리해 전망해 보자.

3.1 문명개화에서 산업의 근대화까지

제1단계, 메이지에서 쇼와(昭和) 초기에 이르기까지 약 40년간의 기간에 있어

표 3.1 일본의 도시인구 비율과 산업별 취업인구 구성비

연 차	전국인구	시부(市部) 인구비율	산업별 취업인구의 비율		
			제1차 산업	제2차 산업	제3차 산업
	(만명)	(%)	(%)	(%)	(%)
1890	4,097	9.8	(83)	(6)	(11)
1920	5,596	18.0	53.8	20.5	25.7
1930	6,445	24.0	49.7	20.3	30.0
1940	7,311	37.7	44.3	26.0	29.7
1950	8,320	37.3	48.3	21.9	29.8
1955	8,927	56.1	41.0	23.5	35.5
1960	9,430	63.3	32.6	29.2	38.2
1965	9,920	67.9	24.7	31.5	43.8
1970	10,466	72.1	19.3	34.0	46.7
1975	11,194	75.9	13.8	34.1	52.1
1980	11,706	76.2	10.9	33.6	55.5
1985	12,104	76.7	9.3	33.1	57.6
1990	12,361	77.4	–	–	–

자료 : 1) 國勢調査(1920~1985)
2) 1890년의 産業別就業人口는 明治 10~15년, 大川一司 『國民所得, 日本經濟의 分析』
3) 1990년 國勢調査報告

서 전국인구에 대한 도시부분의 비율인 도시화율은 10% 미만에서 24%에 달하는 기간이었다.(표 3.1)

지난 기간의 산업구조는 농업을 주로 한 제1차 산업으로의 취업인구가 80%를 점유한 농업사회였고, 이 수치가 50%에 달하는 시대였다.

1890년, 19세기말에 있어서의 전국인구 4,097만 명 가운데 도시인구는 불과 9.8%였다. 그 가운데 20만 명 이상의 도시는 3도시 뿐이었다. 1889(明治 22)년에는 처음으로 시제(市制)가 시행되었고 당시는 39도시에 불과했다.

덧붙여서 말하면, 1990(平成 2)년에는 전국의 656도시나 되었다. 1920(大正9)년, 제1회 국세조사가 실시되어 전국인구 5,596만 명 가운데 도시화율은 18%였다. 50만 명 이상 도시는 6개 도시이며 도쿄시(335만 명), 오사카시(176만 명), 교토시, 나고야시, 고베시, 요코하마시(70만~50만 명)이다. 이 6대 도시가 그 후 정부에 의해 지정된 도시로서 일본의 대표 격 도시가 되었다.

1919(大正8)년에는 일본에서 도시계획법이 법제화되었다. 이와 같이 제1단계 40년간은 메이지시대의 문명개화에서 산업구조인 근대화로 향한 이륙시기였고, 도시로의 인구집중도 진행되어 1930(昭和5)년에는 도시인구는 24%에 달했다.

산업구조의 변화와 동시에 기술혁신으로 교통수단의 변화도 도시규모의 확대에 영향을 주었다. 이 시기에 있어서 교통은 에도(江戶)시대의 선박에 의한 해상교통에서 육상교통으로의 전환기이다.

당시의 교통은 「걸어서」란 말이 기본이었으며 도시에 있어서는 노면전차, 시전(市電)이 시내교통의 주역이 되어 가고 있었다. 도쿄에서는 마차철도에서 1903년에는 노면전차가 등장했었다. 또한, 도시경제의 확대에 수반하여 1920년대에는 칸토(關東)와 긴키(近畿)에서는 외곽철도가 건설 붐을 맞이하였다. 한편, 간선도로는 1889년에 동해노선이 전체 개통하였고 일본을 종단하는 간선철도가 하나씩 개통했다.

교통수단으로서 철도시대의 막을 열었다고 할 수 있다.

3.2 부국강병에서 전후 부흥까지

제2단계는 쇼와(昭和) 초기에서부터 전후에 이르는 약 20년간이다. 도시화율은 1930년의 약 24%에서 현격히 증가해 37% 전후로 추정한다. 전후의 1955년에 56%로서 전국인구의 반수를 차지하게 되었다.

이 시기는 전시체제하의 시대라고 말할 수 있다. 1931(昭和6)년 만주사변이 시작되고 일중전쟁, 제2차 대전, 그리고 1945(昭和20)년의 종전을 맞이했다.

인구의 도시집중의 특징으로 본다면 높은 출생률(1,000명당 30인 전후)에 힘입어 지방정부에서 도시로의 유입이다.

당시의 상황은 다음과 같이 전해지고 있다.「농촌은 아이들을 낳으면 키워주고 초등학교를 졸업시켜 도시로 내보내는 상황이다」라고.

그 후, 군수산업을 주도로 변화하여 2차 산업 업종이 그때까지의 면직을 주로 한 경공업에서 기계, 금속, 화학공업을 주로 한 중공업으로 변화했다.

당시의 산업구조는 1930년대 전반의 세계불황의 영향을 받아 경기는 갈팡질팡 내려앉았다.

산업의 근대화는「부국강병」이라는 나라의 정책을 진행시켰다.

도시로의 인구집중도 케힌(京浜), 한신(阪神), 주쿄(中京), 기타큐슈(北九州)의 4대 지역에 집중했다. 20만 이상의 도시규모를 보면, 1930년에는 9대 시(市)에서 1940년대에는 16도시로 대폭 증가했다.

이 시기의 도시계획으로는 도쿄시가 1923(大正 12)년의 칸토대지진에 의해 부흥계획이 진행되었고 구획정리사업에 의한 에도(江戸)시대부터의 가로의 모습이 오늘날 근대도시로서의 기반정비로 행해졌다. 사업이 완료된 것은 1930(昭和5)년이다.

도쿄시로의 인구집중은 시 주변부로 확대되어 1932(昭和7)년에는 도시와 지방을 합병하였고, 15구에서 35구(오늘날 23구)로 확대되었다.

1930년대는 또한 외곽주택지의 개발시대로서, 도쿄에는 민간사업으로 전원조후(田園調布), 국립(國立) 등의 계획적 주택개발이 이루어졌다.

이 시기의 교통은 전기 철도시대의 막을 열게 하였고 도시로의 인구집중을 이끌었으며, 도시교통으로서 철도의 네트워크를 형성한 시대이다.

대도시에서는 국철(당시는 성선전차라고 불려 왔다)의 망 형성과 민영철도(私鐵)의 연장이 이루어졌다. 도쿄에는 야마노테선의 순환선(環狀線)의 완성, 쥬오선과 소부선(總武線)의 네트워크화 등이 완성되었다.

도시교통은 버스와 택시가 등장하고 노면전차와 함께 시민의 발로 보급되었다.

새로운 교통으로 지하철도 등장했다. 도쿄에서는 1927년 아사쿠사, 우에노(上野)간, 1939년에는 아사쿠사 – 시부야 간이 개통되었고, 오사카에서는 1935년 우메다(梅田) – 남바(難波) 간이 개통되었다.

1945년의 제2차 대전 종전에 따라 전국적으로 전쟁재해를 복구, 전재(戰災)도시로서 115개의 시가 지정되었다. 각 도시의 소실면적의 합계는 약 5만ha에 달하고, 그 가운데 도쿄구부에는 약 1.5만ha였다.

도시인구는 전쟁재해(戰災)와 피난에 의해 어느 도시든지 격감했다. 도쿄구부를 보면, 1945년(昭和20)의 인구는 231만 명으로 1940년 인구보다 440만 명이 감소했다. 전재 도시는 부흥계획이 진행됨으로써, 특히 구획정리사업에 의한 기반정비가 이루어져 새로운 가로의 모습이 되었고, 전후의 도시발전에 크게 기여하게 되었다.

구획정리사업구역은 당초계획에서 재정상의 이유 등으로 대폭 축소를 거듭했으나, 대체로 1959(昭和34)년에 완료되었다. 그러나 도쿄를 시작으로 대도시에서는 그 후에도 나머지 사업을 시행하고 있다.

1955(昭和30)년의 전국인구는 8,927만 명으로 도시인구는 56%가 되었다. 이 시기 전쟁 후의 부흥은 한국전쟁에서 영향을 받아 도시, 특히 대도시로의 인구집중이 현저하게 되었다.

전후의 교통수단으로 주목받은 것은 자동차 교통일 것이다. 도쿄에는 1907년에 16대의 자동차가 등록되었다. 전쟁 전인 1940년에 6만대 정도였으나 전후 1955년에는 약 25만대가 되었고, 그 후 도시교통의 양상을 전체적으로 변화시키기 전까지 큰 역할을 하게 되었다.

3.3 고도 경제성장과 도시시대

제3단계는 1955(昭和30)년에서 1970(昭和45)년에 이르는 15년간으로 일본 경제가 고도 성장기에 돌입한 시기였다.

도시화율은 1955년의 56%에서 급상승해서 1970년에는 72%로 확대되었다.(표 3.1) 본격적으로 도시의 시대가 된 것이다.

도시인구의 증가상황을 보면, 1955년의 5,008만 명에서 1970년에는 10,466만 명이 되어 5,458만명이 증가함으로써 배가 되었다. 이 증가분의 약 1/3이 3대 도시권에 집중되고 도시규모도 확대되었다. 한편으로는 정촌(町村)인구, 즉 농촌인구는 격감하고 농촌부에 과소 문제가 발생되었다.

도시 인구규모별 비교에 농촌을 포함한 도시 · 지방의 인구규모별 추이를 보면 표 3.2(1)과 같다. 또한, 각각의 규모별 인구수가 총인구에서 차지하는 비율은 표 3.2(2)와 같다.

이들 표에서 보면 1970년까지는 100만 이상의 대도시는 최고로 높은 비율을 차지하여 대략 20%에 달하고, 다음으로 주목되는 5~10만, 10~20만의 소도시가 각각 10%였고, 다음으로 중도시권으로 20~30만, 30~50만 명의 중소도시이다.

이 시기까지 도시로의 인구이동을 농촌부에서 대도시권으로 이동하는 패턴과 근린의 중소도시로 이동하는 패턴의 2가지 형태로 볼 수 있다.

3대 도시권의 인구동향을 보면, 표 3.3에서처럼 1955년의 3,500만 명에서 1970년에는 5,000만 명으로 전국인구에서 차지하는 비율은 50% 가까이 되었다.

도쿄 대도시권에서는 1970년에는 2,400만 명으로서 1955년부터 15년간 약 900만 명이 지방에서 유입한 것이며 매우 급격한 증가로서 대도시권 문제의 해결이 커다란 과제가 되었다.

대도시 문제의 해결책으로 1962(昭和37)년 전국 종합개발계획(제1차)이 책정되었고, 도시의 과대화 방지와 지역간의 격차 시정을 도모하고 국토의 균형 있는 발전을 목표로 했다. 그리고 산업도시의 지정보다 공업의 지방 전개를 도모하여 왔다.

표 3.2 인구규모별 시정촌(市町村) 인구의 추이

(1) 인구규모별 시정촌 인구수(1960년~1990년) (1,000명)

시정촌 구분	1960년	1965년	1970년	1975년	1980년	1985년	1990년
총 수	94,302	99,209	104,666	111,940	117,060	121,049	123,612
시	59,678	67,356	75,429	84,967	89,187	92,889	95,644
100만 이상	16,688	19,398	20,856	23,265	23,298	24,883	25,295
50~100	1,804	3,405	4,562	4,462	5,743	6,019	6,383
30~50	4,262	5,582	7,890	11,995	13,709	14,852	16,849
20~30	5,357	6,674	10,078	9,579	10,345	9,697	9,260
10~20	9,914	10,922	10,416	12,209	12,965	14,300	14,564
5~10	10,489	11,312	12,012	13,797	14,115	14,778	15,244
3~5	10,687	9,302	8,416	8,454	7,764	7,019	6,487
3만 미만	477	762	1,197	1,207	1,248	1,341	1,561
정촌(町村)	34,622	31,853	29,237	26,972	27,873	28,160	27,968
3만 이상	1,299	1,725	2,009	1,344	2,278	3,082	3,887
2~3	6,668	5,903	5,081	5,184	5,536	5,721	5,339
1~2	16,719	14,092	12,337	11,341	11,277	10,732	10,255
0.5~1	8,763	8,835	8,300	7,438	7,051	6,855	6,528
0.5민 미만	1,173	1,298	1,509	1,666	1,731	1,769	1,960

資料：總務廳統計局 『國勢調査報告』

(2) 인구규모별 시정촌 인구의 비율 (%)

시정촌 구분	1960년	1965년	1970년	1975년	1980년	1985년	1990년
총 수	100.0	100.0	100.0	100.0	100.0	100.0	100.0
시	63.2	67.9	72.1	75.9	76.2	76.7	77.4
100만 이상	17.7	19.6	19.9	20.8	19.9	20.6	20.5
50~100	1.9	3.4	4.4	4.0	4.9	5.0	5.2
30~50	4.5	5.6	7.5	10.7	11.7	12.3	13.6
20~30	5.7	6.7	9.6	8.6	8.8	8.0	7.5
10~20	10.5	11.0	10.0	10.9	11.1	11.8	11.8
5~10	11.1	11.4	11.5	12.3	12.1	12.2	12.3
3~5	11.3	9.4	8.0	7.6	6.6	5.8	5.2
3만 미만	0.5	0.8	1.2	1.1	1.1	1.1	1.3
정촌(町村)	36.8	32.1	27.9	24.1	23.8	23.3	22.6
3만 이상	1.4	1.7	1.9	1.2	1.9	2.5	3.1
2~3	7.1	6.0	4.9	4.6	4.7	4.7	4.3
1~2	17.8	14.2	11.8	10.1	9.7	8.9	8.3
0.5~1	9.3	8.9	7.9	6.6	6.0	5.7	5.3
0.5만 미만	1.2	1.3	1.4	1.5	1.5	1.5	1.6

資料：總務廳統計局 『國勢調査報告』

표 3. 3대 도시권의 인구 동향(1950년~1985년) (1,000명)

인 구

대도시권별	1950년	1955년	1960년	1965년	1970년	1975년	1980년	1985년	1990년
도쿄 대도시권	13,051	15,424	17,864	21,017	24,113	27,042	28,699	30,273	31,796
한신 대도시권	9,000	10,174	11,405	13,070	14,538	15,696	16,146	16,533	16,742
주쿄 대도시권	8,868	9,489	10,086	10,926	11,778	12,726	13,315	13,806	14,220
합 계	30,918	35,088	39,355	45,013	50,430	55,464	58,160	60,612	62,758

비 율 (%)

대도시권별	1950년	1955년	1960년	1965년	1970년	1975년	1980년	1985년	1990년
도쿄 대도시권	15.5	17.1	18.9	21.2	23.0	24.2	24.5	25.0	25.7
한신 대도시권	10.7	11.3	12.1	13.2	13.9	14.0	13.8	13.7	13.5
주쿄 대도시권	10.5	10.5	10.7	11.0	11.3	11.4	11.4	11.4	11.5
합 계	36.8	39.0	41.7	45.4	48.2	49.5	49.7	50.1	50.7

자료 :「國勢調査報告」1990년「國勢調査速報值」

주 : 東京大都市圈은 東京都, 神奈川, 埼玉, 千葉의 1都3県, 阪神大都市圈은 京都, 大阪, 兵庫의 2府1県, 中京大都市圈은 愛知, 岐阜, 三重, 静岡의 4県으로 구성되어 있다.

한편, 도쿄권에서는 1956년에 수도권정비기본법이 제정되어 과대 도시화를 방지하는 시책이 진행되었다. 그러나 상기의 여러 계획들은 당시의 경제 고도성장을 지원하는 여러 정책의 진행 사이에서 상반되어, 그 후 수차례에 걸친 계획의 수정이 행해지게 된다.

산업구조의 변혁은 제조업을 중심으로 하는 2차 산업사회의 형성으로서, 중장대형의 거대 장치형 산업으로서 철강, 조선, 석유, 자동차 등의 연관 산업이 임해부의 대규모 매립지, 내륙부의 산업도시에 전개되었다.

이들 중공업계의 개발에 수반하는 도시화는 3대 도시권을 포함하는 토카이도(東海道) 메가로폴리스를 형성시키게 되었다.

대도시에 있어서 교통문제는 도시지역의 확대를 수반하는 통근교통대책과 자동차 보유대수의 격증에 따른 자동차교통대책이 커다란 과제가 되었다.

통근교통대책으로는 국철, 사철의 운송력 증강과 지하철 신선(新線) 정비사업이 우선이었다. 자동차 보유대수의 추이를 보면 표 3.4와 같이 1955년에는 150만대(100)였던 것이 5년 후의 1960년에는 340만대(226), 1965년에는 810만대(540), 1970년에는 1,890만대(1,260)로 놀랄 정도로 급증하였다.

표 3.4 자동차 보유대수 (단위 : 천대)

연 차	승용차	트 럭	버 스	기 타	합 계	도쿄도
1955	158	691	35	618	1,502	240
1960	440	1,316	58	1,590	3,404	608
1965	1,878	2,861	105	3,279	8,123	1,181
1970	6,777	5,437	190	6,515	18,919	2,213
1975	14,822	7,341	220	6,760	29,143	2,654
1980	21,543	8,626	229	8,594	38,992	3,090
1985	25,847	8,306	231	13,857	48,241	3,745
1988	28,976	8,473	239	17,449	55,137	3,809

주: 1) 기타는 특정용도차, 대형특수차, 소형 2륜차, 경자동차가 포함되어 있다. 대부분은 경 자동차이다.
2) 도쿄도 부분은 합계대수이다.(표 5.1 참조).

이것에 의해 모터리젝션(motor Rejection)의 경향에 박차를 가하여 대도시 지역에서의 자동차 사회 시대로 돌입한 것이다.

도쿄에서도 도심부와 그 주변의 교통지체는 악화 일로에 다다라 그 해결책의 일환으로 수도고속도로, 노외주차장, 지하철 신선(新線) 건설 등의 도시계획사업이 실시되었다.

1964년 도쿄올림픽의 개최와 관련되는 간선도로 등의 정비 진척을 가속화했다. 1968년에는 신도시계획법이 제정되어 신법에서는 새로운 도시구조, 도시공간을 형성하기 위한 제도 및 주민참가형의 도시계획제도가 나타났고, 새로운 도시시대에 대응하게 되었다.

한편, 1967년에 공해대책기본법, 1968년에 대기오염방지법, 소음규제법이 제정되었다. 이것은 산업공해 등에 의한 도시의 악화가 문제가 되어, 이 대책으로서 발생원의 규제조치가 이루어지게 되었고 대기오염, 수질오염, 소음, 진동, 악취, 지반침하의 6개 공해에 대해서 규제가 가해지게 되었다.

3.4 오일쇼크 전후와 대도시권 시대

제4단계는 1970(昭和45)년에서 1980(昭和55)년에 이르는 10년간으로 일본의 경제가 고도 성장기에서 1973년의 석유파동에 의한 안정 성장기에 진입하는 전환기였다.

도시화율은 1970년의 72%에서 1980년에는 76%가 되었다.(표 3.1 참조)

산업취업인구의 구성을 보더라도 이 전환기의 상황을 알 수 있다. 즉, 제1차 산업은 1970년의 19%에서 1980년에는 10%까지 내려가고, 제2차 산업은 1975년의 34%의 절정을 이루고 1980년에는 33%로의 감소경향을 나타내고 있다. 이에 반해, 제3차 산업은 1970년의 46%에서 급증하여 1980년에는 55%로 확대경향을 나타내고 있다. 산업구조가 제2차에서 제3차로 이행하기 시작한 것이다.(표 3.1)

대도시 인구의 유동상황을 보면, 종래 도시의 인구집중 패턴이 다음과 같이 변화해 왔다.(표 3.2 참조).

① 1975년까지 도시로의 인구집중 증가율이 1975년 이후 반감하는 한편 도시로의 인구집중이 종식화를 보여 왔다.

② 도시규모별로 보면, 100만 이상의 대도시에서는 전국인구의 20% 수준에 이르며 지금까지 집중되어 왔던 5~10만, 10~20만 도시에 비해 보다 인구규모가 큰 30~50만 도시, 50~100만 도시가 확대하는 경향을 보이고 있다.

동시에, 3만 이하의 도시는 격감하고 있다. 즉 도시간의 인구유동이 주가 되고 있다.

③ 3대 도시권에 있어서도 1973년 이후 증가율이 반감하여 사회증가가 감소하고 자연 증가에 의해 증가하고 있는 상황이다.

특히, 한신(阪神) 대도시권과 주쿄(中京) 대도시권에서는 전출 인구를 상회하고, 사회적 증가에 있어서 마이너스의 변화를 나타내고 있다.(표 3.5)

표 3.5 3대 도시권 전입(출) 초과인구(1954년~1988년) (명)

연 차	도쿄 대도시권	주쿄 대도시권	한신 대도시권	합 계
1954년	257,756	23,872	103,052	384,680
1955	234,658	23,067	95,108	352,833
1956	247,117	41,725	113,114	401,956
1957	294,637	44,017	168,541	507,195
1958	272,818	26,082	122,752	421,652
1959	300,883	44,621	145,360	490,864
1960	333,208	71,777	188,835	593,820
1961	359,237	74,612	220,849	654,698
1962	364,360	72,072	211,021	647,453
1963	354,349	81,302	184,543	620,194
1964	327,361	76,320	174,061	577,742
1965	297,582	52,364	130,659	480,605
1966	265,908	37,145	102,823	405,876
1967	255,107	41,577	107,224	403,908
1968	258,747	47,523	111,875	418,145
1969	249,951	54,784	120,964	425,699
1970	248,046	53,551	91,447	393,044
1971	205,500	36,543	45,857	287,900
1972	158,881	23,726	24,301	206,908
1973	96,985	22,063	−4,924	114,124
1974	52,950	6,879	−20,993	38,836
1975	44,513	−3782	−30,159	10,572
1976	25,571	−6,903	−41,176	−22,508
1977	35,368	−298	−44,517	−9,447
1978	44,500	421	−37,611	7,310
1979	29,583	−2,752	−41,460	−14,629
1980	30,578	−232	−36,165	−5,819
1981	52,712	1,746	−23,776	30,682
1982	64,927	3,719	−13,750	54,896
1983	82,889	4,330	−4,559	82,660
1984	85,863	5,863	−2,155	89,576
1985	94,780	11,807	−4,137	102,450
1986	124,777	16,820	8,208	149,805
1987	129,165	15,341	2,570	147,076
1988	98,451	11,479	−6,143	103,787

자료 : 総務庁 統計局 「住民基本台帳 人口移動報告年報」에 의한 산출

본 표는 厚生省人口問題硏究所人口構造硏究部長 内野燈子의 계산에 의한 것임.

주 : 1) 도쿄 대도시권(埼玉, 千葉, 東京, 神奈川), 주쿄 대도시권(岐阜, 愛知, 三重), 한신 대도시권(京都, 大阪, 兵庫), 본 표의 주쿄 대도시권에는 靜岡縣을 포함하지 않고 있다.

2) 대도시권 이동은 포함되지 않았음.

3) −은 마이너스

4) 1973년에 오키나와를 포함.

도쿄 대도시권에서는 도쿄 22구의 인구변화가 1955년부터 5년간에 2구에서 감소가 시작되어, 1965년부터 5년 동안 16구에서 구부인구가 감소하는 변화를 보였다. 그 무렵, 도쿄구부의 인구는 1965년 889만 명으로 절정에 이르고 1970년에는 884만 명, 1980년에는 835만 명(인구 감소구 19구), 1990년에는 816만 명(인구 감소구 18구)이라는 감소경향을 나타내고 있다.

구부의 내부에도 치요타구, 쥬오구, 미나토구의 중심구는 격감하는 경향이고, 에도가와, 아다치(足立) 등의 동부를 제외한 외주 구의 인구감소가 진행되고 있다.

대도시권의 내부구조인 중심구의 인구감소 경향은 새로운 도시문제로서 그 대책을 강구하게 되었다.

이 기간 국토계획 측면에서의 변화를 보면, 1969년 제2차 전국종합개발계획이 개정되어 당시로서는 아직 대도시로의 인구집중에 의해 과밀 · 과소문제가 심각해져서 이 문제를 해결하기 위해 전국토의 개발 가능성을 확대시켜 균형화를 도모하려는 계획목표가 있었다.

특히, 국토종관형(國土縱貫型)의 고속도로, 신간선의 교통균형에 통신망 체계를 주축으로 각각의 연장계획이 추진되었다.

오일쇼크 이후의 변화에 대응해서 1977년의 제3차 전국종합개발계획은 위에 언급했듯이, 인구이동의 순환과 인구집중의 침정화(沈靜化)를 가지고 인구의 지방정착을 목표로 하는 정주권 구상을 진행시키게 되었다.

도시계획 측면에서는 1970년대에 들어서 도쿄는 광화학 스모그 발생, 공장 적지의 토양오염, 대규모 지진대책, 건축의 일조문제, 일영규제 등 지역의 환경악화를 중심으로 문제가 발생하여 주민 의향의 반영과 함께 주민참여가 추진되었다.

이들의 환경대책으로 1980년 도쿄도에서는 환경평가(assesement) 조례가 성립되었다. 한편, 기성 시가지 특히 도심부에 있어서 지역갱신, 재개발의 움직임도 활발해지게 되었다.

3.5 탈공업화 사회와 도쿄권

제5단계는 1980(昭和55)년 이후 약 10년간이다.

그 후 수년간에 걸쳐 21세기를 바라본다.

도시화율은 1985년에 76.7%에서 1990년에는 77.4%가 되었다.

메이지시대부터 약 1세기 정도 국토 전체를 요동치는 듯한 대규모 인구유동을 나타내 왔던 도시로의 인구집중은 1975년 이후의 통계로 진정화를 나타낸 듯이 보이나, 1990년의 통계에서 상승폭은 적으나 재차 상승의 경향을 나타내고 있다.

또한, 도시가 가진 개념도 약간 변질되어 왔다. 동시에, 대도시권에서 보여지듯이 지방도시에 있어서도 주변의 농촌부를 포함한 광역도시권을 형성하게끔 되었다. 도시와 농촌이라는 확연한 경계가 없어지고, 특히, 예전의 농촌에 있어서의 생활양식은 볼 수 없으며 텔레비전 등의 정보화, 자동차 보급에 의한 도시생활자와 똑같은 생활양식을 가지게 되었다고 말할 수 있다.

금후의 인구유동은 도시간, 특히 도쿄권을 중심으로 발생하여 과밀 · 과소의 문제, 집중 · 분산의 문제는 서로 변하지 않으면서 도시문제의 기조가 된 것이다.

1980년 이후의 상황을 파악하는데 있어서 가까운 미래의 전망을 포함해서 고찰하고 싶다.

도시로의 인구집중에 있어서는 전술한 바와 같이 대규모의 인구유동은 진정화를 보이고, 1975년 이후의 변화는 종전의 「도시 대 지방」이라는 구도에서 「대도시 대 지방」, 「도쿄권대 그 외 지역」 이라는 구도로 진행해왔다.(표 3.3 참조).

특히, 1990년의 국조속보(國調速報)에 의하면, 인구감소 현이 1980년 조사에서 도쿄도, 1985년 조사에서는 아키타 현에서 보여지며, 당시에는 「지방의 시대」가 온다고 화제가 되었으며, 금번의 조사에서는 아오모리(青森), 아키타(秋田), 와카야마(和歌山,) 시마네(島根), 나가사키(長崎) 등 18도현이 인구가 감소되었고, 이것은 홋카이도(北海道), 토호쿠(東北), 주고쿠(中国), 시고쿠(四国), 큐슈(九州)에 집중되고 있다. 이러한 소규모 인구유동은 전국적으로 계속되고 있다는 것을 말한다. 그리고 1985년 조사에서 인구유동의 증가는 카나가와, 사이타마, 치바의 도쿄권과 키타칸토이며 아이치, 효고 등 대도시권으로 이어지고 있다.

다음으로 산업별 취업인구의 구성을 보면, 1980년 이후 제2차 산업에서 제3차 산업으로 이동하고, 1985년에는 제1차 산업이 9.3%, 제2차 산업이 33.1%, 제3차 산업이 증가해서 57.6%가 된다.

이것은 지금까지 약 100년이 걸린 일본의 근대화라고 하는 공업화 사회가 다음 단계인 탈공업화 사회로 변혁을 시작했다는 것이다. 최근의 경제사회의 변혁기가 극히 단기간에 행해져 왔던 것은 주목할 만하다.

이들 요인의 하나는 일본이 세계 경제활동 가운데 그 10%를 차지하기까지 성장하고, 본격적으로 국제 경제에 커다란 영향력을 가져왔던 것을 들 수 있다.(그림 3.1)

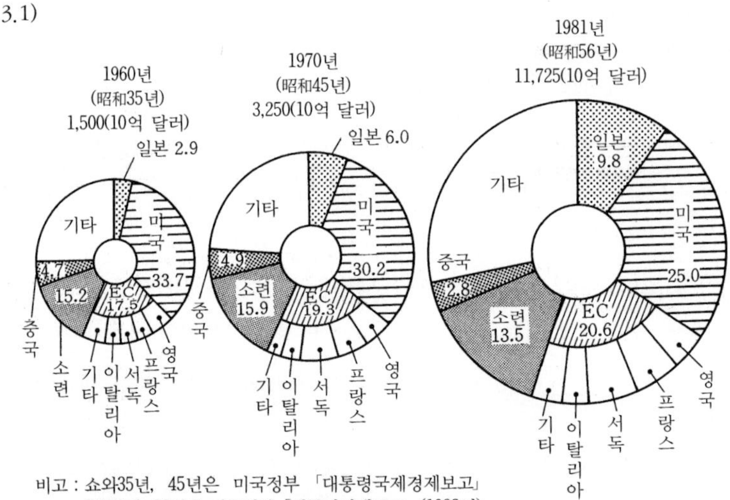

비고 : 쇼와35년, 45년은 미국정부 「대통령국제경제보고」 (1977년), 56년은 미국정부 「대통령경제보고」 (1983년)에 의한다.
출전 : 第4次全国総合開発計劃40の해설 国土庁

(단위 : %)

그림 3.1 세계 GNP의 10%를 차지하는 일본의 GNP

또한, 1980년대의 금융의 자유화와 외환법 개정 등을 계기로 국제 금융기능이 증대되어 왔다. 그 가운데서도 도쿄가 세계의 금융센터의 하나로서 뉴욕, 런던과 함께 24시간 연동하고, 도쿄가 세계도시라고 불려지게 되었다.(표 3.6)

「풍부함」과 「국제화」의 시대인 것이다.

1987년, 제4차 전국종합개발계획이 발표되었다. 그 배경에는 전술한 바와 같이 인구이동이 도쿄권을 포함한 수도권에 집중한데다 지역의 경제사회의 제 기능의 집중화에서부터「도쿄권대 그 외 지역」의 구도가 명확해져 왔던 것이다. 또한, 산업구조의 급속한 변화 등에 의해 지방권에서의 고용문제가 심각해진 일은 본격적인 국제화의 진전이 일어나고 있음을 의미한다.

표 3.6 세계 금융센터의 중요도(1985년)

	런 던	뉴 욕	도 쿄	프랑크푸르트	취리히	홍 콩	싱가포르
10년 전	32.3	29.5	4.9	5.8	8.0	11.4	3.9
현 재	30.2	31.8	12.5	2.9	5.3	8.2	5.4
10년 후	28.0	32.1	21.2	2.2	3.7	3.9	4.9

자료 : 「在日외국은행 이 본 도쿄시장국제화의 장래상」(금융재정사정, 昭和60년 6월 17일)
원자료는「국제금융센터로서의 도쿄 금융 · 자본시장의 상태에 대하여」
(국제금융정보센터)

주 : 중요도에 따라 1위~5위를 선택(선택대상 도시 14도시)
가중평점 : 1위5점, 이하 5위 1점의 합계
각 도시 합계를 100%로 해서 도시에 %로 표시

이들 배경을 보면, 새로운 기본목표로 한 다극분산형 국토의 구축을 지향한다는 것이다. 개발방식은 교류 네트워크 구상이다. 즉, 산업구조 전환 문제가 심각해지고 있는 지역의 활성화와 지방권의 다양한 산업진흥 시책을 전개하기 위한 교통통신의 전국적인 네트워크를 조기에 완성시키는 일, 그리고 생활과 경제활동의 권역을 확대하고 교통이 활발해지고 있는 것을 포함한 삼전총(三全總)의 정주구상을 한층 발전시켜 계승할 국토의 균형 있는 발전을 도모하는 것을 기본으로 하고 있다.

일본의 장래인구는 어떻게 될 것인가?

인구문제연구소의 추계에 의하면 2011년에 1억3천만 명을 최고로 하여 하강할 것이라고 한다.(표 3.7)

인구구성의 문제점은 65세 이상의 고령자 인구의 증가가 20%이상 되고, 2020년에는 4명에 1명인 25% 이상이 될 것이라고 예측되고 있다.

동시에 약년층(弱年層)도 감소해서 출생률의 회복이 문제가 될 것이다.

가까운 미래의 산업구조의 모습은 어떻게 될 것인가?

사전총(四全總)의 전망작업 「일본 21세기의 전망」에 정리된 자료가 있다.

표 3.7 일본의 장래 추계인구

연차	인구(단위 : 천 명)				비율(단위 : %)		
	총 수	0-14세	15-64세	65세 이상	0-14세	15-64세	65세 이상
1990년	123,611	22,544	86,140	14,928	18.2	69.7	12.1
1995년	125,463	20,103	87,134	18,226	16.0	69.4	14.5
2000년	127,335	19,336	86,350	21,699	15.2	67.8	17.0
2005년	129,346	20,229	84,390	24,726	15.6	65.2	19.1
2010년	130,397	21,348	81,304	27,746	16.4	62.4	21.3
2011년	130,441	21,452	81,083	27,907	16.4	62.2	21.4
2015년	130,033	21,244	77,404	31,385	16.3	59.5	24.1
2020년	128,345	19,833	75,774	32,738	15.5	59.0	25.5
2025년	125,806	18,247	75,118	21,440	14.5	59.7	25.8

주) 中位推計에 의함
자료 : 일본 장래추계인구 (平成4년 9월) (후생성 인구문제 연구소)

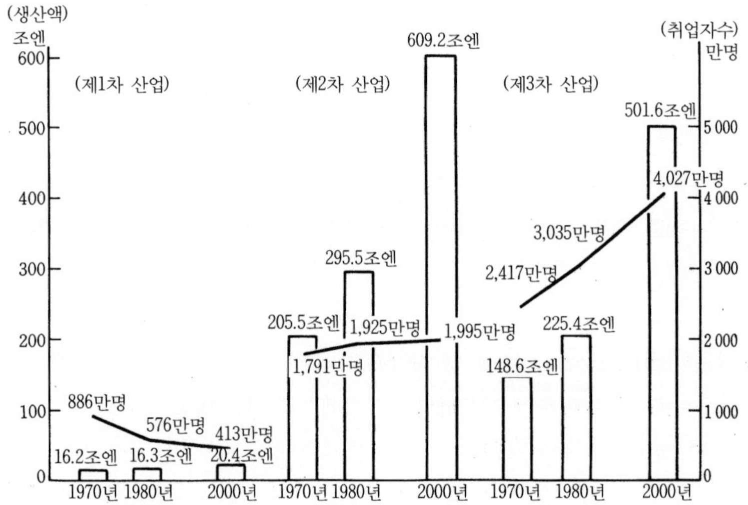

(주) 1.국토청「지역에서 서비스니즈와 서비스산업의 전망에 관한 조사」(1984년 3월)에 의함.
2.생산액은 1980년 가격표시 산업연관표 기준에 의함.
3.취업자수는 노동력조사 기준에 의함.
출전 : 日本21世紀への展望, p.299, 国土庁

그림 3.2 산업별 생산액, 취업자수의 전망

산업구조의 모습은 1980년부터 2000년의 전망을 하고 있다.(그림 3.2)

취업자별 산업구조는 제1차 산업에서는 160만 명 정도의 감소에 의해 11%에서 6%로 예상되고, 제2차 산업에서는 70만 명 정도의 증가에 멈추어서 34%에서 31%로 예상되며, 이에 반해 제3차 산업은 990만 명 정도의 증가로서 55%에서 63%로 예상되어, 제3차 산업이 지금 이후 매우 커다란 역할을 담당해 온 것을 알 수 있다.

생산액을 기본으로 전망하여 본다면, 제2차 산업은 총합해서 높은 생산성의 신장이 기대되고 있다. 그것은 일렉트로닉스, 바이오테크놀로지, 신소재 등의 연구개발, 항공 · 우주 등 신 분야의 기반으로 첨단기술 분야로의 생산성 고도화 및 높은 생산액이 예상되고 있다. 이 점으로 볼 때, 제조업이 일본 경제의 근간을 이루고 있다고 할 수 있다.

제3차 산업은 산업구조 가운데 서비스 산업 분야로서 개인서비스 분야, 사업소 서비스 분야로, 새로운 분야로서의 고도 정보화 사회를 진행시키는 것이 예상되고 있다.

취업구성이 제3차 산업으로 특화함에 따라 보다 단적으로 표현해서 지표로서 직업의 성질에 주목하고 직업구성에 있어서 그 변화를 보는 것이 적당하다.

직업구성은 4가지로 분류된다.

농림어 직종(농림 · 어업 작업자), 공업직종(채광, 채석작업자, 기능공, 생산공정 작업자), 정보 직종(전문적 · 기술적 직업 종사자, 관리적 직업 종사자, 사무종사자, 통신종사자) 및 서비스 직종(판매종사자, 운송종사자, 단순작업자, 보안직업, 서비스 직업 종사자)이다.

이 분류에 의하면 일본의 직업구조는 경제의 소프트화, 서비스화의 진전에 따라 농림어 직종에서 공업직종으로, 공업직종에서 서비스 직종, 그리고 정보 직종으로 그 비중이 옮겨간다. 그리고 21세기 초에 있어서도 이 경향이 계속되리라 예상된다.(그림 3.3)

한편, 경제의 소프트화, 서비스화, 국제화는 도시구조, 특히 토지이용의 전환에 커다란 영향을 주었다.

기성 시가지의 도심부, 혹은 도심 주변부 이너시티에서의 공장, 창고지역에 있어서 대규모 토지이용의 전환이 일어났고, 새로운 업무센터로서의 사무소

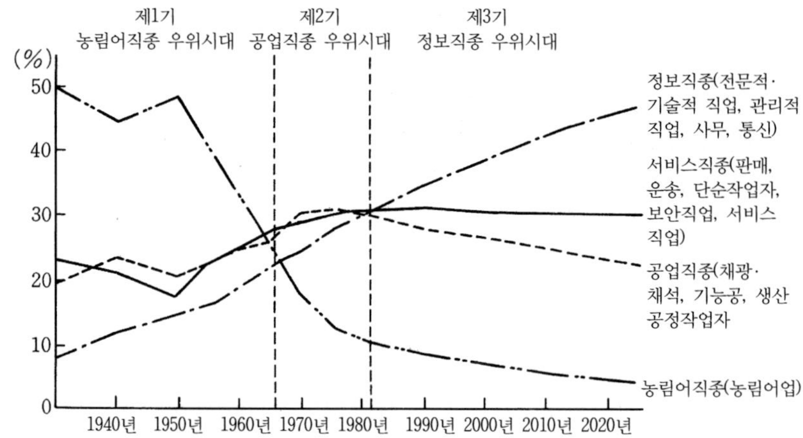

(주) 1. 1930~1950년 총리부통계국 「국세조사」에 의함.
2. 1955~1980년 총리부통계국 「노동력조사」에 의함.
3. 1980~2000년 국토청 「지역에서 서비스니즈와 서비스산업의 전망에 관한 조사」(1984년 3월)에 의함.
4. 2000~2025년 19810~2000년 경향을 기초로 國土廳計劃·調整局試算

출전 : 日本21世紀への展望, p.106, 国土庁

그림 3.3 직업별 취업구조의 전망

빌딩과 호텔 등의 복합시가지가 지역변경, 재개발로서 추진되어 왔다.

재개발사업에 있어서는 1969년 도시재개발법이 제정되어 많은 사업은 역전광장의 확대 또는 도로 확폭과 상업시설의 확충 등 소위 역전 재개발이었다.

그 후 토지이용의 전환과 고도화에 따라 1988년에 도시재개발법이 개정되었고 재개발지구계획제도의 발족을 보게 되었다. 근래에 있어서는 경제 소프트화, 서비스화에 대응한 가로 만들기라고 말할 수 있다.

대규모 토지이용 전환의 대상으로는 항만시설지구 재생화로서의 워터프런트 지구, 국공유지, 대공장적지, 국철시설적지 등의 기성시가지 내의 새로운 업무센터지구가 생겨났다.

도시 내 교통으로는 자동차 사회에 대응하는 가로 만들기가 과제가 되었다.

자동차 보유대수의 추이에 있어서는 전술한바와 같이, 1988년 보유대수는 5,600만대가 되었고, 전국평균 1세대당 대수는 1.36대, 1대당의 인구수는 2.2명이 되었다. 지역별로 보면 도쿄권, 한신권에서는 1세대당 0.9~1.2대로 전국적으로도 최저이며, 지방에서는 1세대당 2대에 가까운 현(縣)이 많아졌다.

1980년 이후, 특히 자가용 승용차가 전국적으로 보급되고, 도시를 중심으로 「시민의 발」에서 「국민의 발」이 되어 왔다. 이로 인해 지방의 국철이 적자노선이 되어 폐지 혹은 제3섹터로의 전환이라는 사태가 발생하고 교통수단의 혁명이 이루어져 왔다.

도시부에서는 자동차 사회의 가로 만들기로서 교통 질(質)의 또 다른 매크로 교통과 마이크로 교통의 정비방법이 과제가 되었다.

매크로 교통은 통근교통, 업무교통, 물류교통을 대상으로 하는 국철, 도로의 종합적 정비를 하는 광역도시권의 종합교통체계이다.

마이크로 교통은 도시 내의 중심부에 있어서 보행자공간의 상태, 보행자공간을 지원하는 자동차 교통이 있는 상태, 특히 주차장 · 주륜장 · 하역장의 정비방법 등의 지구교통체계이다.

3.6 세계 도시로의 인구집중

세계적으로 도시로의 인구집중의 동향을 보면 선진공업국과 개발도상국으로 그 양상이 서로 다른데 산업구조가 그 커다란 요인이라고 말할 수 있다.

일본에서의 도시화의 주요 요인이 사회, 경제상에 의한 것은 명확하지만 교통기술의 개발변혁도 커다란 요인이었다.

미국에서 도시화의 진행단계를 교통수단의 변혁을 통하여 보자.

미국의 독립선언은 1776년에 이루어져 당시는 대서양 연안부지역의 13주였다. 당시의 총인구는 390만 명이다.

현재는 50주, 총인구는 2억2,600만 명이고 국토면적은 일본의 25배이다. 1790년, 미국의 총인구 가운데 도시인구는 5.1%에 불과했다. 1900년에는 도시권 인구는 전인구의 31%이고, 1940년에는 50%를 넘어섰다. 이후 도시화의 파급은 계속되어 1980년에는 75%에 달하였다.

도시화로의 제 1파급 - 1830년~1920년 -

1830년, 미국 최초의 Common Carrier(공공운송기관)로서 철도가 조업되고, 철도건설에 의해 미국의 개척이 진행되어 1890년에는 전 국토에 철도의 전성기를 맞이했다.

도시교통의 수단으로는 1830년에는 마차철도였고, 1880년 말에는 동력이 말에서 전기로 대체되었다. 이 시기의 도시로는 1860년에 뉴욕의 인구는 80만 명을 넘어 필라델피아가 55만 명, 인구 10만 명을 넘는 도시는 볼티모어, 보스턴, 뉴올리언스, 신시내티, 세인트루이스, 시카고의 8도시였다. 현재 전 미국의 제2위의 인구를 가진 로스앤젤레스는 겨우 도시로의 성장기에 들어간 시기이다.

도시화로의 제 2파급 - 1920년~1950년 -

1890년대에는 새로운 교통수단으로서 자동차가 등장하였다. 1915년에는 보유대수 500만대, 1930년에는 2,500만대가 되면서 자동차산업이 급속히 거대산업이 되었다. 일본의 자동차 시대의 막이 오른 것은 1960년대 후반기로, 1955년에는 보유대수가 150만대였고 1965년에는 810만대였다.

도시화의 여파는 1920년에는 총인구 1억 명 가운데 도시권 인구가 44%에 달하였고, 1950년에는 총인구 1억5천명 가운데 56%에 달했다. 이 사이에 도시규모도 거대화되고 광역도시권을 형성해 왔다.

도시교통의 수단으로 20세기에 들어서 도시의 중심부에 고가철도나 지하철의 건설이 시작되어 통근교통으로서의 대량운송기관이 정비되었다. 동시에 고속도로의 건설도 도시와 그 주변, 도시 간에 있어서 정비되었다.

도시화로의 제 3파급 - 1950년 이후 -

제2차 대전 후, 새로운 교통수단으로 제트기 시대의 항공이 비약적으로 신장했다.

1910년대에 등장한 자동차는 1980년대에는 보유대수가 1억 6,000만대가 되었고, 자동차와 함께 항공기는 그때까지 도시교통인 철도의 독점을 파괴하고 자동차가 도시간의 주역이 되어 중장거리 여객의 대부분은 철도에서 항공기로 이동했다.

도시화의 여파로 1960년에는 총인구 1억 8,000만 명 가운데 도시권역 인구는 63%를 차지하였고, 1980년에는 총인구 2억 2,600만 명 가운데 74.8%가 되었다. 그리고 1960년 이후 도시권 내의 인구구조가 변화했는데, 도시권의 확대와 함께 중심도시의 인구는 감소하고 중심부의 주변인구가 증대하는 경향이 현저해졌다.

이것은 산업구조의 변화에 의한 제3차 산업의 비율이 증가함으로써 새로운 통신정보시스템의 기술혁신과 고속도로망의 확대와 교외화가 진행되고, 서버비아(Suburbia)의 시대가 된 것이다.

1980년대 이후의 새로운 조류는 제3차 산업 가운데 금융·서비스업의 확대와 경제의 국제화, 고도정보화의 진행에 의해 도시의 중심부에서 재개발에 의한 새로운 집적이 진행되었다.

표 3.8 세계 도시인구 비율(전 인구대비 %)

	1960년	1990년	2000년
일 본	63	77	78
미 국	70	75	77
프 랑 스	62	74	77
영 국	86	89	90
선진공업국	61	73	75
멕 시 코	51	73	77
중 국	19	33	47
브 라 질	45	75	81
한 국	28	72	81
필 리 핀	30	43	49
인 도	18	27	32
개발도상국	22	37	45
세 계	34	45	60

출전 : Human Developement Report, 1991. p.189, the United Nations Developement Programme(UNDP) 발행

주 : 先進工業國에서는 32개국이 포함되어 있다.
개발도상국에는 127개국이 포함되어 있다.

동시에 중심부에 있어서 커뮤니티의 재구축 특히, 도심주거의 재생화를 중심으로 커뮤니티의 강화책이 계획과제가 되었다.

한편, 도심회귀, 젠트리피케이션(gentrification)이라고 하는 새로운 움직임이 보이는 듯하였다.

미국에서 도시로의 인구집중은 전술한 것과 같으나, 본서에서 대상으로 하고 있는 선진공업국인 일본, 미국, 프랑스, 영국의 도시인구 비율을 국제연합의 「Human Developement Report, 1991년」의 조사에 의하면 표 3.8과 같다.

각국의 도시 인구비율이 1990년에는 74~89%에 달하고, 선진공업국(32개국)의 평균도 73%에 달하고 있다. 또한, 개발도상국(127개국)의 평균에서는 1990년에는 37%이며, 장래의 동향이 어느 정도 도시화가 되는지가 문제일 것이다.

벌써 1,000만 명 이상의 도시화가 진행된 나라인 멕시코, 브라질은 1990년에 70% 이상의 도시화율을 차지하고 있고, 중국은 도시화율이 낮지만 거대도시가 출현하고 있다.

세계 전체적으로도 도시화가 진행되고 있고, 도시문제는 세계적 시야에서 다양화될 것이 예상되고 있다.

참고문헌

1) 「第四次全国総合開発計画」国土庁，1988 年
2) 「日本 21 世紀への展望」国土庁計画・調整局編，1984 年
3) 鈴木信太郎「アーバン・ルネッサンス　アメリカにおける都市再開発」土木施工，山海堂，1985 年 7 月号
4) “Human Development Report 1991” United Nations Development Programme (UNDP)

4 대도시권 계획의 주조

4.1 런던 대도시권

4.1.1 산업혁명 전후의 런던

런던의 역사는 정치, 경제, 사회의 시대배경에 의해 도시의 윤곽을 변화시켜 오늘날의 런던 대도시권을 형성시켜 왔다.

20세기 전의 고대 로마군에 의하여 건설된 도로가 오늘날에도 런던 중심부의 교통도로로 사용되어지고 있다.

18세기, 영국에서 시작된 산업혁명에 의해 도시화가 진행되어 런던의 인구도 1660년대의 46만 명에서 1830년에는 147만 명으로서 세계에 군림하는 대도시가 되었고, 1901년에는 453만 명이 되었다.

도시계획에서는 1666년의 런던 대화재의 개조계획이 크리스토퍼 렌 경에 의해 제안되었지만 현실화 되지 못했다.(그림 4.1) 이 대화재 이후 종래의 목조건물이 금지되고, 오늘날 보이는 렌가 돌의 거리 모습으로 변화했다.

렌의 런던 계획의 도로 특징은 직선과 광장을 강조하는 르네상스 디자인으로서 그 후 오스만의 파리 중심부 개조, 엔팡트의 워싱턴 계획에서 재현되었다고 한다.

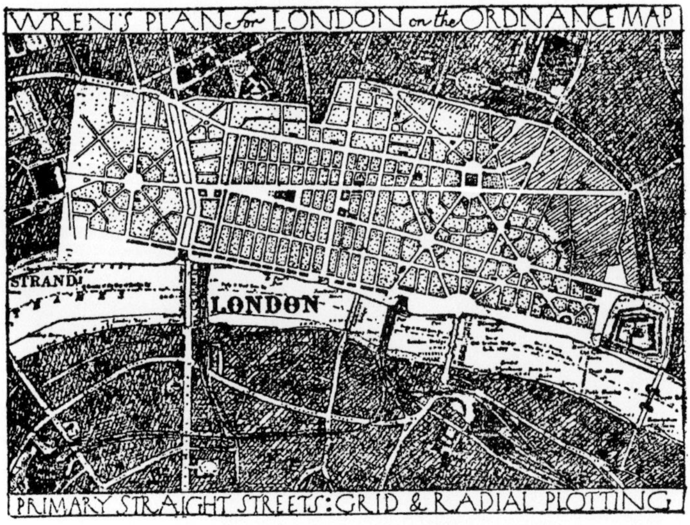

그림 4.1 렌의 런던 개조계획

런던 대화재 후, 시역(市域)의 확대와 함께 시티 주변에 세인트제임스 파크, 그린파크, 하이드 파크, 리젠트 파크가 17세기에 완성되었다.

17세기말 당시 네덜란드 암스테르담에서 런던은 세계의 금융 중심이 되었고, 18세기에는 영국이 세계 육지의 1/5을 지배하여 세계를 군림하였던 시대로 제1차 세계대전까지 계속되었다. 그 후, 미국의 뉴욕으로 이어질 때까지 런던이 세계도시로서 지배하였다.

산업혁명은 도시를 크게 변화시켰다. 즉, 석탄에너지의 개발, 기계공업의 발전, 증기기관차의 발명에 의한 교통혁명, 그리고 농업생산력의 증대를 수반하는 농촌에서 도시로의 인구 유입으로 인해 도시의 규모가 확대되고 도시인구가 급증했다.(그림 4.2)

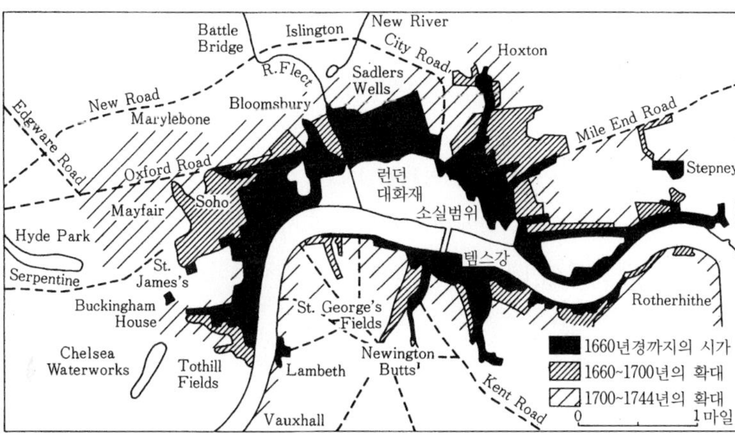

그림 4.2 18세기 중엽까지의 런던 시가의 확대

출전 : The Geography of Greater London

런던의 중심인 시티에서 당시의 패션은 남성이 다크 슈트로 몸을 감싸고, 포럴(poral) 모자와 박쥐우산, 그리고 「타임즈」를 감아 잡은 모습이었는데, 매일 통근을 위한 패션이 당시의 라이프스타일을 대표하고 직장과 주택의 분리를 처음 시도했다.

4.1.2 대도시권의 시동

산업혁명 이후의 도시는 이상하게 팽창 발전하였고, 한편으로는 무질서한 도시를 확대하고, 다른 지방에서는 중심부가 과밀하지 않았음에도 불편하고 비위생적인 도시를 출현시켰다. 그 개선이 도시계획의 과제였다.

이러한 과제에 대한 해결책으로 19세기말에 에베네저 하워드(Ebenezer Howard)의 전원도시론이 발표되었고, 전원도시로서 레치워스, 웰린이 탄생했다.

이 전원도시의 탄생에 대해서는 2장 2.2에서 서술해 놓았다. 하워드의 이론은 대도시를 거대화 시키지 않는 것이 기본이고 런던의 집중을 분산화 시키는 것이 전략이었다.

한편, 런던의 윤곽을 확대해서 새로운 행정구역을 결정한 것이 1888년의 지방행정법(Local Government Act)이다. 런던에서는 시티를 중심으로 인접하는 28개의 런던 특별구(brough)를 창설하고, 런던 현(London Country Council LCC)을 결정했다. 이것으로 런던의 행정기관으로서 현(縣)과 구(區)(LCC과 brough)의 이중행정제도가 되었다. 대도시권에 대응하는 행정제도이다. 런던의 윤곽은 직경 동서 약 13㎞, 남북 10㎞ 정도의 타원형 130㎢의 면적이다.

도시계획제도는 산업혁명에 기인하였던 도시로의 인구집중화를 배경으로 하는 과밀, 비위생 시가지에 대해 주택수준의 향상과 노동자주택의 공급을 목적으로 하는 공중위생법 및 주택법을 가지고 대응해 왔다.

1890년의 주택법에 의해 LCC는 시티와 그 주변의 과밀 · 비위생 등 슬럼지구의 해소를 도모하여 약 20개소 지구의 개량을 시행했다. 오늘날, 런던의 중심부에서 볼 수 있는 소공원을 중심으로 한 중정을 가진 주택가(5층 건물)이다.

1894년의 런던 건축물법(London Building Acts)에 의해 건축물의 높이 한도를 100피트로 결정했다. 이것은 후에 일본의 시가지 건축물법의 높이 제한에 적용되었다고 한다.

각각의 개발은 마을가꾸기 중에서 위치를 설정하고, 주변의 토지이용과의 조정이란 문제해결은 1909년 주택 · 도시계획법(Housing, Town Planning, etc. Act)의 법제화에 의해 명확히 했다.

1909년 법에서는 특히 교외지역에 있어서 급격한 개발의 질서 확립을 위해 지방공공단체가 도시계획을 결정하는 것이 가능하였고, 뒤이어서 개발을 규제하는 것이 가능하게 되었다.

1932년 법에서는 도시계획의 정책권한을 교외지역에 한정하게 되었고, 기성 시가지 및 개발 가능성이 없는 지역에 대해서도 인정하고, 정책범위에 관한 제한으로는 현행 도시농촌계획법과 동일한 사고방식이었다. 즉, 계획을 정할 필요가 있는 지역에 대해서 일괄적으로 계획을 책정하는 것이다.

런던의 교통은 공공교통으로서 1829년에 승합마차(horse-drawn omnibus)가 도시에 등장한 것이 처음이다. 그 후 20년간은 승합마차가 주요한 역할을 해 왔다.

증기기관차에 의한 철도의 등장은 1836년이고, 1850년~1860년대에 걸쳐 통근자를 위한 교통으로서 도시지역의 확대를 수반하는 단거리 교통으로서 노면철도(tram)가 건설되었다.

철도 터미널은 중심지역의 외곽녹지지대로 위치하고, 중심부에 진입하는 것을 금지한 것은 1846년이었다. 오늘날 런던 교외철도의 터미널에서 그 모습이 남아 있다.

그 후, 런던 중심부에서의 도로교통은 혼잡이 극에 달해왔다. 그 해결책으로 지하철이 등장하였고, 1863년에는 약 5km가 철도터미널을 연결하는 노선으로서 개통되었다. 세계 최초의 지하철이며 동력은 증기기관차였다.

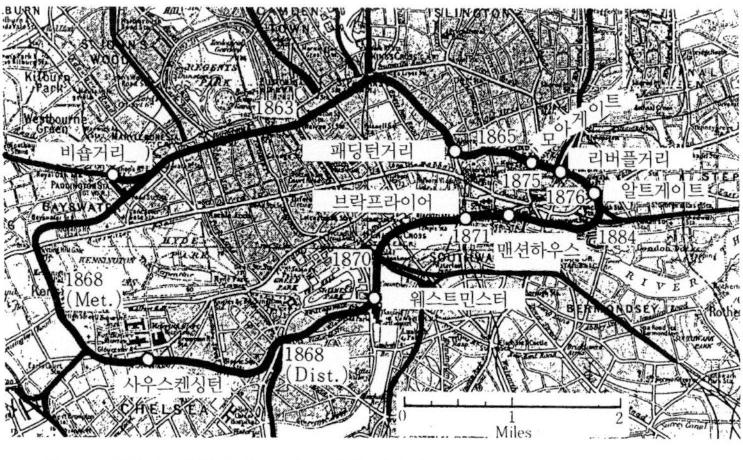

그림 4.3 런던의 지하철 이너-서클선의 건설시기(1863~1884)와 교외철도 터미널

이 노선은 그 후 1882년에 이너 서클 순환선으로 완성되었고, 오늘날 런던 지하철망의 중심이 되고 있다. 순환선은 종방향이 약 4㎞, 횡방향이 약 9㎞이고, 도쿄의 야마테선(山手線)보다 1회 작은 순환선이다.(그림 4.3)

튜브(tube)라고 불리는 실트공법에 의한 지하철 건설은 시티의 중심 뱅크에서 템스 강의 하저를 남하하는 노선으로서 1890년~1908년에 건설되었다.

1908년에는 오늘날 런던 지하철망의 대부분이 개통되었다. 당시 런던의 인구는 450만 명 이상으로 세계 최대의 도시였다. 그 무렵, 파리나 뉴욕에서는 최초의 지하철이 개통하는 시기였다. 도쿄에서는 64년 늦은 1927(昭和2)년에 아사쿠사(浅草)-우에노(上野)에 처음 지하철이 개통되었다.

이상과 같은 철도망의 건설에 의해 교외부에 저밀도의 주택지가 형성되었다. 중심부로 통근하는 형태가 나타나고, 시티에 3차 산업의 고용이 증가하여 1850년경부터 시티의 야간인구가 감소함으로써 시티의 최대인구가 14만 명이었던 것이 1900년에는 2만 명이 감소했다. 시티는 오피스 지구가 되었고, 신문사가 시티의 서측 프리드 스트리트에 집적했다. 직주분리에 의해 도시화가 한층 확대되었으며, 이것은 오늘날의 도시활동 패턴의 원형이 되었다.

한편, 런던의 환경적 측면에서 볼 때 런던 명물이라고 일컫는 스모그 거리도 있다. 당시의 에너지원은 석탄이었는데, 석탄이 타면서 나오는 스모크(Smoke, 煙)와 포그(Fog, 霧)의 합성어인 스모그로 불려진 거리이며 1873년~1892년 사이에는 다수의 사망자가 나올 정도였다. 1952년 12월에는 4일간 4,000명의 사망자가 나왔다는 기록이 남아 있다.

4.1.3 런던 도시권계획의 창설

영국의 제2차 대전 후의 도시정책, 지역정책의 방침을 명확하게 한 것이 1940년의 바로우 보고서이다.

1937년, 정부는 바로우 경(Sir Montagu Barlow)을 위원장으로 하는 왕립위원회(Royal committee of the Geographical Distribution of the Industrial Populations)를 설립하고, 2년간에 걸친 심의 결과 1940년에 보고서가 제출되었다.

보고서에서는 런던 등의 과밀지역과 스코틀랜드 등의 저개발지역에서 똑같은 문제를 표출하였고, 대도시지역으로의 인구와 산업의 집중에 의한 폐해는 집적의 이익을 넘어서고 있다는 인식을 기본으로 인구, 산업의 과밀지역에서의 분산과 저개발지역의 촉진을 링크하여 국토의 지역적 밸런스를 도모할 수 있다고 제안하고 있다.

런던에서는 과밀한 인구와 고용-특히, 공업과 그 인구를 기성 시가지의 외측에 새로운 산업과 주택, 그리고 녹지를 가진 자기완결적(Self-contained)인 신도시를 건설하고 이전시키는 것을 제안하고 있다. 또 한편으로는 런던의 기성 시가지 주변의 농촌지대를 그린벨트로 만들어 도시의 확대를 방지하는 방안을 제안하고 있다.

바로우 보고서가 원동력이 되어 그 후 일련의 법제도가 정비되었다. 그것은 1945년의 산업분산법(産業分散法), 1946년의 뉴타운법, 1947년의 도시농촌계획법의 개정이다.

특히, 1947년의 도시농촌계획법(都市農村計劃法)은 오늘날 영국의 도시계획법의 원형을 이루고 있는 것으로 평가되고 있다.

이 법에서는 다음의 여러 점이 강조되고 있다.

① 계획 작성을 지방공공단체에 의무사항으로 정하고 있다.

② 개발행위의 허가제도를 충실히 하여 어떠한 개발도 지방공공단체의 허가 없이는 금지되도록 되었다.

③ 토지의 개발권이 필요한 보상조치를 약속한 것에 더하여 국유화시켜(개발권의 국유화), 개발 행위의 허가를 받은 경우에 그 개발가치에 맞는 개발부과금을 부과함과 동시에 수용할 경우에는 현재의 이용가치에 맞게 보상하는 것이다.(綜合開發地區 Comprehensive Development Area CDA제도의 창설).

이 내용은 오늘날, 일본의 신개발·재개발에 있어서 개발이익과 개발부담의 방식, 개발보상의 기준에 따른 유효한 기준으로서 평가되고 있다.

한편, 도시계획의 계획 면에서 바로우 보고를 배경으로 애버크럼비(Sir Patrick Abercrombie)는 런던지역에 구체적인 계획을 제안했다.

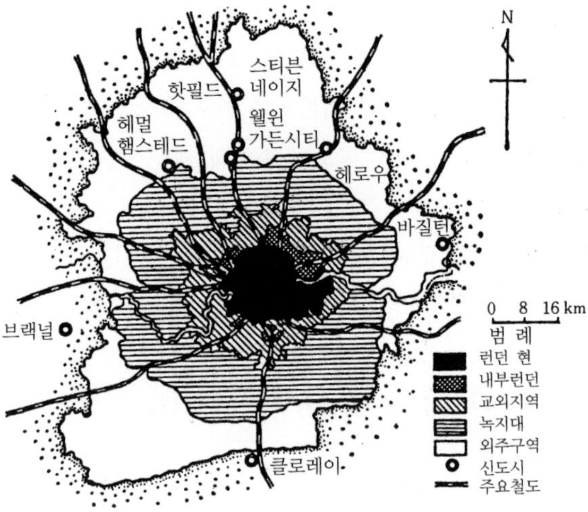

그림 4.4 대런던 계획과 뉴타운

1944년 도심주위 반경 50km의 구역에 대해 대런던 계획(Greater London Plan)이 시행되었다.

대런던 계획에는 런던의 확대에 대한 억제를 목표로 하여 하워드의 전원도시론을 전개하고, 녹지대(Green Belt)의 설정과 신도시(New Town)의 건설이 이루어졌다.

계획구상으로는 기성 시가지와 거기에 접하는 내부 시가지(폭 5~8km)의 교외지역을 설정하고, 그 외측에 10~20km 폭의 녹지대를 설치하고, 또한 외측의 주변에 외주구역을 지정하여 그 안에 뉴타운 8개소를 건설하는 것이다.(그림 4.4)

대런던 계획은 그 후, 도쿄의 수도권정비계획의 원형이 되었다.

애버크롬비의 계획은 그 후 1940년대~1950년대에 걸쳐서 법적 효력을 얻어 런던(LCC)에 의해 사업화 되었다. 그린벨트에 있어서는 계획 이전부터 그 필요성이 확인되었고, 1938년 법적으로 결정되어 주변부 농지의 매수가 진행되었다. 또한, 뉴타운 건설은 1946년의 신도시법으로 사업화 되었다.

1963년에는 대런던 법(London Government Act)이 결정되었다.

그림 4.5 대런던 도시권의 지역별 구조

이것에 의해 런던(LCC)은 폐지되었고 대런던(Greater London Council ; GLC)이 설치되었다. 런던의 윤곽은 LCC의 약 2배로 확대되어 도시라기보다는 지역으로 변했다고 할 수 있다. 대런던 GLC는 32구(brough)와 시티를 포함한 지역으로 지방행정체가 되었다. 여기서, 런던의 행정조직은 정부와 지역의회, 자치의회의 3단계 행정구조를 가지게 되었다.

대런던 GLC는 이너 런던(12구)과 아웃 런던(20구)으로 구분되었고 이너 런던의 중심에 런던시가 위치했다. 이너 런던의 외곽은 대체로 10km 권에, 아웃 런던의 외곽은 대체로 30km권이 된다.(그림 4.5)

대런던 청(庁)(GLC)은 1969년에 대런던 도시권정비계획(Greater London Development Plan)을 결정했다.

이 계획은 그 후 1976년과 1984년에 개정되었다. 이들의 개정 배경에는 인구동태 및 산업구조의 변화가 커다란 요인이 되고 있다.

1888년, 런던(LCC)이 창설되었던 무렵 런던의 인구는 383만 명이었고, 시티의 인구는 5만 명, 그리고 교외부의 아웃 런던에서는 94만 명이었다.

애버크럼비의 계획발표가 있었던 1940년대에는 이너 런던의 인구는 400만 명이었는데 1901년의 453만 명을 최고조로 하여 감소해 왔다. 이에 비해 아웃 런던의 인구는 1901년의 200만 명에서 1941년에는 470만 명으로 배가 증가했다.

이너에서 감소하고 아웃에서 증대하는 형으로 전체적으로는 대런던으로, 1901년에 658만 명, 1941년에는 872만 명이 되었고, 대런던(GLC)의 최대인구가 되었다.(표 4.1)

표 4.1 대런던의 인구추이 (단위 : 1,000명)

연 차	시 티 (1)	이너 런던 (2)	아웃 런던 (3)	대런던(GLC) (2)+(3)
1851	127	2,363	332	2,685
1888	50	3,830	940	4,770
1901	26	4,536	2,050	6,586
1941	–	4,013	4,715	8,728
1951	–	3,348	5,000	8,348
1961	–	3,195	4,977	8,172
1971	4	3,032	4,420	7,452
1981	5.4	2,591	4,261	6,852

대런던 도시권정비계획(GLDP)의 커다란 특징으로는 그린벨트, 뉴타운, 내부의 구조계획을 들 수 있다.

이들 계획은 인구, 경제, 사회와 함께 개정되어 왔다. 특히, 커다란 전환점으로는 당초의 애버크럼비의 계획에서 1973년의 오일 쇼크(oil crisis)까지의 시기와 그 이후의 경제구조의 개혁 시행 움직임이다.

4.1.4 대런던 도시권계획의 개정

영국에서는 1970년대의 오일 쇼크 이후, 선진국 중에서도 그 성장률이 감소하여 최저가 되었다. 실업률은 1983년에는 12.9%로 최악이었다. 고용감소 대부분은 제조업을 비롯한 제2차 산업이었다.

「영국병」이라고 불리는 이러한 경향은 1986년의 「빅뱅」으로 금융의 증권취인법의 개혁에 의해 영국경제의 재활성화정책(再活性化政策)으로 전환하고, 금융·보험·서비스업 등의 3차 산업이 증가했다.

이러한 영국경제의 동향은 런던 내에서 나타나고 있다.

대런던 도시권의 인구는 1971년부터 10년간 60만 명이 감소하였고 1981년에는 685만 명에 이르렀는데, 특히 이너 런던에서의 감소율이 높다.(표 4.1 참조).

1971년과 1981년의 대런던권의 취업인구 구성을 보면, 제조업은 전업종의 26.6%에서 19%로 감소하고 서비스업은 52.7%로 증가하였는데, 특히 런던 중심부에서는 68.4%에서 76.4%로 확대되었다. 탈공업화 사회로의 전환이다.(표 4.2)

표 4.2 대런던 도시권의 지역별 취업인구 추이

	런던 중심부		이너 런던		아웃 런던		대런던	
	1971	1981	1971	1981	1971	1981	1971	1981
농업	0.1	0.1	0.1	0.1	0.3	0.1	0.2	0.1
제조업	14.2	9.6	22.3	16.2	29.7	20.7	26.6	19.0
서비스업 (유통·공무등)	68.4	76.4	54.2	65.0	51.6	59.9	52.7	61.7
교통·공익업	7.3	8.0	11.5	11.1	11.1	11.5	11.3	11.4
건설업	4.0	3.6	6.3	6.1	6.3	6.9	6.3	6.6
취업인구(천명)								
1971	349.1		1,518.6		2,145.8		3,664.4	
1981	232.6		1,119.4		1,959.3		3,078.7	
증감률(%)								
1971–1981	−33		−26		−9		−27	

출전 : H.V. Savitch「Post-Industrial Cities」P. 186 Table 6.1

취업인구는 이 10년 동안 런던 중심부에서 33%, 이너 런던에서 26%, 아웃 런던에서는 9%가 감소하였는데, 특히 중심부의 감소가 1/3로 대폭 줄어들었다.

도시계획에 있어서도, 이 런던의 재활성화 정책이 강력하게 추진되었다.

대 런던 도시권 정비계획을 살펴 보면 1969년의 결정 이후 1976년, 1984년에 이루어졌다.

다음으로, 대런던 도시권정비계획(GLDP)의 주요계획에 있어서 그 변천을 보기로 하자.

(1) 그린벨트

그린벨트는 런던계획의 진면목이며 거대도시의 무질서한 확대를 억제하는 정책으로서 결정되어 갔다.

당초의 그린벨트의 설정위치를 이후 계획에서 보면 외연적(外延的) 확대를 보여주고 있다.

1964년 당초 계획에서는 도심(챠링 크로스)에서 10~15mile(16~24㎞)에 설정하고 그 외측에 뉴타운을 지정하였으나, 그 후 시가화의 확대에 의해 1976년, 1984년 계획에서 그린벨트는 외연화하고, 오늘날에는 대런던(GLC)의 외주부(外周部)에 설정되어 오고 있다.

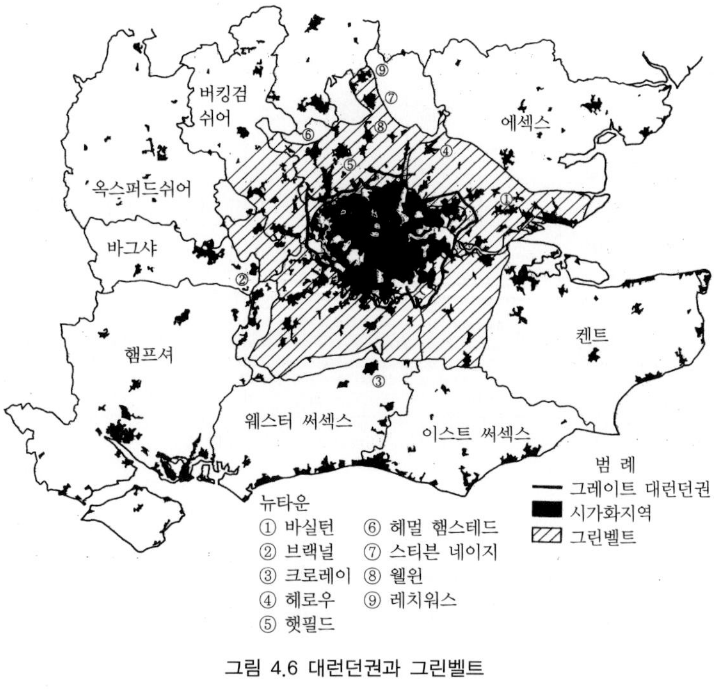

그림 4.6 대런던권과 그린벨트

1976년「동남부 잉글랜드의 전략계획(Strategic Plan for the South East)」(전술)의 도면(그림 4.6)을 보면, 당초의 뉴타운이 그린벨트 내에 흡수되어 있다. 대런던(GLC)은 그린벨트를 침식하는 개발을 방지하기 위한 정책을 실시하고 있다.

이후의 문제로는 그린벨트 내를 통과하는 고속도로 25호선에 의해 억제정책이 침범당하지 않도록 환경정책상의 조치와 함께 강력한 개발억제조치를 지속하고 있다.

오늘날 그린벨트의 새로운 역할은 런던 시가지에 접하는 확대된 오픈스페이스로서 광역적 환경대책의 역할, 그리고 지역주민의 레크리에이션의 장, 중요한 공간을 제공하는 장으로서의 역할이 강조되고 있다.

(2) 뉴타운

뉴타운은 런던의 과밀지역에서 인구와 공업의 분산정책으로 채택되어 마을 가꾸기로서 기본적으로 직주근접의 자기완결형(Self-contained)으로 밸런스를 가진 지역사회를 목표로 하고 있다.

1940년대 당초 계획에서의 뉴타운은 기성 시가지에서 분리되어 위치하고 계획인구 5~6만 명 규모의 마을을 목표로 하고 있다.

그 후, 1960년대 중반에 발표되었던「런던에 관한 백서」,「동남부 잉글랜드 조사보고」등의 조사결과를 기준으로 뉴타운의 계획규모에 맞는 기정 노선을 변화시켜 대폭 확대했다.

기정의 뉴타운 계획인구를 50% 정도 확대하는 것과 기성 소도시의 확대에 의한 뉴타운 건설이 우선 실시되었다. 그 무렵, 자동차교통에 대한 대책으로서 차와 인간의 분리, 보행자 거리의 확립 등의 교통대책이 계획에 함께 포함되었다.

다음 단계에서는 종래의 런던에서 넘친 인구(overspill)의 수혈처방으로서 뉴타운 형성방법에서부터 지역개발로서의 대형 뉴타운으로 뉴 시티의 건설이라는 런던에 대항할 수 있는 카운터 마그넷으로서의 위치를 부여해 주는 방법을 도입하였다.

뉴 시티로 지정된 제1호는 밀턴 킨즈(Milton Keynes)이다. 계획면적은 기존의 마을을 포함해 9,000㏊의 지구에서 최종인구는 30만 명이다.

주택정책에 있어서 그 소유관계를 가진 임대주택(借家)의 비율을 반반으로 하여 새로운 정책으로 민간자금을 도입한 점에서도 주목할 수 있다.

밀턴 킨즈는 런던 중심에서 70㎞ 떨어져 있다. 그린벨트의 외측 지역이다.

런던 대도시권은 그 영향권역을 확대하고 동남부 잉글랜드 지방(반경 100㎞)을 계획대상 지역으로 하였다.(그림 4.7)

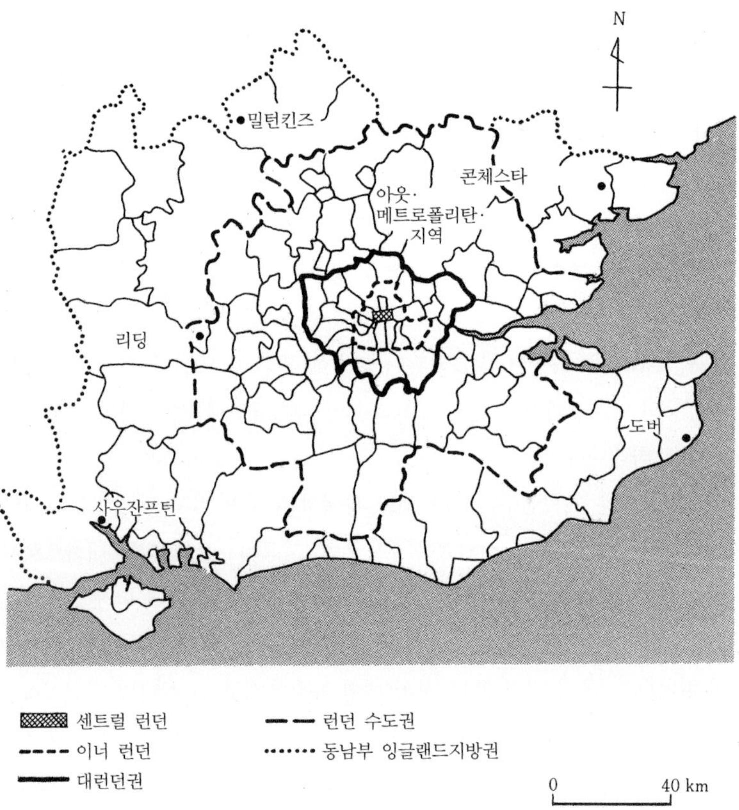

그림 4.7 런던에 있어서의 계획권역

이러한 권역 확대에 따라 1971년 주택 및 지방자치성과 동남부 잉글랜드 경제계획심의회의 공동작업에 의해 동남부 잉글랜드 전략계획(Strategic Plan for the South East)이 보고되었다.

이 보고서에서는 지방개발로서의 뉴타운을 방사형 고속도로를 축으로 하는 외주지역에 건설하는 것을 제안하였는데, 그 일부가 밀턴 킨즈이다. 동남부 잉글랜드 지방권(the Suth East Region)이지만 대런던권과 주변 12군(country)으로 구성되고 영국의 지방권으로서는 최대이다.

1981년 인구는 1,700만 명으로 영국 인구의 1/3을 차지하였고, 대런던권의 인구는 전국의 40%를 차지하고 있다.(표 4.3)

표 4.3 동남부 잉글랜드 지방권의 인구추이 (단위 : 1,000명)

연 차	대런던권 (1)	외주부 (2)	합 계 (1)+(2)
1901	6,586	2,923	9,509
1941	8,728	4,457	13,185
1961	8,172	6,253	14,425
1971	7,452	—	—
1981	6,852	10,200	17,052

동남부의 인구추이를 보면, 대런던권에서는 1941년에 872만 명으로 최대 인구였으나, 그 후 10년간 60만 명의 페이스로 감소하여 대런던권을 제외한 동남부 외주부(the Rest of the South East ROSE)에서는 1941년의 445만 명에서 대런던권의 감소인구를 상회하는 증가를 계속하여 왔다.

이 일은 지금까지 계속되었던 대런던권에서의 인구와 공업의 억제정책에 의한 것으로서 외주부(ROSE)에서는 뉴타운, 뉴시티, 기성시가지의 확대계획(Expanding Town)에 의해 인구증가가 진행해 왔던 것이다.

이러한 의미에서 1981년 1,700만 명의 인구는 런던 전체의 성장을 나타내는 수치라 할 수 있다. 그러나 1970년대의 오일 쇼크 이후, 산업구조의 변화에 의해 지금까지의 정책을 기본적으로 변경시키지 않을 수 없게 되었다.

1976년 동남부 잉글랜드 전략계획이 개정되었다. 개정전략으로는,

① 런던 외주부(ROSE)에서의 인구와 직장을 가진 개발계획을 기본적으로 축소하기로 한 일, ② 동시에 최우선 계획으로서 런던 문제의 해결, 특히 중심부에서의 새로운 업무수요에 맞는 계획을 하기로 하였다.

이 새로운 어프로치는 런던에서의 직장과 인구의 유출률을 저하시켜 런던에 입지하려는 새로운 탈공업 산업(脫工業 産業)을 위해 인구 유입을 촉진하기 위한 필요 조건이었다. 이것에 의해 종래의 런던 대도시권에 대한 정책은 180도 방향 변환을 하게 된 것이다.

대런던청(GLC)도 정부의 방침에 따라 런던 내부의 재활성화를 위해 구조계획을 다시 고치게 되었다.

그린벨트에 있어서는 종래대로 그 존속의의를 인정한다. 그리고 외주부(ROSE)의 군(Country Council)에서는 개발계획을 억제하는 방향이 되었다.

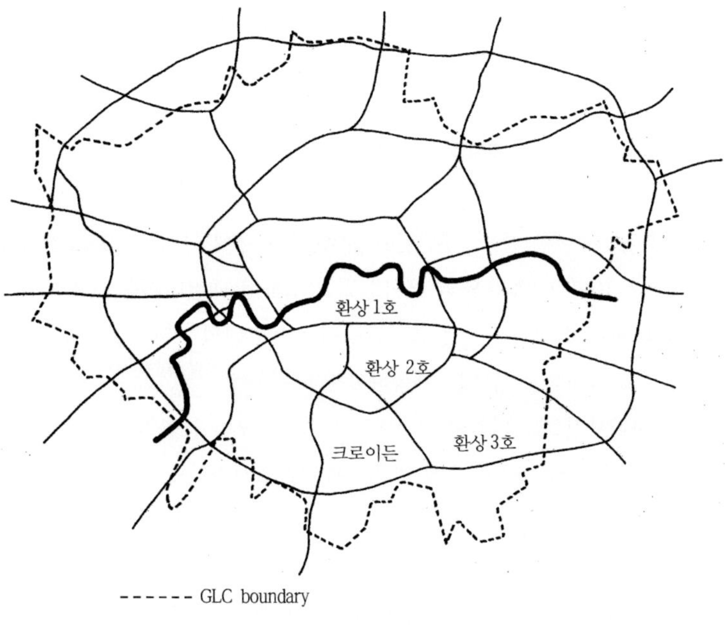

그림 4.8 대런던권의 순환도로계획

(3) 내부의 구조계획

1969년의 대런던 도시권정비계획(GLDP)에서는 런던의 내부구조계획으로서 도시구조를 기본적으로 개조하기 위해 장래의 토지이용계획과 교통계획과의 정합성을 고려하여 3개의 순환고속도로계획을 제안했다.

순환 1호선은 도심을 감싸는 박스형(箱型)의 도로로서 그 외측에 순환 2호선, 그리고 대런던권의 외곽에 순환 3호선을 배치하였다.(그림 4.8) 계획은 이들 간선도로의 기능에 의해 자동차교통의 혼잡을 완화시켜 시민생활의 수준을 향상시키려는 시도였다. 그러나 그 후 런던 중심부의 교통대책으로서 중요한 역할로 기대했던 순환 1호선은 시민의 반대로 1976년의 GLDP에서 폐지되었다.

현재, 순환 2호선은 A 406호선, A 205호선, 순환 3호선은 고속도로 M25호선으로 대부분 완성되어 공용되고 있다. 그런데 내부의 구조계획에서는 1960년대, 1970년대, 1980년대의 대런던 도시권 정비계획에 있어서 커다란 변화를 보이고 있다.

1960년대에 들어서는 진후의 선재지구(戰災地區) 부흥계획으로서 시티 내의 바비칸지구(Barbican 25hα)의 재개발이 진행되었다.

이 지구는 당초 상업업무중심의 재개발로 검토되었으나 1957년에 도심주거의 핵으로 재개발을 하기로 하였고, 1947년의 법에 기초한 종합개발지구(CDA)로서 지정되었다.

그 후, 1968년 도시농촌계획법에 의해 액션 에리어(Action Area)제도가 탄생했다. 이 제도는 10년 이내에 커다란 토지이용의 변화가 예정된 지구의 재개발로 전자의 CDA에서 대체된 것이다.

1976년의 대런던 도시권 정비계획(GLDP)에서 런던 도시구조로서의 사고방식은 중심지역의 집중을 억제시켜 대 런던권, 특히 아웃 런던에 주요 센터를 설정하고 취업의 장으로서 도시생활을 촉진시키려는 분산형 거점주의이다.

이를 위해, 센트럴 런던에서의 새로운 업무활동을 제한하고 주변 각 구에 중심적 전략센터(Strategic Center)를 28개소, 업무지구 40개소, 새로운 도시형 공업지구 40개소를 배치하려고 했다. 각각의 센터는 액션 에리어로서 검토되었다.

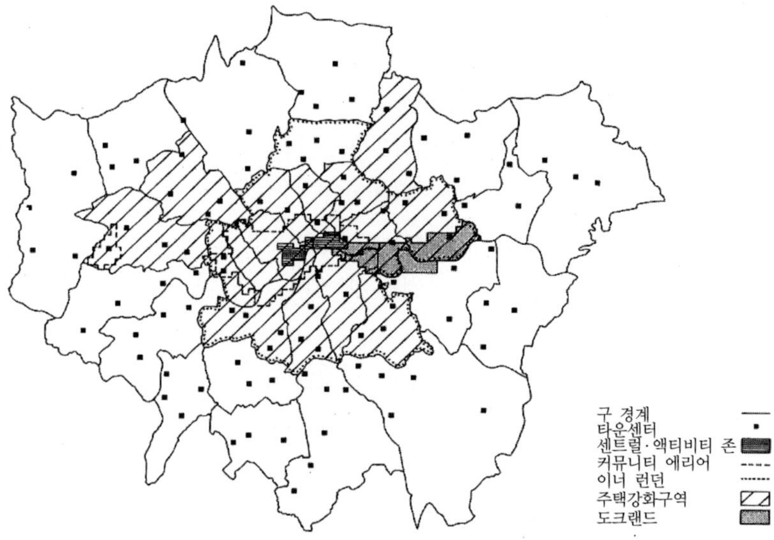

그림 4.9 대런던 도시권정비계획(GLDP 1984)

그 후, 오일 쇼크 이후 산업구조 변혁에 대응하여 1976년의 동남부 잉글랜드 전략계획을 받아 런던 내부를 강화하는 구조계획이 대폭 수정되었다.

1984년의 대런던 도시권 정비계획(GLDP)에서는 런던 내부의 재개발을 우선적으로 지역 지정을 하여 다음과 같이 전략적 도시구조로 전환하였다.(그림 4.9)

(a) **센트럴 액티비티 존**(Central Activites Zone CAZ)

이 지역은 수도로서 또한 세계도시로서 런던 중심핵에 위치하고 금융, 관광, 유행, 문화, 오락의 중심지구로서의 상업·업무빌딩 등 재개발을 촉진시켜 지역의 재활성화를 도모하려는 것이다.

지역 내에는 피카델리 서커스, 트라팔가 광장, 챠링 크로스, 시티가 포함된 중심부이다.

(b) **커뮤니티 에리어**(The Community Area)

CAZ의 외주부의 커뮤니티를 보전하기 위한 지역이다. 이 지역은 18세기 이후부터 오랜 주택지역이었고 인구급감 지역이기도 하다. 커뮤니티 에리어의 지정에 의해 CAZ에서 오피스나 호텔이 이 지역에 침입하는 것을 방지하고, 오래된 거리의 질서를 보전하고 인구의 유출을 방지하기 위하여 지역에 필요한 서비스업이나 고용을 확보하려고 하는 것이다. 한편으로는 지역의 환경을 지키고 지가의 폭등을 억제하는 것이 커다란 과제이기도 하다.

(c) 이너 런던(Inner London)

런던 대도시권 내 이너 런던의 인구 및 취업인구가 격감하고 있었다. 1971~1981년의 10년 사이에 이너 런던에서의 취업인구는 26%, 40만 명이 감소했다. 특히, 제조업의 격감에 대한 서비스업의 증가라는 경향 속에서 탈공업화가 진행되고, 이러한 경향을 받아 이너 런던의 재구축이 긴급 과제였다.

1978년 내부시가지정비법(Inner Urban Area Act)이 제정되었다. 런던에서는

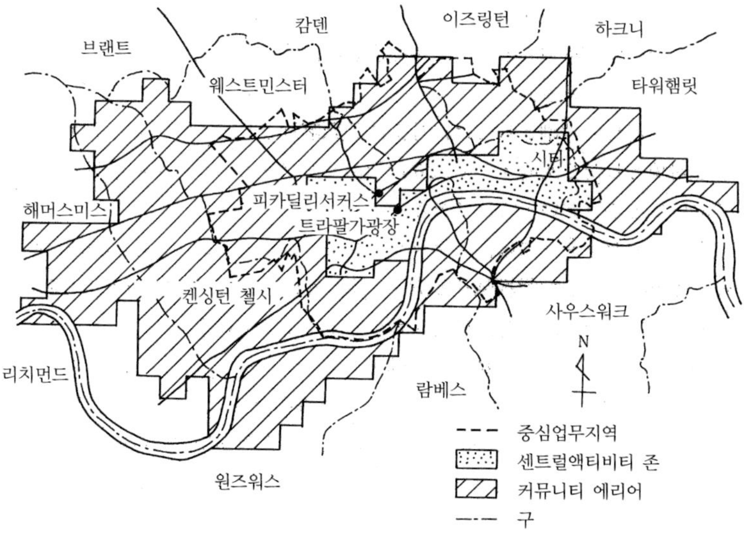

그림 4.10 런던의 중심활동지역과 커뮤니티 에리어 플랜(1984년)

CAZ의 외측인 이너 런던이 지정되어 커뮤니티 에리어가 포함되었다.(그림 4.10)

내부시가지정비법에 의해 이너 런던 내의 쇠퇴했던 1,100㏊의 공업지역을 정비지역으로 지정하고, 장기 저리의 공적자금을 대출하여 새로운 도시형 산업으로의 이행과 함께 지구개선정책의 조성사업을 행하고 있다.

이 외에 이너 런던의 문제인 인구감소에 의해 18세기 이래 노후화한 주택개량과 지역환경의 개선, 교통혼잡, 교통공해 등의 교통환경의 개선, 노후화한 교량 등 공공공익시설의 복구, 한편으로는 고령자, 홈레스(homeless), 에스닉 등의 사회적 약자의 구제시책 등을 하고 있다.

(d) 타운센터(Town Center)

1976년 계획에서 전략센터를 1984년 계획에서는 타운센터로 명칭을 변경하였다.

타운센터는 타운 런던과 이너 런던에 계획되고 있지만, 이번의 변경으로 이너 런던에 중점을 두고 있다.

타운센터의 성격은 부도심 혹은 부부도심인 지역의 센터로서 생각할 수 있고, 고용의 장으로서 새로운 오피스 입지형 혹은 새로운 도시형 공업 입지형을 중심으로 한 소매점 등의 상업시설을 효율적으로 집중시킨 지구를 목표로 하고 있다.

또한, 사회적 문제해결로서 직장에서는 여성과 고령자를 대상으로 한 2차적 오피스 입지형 센터도 있다. 통근시간이 짧은 곳에서 일할 수 있도록 하는 것이다.

타운센터에는 스포츠, 레크리에이션, 문화, 예술활동 등의 레저시설의 증설 증강을 배려하고, 필요에 따라 통근시간이 단축되는 곳으로 직(職) · 주(住) · 유(遊)의 도시활동이 가능한 거점을 형성하려고 한다.

(e) 도크랜드(Dock lands)

이너 런던의 템스 강 하역인 동부지구 도크랜드(2,200㏊)는 산업혁명 후 도크군이 건설되어, 당시에 세계를 상대로 성황을 이루었다. 그 중심구에 있는 햄릿 지역(구)은 금세기 초에 60만 명의 인구에 달하고 있었다.

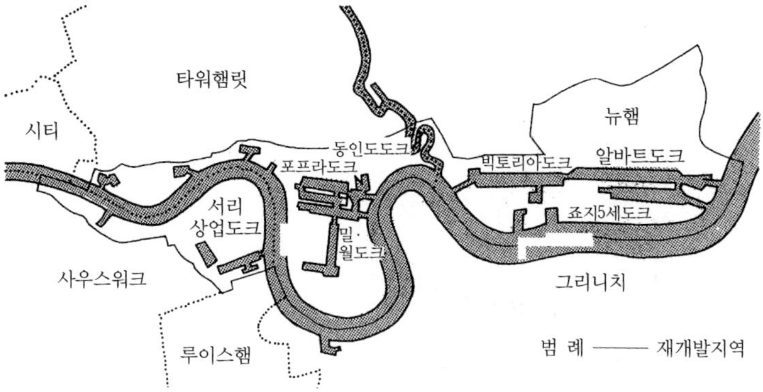

그림 4.11 런던 도크랜드 재개발 지역

그러나 전시대의 조선업이 붕괴되고 새로운 무역항은 템스 강 하구부에 이전하였으며, 지역사회구조도 노쇠화 하였고, 지금은 14만 명으로 격감하여 런던 안에서도 최고의 실업자들을 떠맡기에 이르렀다.(그림 4.11)

도크의 폐쇄는 1967년 이스트 인디아 도크에서 폐지되기 시작하여 1980년에는 웨스트 인디아 밀월 도크가 마지막으로 폐쇄되었다.

1976년, 대런던 청과 관계5구에서 런던 도크랜드 전략계획이 만들어져 1981년에 정부는 런던 도크랜드 개발공사를 설립했다.

1982년에 아일 오브 도크(the Isle of Docks)의 대부분 지역을 엔터프라이즈 존(Enterprise Zone 1980년 지방정부계획과 토지법(Local Government Planning and Land Act)에 의해)으로 지정하고 근대적 업무중심지구로서 재개발을 시작했다.(그림 4.12).

도크랜드는 이너 런던 재생의 최후의 거점으로서 새로운 시대, 21세기를 바라보는 도시구조로서 일신하려 하고 있다.

시티의 확대에 있어 인프라로서는 공항, 시티와 접속하는 라이트 레일웨이(경전철)·주요 방사순환도로, 텔리포트 등이 건설되어 도심의 업무, 주택, 레저시설이 완성되려 하고 있다. 도크랜드 재개발과 주변의 교통계획을 보면, 철도계에서는 모노레일 형식의 라이트 레일웨이가 재개발의 중심에 남북, 동서의 십자노선에 배치되어 도심 지하철역과의 접속이 계획되었다.

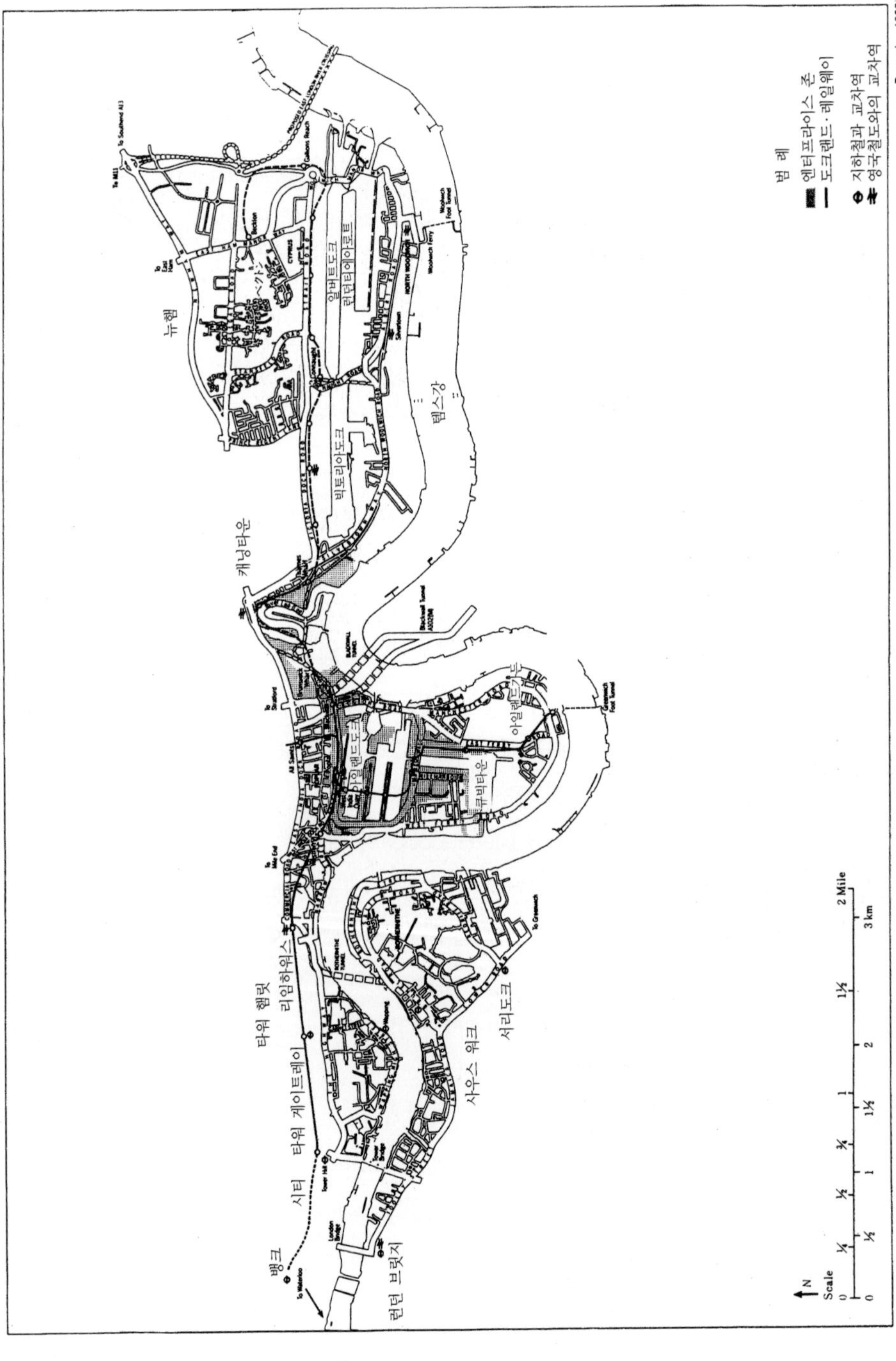

그림 4.12 도크랜드 개발계획

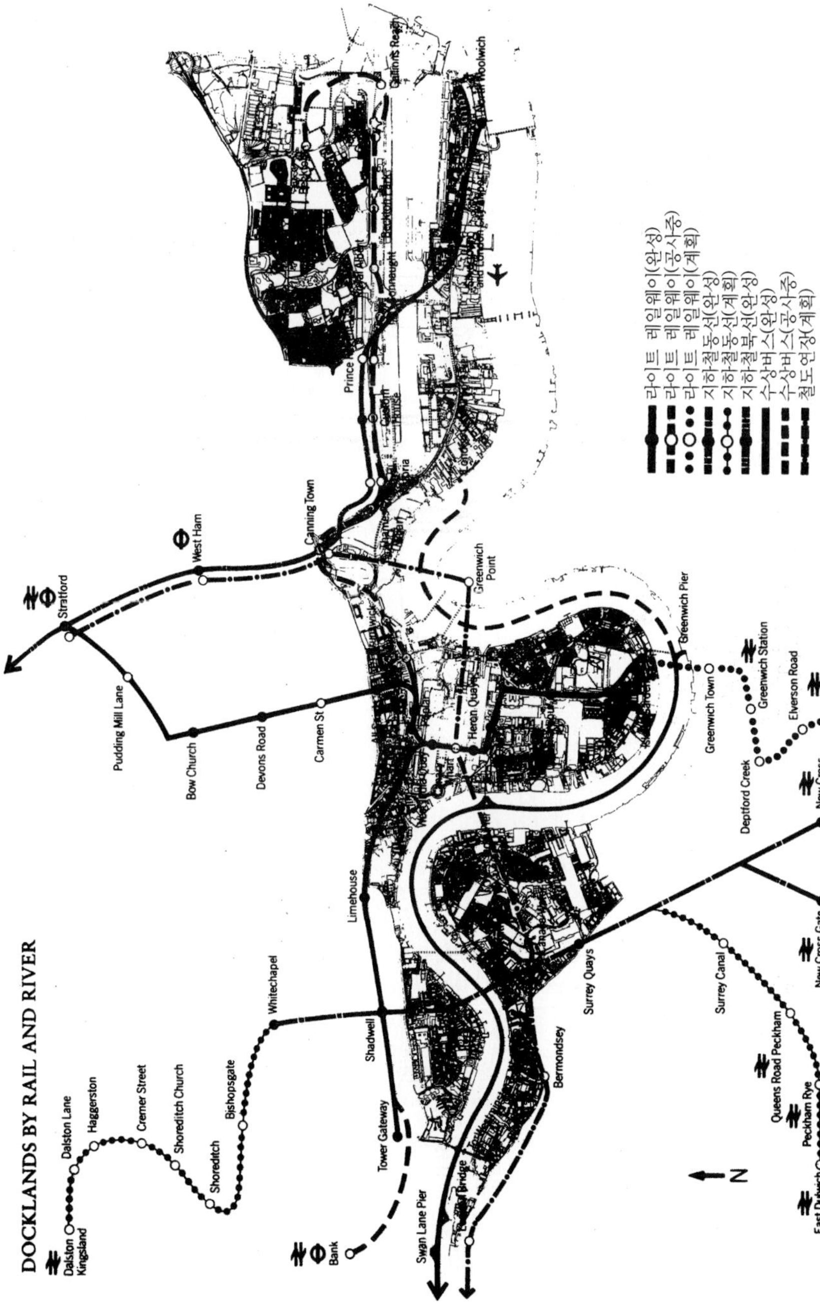

그림 4.13 도크랜드 재개발의 철도계 수상계 교통계획

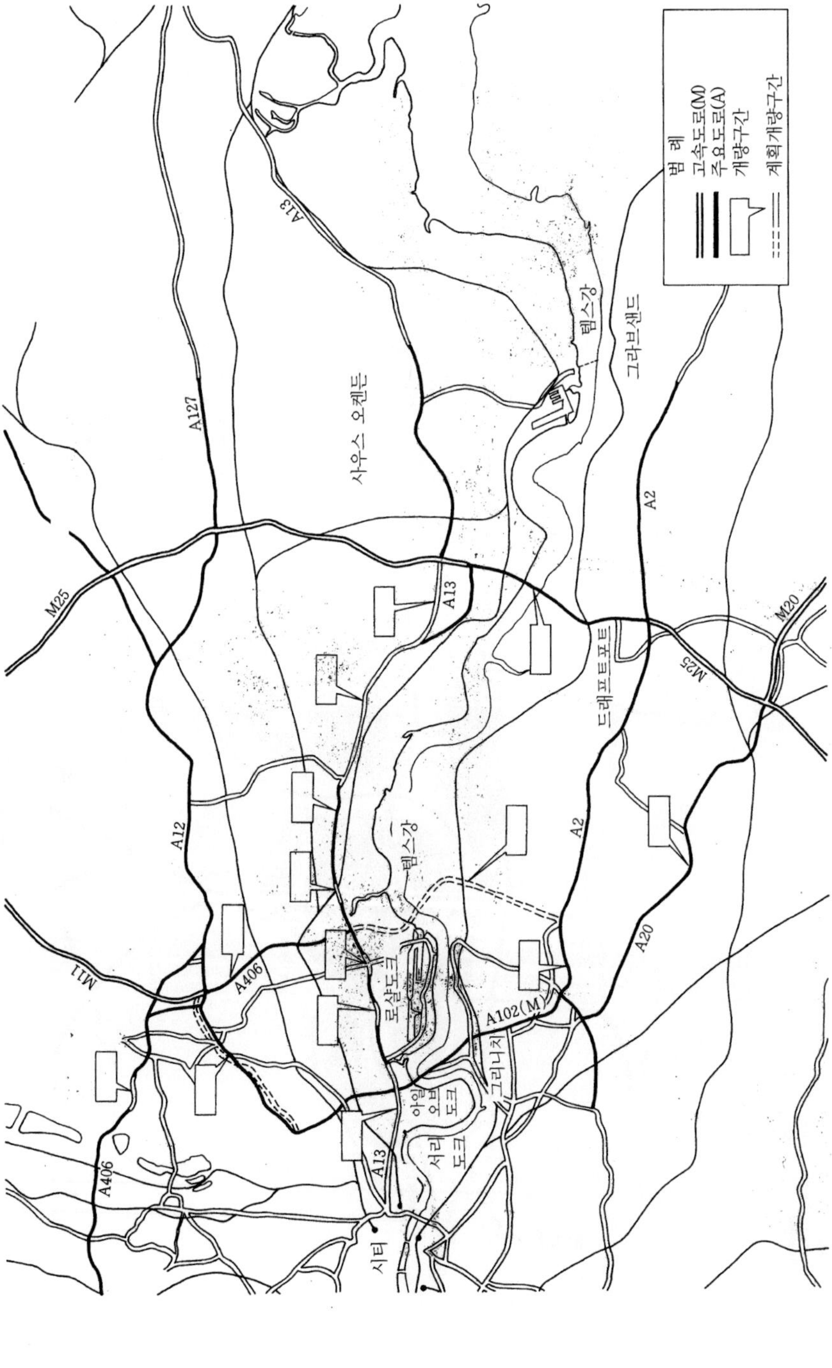

그림 4.14 도크랜드 재개발의 주요도로계획

지하철은 동선과 북선이 지구 내를 통과한다.(그림 4.13)

또한, 수상버스가 중심과 공항을 연결하고 있다. 장래계획으로 영불(英仏)해협을 관통하는 유로파 고속철도(신 TGV)의 루트도 고려되고 있다.

간선도로계획은 기존 네트워크의 접속을 중점으로 하여 신설, 확폭의 도로계획이 사업 중이다.(그림 4.14)

런던 시티 공항이 완성된 1988년, 필자는 파리에서 헬리콥터로 그 공항을 처음 이용했다. 공항의 설치목적은 런던 도심에 가깝고 유럽의 주요 도시와 지역노선 강화에 의해 EC의 중심적 역할을 도모하기 위한 것이라 한다.

4.1.5 대런던청의 폐지 후

1986년 3월 대런던청(GLC)은 폐지되었다. 폐지된 이유는 정치적 동기였다고 알려지고 있다.

1979년의 국정 선거에서 보수당이 승리, 대처 정권이 탄생했다. 한편, 1981년 GLC의 선거에서는 노동당이 GLC을 지배했다. 그 후 1983년에 정부는 「도시의 합리화(Streamlining the Cities)에 관한 백서」를 공표하고, GLC의 폐지를 권고했다. 폐지에 이르기까지 보수당과 노동당의 대결로서 시민, 전문가, 매스컴 등에 휩쓸린 대분쟁이었다. 필자도 당시, 런던에 가서 그 분쟁의 심각성을 눈앞에서 보아 놀랐었다.

결국 1985년 7월, GLC의 폐지법이 성립되어 98년 3월에 폐지되었다.

GLC 폐지 후, 런던의 행정은 중앙정부와 구(Boroughs)의 이층구조로 되었다. GLC가 해 온 각종의 광역행정은 계획부문을 처음에 지하철·버스 등의 공공교통, 소방, 교육, 폐기물처리 등 다방면에 걸쳐서 종래 일체화 되었던 체제에서 분할되어 정글과 같은 복잡한 행정구조가 되었다고 한다.

중앙집권화와 지방분권화간에 견해가 달랐다.

중앙정부는 GLC의 기능 가운데 약 5%가 중앙정부의 성청(省廳)에 이관되어 남아 있는 것의 95%가 런던구, 합동기관 및 합동위원회에 이관된다고 설명하고, 시민의 입장에서 친근한 지자체로 돌아가야 한다고 주장한다. 이에 대해서 반대파는 중앙에 권력을 집중시켜야 한다고 반론하고 있다.

현실에서 어떠한 방향으로 진행해 가든지 지금부터의 문제일 것이다. 현 시점에서 GLC에 비하여 런던은 중앙정부의 파워가 현저해지고 있다.

런던의 전략적 계획은 환경청의 관할에 들어 있다. 그리고 자문적 역할을 다하는 런던 계획자문위원회(London Planning Advisory Commision LPAC)를 설치했다. 위원은 32개의 구와 시티에 의해 임명되어 33명의 대표로 구성되어 있다.

환경청은 런던 개발계획에 대신하는 것으로서 전략 가이던스(Guidance)의 책정을 진행하고 있다.(6장 참조)

4.2 파리 대도시권

4.2.1 중세도시에서 근대도시로

파리의 어원은 기원전으로 올라간다.

성새화(城塞化)는 로마군에 의해 시테 섬에서 시작되었다.

성벽의 확대화가 도시의 윤곽을 확대시켰다.

12세기에서 14세기에 걸친 중세도시의 시대에는 오늘날의 중심구를 포함한 대규모였다. 샤를 5세의 성벽이라고도 불려졌다.(그림 4.15 가운데 3)

이 시기에 시테 섬에서는 노트르담 대성당이 건설되고 루브르궁이 완성되었으며, 세느강변 남안(南岸)에 소르본느 대학이 개교되고 파리의 원점이 형성되었다. 또한, 석조건축의 보조금제도가 발족하면서 유럽의 다른 도시보다도 석조건축이 많은 거리가 되었다.

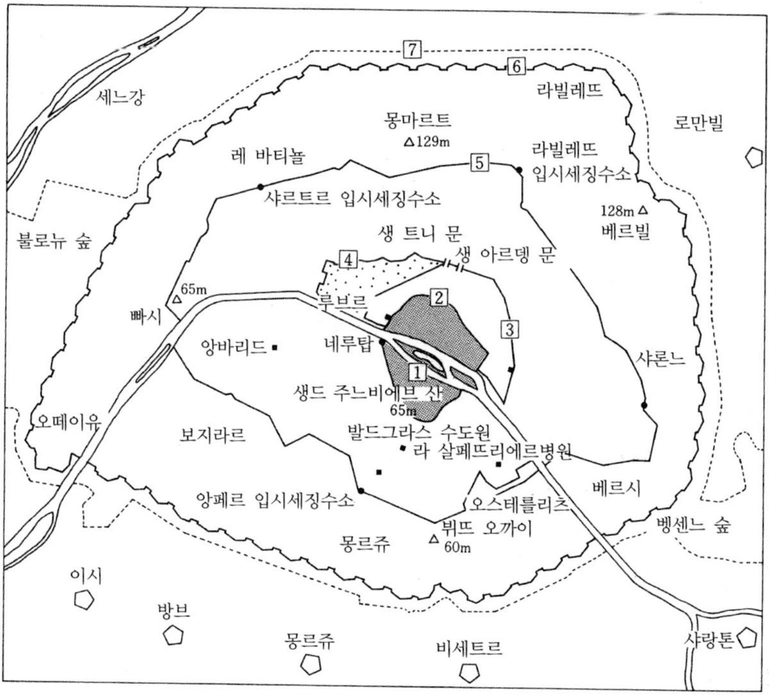

그림 4.15 파리 성벽의 역사

당시의 파리는 시지역(市域)의 확대로(440ha), 인구 15만 명 이상이 되었다. 18세기 중엽에는 물품입시세 징수를 위한 장벽이 축조되었다. (그림 4.13의 5)

화려한 왕정을 가지고 발전해 인구의 과밀과 생활물자의 조달 곤란이라는 문제를 야기시켜 왔고, 인구는 50만 가까이 되었다.

이 시기에 불바르(Boulevards)가 탄생했다.

17세기에 들어서, 14세기에 축조되었던 성벽을 철거하고 그 후 넓은 마차도와 가로수를 가진 측도로 대체되었다. 그리고 원래는 성벽의 보대(堡台)를 가리키는 군사용어 Boulevard를 가리켜 「불바르」라고 불리는 유보도(遊步道)가 되었다.

바스티유 성벽에서부터 산토니를 거쳐 마들레느 사원까지 사이의 불바르는 1705년에 개통되었다. 최초의 승합마차는 이 구간을 1828년에 달렸다.

샹젤리제 대로도 이 시기에 탄생하였다. 17세기에 처음으로 평원과 늪지대(沼地)가 있는 곳을 「여왕의 유보도」라 불렸고, 가로수에 녹지가 형성되었던 긴 유보도는 사륜마차의 산책로였다. 그 후 대 유보도라 불렸으며 1709년에 샹젤리제라고 이름 붙여졌다.(폭원 71m)

최후의 성벽은 1841~1845년에 걸쳐 구축되어 체르의 성벽이라 불렸다.(그림 4.13의 6)

이 시기에 파리의 인구는 1846년에 105만, 1866년에 180만이 되었다.

중세도시에서 근대도시로의 변혁기에 파리의 본격적인 도시계획이 실시되었다. 1853년~1870년 오스만(Haussmann)의 파리도시계획이다.

체르의 성벽은 1854년 이후 수도 파리의 공식적인 경계선이 되었다. 면적은 7,800ha이고 시역 내에 20개의 구가 만들어졌다.

나폴레옹 3세의 명으로 세느현 지사에 취임한 오스만 남작은 집약적이지 못한 대규모 시가지를 정비했다. 특히, 광폭원의 직선도로의 불바르, 교통광장 그리고 도로와 나란한 도로 수경(修景)으로서의 비스타로 모뉴멘트적인 건물을 배치하여 도시미를 연출하였고, 오늘날 파리의 원형을 만들어 놓았다.(그림 4.16)

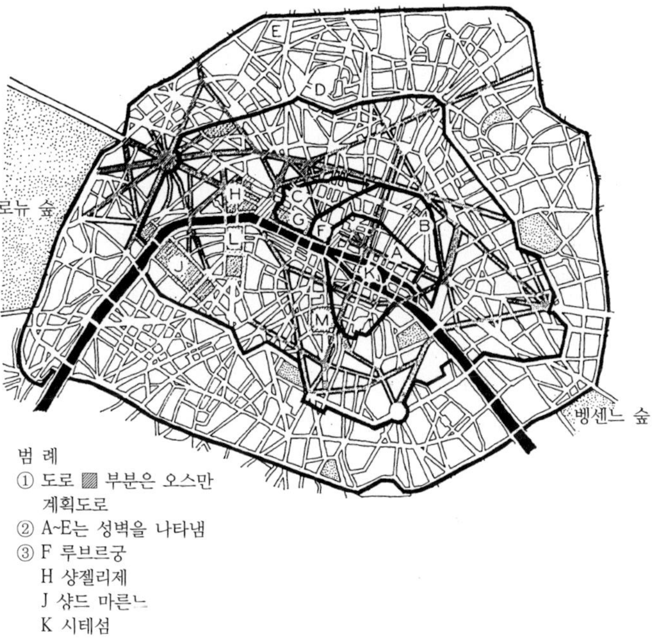

그림 4.16 오스만에 의한 파리 개조계획

시가지 정비의 대상은 도로 외에 공원, 상하수도, 시장, 묘지 등에도 적용되었다.

불바르 내의 에토우르 광장에서 새로운 대공원과 불로뉴 숲으로 향하는 호슈 대로는 120m의 광폭원의 도로이며 오스만의 계획 중에서 최고로 아름답다고 알려져 있다. 당시 파리 중심부에 있던 오페라좌 광장을 중심으로 하는 도로와 광장 그리고 수경도 유명하다.

오스만에 의한 도시 개조는 토지 건물의 강력한 수용권을 가지고 이루어졌으며, 그로 인해 결과적으로는 채권발행액이 팽창되고 재정파괴가 되어 제2 재정이 붕괴하게 되었다.

당시의 파리 도시개조에 파리 만국박람회의 개최가 큰 역할을 해왔다.

파리의 만국박람회는 그때까지 7번 개최되어 왔으며 파리에 새로운 도시 이미지를 부여해 왔다.

제1회 만국박람회는 오스만의 시대인 1855년이며, 박람회장은 샹젤리제의 오늘날 그랑파레가 건설된 장소로, 산업혁명 이후의 공업기술의 성과를 나타내기 위한 산업 궁을 건설했다.

제2회 만국박람회(1867년)에서 제6회 만박(1937년)까지, 박람회장은 샤이요 궁과 그 정원, 세느 강을 끼고 있는 에펠탑이 건설된 생 드 마르스를 중심으로 전개되었다. 에펠탑(높이 300m)은 1889년의 제4회 만박에서 건설되어, 그 후 파리의 심벌이 되었다.

1990년의 제5회 만박 회장(會場)은 전기의 회장(會場)과 세느강 연안, 그리고 제1회 그랑파레를 포함해 220ha의 넓은 지역이 되었다.

교통수단으로 파리 최초의 지하철이 동서방향 샹젤리제의 밑을 통과하고 반세느와 마이요 간에 1호선이 개통되었다. 또한, 회장을 연결하는 고가 전차나 움직이는 보도가 준비되었다.

파리 만박은 1851년의 런던 만박에 자극을 받았다고 하지만 산업혁명 이후에는 변혁을 가져왔고, 각 시대의 새로운 산업, 기술, 문화, 예술을 구현하고 다음 시대의 창조의 교두보로서 역할을 수행하였으며, 특히 파리가 가진 전통을 만들어 주었다고 할 수 있다.

파리의 교통으로는 1828년에 최초의 승합마차가 등장하였고, 1860년대에는 1,000대의 마차가 50계통의 노선을 영업 운전해 왔다. 그 후 1890년대에 들어서 철도마차로 바뀌었다.

1900년 파리 만박 때 지하철 1호선이 개통되고 난 후 1933년까지 12노선을 완성시켜 현재 13노선, 199㎞로 연장되었다.

파리 시내의 지하철망은 역 사이가 500~600m로서 파리 사람들은 도보로 10분 이내에 지하철을 이용하였고, 시내의 어느 곳에라도 갈 수 있다는 편리함이 있다.

1921년에는 파리의 인구 291만 명으로 인구의 최고조를 이루다가 그 이후 감소하여 파리는 성벽 외측의 교외로 확대되었다.

파리시의 경계는 1925년부터 1930년에 최종적으로 결정되어, 전술한 바와 같이 체르 성벽 내와 오스만의 계획으로 건설된 불로뉴의 숲과 벵센느의 숲을 포함한 지역에 정하여졌다.(그림 4.17)

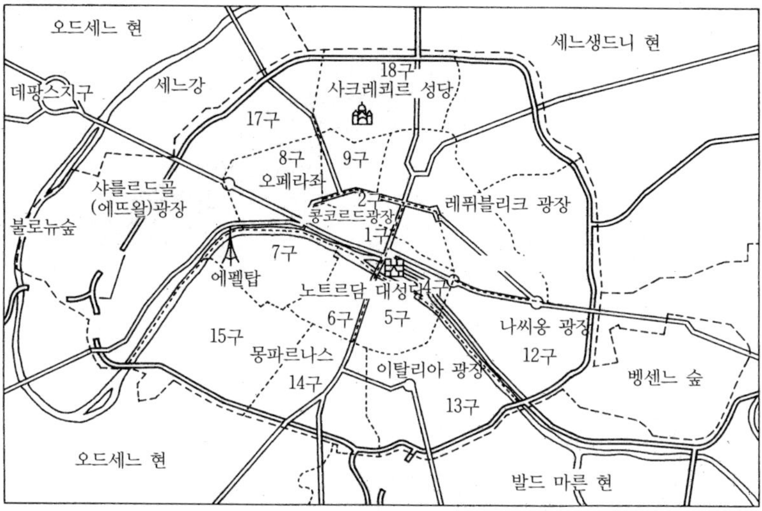

그림 4.17 파리시의 시역(市域)도

파리시의 면적은 10,540ha이다. 1945년의 인구는 290만을 밑돌며 파리권의 인구는 외주부의 세느 현으로 확대되었다.

4.2.2 파리 도시권의 시동

프랑스에서 근대도시계획제도가 성립된 것은 1919년의 법률에 의해서이다. 그 이전에는 위생적 관점에서, 역사적 유산 보존의 개별적 관점에서 다루었으나 도시 전체를 대상으로 하여 새로운 도시계획제도가 확립되었다.

이 법에서는 도시정비, 미화, 발전계획을 내용으로 하여 인구 1만 명 이상의 코뮨(commune)으로 계획을 책정하기로 되었다.

파리 계획은 1911년에 파리시의 주도로 「파리의 확장에 관한 위원회」가 설치된 것이 처음이었다.

1932년 법에 의하여 지방계획의 개념이 처음으로 결정되었다. 그리고 1934년에 파리의 지방계획으로 프로스트 플랜(Prost Plan)이 계획가 헨리 프로스트(Henri Prost)에 의해 내무장관에게 제출되었던 것이 처음이다.(그림 4.18)

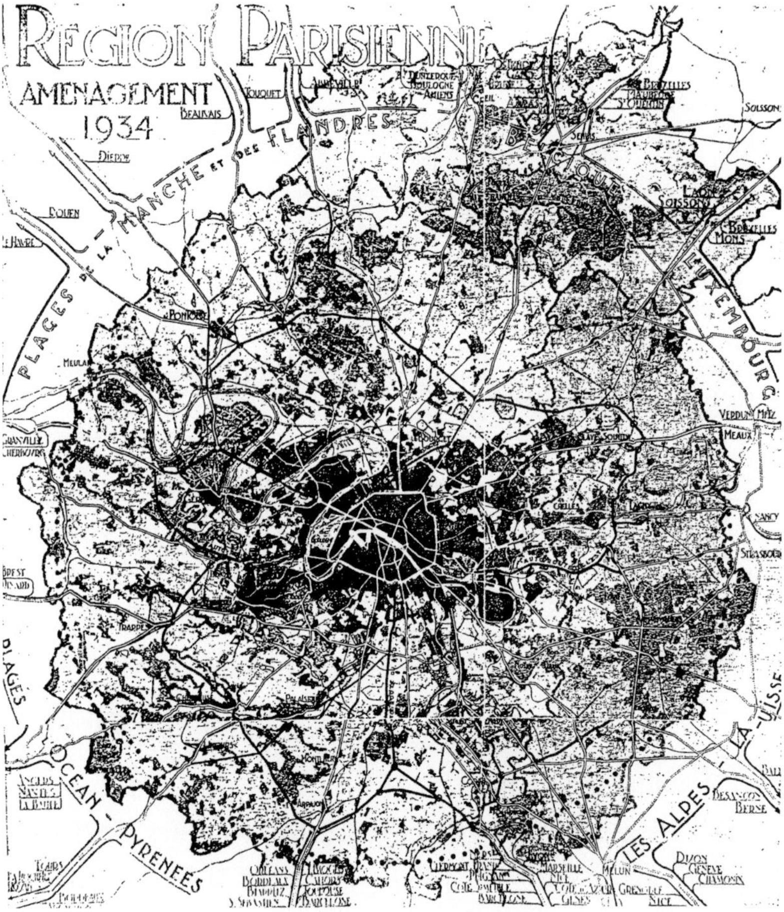

그림 4.18 파리 지방계획 Prost Plan(1934)

프로스트 플랜은 그 후 파리 도시계획의 원전이 되었으며, 1935년 법정화 되었다. 그 기본적 개념은,

① 중심시가지의 혼잡을 없애기 위해 인구의 재배치를 촉진시키는 일.

이것은 위생학적 견지에서 중심시가지에 있는 공장에 의해 소음과 매연에 의한 환경악화를 절감시키기 위해 재배치를 촉진하려는 것이다.

② 파리의 현재 인구규모 보다 좋은 생활환경이 확보되는 지역으로서의 재편이다.

이 일에 의해 1935년 시점에서 파리의 시가화 구역은 고정되었다.

사실 파리는 1931년까지 급성장하였으나 1936년의 조사에서 보면 성장이 안정기에 들어섰고, 이 때문에 이후 15년간에 걸쳐 새로운 건축에 의한 시가지의 확대를 제한했다.

이 15년간의 도시계획에서 ① 녹지공원 등의 오픈스페이스의 확보 ② 도로의 신설, 확폭 계획의 추진 ③ 상하수도, 전기, 공익시설로서 학교, 우체국, 경찰서 등의 서비스 시설의 강화가 이루어졌다.

특히, 도로계획으로는 교통혼잡 해소를 위한 도로로서 동서남북의 각 방면에 4 방사노선의 자동차도(motorway)와 중심에서 15~20km에 순환(環狀)자동차 도로의 계획을 세워 사업화를 추진해 왔다.

1927년에는 시내의 지하철망을 완성시켰는데, 이로 인해 파리의 중심에서 20~30km권에 형성되었던 지방철도(3노선), 교외철도(6노선)와의 결합이 문제가 되어, 파리의 옛 노선과 새로운 노선을 결합한 지방고속도로망의 계획으로 직경형교통망(diametrical network)이 계획되었다. 이 노선은 2차 대전 후 완성되었다. 이 노선은 중심부의 교차역이 중심재개발이 이루어졌던 레 알이다.

전쟁 후인 1950년에 1935년 계획이 재인식되기 시작되었다.

개정된 주요사항으로는 파리지역의 인구와 산업의 집중화를 억제하고 선진지역(파리권에서 리옹, 마르세유를 연결하는 프랑스 서반구)과 후진지역(프랑스의 동반구)으로의 두드러진 경제적 격차를 축소시키려는 전쟁 후의 프랑스 정부의 지역개발정책과 밀접한 관계를 가지고 있다.

정부는 1950년에 전국개발계획을 발표하고 대도시의 공장 신설과 확대를 제한하였으며, 후진지역으로 새로운 산업과 진흥을 도모해 왔다. 1955년에는 파리지역의 공장 확대를 억제하기 위하여 공장 적정배치 및 후진지역 조성에 관한 대통령령이 공포되었다.

이것에 의해 1955년부터 파리지역의 공장과 사무소의 일정규모 이상은 신·증설은 허가제가 되었고, 1960년에는 파리지역의 지정된 지역에 공장이나 사무소를 신·증설하는 경우에는 부과금을 과세하게 되었다.

이상과 같은 지역개발정책과 함께 파리권의 지방계획도 개정되었다. 1950년, 1956년에 일부 개정되었고 그 후에 대개정이 이루어졌다.

1960년에는 파리 대도시권 계획(PADOG plan for the development and general organisation of Paris Region)이 결정되었다.

PADOG의 기본적 개념은 다음과 같다.

① 파리권의 인구를 안정화 시키는 일

파리권의 유지관리와 활력 유지를 위한 조치로서 유입인구의 규제와 파리로부터의 분산을 촉진시키는 것으로 인구의 안정화를 도모한다.

이를 위해, 파리권 밖에서의 유입인구를 50%까지 감소시키는 일, 그리고 파리권의 혼잡을 제거하기 위해 제2차 · 제3차 산업을 교외부로 이전하는 것을 계획목표로 하고 있다.

② 최적의 조건으로 인구수용을 도모하는 일

파리권 내의 도시화를 위해 필요한 인프라 정비의 계획을 실시하고, 한편으로는 불건강하게 황폐한 지구를 재개발하고 재개발을 위한 토지를 확보하여 주택, 직장, 교통조건을 개량하여 인구밀도의 과밀화를 저하시킨다.

③ 교외부의 재구축과 조직을 도모하는 일

교외부에 매력있는 중심(pole)을 창조하고 재개조, 재정비를 한다. 특히, 대규모 교외도시에 직장인을 위한 업무지역을 집약시켜 새로운 도심(new urban center)을 건설한다.

이것은 파리 시내의 도로혼잡을 해결하기 위한 필요한 대책으로 생각된다.

④ 농촌지역의 활성화를 도모하는 일

농촌의 본질을 변화시켜 농촌인구를 정착시키기 위해 농업의 기계화에 대응한 잉여 노동력을 받아들이는 직장을 준비하고 농촌 중심의 활력을 도입시킨다.

⑤ 파리의 어메니티 증강을 도모하는 일

특히 교외부, 농촌지역에 대해서의 조치이다. 이를 위해 파리권의 도시구조를 파리 중심으로 하면서 권역 전체에 파리시 중심도시의 어메니티를 파리권 전주민이 향유할 수 있게 된다.

⑥ 광역적 개발의 토지정책을 실시하는 일

파리권의 기초 자치체의 본질을 강화시키기 위한 토지정책으로 지방자치체의 공공투자의 촉진에 의하여 장래 세수(稅收)를 확보시키는 것에 역점을 두고 있다.

1960년 PADOG는 드골 정권의 모토로서 중앙정부가 처음으로 지방자치체와 함께 계획 입안한 것이다. 그리고 1944년의 애버크롬비의 대런던계획에 상당하는 것으로서 평가되고 있다.

PADOG의 실시계획으로 우선시가화구역 ZUP제도의 실시와 교외부의 새로운 도심의 건설이 주장되었다.

우선시가화구역(ZUP Zone à Urbaniser par Prioritè)은 1958년의 대통령령인 데크레에서 창설되었다. 도시계획담당 장관의 명령으로 ZUP이 지정되면 100호 이상의 주택계획은 이 구역에 지을 수 없을 뿐만 아니라, 그 구역 내에서는 강력한 선매권이 보통 4년(최고 6년)을 행하고, 그 기간 내에 신주택 시가지 개발사업과 같은 주택단지 수용사업구역으로서의 「면개발(面開發)」의 수용사업을 시행해 시가지 조성을 하게 된다.

100호 이상의 주택계획이란 의미는 일본과 같은 교외 스폴과는 결정적으로 다른 점이 있으며, 프랑스에서는 100호 이하는 비경제적이며 고급 물건에 적용하는 것으로 ZUP의 밖에서는 활성화시키지 않으려는 사회적 배경이 있었다.

ZUP의 사업주체는 현, 시정촌 등의 공공단체와 일본의 주택공급공사와 유사한 혼성 경제회사이거나 현, 교통성, 철도 등과 연결한 공공기관 등의 공적인 기관이다.

이 ZUP제도는 그 후 ZAC(협의정비구역)의 제도로서 발전 흡수되어 1975년 법에 의해 폐지되었다.

협의정비구역(ZAC Zone d' Amenagement Concertè)과 ZUP이 주택을 대상으로 선매권과 수용권을 부여한 것에 대해서, ZAC은 주택에 한하지 않고 공장이나 업무시설에 범위를 확대시켜 신개발만이 아닌 재개발도 대상으로 하며, 사업주체도 공적기관 이외에 민간업자에게도 적극적으로 참여하는 것이 인정되고 있다.

또한, 도시계획의 내용으로 볼 때 ZUP은 일단지 주택시설로서 도시계획과 유사하게 상세한 주택 · 도로 · 공원 등의 배치와 구조위치를 정확히 결정해 왔던 것에 반해, ZAC에서는 구역 가운데의 주요한 도로와 그 주변에 수백 호 정도, 대체로 중층의 정도로 개발시점에서 계획의 탄력성을 존중한 부드러운 결정방법으로 변했다는 점이 특징적이고, 후에는 대체로 ZUP와 동일했다

PADOG에서는 파리의 외주부를 계획적으로 시가지화 하여 파리권으로의 인구압력을 이곳에서 잠식시키고, 이 주변 내에 콤팩트하게 시가화를 도모하려는 의도를 가지며, 그 수법은 런던의 그린벨트 구상과는 반대의 사고방식를 갖고 있다.

내부교외(inner suburbs)에 새로운 도심을 건설하는 구상에 있어서 그 전략목표로는 파리시의 외주에 새로운 매력이 있는 중심을 건설하여 주거지와 직장 사이의 거리와 시간을 단축시킬 수 있도록 하는 것이다.

새로운 도심은 4개소로, 북부에 부브제(Le Bourget), 서부에 데팡스(La Dèfence), 남부에 베르지(Velizy)를 지정했고 동부는 미정이었다.

이 가운데 데팡스는 1955년에 계획구상이 발표되어 1958년에 데팡스 지구정비공사(EPAD)가 발족하였고 1964년에는 제1차 마스터플랜이 발표되었다. 계획면적 815㏊이고, 업무상업중심의 A지구와 주택중심의 B지구로 구분되어 있다.(후술)

4.2.3 파리 대도시권 계획의 창설

1960년대는 파리 대도시권의 변혁기였다. 그 중 우선적으로 1964년의 행정구역의 변경을 볼 수 있다.

파리시를 포함한 세느 현은 파리시, 오드 세느 현(현청 낭테르), 발드 마른 현(그레티유), 세느 생 드니 현(보비니)의 1시 3현으로 분할되었다. 3현은 내부외곽(inner suburbs)이라고 불려지고 있다.

외주 현 가운데 세느에 오와즈 현은 3현으로 분할되어 발두와즈 현, 이브린 현, 에손느 현으로, 그리고 세느 에 마른 현은 그대로, 외주현은 4현이 되어 외부외곽(outer suburbs)이라고 불린다. 이상 1시 7현이 후에 일 드 프랑스라고 불리며 파리 대도시권을 구성하게 되었다.(그림 4.19, 4.20)

파리 대도시권의 인구추이를 보면(표 4.4), 1954년 이후 파리시의 인구는 많이 감소한데 비해서 교외부는 인구증가가 진행되었다.

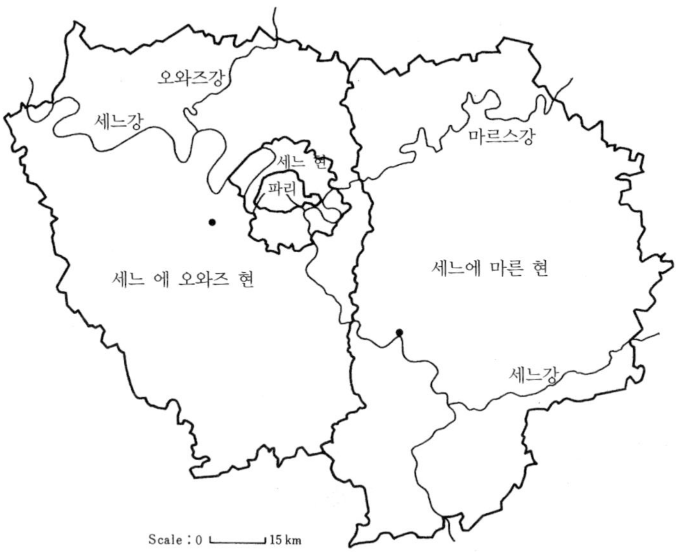

그림 4.19 1964년 이전의 파리 대도시권의 행정구획

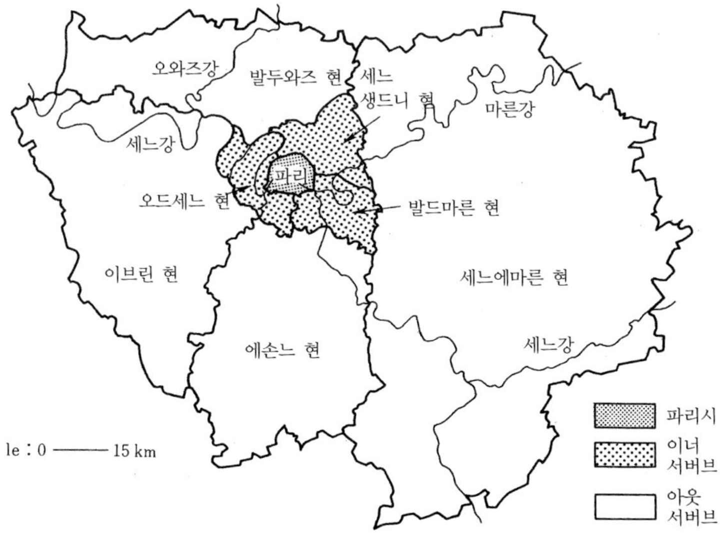

그림 4.20 1964년 이후의 파리 대도시권의 행정구획

표 4.4 파리 대도시권(일 드 프랑스)의 인구추이 (단위 : 1,000명)

연 차	파리시 (1)	이너 서버브 (2)	아웃 서버브 (2)	파리 대도시권 (4)=(1)+(2)+(3)	프랑스 전역 (5)	파리권의 집중률 (5/4)
1954	2,850			7,317	42,777	17.1%
1962	2,790	3,439	2,240	8,469	46,520	18.2
1968	2,590	3,835	2,824	9,249	49,778	18.5
1975	2,290	3,976	3,595	9,861	52,655	18.7
1982	2,176	3,989	3,989	10,073	54,334	18.5

주 : 이너 서버브는 내부의 3현, 아웃 서버브는 외주의 4현 경계지역을 표시함

1962년 대도시권에서는 846만 명이고 파리시가 279만 명인데 내부 3현에서는 343만 명으로 외곽부의 인구 쪽이 많았다. 1968년에는 대도시권이 924만 명으로 외주 4현의 인구도 내부 3현에 육박하는 증가를 나타내고 있다.

프랑스 전역의 인구 가운데 파리 대도시권의 인구 점유율은 1954년의 17%에서 1968년에는 18.5%로 적지만 집중화를 보이고 있다.

일본의 상황을 보면, 도쿄 대도시권(1도 3현) 인구의 전국인구에 대한 점유율은 1960년에는 18.9%였고, 1970년에는 23%, 1980년에는 24.5%로 확대되어 왔고, 도쿄권의 집중은 파리권보다 심각한 문제임을 알 수 있다.

그런데 파리 대도시권 계획은 1960년대에 혁신적 변혁이 이루어졌다. 1960년 PADOG계획의 기본적 방침 변경이 이루어졌는데, 그것은 1961년에 드골 대통령이 파리시 외주 현을 포함하는 파리 대도시권의 초대 총감(Delegate General)으로서 폴 드루브리에(Paul Delouvrier)를 임명한 것이 시작이었다.

그를 중심으로 계획기관은 행정상으로 국가와 지방자치체, 현과의 중간에 위치하면서 파리 대도시권 계획과 사업에 있어서 결정권한을 가진 첫 기관이었다. 기관의 구성은 국가와 각 현, 그리고 파리시의 출향 직원으로 450명, 12부서를 가지고 있다. 당초에는 4년간의 계획을 책정하고 정부에 권고하는 권한을 가져왔다.

그를 중심으로 하는 계획기관은 PADOG계획을 수정하고, 특히 파리와 그 주변에서 인구와 공업을 이전 · 분산시키려는 종래 일련의 계획을 변경하고, 파리와

그 주변에 탈공업화 사회로의 변화에 대응한 도시구조의 형성을 할 것을 강조했다.

파리 대도시권은 2000년에는 1,600만 명 이상의 인구가 될 것이라 예측하고, 그 예측을 기초로 하여 파리 도시권의 공업구조를 변화시켜 다양한 직장을 준비하고, 한편으로는 일상생활의 변화에 있어서 레저 시간을 대폭 증가시키는 것을 계획조건으로 삼았다.

파리 대도시권의 구조에 있어서 파리시는 모두 밀도가 높고 콤팩트한 도시구조로 파리권의 중심을 이루고 있지 않았다. 그러나 파리의 외주부는 토지공간이 많고 농업지도 많다. 그리고 시가화가 진행되지 않은 토지도 많았다. 그곳에서 파리의 외주부에 관한 방안에 주목하여 새로운 시가지 개발의 패턴을 조사 연구했다.

이를 위해 런던 대도시권의 새로운 뉴타운을 조사하고 런던에서는 뉴타운이 런던의 그린벨트를 넘어 60~80km에 건설된 것에 비해, 파리 대도시권에서는 새로운 시가시는 도심과 상호 영향을 받으며 도심기능을 보완하는 것이었다.

여기에서 뉴타운은 도심의 확장이며, 파리의 중심에서 30km 정도에 입지된 철도와 고속도로를 일체로 한 기반정비보다는 중심부와의 연계를 긴밀하게 하는 체계를 정비하는 것이다.(교통계획은 후술)

뉴타운의 뉴의 의미는 신선함과 혁신적임을 의미하며 21세기를 주시하는 것을 겨냥하고, 타운은 휴먼 스케일의 시가지 형성이며 근린관계를 중요시하는 마을 만들기를 목표로 하고 있다.

뉴타운과 함께 내부교외는 중심(pole)의 구성을 중요시하였고, 내부교외에서 사양길에 들어선 기존 공업지역의 중심기능인 도시형 공장과 업무가로의 도입에 의해 활성화를 도모하는 것이다.

또한, 시가지 개발과는 별도로 자연환경을 보호하기 위한 안전지구를 지정하고, 남아 있는 농지와 레크리에이션 장으로서의 오픈스페이스 확보를 도모하고 있다.

이상의 계획을 보여주는 원래의 구상은 그림 4.21과 같이 몇 개의 안으로 검토되었다.

파리를 중심으로 하는 도시축과 개발축과의 밀착형 안

파리를 중심으로 하는 폭넓은 도시축으로 밀착된 안

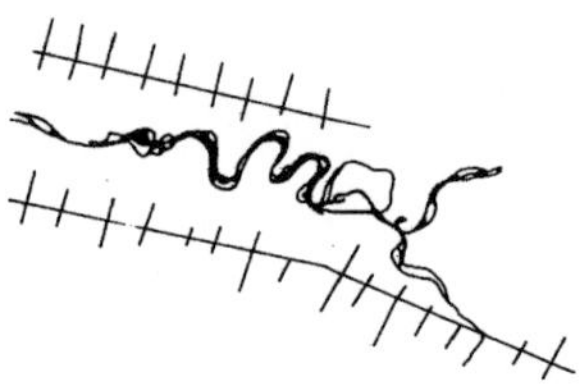

개발지역을 폭넓게 하는 안

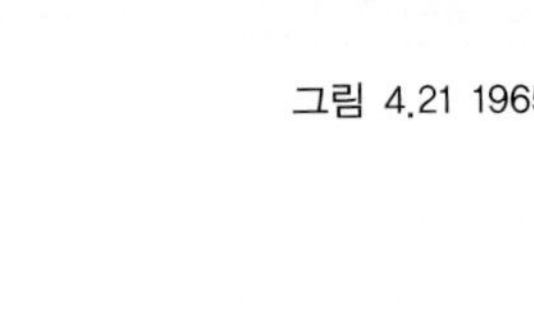

파리로의 구심을 강한 도심축으로 밀착시킨 안

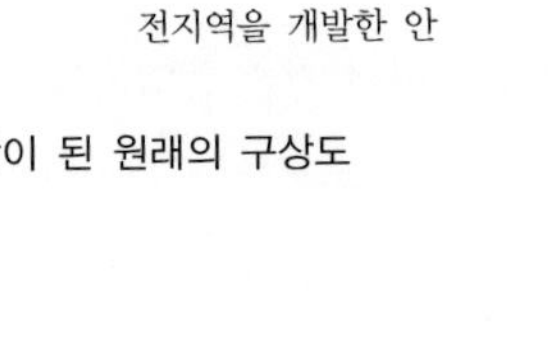

전지역을 개발한 안

그림 4.21 1965년 SDAURP의 제안이 된 원래의 구상도

결과적으로 파리를 중심으로 한 도시개발 축을 접선 축(tangential axes)으로 하여 설정하는 안이 채택된 도시의 공간구조이다.(그림 4.22)

파리 대도시권의 축(axis)을 중심으로 하는 계획을 전개하는 수법은 이후 파리시정 개조계획에도 적용되어 파리계획의 커다란 특징이 되고 있다.

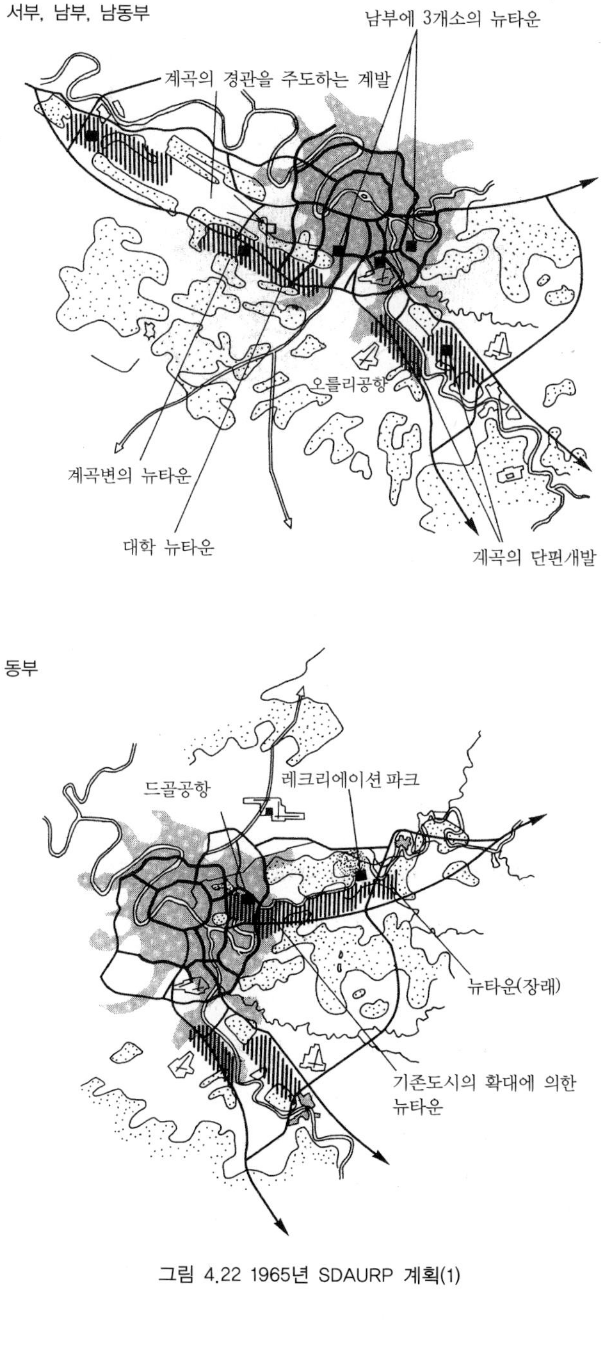

그림 4.22 1965년 SDAURP 계획(1)

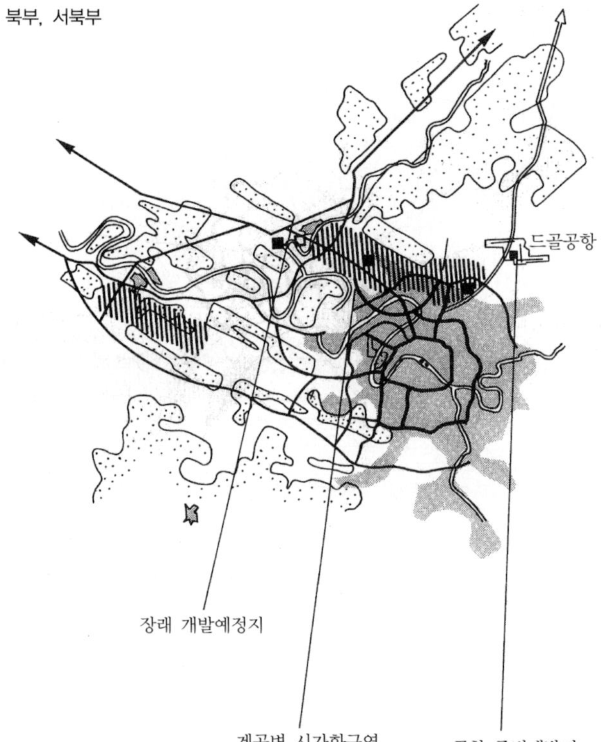

그림 4.22 1965년 SDAURP 계획(2)

드루브리에 계획 구상은 1965년의 SDAURP계획(Master Plan for the development and urbanisation of Paris Region)으로서 법적 결정이 이루어졌다.

드루브리에의 평가는 19세기에 나폴레옹3세 시대의 오스만이 파리 중심부를 만들었고, 20세기에는 드골 대통령시대의 드루브리에가 파리권의 다극화를 만들었다고 할 수 있다.

드루브리에는 파리권 7현의 지사 중에서도 「슈퍼지사」라고 불려지며, 계획구상의 수립과 함께 계획의 사업화에 있어서 예산조치의 권한을 가지고 사업 추진을 도모했다.

일본에서는 1960년대의 수도권 정비위원회가 같은 역할을 완수한 것이 유사하다고 하겠다.

1965년 파리 대도시권 계획-SDAURP계획의 개요는 다음과 같다.

계획인구 :

1985년에 1,160만 명, 2000년에 1,400만 명으로 한다.

계획의 기본방침 :

① 대도시권을 일체화하고 새로운 도시 축에 접한 개발형태를 형성한다.

② 파리에서는 인구밀도의 저하와 교통혼잡의 해소, 도시기능의 재구축을 도모한다.

③ 내부 교외 이너 서버브에서는 중심 지구를 형성한다.

④ 외부 교외 타운 서버브에서는 8개소의 뉴타운을 건설한다.

뉴타운의 규모로는 30만~100만 명을 목표로 한다. 또한, 주위의 삼림과 레크리에이션 지역의 보전 확보를 도모한다.

취업인구의 예측 :

도시활동의 공간적 구성을 재구축하기 위해, 특히 자동차교통을 발생시기는 공장의 분산을 도모하기 위해 취업인구의 구조를 변화시키는 방안을 강조하고 있다.

파리에서는 제2차 산업을 20만 명 감소시키고 제3차 산업을 30만~40만 명 증가시켰다. 중심업무지역의 재구축에 의해 파리에 있는 파리의 중심기능을 재활성화하고 파리의 동부지역의 균형 있는 재개발을 추진한다.

이너 서버브에서는 파리 주변의 공업인구를 10만 명 감소시키고, 이너 서버브 전체에서는 65만의 공업인구를 포함한 200만 명의 취업인구를 목표로 한다.

교통계획 :

자동차 사회로의 전환과 그것을 위한 정비를 1차적으로 고려하여 기반시설로서 자동차도로 900km, 철도 260km의 계획 실현화를 도모한다. 고속도로는 기본적인 네트워크로서 3순환도로의 완성으로 공공운송 시스템으로는 파리를 중심으로 하는 H형의 방사형 고속철도의 완성을 목표로 한다.

파리와 그 주변은 신설도로의 건설 곤란으로 고속철도 등의 공공 운송기관을 제1차적으로 하여 파리를 포위하는 외곽순환 고속도로(A86, A87)의 건설을 촉진한다.

이너 서버브는 인프라 정비를 목표로 하여 파리와 교외와의 근접화를 도모하는 것에 중점을 둔다.

아웃 서버브는 파리와 뉴타운과의 철도에 의한 정비를 주로 하고 뉴타운 상호간에는 도로에 의한 정비로서 연락하고 뉴타운 내부는 자동차교통을 주로 한다.

전체의 계획이념 :

도시의 장래 수정을 예상하는데 있어서는 경제성장의 경과와 도시생활의 질(質)의 변화가 중요한 연관을 가지고 있다.

도시생활자는 생산자인 동시에 소비자이다. 각자의 자유를 보호받을 필요가 있다.

교통시스템은 전지역에 걸쳐 서비스가 확보되고, 주(住) · 직(職) · 유(遊)에 대한 선택의 자유가 주어져야 한다. 주와 직과의 근접화는 필연성은 없고 선택으로 이루어져야 한다.

대도시 지역의 이익은 교외의 베드타운에서는 없는 활기가 있는 생활을 향유할 수 있게 되고, 대도시가 가진 보다 빠른 발전과 변화에 대응하여 보다 좋은 환경 속에서 도시생활을 향유하는 것이다.

이를 위한 도시계획으로 그 목표를 보다 좋은 생활, 보다 많은 매력, 그리고 사람들의 행복을 도와주는 것을 지향해야 한다. 이를 위해서 일상생활의 피로를 최소화하고 훨씬 새로운 환경조건을 가지고 도시에 사는 사람들에게 선택이 가능하도록 도시기능을 회복, 활성화시키는 것이다.

도시건설의 미를 강조하고,「자유, 미(美), 쾌적」을 창조 전개시키는 것이다. 파리가 가진 특이하고 다양한 도시기능과 풍부한 인간교류의 장으로서의 활성화이며 유럽과 세계의 중심도시로서 역할을 강조하며 정치적 · 경제적 · 문화적 수도로서, 또한 파리의 예술성을 발휘하는 것이 계획의 목표이다.

4.2.4 파리 대도시권 계획의 개정

1974년의 오일쇼크 후 세계 경제의 발전방향은 크게 변화했다. 그것은 고도성장에서 저성장으로의 양적 수축으로 진행되어 산업구조의 소프트화, 서비스화를 보여주는 질적인 변화의 추구에서 시작된다.

경제발전의 기반국들도 크게 변하여 미국의 쇠퇴와 일본과 독일의 신장이 두드러졌다. 유달리 서독을 제외한 구대륙 유럽은 오일쇼크 이후 상대적 지위를 저하시키고 있다.

이런 가운데 프랑스 경제의 부진이 심하였다. 프랑스의 성장률을 보면, 1971~73년에는 연 5.6%, 1974~79년에는 3.1%, 1980년에는 최저인 0.9%, 그리고 1984~87년에 1.4~1.7%이다.

또한, 실업률은 1982년에 8%대였던 것이 1987년에는 11%로 확대되었고, 유럽에서도 높은 실업문제로 심각했다.

파리 대도시권 일 드 프랑스의 동향을 보면, 인구규모는 1975년에는 986만, 1982년에는 1,000만을 넘었다. 인구의 지역구성을 보면, 파리 : 이너 서버브 : 아웃 서버브로, 1986년에는 28 : 42 : 30, 1975년에는 23 : 40 : 37이 되고, 1982년에는 21 : 39 : 40으로 파리의 중심지역은 인구감소가 계속되어 이너 서버브도 차례로 감소하면서 최근에는 아웃 서버브가 증가하고 있다.(표 4.4 참조)

한편, 산업구조를 보면 서성장 속에서 경제의 소프트화, 서비스화가 진행되었다.

파리 대도시권의 지역별 산업구성을 보면(표 4.5), 1968~82년 사이 제조업은 전역에 걸쳐 감소하였고, 파리는 26%에서 16%로, 이너 서버브에도 47%에서 36%, 31%에서 20%로 감소하고, 아웃 서버브에서는 33%에서 30%로, 32%에서 27%로, 내부에 비해 감소율은 약간 낮으나 역시 감소경향이 나타나고 있다.

한편, 제3차 서비스업은 전지역에 걸쳐 증가하고 있다. 특히, 파리에서는 68%에서 80%로 역내에서 가장 특화하고 있다. 이너 서버브에는 43%에서 55%로, 55%에서 70%로 증가하고, 아웃 서버브에서도 50%에서 59%로, 46%에서 58%로 서비스화가 진행하고 있다.

산업구성에 있어서는 파리 대도시권 전지역에 걸쳐 비슷한 변화, 즉 블루칼라 쪽으로 노동 모습이 변화해 왔다. 이것은 파리 대도시권의 특징이며, 파리에서의 분산화 정책이 진행되고 직장을 중심부에 집중화시키지 못하고 분산화되고 있다고 말할 수 있다.

표 4.5 일 드 프랑스의 지역별 산업인구의 추이

	중심부		이너 서버브						아웃 서버브							
	파 리		오드세느		세느생드니		발드마른		이브린		에손느		발두와즈		세느에마른	
	1968	1982	1968	1982	1968	1982	1968	1982	1968	1982	1968	1982	1968	1982	1968	1982
농 업	0.08	0.03	0.20	0.06	0.40	0.06	0.60	0.20	4.30	1.34	4.80	1.60	4.00	1.10	8.50	4.60
제 조 업	26.01	16.29	47.70	36.82	43.80	29.61	31.80	20.40	33.50	30.74	31.80	24.30	33.90	23.30	32.70	27.90
3차 서비스업	68.01	80.19	43.20	55.41	45.10	61.42	55.60	70.80	50.30	59.88	50.20	64.90	49.70	67.40	46.10	58.70
건설 공익업	5.90	3.49	8.90	7.71	10.70	8.91	12.00	8.60	11.90	8.04	13.20	9.20	12.40	8.20	12.70	8.80
취업인구(명)																
1968	1,991,932		666,504		428,368		367,192		280,332		189,348		170,464		209,512	
1982	1,813,160		715,840		460,760		444,700		409,260		263,430		265,401		279,240	
증 감 률																
1968–1982	–9%		+7%		+8%		+21%		+46%		+39%		+56%		+33%	

출전 : H. V. Savitch 「Post-lwadstrial Cities」 p. 110 Table 4.1

표 4.6 파리 대도시권(일 드 프랑스)의 지역별 도시구성

	밀집 시가지				신도시	외부지역					전지역
	파 리	근교 교외지									
	파 리 1	내부교외 2	외주교외 3	계 2+3	신도시 4	시가지 외주	중소집락	근교농촌	원격농촌	計 5+6+7+8	
인 구 (천명)	2,300	3,028	2,066	5,094	425	916	804.	156	184	2,060	9,879
%	23.3	30.7	20.9	51.6	4.3	9.3	8.0	1.6	1.9	20.8	100.0
면 적 (ha)	10,540	35,471	54,032	89,773	56,933	87,259	200,690	259,270	497,032	1,044,251	1,201,227
%	0.9	3.0	4.5	7.5	4.7	7.3	16.6	21.6	41.4	86.9	100.0
인 구 밀 도	218	85	38	57	7.5	10.5	4.0	0.6	0.4	2.0	8.2
주거면적당인구밀도	580	181	91	129	70	70	50	28	17	46.2	105
주 택 수(천호)	1,109	1,126	671	1,797	130	283	250	48	61	642	3,678
%	30.2	30.6	18.2	48.8	3.5	7.7	6.8	1.3	1.7	17.5	100.0

주 :1975년도 통계

취업인구의 증감 상황은 파리에서는 9% 감소하고 이너 서버브에는 7~21%로 증가하였으며 아웃 서버브에서는 33~56%로 대폭 증가를 나타내고 있다.

아웃 서버브에서는 뉴타운의 건설을 진행하고 있는 것이 반영되고 있다.

파리는 이상과 같이 경제가 변화한 모습의 결과로서, 다음 시대의 새로운 생활양식에 대응하는 새로운 도시구조를 재구축할 필요에 의해 강요된다.

특히, 파리시는 예부터 발전의 역사와 전통으로 하는 동부와 서부와의 사이에서 알 수 있다. 시의 서부에 부유층인 중류 · 상류계급이 주거하고 동부 · 북부에는 노동자계급이 많이 주거하고 있는 구도이다.

서부에서는 1·2·8·9·16의 각 구는 예전부터 재계인의 넓은 호화저택을 이루고 있고, 역사적 유명소매점 등의 상업중심지였다. 오늘날에도 금융기관이나 기업의 본사, 백화점, 고급품점 등이 집중하는 도심업무지구를 형성하고 있다. 7구에 정부기관이 집중하였고, 5·6구는 카르체 라탄이라고 불리는 문화교육지구이다.(그림 4.17 참조)

이들의 지구가 파리의 중심핵을 형성하고 있다.

한편, 시의 동부 · 북부를 보면, 파리의 산업혁명기에 공장이 입지했던 곳이고 중공업, 금속공업 등의 공업지대이며 노동자의 거리였다.

공업화 시대에는 파리에서 가장 과밀한 인구밀도로서 대중탕도 없는 불량주택지였다.

시의 11·12·19·20의 각 구가 대표적인 지구였다.

1960년대 이후 도시정책 · 도시계획에 의해 파리의 서와 동과의 격차를 해소하는 것이 커다란 명제였다.

도시계획 제도의 개정을 보면, 1967년에 토지기본법이 제정되었다.

이 법은 ①도시계획의 개혁 ②지방공공단체의 도시계획 실현 수단의 충실 및 강화 ③도시정비로의 사적 이니시아티브(자율)의 활용 ④도시재정, 토지세제의 개혁의 4가지를 주로하고 있다.

도시계획의 개혁으로는 장기적인 전망(30년 정도)과 예측을 가지고 도시정비 기본계획(SDAU Schéme Directeur d'Aménagement et d'Urbanisme)과 공공단체 · 개인 등 제3자에 대해 대응력을 가질 수 있는 단기(5~6년)의 구체적인 토지이용 규제를 받는 토지점용 플랜(POS Plan d´ Occupation des Sols)의 제도가 창설되었다.

이 SDAU 및 POS가 현재 프랑스 도시계획의 기본적 프레임이다.

1975년에 이르러, 도시의 발전에 의해 살아있는 종들의 불균형—지가 상승에 의해 고층화가 되어 과밀화를 가져왔고, 사회시책 주택과 수익성이 낮은 활동을 도시에서 방출시키는 등—의 시정 필요성에서 시작하여 도시계획·토지정책의 개혁이 이루어졌다.

이 계획에서는 용적률의 법정 한도제도의 창설로 선매권의 일반화가 결정되었지만, 이것은 종래의 토지에 관한 제도가 협의정비구역 ZAC 및 장기정비구역 ZAD(계획개발구역의 주변부를 억제하는 구역)로 대표되는 도시 주변부의 토지이용에 대해서는 많은 부분이 법적정비가 이루어진 것에 반해서, 기성 시가화하고 있는 지역에 대해서는 법적 조건정비를 목적으로 하고 있다.

용적률의 법정 한도제도는 토지이용에 관한 종래의 법령상의 규제, 용적률을 초과하는 상한으로서 파리시에서는 1.5, 그 외의 지역에서는 1.0의 범위 내에서 규제되어, 그 한도를 초과하는 부분에 대해서는 건설권의 행사는 공공단체에 속하게 되었다. 토지소유자 등이 법정한도를 넘어서 건설하려고 할 경우에는 공공단체로부터 초과부분의 건설권을 행사하는 권리를 매입하지 않으면 안 된다. 이 경우의 구입가격은 초과 연면적과 법정 상한면적을 건설하려는 경우의 토지면적 가액에 균등하게 책정된다. 건설권의 매각에 의한 수입은 공공시설의 정비, 공공녹지의 정비, 사회시책 주택의 정비 등에 필요한 토지취득, 토지선매권과 같은 토지취득 등에 충당하는 것이 의무시 되고 있다.

일본의 최근 토지정책에 관한 여러 시책을 보면, 프랑스의 개념이 크게 참고가 되었다.

파리의 건축물 높이제한에 있어서는 주변 건축물과의 조화를 의무시 하고, 높이는 25~31m, 환경에 대응해서 예외적으로 37m까지로 제한하고 있다.

그런데, 1975년 시점의 파리 대도시권(일 드 프랑스)의 지역별 도시구성을 보면 그림 4.23과 같이 구성된다.

밀집시가지로서는 파리와 내부외곽, 그리고 외주교외로 구성되어 있다. 전체 인구 987만 명 가운데 75%인 740만 명이 이 지역에 집중되어 있고 면적은 약 100,000㏊ 로 전체의 8.4%이다.

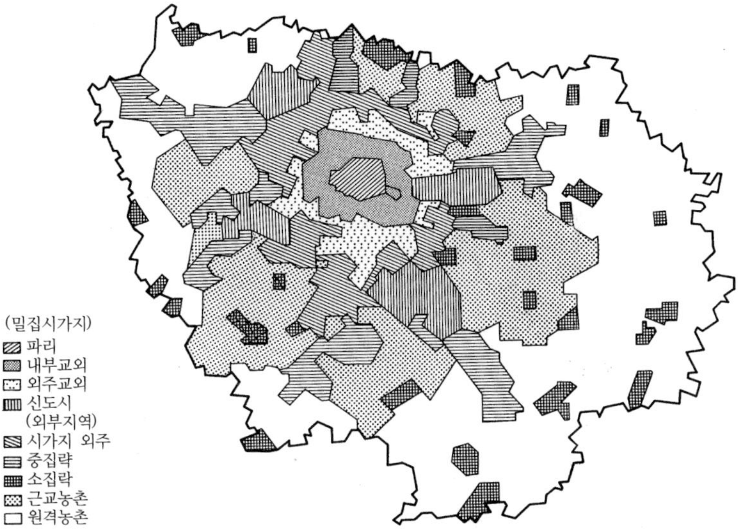

그림 4.23 일 드 프랑스의 지역별 도시구성

거주면적당의 인구밀도는 파리가 580인/hα이고, 내부교외는 181인/hα, 외주교외는 91인/hα이다.

신도시, 즉 뉴타운은 5개소로서 인구 42만 명이고 면적은 57,000hα이다. 뉴타운의 장래 계획인구는 130만 명을 목표로 하고 있다.

외부지역에는 인구가 200만 명이고, 면적은 전체의 87%를 차지하고 있다.

이상과 같이 1970년대에 들어서 경제사회의 변화에 수반하여 1965년의 파리 대도시권 계획(SDAURIF)은 1976년에 개정되었다.

1976년에는 SDAURIF계획(master plan for development and urbanisation of Ile-de-France Region)이 결정되었다.

1965년 계획과 비교하면서 계획개요를 나타내면 다음과 같다.(그림 4.24)

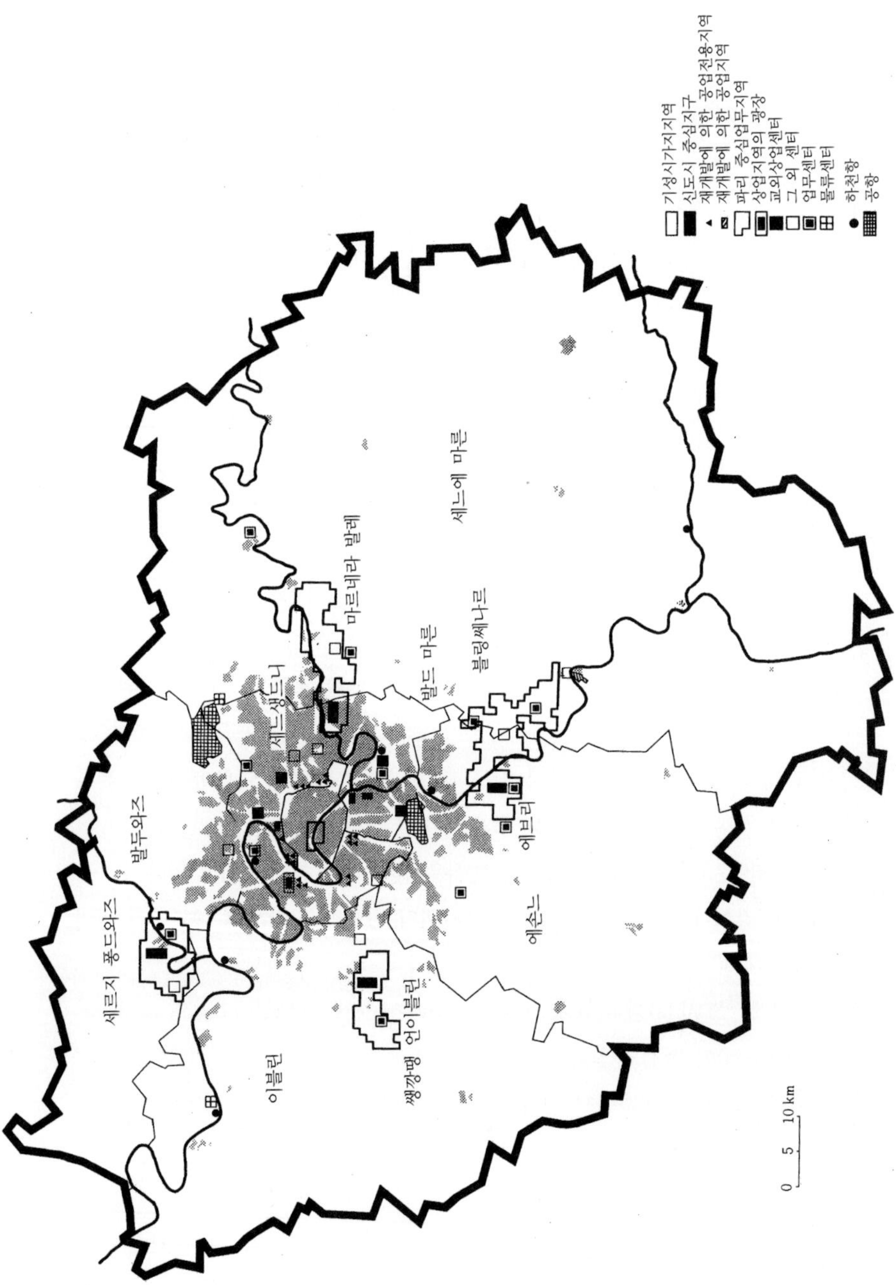

그림 4.24 1976년 SDAURIF계획의 구조

계획인구 :

2000년의 목표인구는 1,200만 명 내지 1,200만 명 이하의 수준으로 한다. 1965년 계획에서는 1,400만 명이 목표였던 것이 축소되었다.

계획의 기본방침 :

1965년 계획에서 기본방침 가운데 답습하는 확인사항으로는 지역의 일체화, 우선적 도시축 개발, 신도시 건설 등이 있다.

이번의 개정사항은 파리 중심지역에 있어서 취업자 수요 감소에 의한 불균형의 회복이다. 특히, 파리시 동서 균형을 잡는 것이 계획목표가 된다.

조정사항으로는 장래의 자동차 우선 정책에서 공공운송기관의 우선도를 높이는 방향으로 전환한다.

추가사항으로는 삼림, 농지를 중심으로 한 녹지대의 형성과 도심의 랜드스케이프의 조성에 중점을 두었다.

지역별 기본방침으로는, 파리에서는 사회적 불균형의 조정과 도시형 공업생산의 향상을 도모하고, 제3차 산업의 분산화를 진행하며 랜드스케이프로서 파리의 공간(open air space)을 만들어 주는 조직을 강화하는 일이다.

이너 서버브에서는 새롭게 이 지역을 제1왕관지역(First Crown Zone)으로 지정하여 활성화 시킨다. 동서의 불균형을 시정하고, 8개의 재구축에 의하여 중심핵(pole)을 건설한다. 그리고 제2차적 센터를 지구의 네트워크로서 형성한다.

외주지역에서는 종래의 아웃 서버브에 5개소의 신도시 뉴타운의 건설을 진행시킨다. 1965년 계획에서는 8개소였던 것이 축소되었다. 뉴타운의 건설에 맞추어 녹지대를 촉진시키고, 삼림 · 계곡 등 자연계의 지역을 보전하는 것, 또한 도시화가 외주로 침식하는 것을 방지하고 도시지역을 안정화시킨다.

밀집시가화 구역의 외부녹지지역과 세느강변의 랜드스케이프를 보전 확보한다.

취업인구의 예측계획 :

취업인구에 있어서는 고용의 불균형과 실업률의 증가에 따른 문제해결이 중점이 되었고, 1965년 계획에 의한 예측을 설정하고 있지 않다.

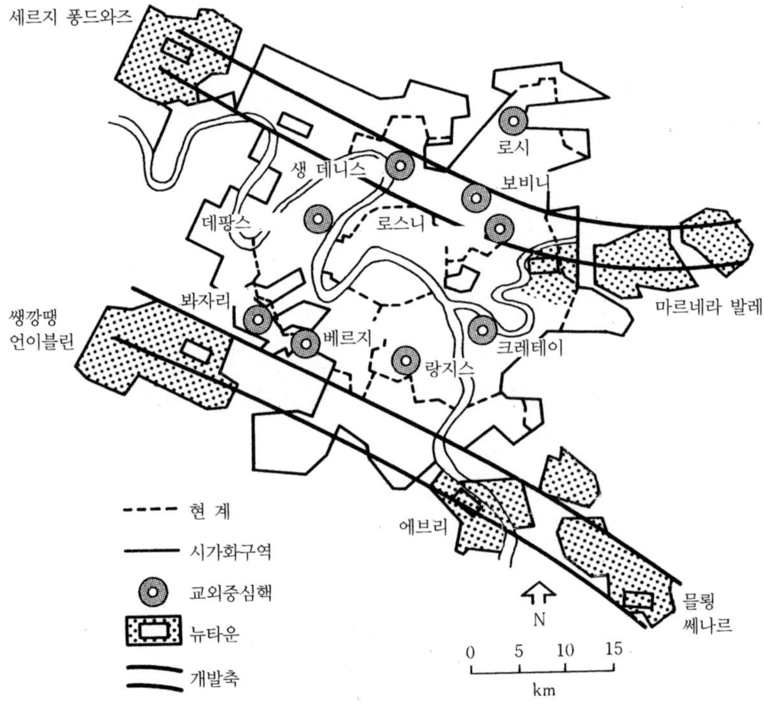

그림 4.25 파리의 뉴타운 교외중심과 개발 축

계획내용 :

파리에서는 중심업무지구의 여러 기능의 향상과 현재상황의 경공업 · 공예산업의 유지를 도모하고 제3차 산업의 분산화를 도모한다. 또한, 과잉고용이나 노동력 수급의 불균형을 줄이기 위한 오피스의 도입을 제한한다.

퍼스트 크라운 지역에서는 중심핵으로서의 Pole을 8개소 지정시켜 서부에는 데팡스 업무지구, 봐자리, 베르지 등의 대규모 상업센터 건설이 진행 중이다. 동부의 중심핵으로서의 생 데니스, 로스니에는 상업센터와 물류거점으로서 정비시킨다.(그림 4.25)

외주지역에는 5개소의 뉴타운의 계획규모를 축소한다. 공업지역의 개발을 당초계획의 2/3, 상업지역을 1/2, 오피스지역을 1/3로 한다.

표 4.7 뉴타운의 인구와 면적

뉴타운	EPA의 설립 연차	인구(1,000명)			목표 인구 (1,000명)	목표 연차	증가지수 =1968/100		계획면적(1974년)	
		1968	1975	1985 (추정)			1975	1982	ZAD (1,000ha)	중심 지역 (ha)
세르지 퐁드와즈	1969	53.4	84.5	114.2	200	1985	158	270	7.4	75
에브리	1969	33.2	53.6	103.3	130	2000	162	311	4.3	75
쌩깡땡 언이블린	1970	41.4	103.6	185.8	320	장기	250	449	11.0	100
마르네라 발레	1972	69.8	81.6	158.8	400	장기	117	227	15.0	170
믈룅 쎄나르	1973	65.7	94.5	152.2	300	1985	143	232	8.9	불명
파리지역 (일 드 프랑스)		263.6	417.9	744.4	–	–	158	282	–	–
그외 뉴타운		147.6	213.9	358.8	–	–	145	243	–	–
전국		411.2	631.8	1,103.2	–	–	153	268		

출전 : House J. W. (1978), France : an Applied Geography, Methuen and Co. Ltd., London, p. 342, EPA : Etablissement public dámenagement, ZAD : Zone dámenagement différé.

5개소의 뉴타운으로는 세르지 퐁드와즈, 에브리, 쌩깡땡 언이블린, 마르네라 발레, 믈룅 쎄나르이다. 뉴타운의 인구와 면적은 표 4.7과 같다.

계획 목표 인구는 당초 50만~100만 명 규모를 상정했지만, 1976년 계획에서 13만~40만 명으로 축소되었다.

뉴타운과 교외 중심핵(pole)은 도시개발 축을 중심으로 전개되어 있다. 뉴타운 가운데, 파리의 동부 약 45km에 위치하고, 장래인구 40만 명의 마르네라 발레에 있어서 소개하고 있다.(1992년 현재)

계획면적은 15,000ha로서 26개의 행정단위(시 · 정 · 촌)를 포함하는 광대한 지역이 지정되어 있다. 계획지역은 4지구로 나누어지고, 2개의 정비공사에 의하여 사업이 진행되고 있다.

제1지구 : 노이지 르 그랑(Noisy-le-Grand)

3 행정구역에 걸쳐있는 수도권 고속철도(RER)의 3역이 있다. 지구특성으로는 오디오 비주얼 관계의 거점으로서 업무공업지구, 대규모 쇼핑센터(4만m²), 주택지(3.5만 호)가 계획되어 사업 중에 있다.

제2지구 : 르 발 모뷰에(le-Val-Maubuee)

6 행정구역에 걸쳐있는 RER 3역이 있다. 지구특성으로는 정보처리센터, 첨단기업, 대규모 창고가 모여 있고, 대규모 슈퍼마켓과 주택지(2.8만 호)가 계획되어 사업 중이다.

제3지구 : 라니 뷰시 산 조르지에(Lagny Bussy-St. Georges)

RER 2역이 예정되어 있고, 지구특성으로는 정보, 컴퓨터 관련업무 공업지구, 주택지(2.3만 호)가 계획되어 사업 중이다. 이 지구에는 골프장 3개소(1개소 완성)가 비즈니스 센터 부근에 계획되어 있다.

제4지구 : 유로 디즈니랜드(Euro Disneyland)

5 시정촌(행정구역)에 걸쳐서 RER 2역이 예정되어 있으며 지구특성으로는 유로 디즈니랜드가 진출하고 있고, 어뮤즈먼트, 쇼핑, 호텔 등의 시설과 함께 업무 공업지구가 계획되어 있다.

이상, 뉴타운의 개발 컨셉은 파리교외의 광대한 지역을 대상으로 새로운 도시와 도시기능을 집약하고, 주위에 녹지가 많은 전원을 탄생시켜 사람들에게 쾌적한 생활의 장으로서 직 · 주와 놀이공간을 부여한다고 할 수 있겠다.

교통계획 :

장래에는 자동차 우선에서 공공운송기관 우선으로 전환하고 새로운 인프라를 위한 계획을 축소한다. 공공운송기관의 정비는 수도권 고속도로망과 프랑스 국유철도망을 연계하고, 파리 중심부인 레 알의 재개발과 연계하여 방사노선의 동서남북의 교차 중심역을 지하에 설치한다.

파리에서는 자동차 이용을 억제하는 조치를 하여 파리 내, 파리와 교외간의 교통은 공공운송기관을 우선으로 하고, 새로운 자동차도로의 건설은 하지 않는다.

퍼스트 크라운 지역(이너 서버브)에는 방사도로망의 축소와 지하철노선을 연장하고, 아웃 서버브에는 공공운송을 위한 순환도로를 건설하고 교외와 교외를 연결하는 자동차교통은 25~50% 증대시킨다.

외주지역은 이번의 계획에서 철도 · 버스를 중심으로 하는 공공운송기관의 강화에 중점을 두고 있다.

교통계획과 뉴타운 및 퍼스트 크라운 지역 내의 중심핵(pole)과의 연계를 보면 그림 4.26~4.29와 같다.

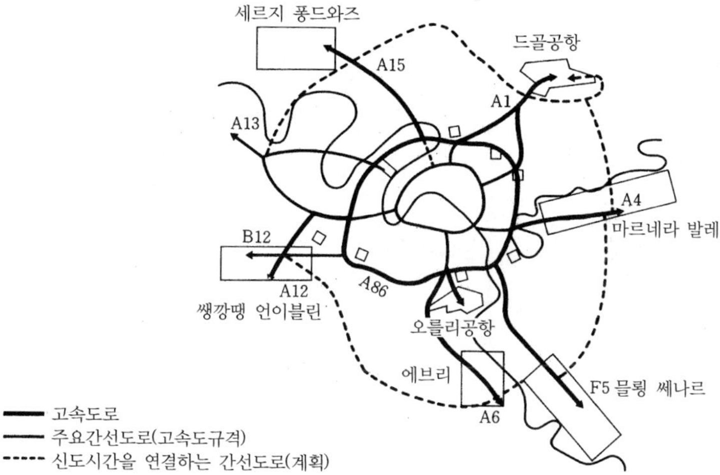

그림 4.26 자동차도로망계획(전지역)

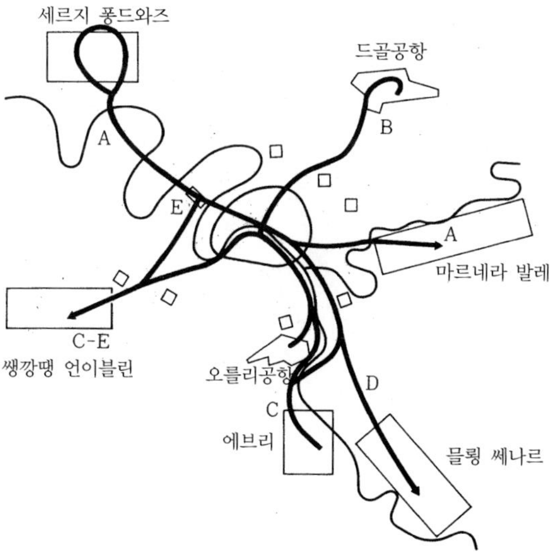

그림 4.27 수도권 고속철도망계획(전지역)

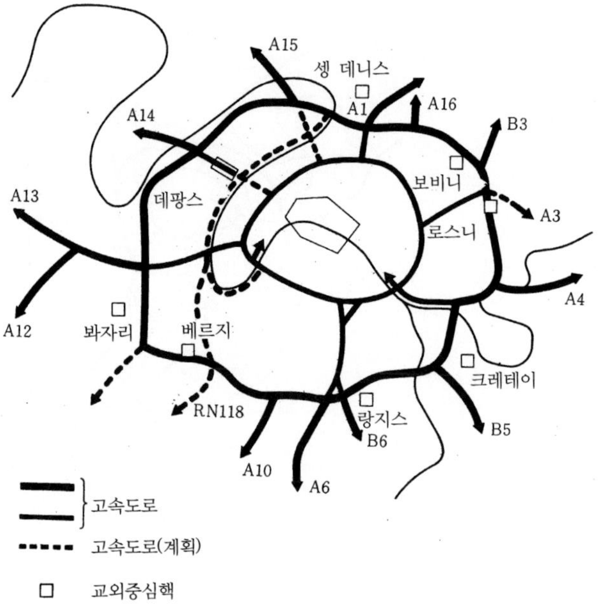

그림 4.28 파리를 중심으로 하는 고속도로망계획

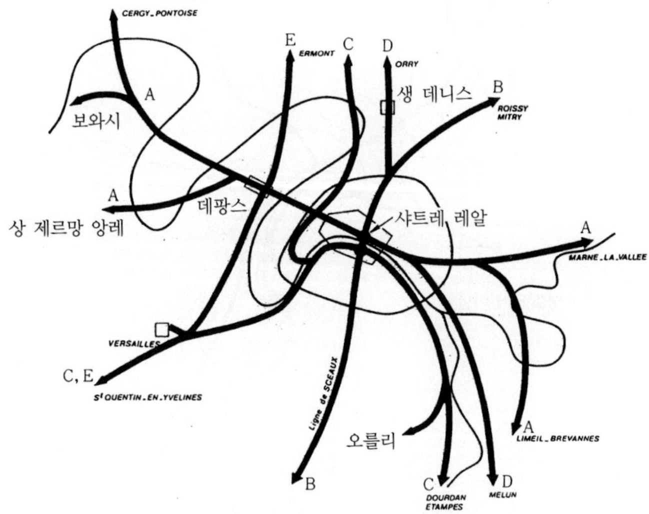

그림 4.29 파리를 중심으로 하는 고속철도망계획

전체의 계획이념 :

1965년 계획에서 생활의 질 향상이란 목표설정에 대하여 1976년 계획에서는 도시계획에 의한 결과로서 선택의 자유와 편리성 등 생활수준의 전면적 향상을 목표로 하게 된다.

그 결과, 일상생활의 조건을 향상시켰다. 즉 자연생태와 사회생태의 균형을 도모하고 랜드스케이프(도시경관)로서의 도시미를 추구한다. 사회생활의 변화, 다양성에 대응을 도모한다. 직장과 주거와의 근접성을 도모하는 것이 계획이념으로 결정되었다.

어반 디자인은 자연과 인공미가 조화롭게 혼재되어 있으면서 도시의 기본구조를 구성하는 공간으로서 기능적 공간, 자연적 공간, 건축적 공간의 혼재에 의한 균형을 유지하는 것을 목표로 하고 있다.

파리는 사회적 붕괴가 계속되어 왔으며 파리의 매력이 되는 힘은 파리의 이미지를 지키는 것이라 여겨서, 축선 재개발과 동서균형을 바로잡고 일상생활의 조건을 회복시키는 것을 기본으로 하고 있다.

다음으로 파리의 개조전략에 대해 살펴보면, 원래 파리는 성벽에 의해 폐쇄된 도시였고, 그 안에 고밀도로 사람들이 모여들었다고 할 수 있는 역사이며 현재도 똑같은 상태라고 할 수 있다.

1976년 계획에서 파리의 방향성이 주어져, 그것을 위한 개조전략으로서 다음의 4가지의 재생이 이루어져 왔다.

① 재이용 – 탈공업화에 수반하여 공장 이전의 적지를 재이용한다.

② 재활성화 – 상업, 교통, 문화의 초점이 되는 중심시설의 재활성화이다.

③ 재정비 – 동과 서의 불균형을 재조정하고, 특히 동의 활성화를 도모한다.

④ 재생화 – 도시 유산으로서의 역사적 보전을 하면서, 새로운 생활양식을 가진 사람들을 위한 생활의 장으로서 재활용, 재생화(再生化)한다.

파리권의 중심 도시핵(urban core)으로서의 재개발은 이상의 여러 점을 근거로 하여 그림 4.30과 같이 각처에서 개조전략이 진행되고 있다. 공장 이적지의 토지이용 전환을 알 수 있다.

그림 4.30 파리시내의 재개발

파리의 서남부 시트로엥 지구는 종전에는 큰 자동차 공장이었으나 새로운 계획으로 30ha에 이르는 주택, 공원, 병원을 건설했다.

그 북쪽의 프롱 드 세느에는 최근 업무빌딩과 아파트를 일괄 개발하고, 새로운 교통동선으로 고가 유보도 등을 설치하고 있다. 또한, 북부의 라 빌레뜨는 종전에 도살장이었던 것이 지금은 과학기술 박물관과 대공원이 건설되었다.

이들 재개발 가운데 주목할 수 있는 계획으로는 파리를 양분하여 세느강에 평행하는 축선상의 재개발이다. 이 축선은 서쪽은 데팡스에서 중심부에는 레 할레, 그리고 동쪽 끝에는 세느 동남지구의 재개발이다. 이것은 「파리의 백본(backbone), 등골의 개발」이라고 불리고 있다.

이 백본에는 상업, 문화, 정치로 이어지며 이곳에 투자가 집중되어 재래의 기능들이 새롭게 강화되어 새로운 신경중추로서 재활성화 하는 것이 의도이다.

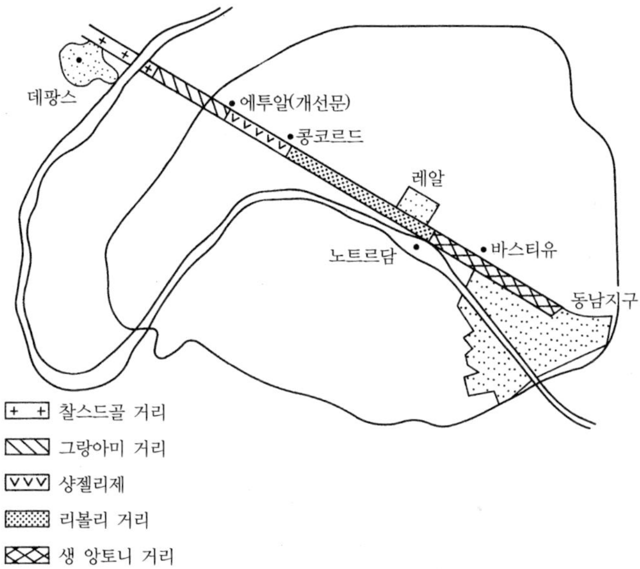

그림 4.31 파리시의 재개발 축

데팡스는 샹젤리제의 CBD와 연결되고 레알은 증권거래소와 연계되어 파리 동남부와 연결된다.

또한, 이 축선 전개는 18세기 샹젤리제에서부터 19세기 오스만까지의 축선이며 도시계획의 전개만으로도 역사를 느낄 수 있는 것이다.(그림 4.31)

다음으로 파리의 주요한 재개발을 소개한다.

(1) 레 할레지구(Les Halles)

일찍이 「파리의 위세」로 일컬어졌던 중앙판매시장이 1969년에서 1973년에 걸쳐서 교외 중심인 룅지로 이전했다.

사업을 시작하기 전까지 이적지의 이용계획은 우여곡절을 거듭하여 이적지 26.7ha를 활용해 수도권 고속철도역과 대규모 쇼핑센터와 정원을 입체적으로 꾸민 재개발계획으로서 1979년에 완성했다.

포럼 데 알이라고 불리는 쇼핑센터는 연면적 49,000㎡, 점포수 약 200개이다. 구조는 중앙부에는 대규모 클리어 탑(광정)으로 설계하여 그것을 감싸는 형태가

지하까지 연장하는 기발한 건축물이다. 지하 4층 레벨에는 고속철도역의 환승 승강장, 지하3층 레벨에는 공공통로, 주차장(약 1,200대), 그리고 지하2층 레벨에는 지하자동차도로가 있는 복합구조이다. 공공 도로망의 면적은 16,000㎡로서 대규모이다.

(2) 데팡스 지구(La Defense)

파리의 중심 콩코드 광장에서 북서로 약 4km, 샹젤리제 거리를 중심으로 하는 파리의 중심축 연장선상에 파리 교외의 중심핵(pole)으로서 데팡스의 신개발이 이루어졌다. 데팡스(방위)란 이름은 1871년 보불전쟁(프로이센-프랑스)을 생각하며 파리 방위를 기리며 기념비에 붙여졌다.

개발 이전에는 작은 집락(集落)이었다.

1958년에 데팡스 지구 정비공사(EPDA)가 설립되었고 1964년에 마스터플랜이 승인되어, 후에 변경이 이루어졌다.

데팡스 지구는 총면적 760㏊로서 주요한 시설은 상업업무중심의 A지구(130㏊)와 주거중심의 B지구(530㏊)로 분할된다.

A지구의 변경계획을 보면, 종전부터 파리로 진입하는 국도 13호선과 국도 192호선의 합류지점으로서, 프랑스에서 교통량이 최고로 많은 동맥이었다. 또한,

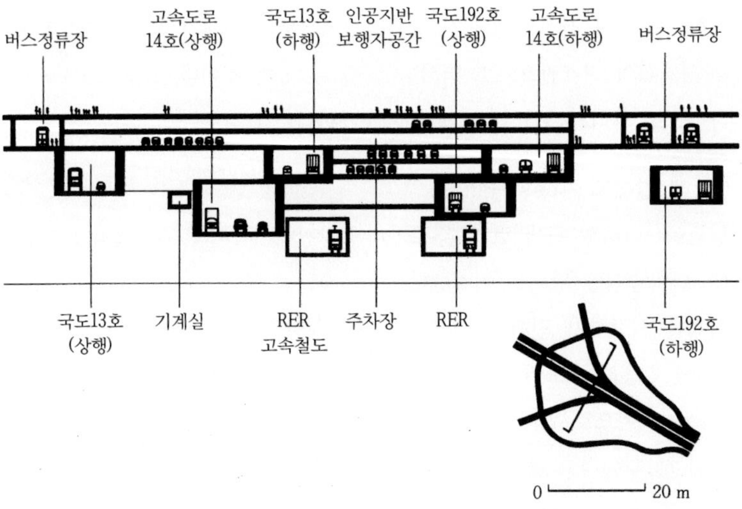

그림 4.32 데팡스 A지구의 인공지반 지하의 A-A 단면도

A14호선 고속도로의 계획과 이들 도로에 의하여 지역이 분단되는 상황이었다. 게다가 데팡스 개발을 위한 수도권 고속철도(RER)의 설치문제도 있는데, 개발공단은 이들의 해결책으로서 거대한 인공지반(dalle)을 건설하고 지하에 교통 인프라를 설치하기로 했다.

인공지반의 밑에는 고속도로(A14 · 그림 4.28 참조), 국도(N13호 · N192호), 그리고 이들의 인터체인지, 또한 고속철도(PER · 그림 4.29의 B루트)와 역, 주차장, 환기 등의 기계실, 지상과 연계되는 에스컬레이터 · 엘리베이터, 상하수도 전기통신의 동관 등이 입체적으로 계획되어 전체 관통로의 연장은 15㎞에 가깝다고 한다.(그림 4.32)

고속철도(RER)는 1986년에 완전 개통하였고, 이곳에서 에투알역까지 5분, 오페라역까지 7분, 레알역까지 10분에 도착할 수 있다고 한다. 지하주차장의 수용대수는 약 25,000대이다.

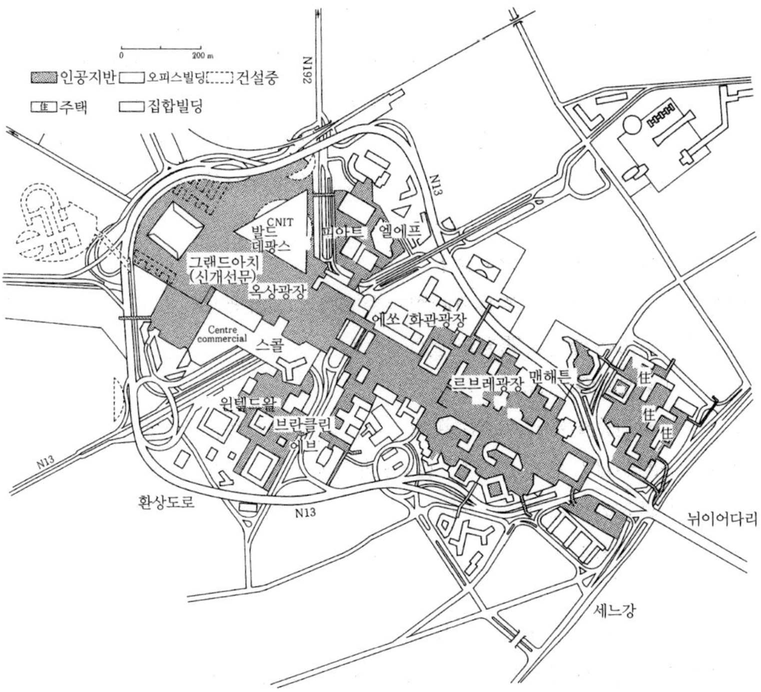

그림 4.33 데팡스 A지구

한편, 인공지반(dalle)은 연장 1,200m에 달하고, 세느강변으로부터 조금씩 단차를 두어 상단 광장에 이르는 보행자도로이며, 양측에 아름다운 조각으로 장식된 고저차에 의한 광장과 중정이 배치되어 보행로의 한가운데 위치한 대분수의 인공연못 등이 있다. 인공지반이라는 견고함과 색채, 형태, 움직임을 첨가한 새로운 어반 디자인(도시 디자인)을 보여주고 있다.(그림 4.33)

이 인공지반에는 파리에서는 보기 힘든 초고층 빌딩군이 밀집해 있다. 30년 만에 초고층빌딩이 탄생했다고 한다. 1964년에 엣소(esso)빌딩이 최초로 준공된 이후 1988년까지 47동의 비즈니스빌딩이 건설되었는데, 제일 높은 건물은 46층으로서 인공지반 위에서 178m이다.

계획 연면적은 210ha이며, 이 중에 166ha가 완성되었고 프랑스의 대기업을 포함해 400여 개의 회사가 있으며, 7만 명 이상이 여기서 근무하고 있다.

주거용 건물은 저층이 대부분이고 쇼핑센터는 연면적 12만㎡로 유럽 최대규모이다.

광장의 가장 끝에 위치한「데팡스의 머리, Tête Defense」라고 불리는 그랜드 아치(Grand Arche)는 신 개선문이라고 불리며, 한 변의 길이는 110m에 달하는 문형의 입방체로 백 대리석과 유리가 아름답다. 이 빌딩에는 공공기관과 민간기업이 입주해 있고, 1989년에 완성하여 같은 해 세계정상회담의 회의장으로 처음 사용되었다.

(3) 그랜드 · 프로젝트

1989년 7월, 프랑스 혁명 200주년을 기념하는 사업으로 파리의 이미지를 크게 변화시키는 각종의 재개발이 진행되었다.

① 파리 동부지구(50ha)

리옹역 주변에 업무빌딩군이 건설되어 재무부청사(세느강변에 건축물의 일부가 달아내져 있다)(1988년 완성)를 중심으로 하는 새로운 업무지구가 건설되고, 재무부의 앞에는 파리 벨루시 스포츠센터(1984년)가 건설되었다. 이 센터는 피라미드형의 빌딩으로 전면이 대체적으로 잔디밭으로 장식되어 있다.

② 라 빌레뜨 지구(55ha)

예전에 도살장 이적지였다. 여기에 과학산업박물관(1986년, 직경 36m의 구체 금속인 지오드가 있다), 공원(1987년 개원), 그랜드 홀(1985년), 음악도시(1989년)

가 있다.

③ 퐁피두 예술 문화센터(1977년), 루브르 미술관의 개장, 유리 피라미드(1989년), 오르세 미술관(예전의 터미널역사를 개정, 1986년), 아랍세계연구소(1987년)

④ 바스티유의 신 오페라좌(프랑스 혁명시의 감옥 이적지, 1989년)

(4) 몽파르나스 지구

파리 남쪽의 철도 종착역인 몽파르나스와 그 주변의 재개발은 1961년에 진행되었다.

이 계획과 사업은 프랑스 국철(SNCF)과 파리시가 주체가 되는 제3섹터, 메누몽파르나스 지구 혼합경제사회(SEMAMM)가 시행하여 1974년에 초고층빌딩 몽파르나스 타워(58층)를 완성했다.

그러나 시민들의 반대로 그 이후 파리 시내에서는 높이 제한이 만들어지고 초고층빌딩은 건설되지 못하였다.

그 후, 신 TGV의 개통에 즈음하여 재개발이 계획되어 새로운 역인 파스실루역의 신설과 몽파르나스역 자체의 개축·확장과 주변도로의 정비를 위한 파스실루몽파르나스(Pasteur-Montparnasse)계획이 진행 중에 있다.

계획에서는 역 전체를 2층의 인공지반으로 만들어 1층은 주차장, 2층은 옥상공원으로 하였으며 옥상공원의 면적은 7.5㏊의 넓은 면적을 가지고 있으며 1992년에 완성했다.

파리시 도시계획의 책임자는 「생활을 즐기기 위한 대규모의 국제적 수도를 창조하는 것이다」 라고 말하고 있다. 파리의 재개발 대부분은 국가와 시의 공적기관 주도의 재개발이지만, 이들을 기폭제로 하여 민간 개발을 유도하고 있는 것이 특징이라고 할 수 있다.

4.3 뉴욕 대도시권

4.3.1 뉴욕의 탄생

유럽인이 처음으로 맨해튼의 남단에 들어간 것이 1524년이고, 1625년에 남단에 성벽을 축조하여 뉴 암스테르담이라고 명명했다. 당시의 인구는 200명이라고 한다. 그 성벽이 지금의 월가이다.

1626년에 올랜도 서인도회사가 당시의 맨해튼(1.3㎢)을 인디언으로 부터 24달러에 매수했다고 하는 이야기도 전해진다.

1664년 영국에 양도되어 뉴욕이란 이름이 탄생했다. 1776년에 미국의 독립선언이 이루어져 1784년에는 뉴욕 주의 주(州)도가 되었고, 다음해는 미국의 수도가 되었다.

1790년에 수도는 필라델피아로 이전되어 같은 해 맨해튼 최초의 인구통계가 이루어진 바에 의하면 33,000명이었다. 1797년에 주도는 알바니로 이전되었다. 1800년에는 6만 명이었는데 그 반수가 영국 이민자였고, 19세기 중반인 1856년에는 63만 명으로 독일과 아일랜드에서 대량의 이민이 들어왔다.

1860년대의 남북전쟁 이후 뉴욕은 미국의 중심도시로서 인정받았다.

그 후 20세기 초반까지 유럽 각지에서 이민이 들어왔고, 이 시기부터 대량의 흑인 이민이 이어졌다. 해외 이민의 주요원인이라고 하는 인구의 급증에 의해 미국 특유의 「인종의 도가니」로 불리는 도시가 되고, 시지역(시 경계)도 남단에서 북쪽으로 확대되었다.(그림 4.34)

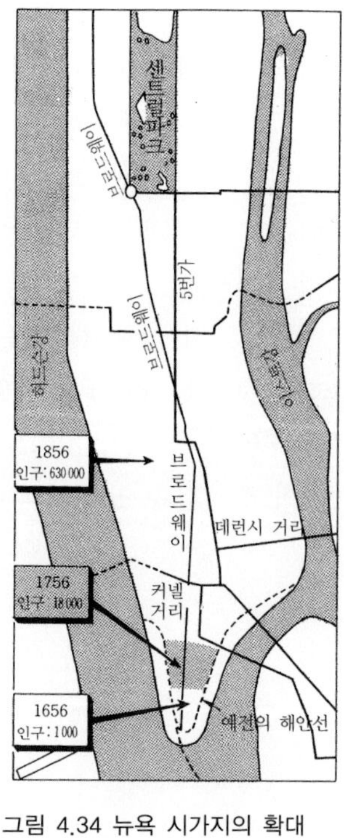

그림 4.34 뉴욕 시가지의 확대

19세기 초까지의 교통은 강변이 경제활동의 중심이 되어 허드슨 강변과 이스트 강 사이를 동서로 연결하는 가로가 사람과 물자의 움직임을 위하여 중요하였다. 그리고 맨해튼을 남북으로 달리는 브로드웨이는 섬 북부의 농장과 남부의 중심지구를 연결하는 간선 도로의 역할을 완수해왔다.

뉴욕의 가로조성의 시작은 1811년으로 시의 가로제정위원회(위원 3명)가 결정한 것으로 오늘날 볼 수 있는 격자형 가로망 계획이었다.

가로망 계획은 워싱턴 광장을 기점으로 하여 동서남북의 격자형으로 155지역까지 계획되었다. 남북에 12본, 600~900피트마다 폭원 100피트(30M)의 가로를 설치하고, 동서로는 200피트마다 폭원 60피트(18M)의 도로를 배치하여 오늘날 이 계획이 대부분 실현되었다.

가로망 계획의 변경으로 1857년에 센트럴 파크(2.5mile × 0.5mile = 4km × 0.8km)가 계획되었다. 공원계획은 고밀한 시가지에 접하여 아름다운 전원의 랜드스케이프를 연출하기 위한 것이었다. 공원면적은 336ha로 1858년에 일부 개원하고, 1876년에 완성했다.

1834년, 뉴욕시는 브루클린 시를 합병했다.

1880년, 뉴욕시의 인구는 191만 명이 되었다.

그림 4.35 뉴욕시

1883년, 이스트강에 처음으로 브루클린 교량이 개통했다.

1898년, 대뉴욕으로서 맨해튼, 브루클린, 브롱스, 퀸스, 리치먼드의 5구를 병합했다. 인구는 340만 명으로 되었다.(그림 4.35)

세계 여러 거대도시와 어깨를 나란히 하게 되었다.

도시교통의 수단은 1830년대는 마차철도였는데 1880년대 말에 동력원이 말에서 전기로 대체되었다.

교외철도로는 1851년 뉴욕과 올바니 간의 철도가 개통되어 1868년에는 실험선으로 고가철도(로프에 의해 차를 추진하는 방식), 1871년 고속철도에 증기기관차 운전(연장 1.3㎞), 그랜드 센트럴역 개업, 1887년 노면전차 개통, 1904년 지하철이 개통되며 최초의 지하철은 맨해튼, 브루클린, 브롱스에 부분적으로 건설되어 1910년대에 맨해튼 중심의 지하철망을 완성했다. 그리고 1910년 펜실베이니아역의 개업으로 이들 철도터미널이 도심부의 형성을 촉진했다.

이상과 같이 철도망의 정비에 의하여 도시지역이 형성되어 왔다. 1880년, 1900년, 1910년, 1925년의 뉴욕시의 철도망 형성은 그림 4.36에 나타난 바와 같다.

1956년 노면전차가 폐지되고 1920년대 이후 본격적인 자동차 시대에 접어들었다.

4.3.2 뉴욕 대도시권의 시동

20세기 초의 뉴욕 인구를 보면, 1900년에 340만 명, 1910년에 480만 명, 1920년에 560만 명으로 급격한 증가를 나타내고 있다. 이 인구증가의 원인은 앞서 언급한 유럽에서의 이민과 함께 지방에서 도시로의 인구이동이 더해진 때문이다.

당시의 뉴욕, 특히 맨해튼의 항공사진은 그림 4.37과 같다. 맨해튼 섬의 양 해안의 정형추두(櫛形埠頭)가 상징적이며 여기에 항만과 공업이 집적했다.

뉴욕의 도시계획은 19세기 초의 가로계획으로 시작하여 20세기에 들어서는 토지이용규제를 위한 건축·조닝 조건의 결정으로 이루어졌다.

미국의 도시계획 특징으로는 미국의 성립과정에서「아무것도 하지 않는 정

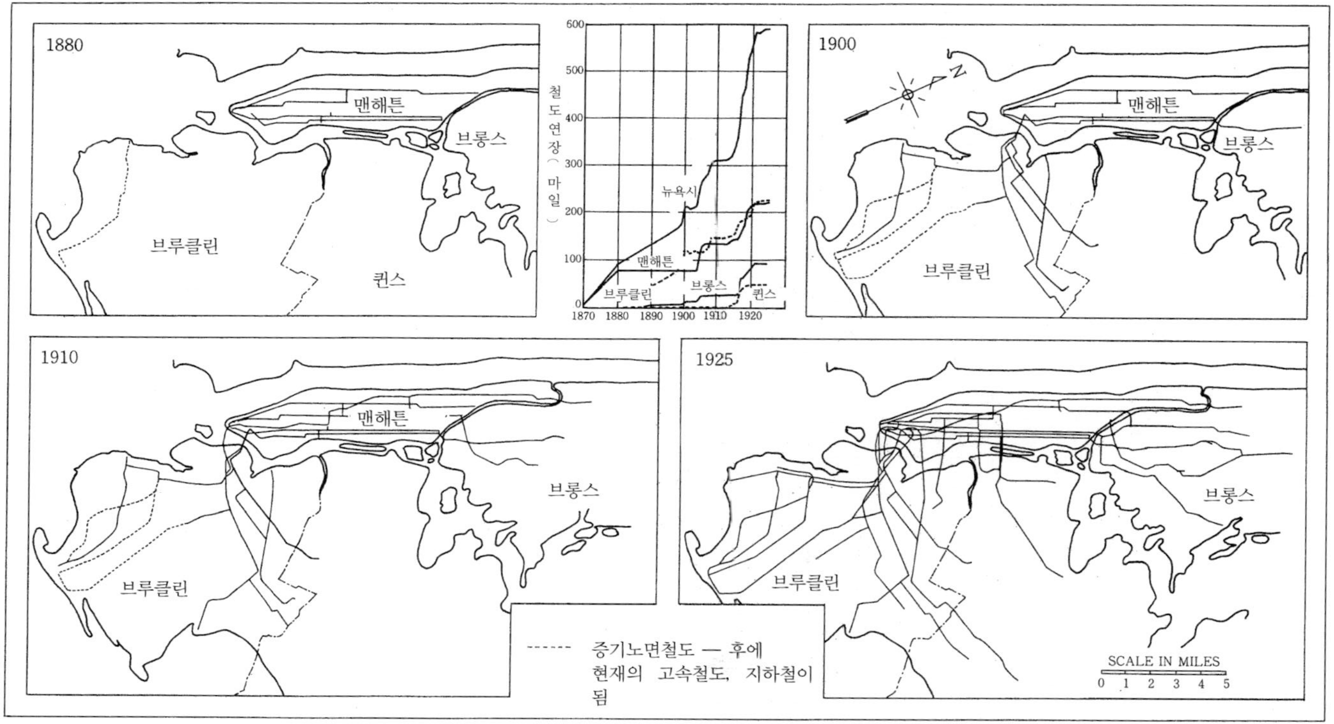

그림 4.36 뉴욕시의 철도망

출전 : Regional Plan of New York and its Environs Vol.1,(1929)

© Hamilton Maxwell, Inc., N. Y.

Fig. 27
AEROPLANE VIEW SHOWING CONCENTRATION OF DOWNTOWN AND UPTOWN BUSINESS DISTRICTS

그림 4.37 1910년대의 맨해튼

출전 : Regional Plan of New York and its Environs Vol.1

부(연방정부)가 제일 좋은 정부이다.(The least government is the best government)」라는 전통적인 사고방식이 있는 지방분권의 국가였고, 주정부는 독립성이 강하고 행정단위(시정촌)도 중앙정부의 개입을 싫어하며 자치권 존중의 국가였다.

거기서 도시계획의 제도적 측면에서도 행정단위가 독자적으로, 또는 주의 수권(授權)에 의하여 ① 마스터플랜 ② 지역제(zoning) ③ 택지분할규제(subdivision control)의 3종류의 제도가 채택되었다.

지역제(zoning)는 19세기말 샌프란시스코 시는 중국인의 세탁실이 번화가에 위치하여 화재의 위험과 공해의 원인이 되어버린 것을 규제하고, 후에 댄스홀, 마대업(馬貸業)과 축장(畜場), 주장(酒場) 등 공해를 발생시킬 염려가 있는 시설을 규제했다. 이것이 최초의 지역제이다.

뉴욕에서는 20세기 초에 건축물의 고층화에 따른 건물의 높이와 토지이용의 규제가 문제가 되었다. 18세기 이래, 뉴욕의 가장 높은 건물이라고 한다면 트리니티 교회였다. 월가가 내려다보이는 이 교회의 첨두는 25층 건물 높이에 견줄 수 있으며, 기술의 새로운 물결은 시의 모습을 변화시켜 왔다.

마천루의 출현인 것이다. 훨씬 오랜 고층건축으로는 1903년에 완성한 플랫아이언 빌딩(높이 300피트 = 100m)이다. 1913년에는 55층을 최고로 하여 30층 이상의 건축물이 9동, 20층 이상이 약 50동이 되고, 1915년의 에퀴터블 빌딩의 완성 계기로 가로의 중심부에서는 빌딩의 어두운 협곡이 되어 갔으며, 가로에 통풍과 일조를 요구하는 주민운동이 일기 시작했다. 또한, 제조업이 주택지와 상업지에 침투하는 것을 막는 것도 과제가 되었다.

이러한 배경의 모토로서 1916년에 조례 Building Zone Resoultion을 제정했다. 조례에는 건물의 높이를 규제하고 토지의 용도를 구별하는 규제를 정하였다. 가로의 폭원으로 건축물의 제한고도를 결정하고 통풍과 일조를 확보하는 것, 토지의 용도로 공업구역과 주택구역을 구분하고 건강위생 보호를 도모하는 것이다. 건물의 높이에 대해서는 건물이 비춰지는 그림자가 가로의 경계선까지 후퇴하도록 건물의 상층을 단계적으로 작아지도록 규제했다. 「웨딩케이크 효과」로 불린다.

표 4.8 뉴타운 시의 인구추이 (단위 : 1,000명)

연차	뉴욕시	맨해튼	브루클린	브롱스	퀸스	리치먼드
1830	242	203	20	3	9	7
1850	696	515	139	8	19	15
1880	1,871	1,165	559	52	56	39
1900	3,437	1,850	1,167	200	153	67
1910	4,767	2,332	1,634	431	284	86
1920	5,620	2,284	2,019	732	469	116
1940	7,455	1,890	2,698	1,395	1,298	174
1950	7,892	1,960	2,738	1,451	1,551	192
1960	7,782	1,698	2,627	1,425	1,810	222
1970	7,895	1,539	2,602	1,472	1,987	295
1980	7,072	1,428	2,231	1,169	1,891	352
1990	7,323	1,456	2,301	1,173	1,911	371

이 결과 엠파이어 스테이트 빌딩, 크라이슬러 빌딩, 시그램 빌딩 등이 1920년대와 30년대에 건설되었다.

이러한 조례는 미국에서는 처음이었고, 그 후 그 조례가 미합중국헌법으로 확립되었다.

뉴욕 대도시권의 초기 상황을 보면(표 4.8), 뉴욕시의 범위는 금세기의 초까지는 맨해튼 섬뿐이었으며, 이스트강변을 포함한 브루클린은 별도의 독립된 도시였다.

1883에 브루클린교가 가설되고 나서 금세기 초에 지하철이 개통하기까지 브루클린은 맨해튼 인구의 과반수 이상인 50만 명이었다. 교통망의 정비와 함께 1898년의 대 뉴욕시가 탄생할 때에는 인구는 2배인 116만 명이 되었다. 당시 도시권의 시가화 상황은 그림 4.38과 같다.

브루클린은 예전의 시 중심부(다운타운)와 주변부에 민간 공동주택이 구성되었으며 인구밀도는 145인/ha로 각각의 근린주택의 센터였다. 1908년 이후는 철도와 노면전차, 1909년 이후는 버스로 브루클린의 다운타운이나 맨해튼의 도심부와 연결되었다.

1909년에 퀸스보로교가 건설되어 맨해튼과 퀸스지구 북부가 연결되었다. 당시의 맨해튼 미드타운(중앙부)은 로어 맨해튼에 활동하는 사람들의 주택지구였다. 다리가 개통하고 지하철이 퀸스 지구까지 연장되어 퀸스지구는 주요한 일가족용이나 다가족용의 주택지로서 개발되었으며 인구밀도는 70인/ha였다.

퀸스 지구의 중심에 위치하는 자마이카 지구는 지하철이나 버스 등의 교통망의 중심인 동시에 롱아일랜드 철도의 중추지구로서 커다란 상업 중심이 되었다.

제1차 대전 이후 번영을 계속 해온 1920년대에 맨해튼 도심부는 번영을 이루었고, 뉴욕 대도시권은 이제까지 없었던 속도로 성장을 계속하였다. 그러나 공공 운송력이 부실했던 곳도 있어 중심부에 밀집한 아파트는 과밀상태가 되었고, 도시생활의 어둠과 우아함은 양극화로 나타나고 있었다.

인구를 보더라도 맨해튼은 1910년의 233만 명이 최고조에 달한 후 1920년에는

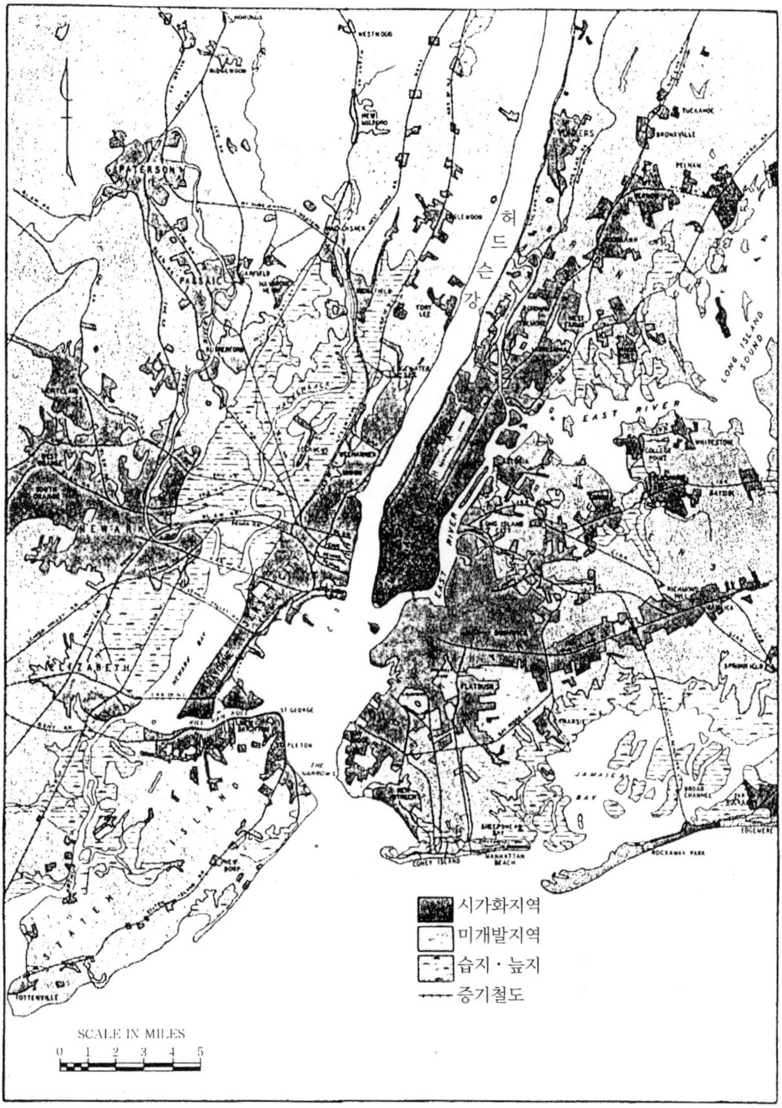

그림 4.38 뉴욕 대도시권의 시가화도(1897)

출전 : Metropolitan Transportation(1980)

228만 명으로 감소하기 시작하였다. 이에 비해 각 지구는 급속하게 인구증가를 나타내었다.

이러한 상황에서 새로운 도시계획의 움직임이 시작되었다. 그것은 도시미화운동(city beautiful movement)이다. 이 운동의 시작은 1893년에 미국 독립 400주년 기념으로 시카고에서 개최된 콜롬비아 세계박람회에서의 도시디자인이다.

다니엘 번햄(Dianel Burnham, 1846~1912)의 마스터플랜 모토로서 공공공간을 중심으로 한 공공건축과 일체화된 설계로 「백색 도시(white city)」로 불렸다.

이 설계는 그 후 미국의 도시계획에 커다란 영향을 주었다. 번햄의 1909년 시카고 계획은 곡선이나 광장에 의하여 도시미의 비전을 묘사한 도시미운동의 특질을 나타내고 있다고 알려지고 있다.

당시에는 급속한 공업화와 시가화의 무질서한 확대에 의해 황폐화 하고 있는 도시환경의 어두운 이미지와 대조되어 새로운 도시디자인의 창출에 의하여 상징적인 질서를 부여하려고 하는 것이다.

뉴욕에서는 브루클린의 그랜드 아미 플라자라든가 맨해튼의 5번가 59거리의 브리지 분수에서 볼 수 있다.

또한, 그때까지의 주거구역에 나타나는 어두움에 대하여 빛과 녹지, 그리고 매력 있는 건축을 건설하려는 움직임도 나타고 있다. 바로 도시미화운동의 표현이며 밀집시가지에서 슈퍼블록에 의한 단지개발이다. 1925~28년에 건설된 유엔 본부의 맞은편에 있는 튜더 시티(Tudor city)가 그의 예이다.

그때까지의 주택개발은 중층아파트가 단조롭게 나열되었던 것이었는데 여기서는 중층과 고층의 빌딩군이 조화를 이루어 공간과 녹지(정원)가 중앙에 배치되어 있다. 3,000호의 아파트와 호텔, 상점가로 구성되어 있다.

이 설계수법은 그 후 미드타운의 중심에 있는 록펠러 센터의 업무빌딩 군에도 적용되었다.

록펠러 센터 부근은 1850년경까지 격자형 도로망으로 정비되어 적갈색 사암의 고층 맨션이 입지하였다. 그러나 1900년 초에 인구가 감소하기 시작하였고 이것은 1878년, 5번가에 고가철도가 건설됨으로써 이후 부유층이나 중류계급의 사람들이 이곳에서 유출되면서 나중에는 황폐화가 시작되었다.

1920년대에 록펠러 재단에 의하여 미술관이 건설되었으며 1930년대에 업무 빌딩군의 슈퍼블록 개발이 이루어졌다. 1940년에 완성된 이 센터빌딩 군과 중앙의 광장은 오늘날 미드타운의 심벌이 되었다.

한편, 1920년대에는 새로운 교통수단으로 자동차가 등장하여 1920년에는 미국 자동차 보유대수는 900만대, 1929년에는 2,650만대가 되었다.

자동차의 보급과 함께 시가지의 외곽화가 진행되어 도시기능으로서 경제활동과 사회활동이 확대되어 왔다.

이러한 배경 가운데 1929년에 뉴욕 대도시권 지방계획(Regional Plan of New York and its Environs)이 민간단체인 지방계획위원회에 의하여 발표되었다.

이 위원회는 후에 지방계획협회(Regional Plan Association RPA)로 개명되어 오늘날까지 이어지고 있다. 이 협회는 러셀 세이지 재단을 지원하고, 1922년부터 7년간에 걸쳐 보고서를 발표하였다.

미국에서 광역지방계획의 최초이며 세계적으로도 획기적인 보고서이다.

1920년대 당시, 영국과 미국의 도시계획가의 교류는 활성화 되었다. 토마스 아담스(전출, 2장)가 사무국장이었으며 뉴욕 지방계획의 선두였던 패트릭 게데스(Patrick Geddes, 1854~1932)도 참가하여 조언을 하였다.

게데스는 「자치권이 있는 지역의 자유로운 연합체」로서 지방계획을 확립시켰다.

계획범위는 뉴욕시와 그 주변으로 뉴욕 주, 코네티컷 주, 뉴저지 주의 일부를 포함하며, 맨해튼의 뉴욕시청사에서 반경 50mile(80km)권이다.(그림 4.39)

1920년의 전인구는 898만(뉴욕시 562만 명)이며, 전면적은 5,528mile^{2}이다.

1929년 계획 목표인구는 1965년에는 2,000만 명이라고 예상하고 있다.

계획범위의 결정에 있어서 2단계 구성으로 설정하여 사람들이 주택에서 직장으로 합리적 시간에 통근할 수 있는 범위는 반경 25mile(40km)권이다. 이것을 초과하는 50mile(80km)권에는 도심이나 교외에 살고 있는 사람들이 자동차 도로에서 레크리에이션 지역으로 도달할 수 있는 범위이다.

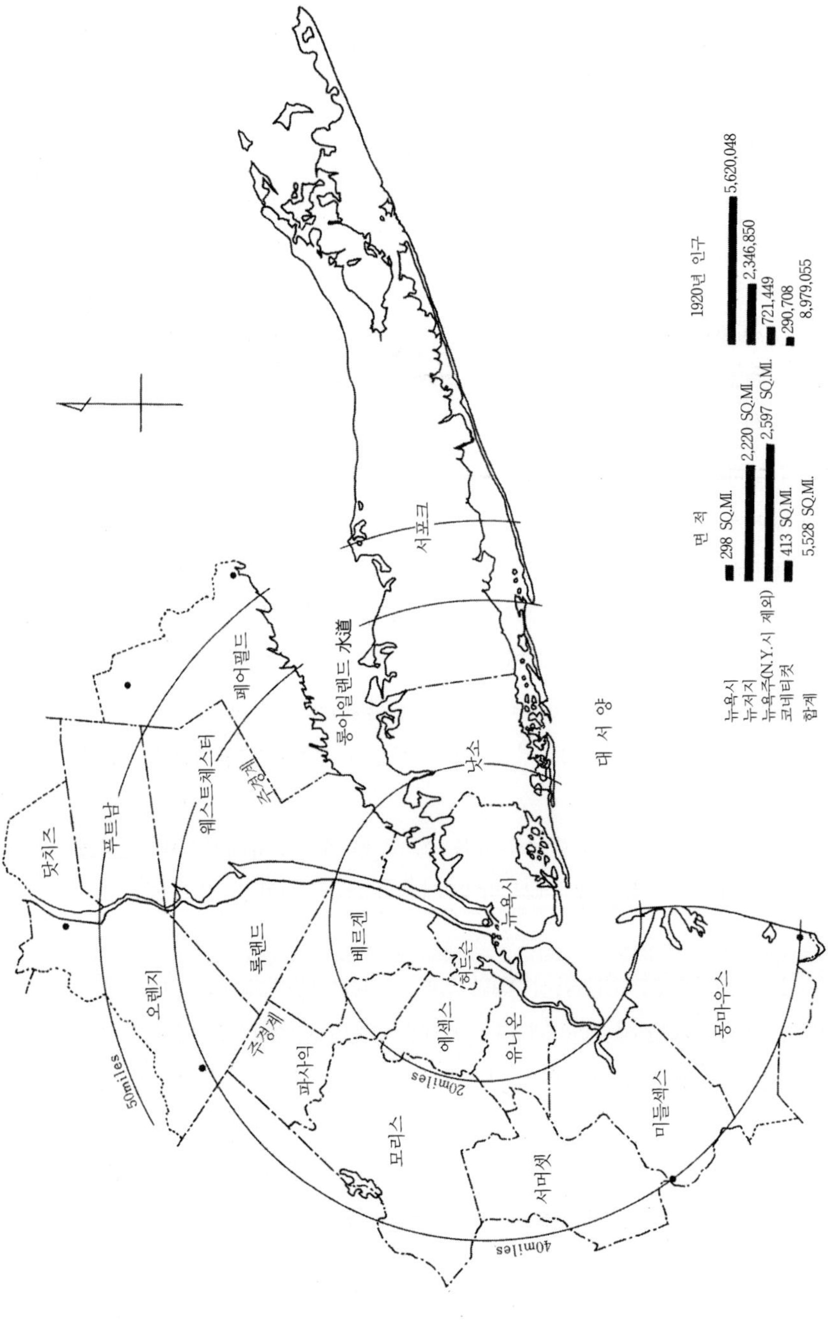

그림 4.39 뉴욕 대도시권의 계획범위

출전 : Regional Paln of New York and its Environs Vol.1.p.21

계획의 기본적 이념으로 집중과 분산에 대하여 다음과 같이 설정하고 있다.

모든 커뮤니티는 중앙을 중심으로 한 집중화된 형으로서 도시성장을 목표로 하고 무계획적인 분산화를 부정하고 있다.

제1단계에서는 밀집 혼잡지구의 밀도를 감소시키기 위하여 공업지를 재집중형으로 분산시켰다.

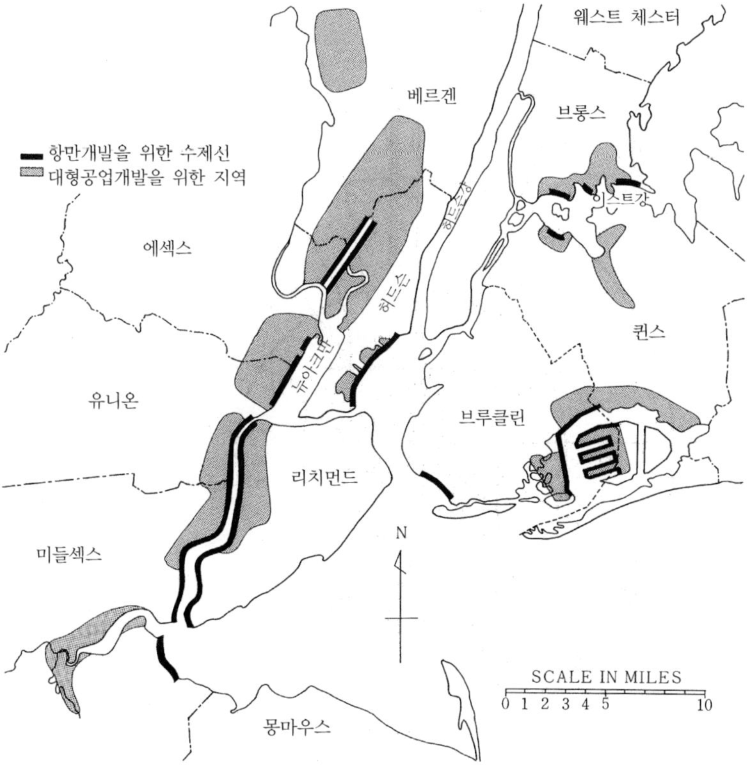

그림 4.40 뉴욕 대도시권의 새로운 항만과 공업지의 재배치계획도

출전 : Metropolian Transporttion(1980) p. 132

제2단계에서는 주택과 직장과의 거리를 축소시키기 위하여 분산하였던 공업지에 인접한 도시개발지역에 콤팩트한 근린주구를 설정하였다.

제3단계에서는 주택지에 최대한의 편의성을 가진 업무를 위하여 부중심을 설정한다.

1929년 계획의 항만과 공업지의 재배치 계획은 그림 4.40과 같이 맨해튼에서 주변지역으로 배치하고 있다.

개발계획의 다이어그램은 교통 인프라를 주축으로 하여 방사, 순환형의 패턴으로서 맨해튼을 1차 센터로 하여 허드슨 강, 이스트 강 맞은편을 2차 센터로 하는 것이다.(그림 4.41)

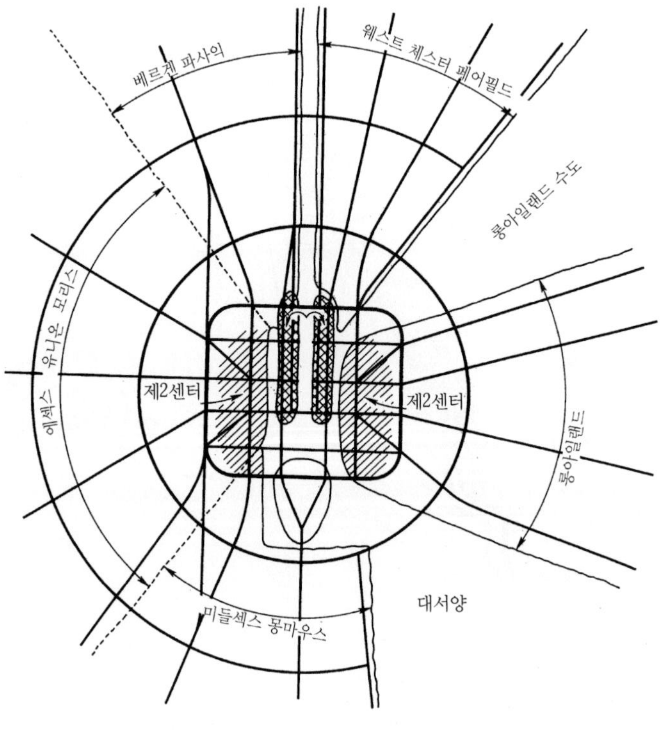

그림 4.41 뉴욕 대도시권 계획의 개발계획 다이어그램

출전 : Regional Paln of New York and its Environs Vol.1.p.178

그림 4.42 뉴욕 대도시권 계획의 간선도로망계획

출전 : Regional Paln of New York and its Environs Vol.1.p.219

간선도로망계획은 모든 방향에서 도심으로 향하는 방사선 도로와 도심을 감싸는 듯한 등간격으로 계획된 순환도로에서 구성하는 간선도로망으로 한다.(그림 4.42)

이것에 의하여 당시 고속으로 성장하기 시작한 새로운 교통기관인 승용차와 트럭교통의 편의를 제공하는 것이 가능하게 되었다.

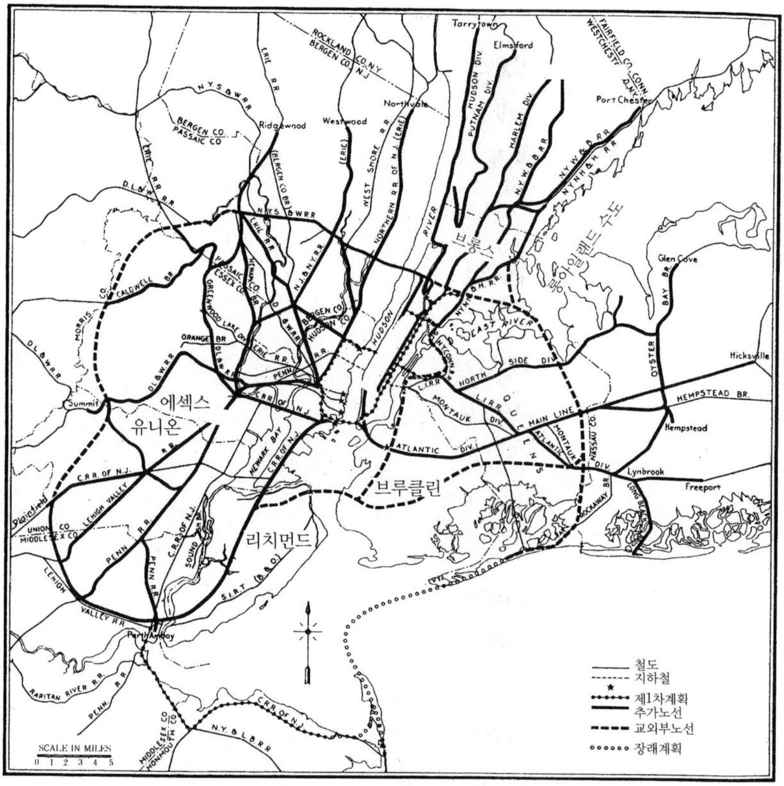

그림 4.43 뉴욕 대도시권 계획의 교외 고속철도망계획

출전 : Regional Plan of New York and its Environs Vol.1, p.198

한편, 철도망계획에 대하여는 대도시권에 확장되어진 철도망을 추가하여 연장하는 것을 제안하고 있고, 그 추가노선의 대부분은 순환선으로서 도로망과 균형을 도모하려는 것으로서 계획되었다.(그림 4.43)

도로망계획의 사업화 상황을 보면, 순환도로 가운데 맨해튼 섬의 녹지에 연접하는 노선이 건설되었다. 그리고 당초 맨해튼 중심부를 동서로 달리는 10km 정도 북측이 건설되고, 조지 워싱턴교가 1931년 개통 건설되고, 메트로폴리탄이라고 불리는 순환 2호선으로 흡수되었다.

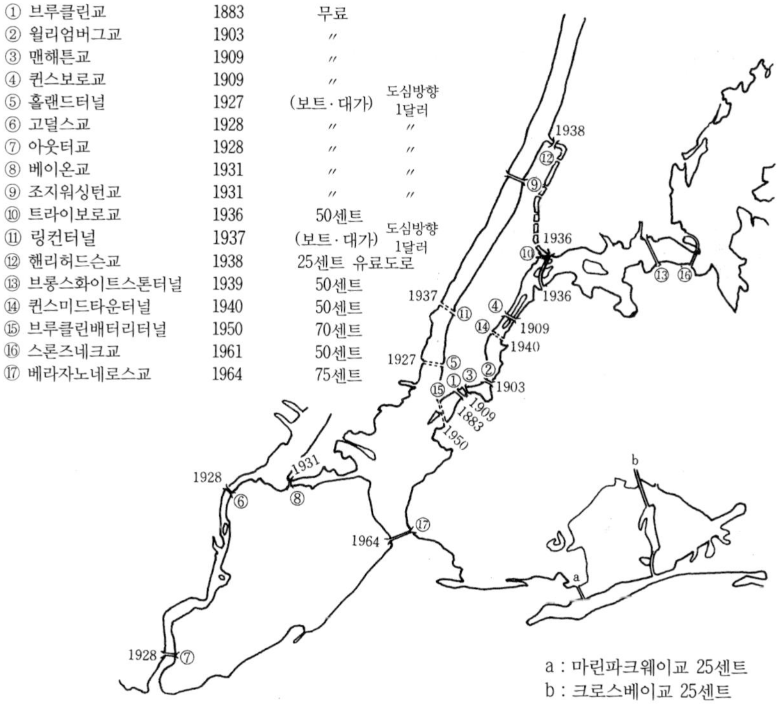

그림 4.44 뉴욕시의 주요한 다리와 터널

출전 : 대도시 문제 연구회편집 「국제비교에 의한 대도시문제」 p.53

메트로폴리탄 루프는 1964년 뉴욕항 입구인 베라자노 네로스교가 가설되어 완전 개통된다.

메트로폴리탄과 뉴저지 지역과의 연접한 홀랜드 터널이 1927년에, 링컨 터널이 1937년에 완성되었다.

이스트 강과 허드슨 강의 다리와 터널의 개통이 개발의 방향성을 결정하고 있는 것이라고 할 수 있다.(그림 4.44)

이러한 계획도로의 대부분은 1930년대부터 60년대에 걸쳐서 완성을 보았다.

한편, 철도계획은 민간기업이 경영하였던 1920년대 후반의 대공황에 의해 여객이 감소하고 서비스는 저하하였다. 그리고 정부는 경제에 자극을 주기 위한 도로 투자를 진행시켜 주(州)도로가 급속히 전 국토에 걸쳐서 연장되어 왔기 때문

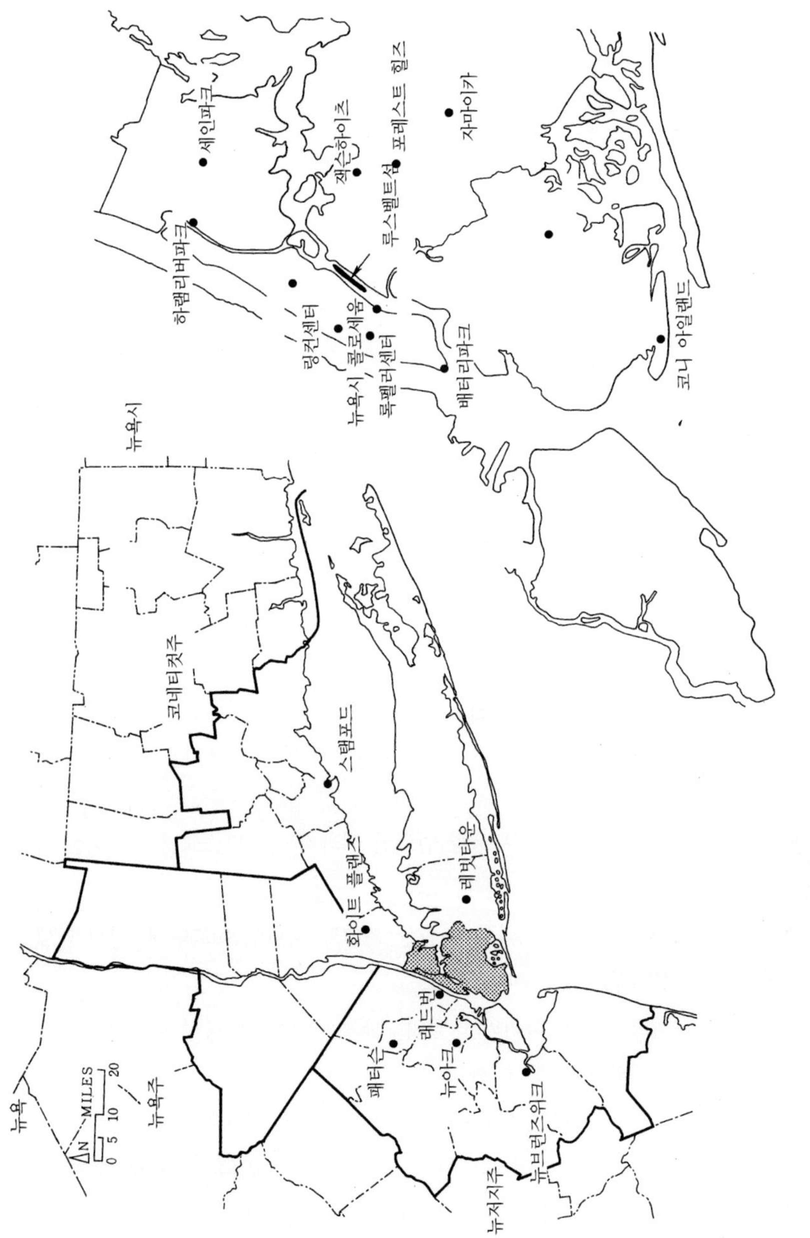

그림 4.45 뉴욕시와 뉴욕 대도시권의 주요한 도시개발・도시재개발사업도

출전：도쿄・뉴욕도시문제 심포지엄(1980)

에, 철도계획에서는 그 사업화가 대체로 이루어지지 않았다.

1929년 계획의 기본적 개발패턴은 커뮤니티(community) 이념의 실현화였다.

클래런스 페리의 인근 주구의 구상이 이 계획 중에 발표되어 근린주구의 상위 계획으로서 커뮤니티의 형성이 계획 내에서 강조되었다.(전술 2장 2.3 참조)

이 이념은 영국의 전원도시 구상의 마지막에 발표한 직주근접의 거리 조성하기가 그 근본이다.

1929년 계획에서 새로운 계획단지의 건설과 함께 노후도시를 토대로 하는 새로운 도시의 건설이 이루어졌다.(그림 4.45)

뉴저지 주의 래드번은 자동차시대의 실험도시로서 건설되었다.

당초 계획에서는 인구 3만 명의 뉴타운으로서, 주택 이외에 직장으로서 상공업이나 관련된 사무소를 포함하는 계획이었다.

그러나 1920년대 후반의 대공황 때문에 불과 616호의 주택과 1개소의 근린주구인 쇼핑센터로 축소되었고 설계원칙은 지금도 명확하게 남아있다.

즉, 푸르름이 많은 대규모의 오픈스페이스가 확보됨으로써 모든 주택이 도로 없이 가로수에 둘러싸여 보행자 전용도로에 면하게 계획되었고, 사람과 차는 분리되고 도로와 보행자 도로가 교차하는 곳에는 차를 위한 언더패스가 건설되어졌다.(그림 2.9 참조)

뉴저지 주의 패턴은 시의 발전을 위한 새로운 관청지구가 제창되어, 재개발 후의 구시가지 주변에는 계획적 근린주구를 배치하고 래드번의 원칙이 반영되었다. 또한, 시내 · 외에는 대규모의 공원이 계획되었다. 그 하나가 패더슨 시가 내려다 보이는 캐럿 맨해튼 공원으로서 볼거리를 실현시켰다.

뉴욕시에서는 맨해튼에서 서니 사이드 가든, 잭슨 하이츠 가든 등에서 볼 수 있도록 정비된 정원을 둘러싸며 건설된 중층아파트 군이 그 후의 도시형 주택 개발의 모델이 되었다.

또한, 퀸스의 포레스트 힐스 가든은 오픈스페이스와 녹지가 풍부하여 중층아파트, 1호 주택, 1가족용 주택 등이 혼재하고 고밀도 개발이 이루어졌다.

외주지역에 있어서는 허드슨 강변의 양쪽 해안을 시민의 행락 레크리에이션으로서 이용하는 것이 1929년 계획의 기본방침이었다.

이것에 기초하여 주변지역에 대규모의 공원이 설치되고, 원을 관통하는 파크웨이가 건설되어 일일행정을 위한 이용이 상정되었다.

1920년대 초에 경관을 끌어들여 아름답게 정비된 브롱스 리버 파크웨이가 그 모델이다.

1920년대 후반부터 우여곡절 끝에 1938년 뉴욕시에 도시계획위원회와 도시계획국이 설치되어 오늘날에 이르고 있다.

뉴욕시는 미국의 다른 시들과 달리 도시계획위원회(7명 구성)의 장은 도시계획국장이 겸임하는 것이 특징이다.

4.3.3 뉴욕 대도시권 계획의 개정

1930년대부터 1940년대 전반에는 계획의 역사로 볼 때 특이한 시기였다.

1929년 주식시장의 붕괴로 인한 대공황(Depression)은 전 세계에 여러 차례 심각한 불황으로 만들었고, 1933년 루스벨트 대통령의 취임시기에는 미국의 실업률은 25%에 달하였다.

루스벨트 대통령의 뉴딜 정책이 추진되어 연방정부에 의한 적극적인 도시개발에 대한 역할이 증대되어 왔다.

연방정부의 정책으로는 공공사업 추진이며, ①주 관할 도로시스템의 정비 (이것은 1956년 국방도로법(National Defense Highway Act)이 되어 대규모의 도로건설 프로젝트를 하였다) ②저비용 주택을 주로 하는 근로자를 위한 공공주택의 건설 ③ 슬램 클리어런스와 주택대책의 추진 (이것은 1949년의 주택법(Housing Act)에 의하여 재개발(Urban Renewal)로서 본격화 한다) 등이다.

특히, 지방계획으로는 낙후지역이었던 테네시 밸리의 개발이 유명하다. TVA(Tennessee Valley Authority)의 사업 전개는 댐 건설에서 지방도시의 건설에 이르는 광범위한 계획이었다. 일본에서도 전후의 국토계획의 일환으로 이 수법이 채택되었다.

그런데, 뉴욕에서는 1930년대의 대공황 중인 1933년부터 제2차 대전이 끝나는 1945년까지 뉴욕 시장이었던 라 가디아(La Guardia)의 시대에는 뉴욕의 근대도시로의 도전기였다.

그리고 시장의 측근인 국장 로버트 모제스(Robert Moses, 1888~1981)는 도시기반시설인 고속도로, 대교량, 공원, 공공주택, 재개발의 건설에 많은 업적을 남겼다.

약 40년간에 걸쳐서 도시계획위원회의 위원으로 계획 및 예산편성의 권한과 건설사업 조정관으로서 사업의 집행권한을 가진 절대적인 힘을 가지고 뉴욕의 계획을 실현화했다.

모제스는 그 후, 3지구 교량터널 공단(Triborough Bridge &Tunnel Authority)의 총재와 회장 직책 등을 가지고 대도시 건설을 위한 주요한 지위를 장기간 독점해 온 것도 그의 강력함이었다.

당시 뉴욕의 도로정비는 충분하지 않았고 교통정체에 골머리를 앓고 있었다.

따라서 자동차시대에 잘 어울리는 고속도로의 건설과 공원(소공원에서 대공원까지)의 건설에 도전했다.

우선, 웨스트 사이드를 허드슨 강변을 따라 달리는 헨리 허드슨 파크웨이의 건설을 시작으로 퀸스, 브루클린 등의 고속도로의 건설, 그리고 이스트 사이드를 달리는 프랭클린 루스벨트 드라이브의 건설을 진행하고, 맨해튼 섬 외곽의 고속도로망을 완성시켰다.

또한, 맨해튼과 주변지구, 시를 연결하는 허드슨 강과 이스트 강에 트라이보로교, 링컨터널 등 5개의 긴 다리와 3개의 터널을 완성시켰다(그림 4.44 참조).

공항은 그때까지 뉴저지 주의 뉴욕공항만 있었으며 시장은 퀸스에 신 공항을 건설하고 후에 시장의 이름을 붙여 라가디아공항이 되었다.

뉴욕시의 인구추이를 보면, 1920~40년의 20년간에 183만 명이 증가하고 맨해튼에서는 그 기간 동안 32만 명이 감소했다.(표 4.8 참조)

또한, 1940~60년의 20년간 시의 인구는 33만 명이 증가하고 맨해튼에서는 그 기간에 27만 명이 감소하였다.

뉴욕시에서는 1940년 이후 인구증가 경향은 둔화되었고 맨해튼에서는 인구감소가 계속되고 있었다.

한편, 1965년, 지방계획협회(RPA)에 의한 뉴욕 대도시권에서의 인구추이를 보면 다음과 같다.

표 4.9(1) 뉴욕 대도시권의 인구추이

	면적 (mile²)	인구(1,000명)			
		1955	1960	1965	1970
핵지구(The Core)	310	8,787	8,576	8,757	8,592
내부지구(Inner Ring)	993	3,104	4,343	4,655	4,800
중간지구(Intermediate Ring)	3,937	2,428	3,612	4,279	4,887
다주지구(Outer Ring)	7,508	829	1,093	1,289	1,473
전지역	12,748	15,148	17,624	18,980	19,752

출전 : Regional plan Association

표 4.9(2) 뉴욕 대도시권의 인구추이와 고용 (단위 : 1,000명)

	인구(1,000명)			고 용
	1920년	1940년	1960년	1956년
뉴욕 대도시권 합계	9,139	12,518	16,141	6,402.6
뉴 욕 주 분	6,469	8,985	11,087	4,629.9
뉴 욕 시	5,620	7,455	7,782	3,894.8
시 외	849	1,530	3,305	735.1
뉴 저 지 주 분	2,349	3,114	4,406	1,532.0
코 네 티 컷 주 분	321	418	654	240.7

출전 : 「Metropolitan Transportation 1980」 1963년 출판 the Port of New York Authority

주 : 1) 대도시권역은 표4.9(1)의 권역에 포함하여, 외주지구와 중간지구의 일부가 제외되었다. 본 표는 1920년, 1940년, 1960년의 시계열을 보기 위하여 게재되었다.

2) 뉴욕 시외로는, Dutchess, Nassau, orange, putnam, Rockland, Suffolk, Westchester이며, 뉴저지 주 분으로는 Bergen, Essex, Huddson, Passaic, Union, Middlesex, Monmouth, Morris, Somerset이며, 코네티컷 주분은 Fairfied 이다.

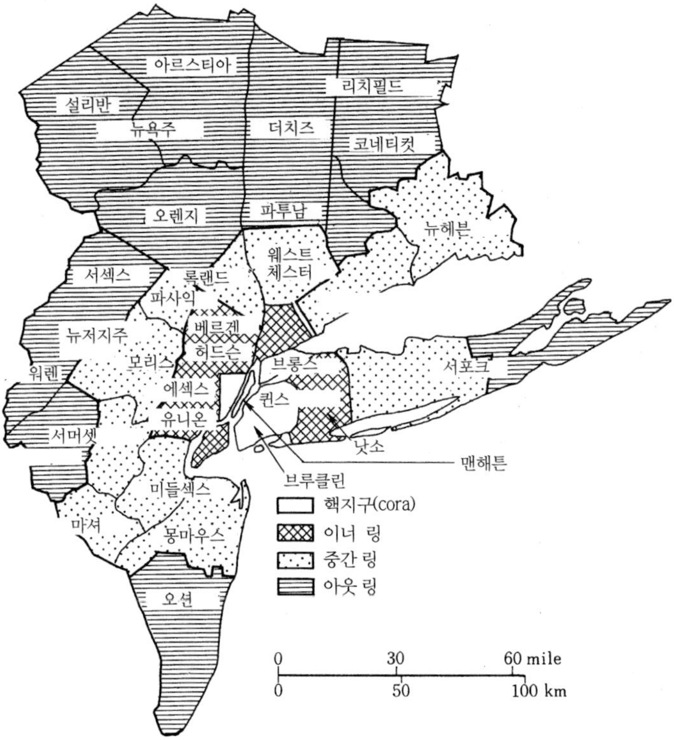

그림 4.46 뉴욕 대도시권의 지역구성

출전 : Rgional plan Association

대도시권의 권역은 1929년 경계계획에 의하여 확대되어 약 2배인 12,748 mile^2(33,019㎢)이 되었다

대도시권 전역의 인구는 1955년의 1,514만 명에서 1970년에는 1,975만 명으로 증가하여 2,000만 명 가까이 되었다.(표 4.9(1), (2)).

이것은 뉴욕시에서 감소하고 뉴욕 대도시권에서는 증가경향을 나타내는 것으로 알 수 있다.

대도시권 내를 중심부에서 동심원적 지역구분으로 보면(그림 4.46), 핵 지구(core)는 뉴욕시의 맨해튼, 브롱스, 퀸스, 브루클린의 4지구와 뉴욕시, 허드슨 군이며, 전면적의 2.4%이지만, 인구는 1970년에 전인구의 43%였다. 이 가운데 도심지구에 있는 맨해튼은 앞서 언급한 것처럼 감소 경향을 볼 수 있지만 기타 3지구는 점점 감소하는 경향을 보여주고 있다.

또한, 핵 지구에는 새로운 이주자의 물결 때문에 주거가 변질된 것도 새로운 도시문제가 되었다. 즉, 1945년부터 1980년에 걸쳐 2종류의 팽창된 이주자의 물결이 뉴욕을 습격했다. 200만 명의 중산 계급이 중심 지구에서 교외로 탈출하고, 이에 대체하여 200만 명의 농촌 출신자—남부 출신의 흑인과 푸에리토리코 인—가 중심지구에 유입한다.

이러한 급격한 변화가 발생한 결과, 브루클린과 브롱스에서는 근린주구가 붕괴되고 황폐되어 가고 있는 상황이 생겼다.

내부지구(Inner Ring)는 뉴저지 주의 베르겐 지구, 유니온 지구, 파사익 지구의 남반분(南半分), 뉴아크 시를 제외한 액서스 지구, 뉴욕 주의 낫소 지구, 웨스트 체스타 지구 남반분이다. 이 지구는 전 면적의 8%에 해당되며 1955년에 전인구의 20%가 되었으나 1970년에는 24%에 달해 인구증가 지구가 되었다.

이것은 중요한 것으로서 제2차 대전 후 급속히 시가화가 진행된 지역이다.

중간지구(Intermediate Ring)는 맨해튼에서 반경 100㎞권내의 지역이다.

이 지구는 전 면적의 31%를 점유하는 광대한 면적으로, 1955년에 전인구의 16%였던 것이 1970년에는 25%에 도달했다.

인구증가 지구였지만 저밀도로 시가화가 확산되고 진행된 지역이다.

외주지구(Outer ring)는 맨해튼에서 반경 150㎞권내의 지역이다. 이 지구는 전 면적의 59%를 점유하고 있으며 1955년에 전인구의 5%, 1970년에 7%의 안정적인 외주지구라고 말할 수 있다.

전 지역의 상황으로 볼 때, 뉴욕 대도시권의 활동범위는 맨해튼에서 100㎞권의 중간지구까지가 주요한 범위로 생각되어진다. 이 범위는 1929년 계획과 거의 유사한 면적이다.

뉴욕시의 도시계획을 살펴보면, 1950년에 뉴욕시 재개발 법안이 제출되어 다수의 실패를 거듭한 후에, 이 법안을 모토로 하여 1961년에 새로운 지역제 조례(Zoning Resolution)로 개정되었다.

이 계획 이념은 1920년대 르 꼬르뷔제의 「새로운 휘황찬란한 도시」이며, 「공원 안의 고탑」이라 할 수 있다.(2장 2.5 참조)

합리적인 가로 시스템과 햇볕이 넘치는 공원과 광장에 둘러싸인 우뚝 솟은 건축물 군으로 현대기술에 의해 뉴욕에 창조한 것이다.

1961년 조례에 의해 용적률(floor area ratio)이 결정됨으로써 새로운 건축물에 있어서 개방공간을 충분히 갖기 위한 설계디자인의 규제를 하게 되었다.

따라서 대지 내에 공간을 충분히 확보하여 건축면적은 전체의 40%에 한정시키도록 지도되고, 일반적으로는 광장이나 소공원, 보행자 전용 아케이드, 특별허가를 위한 가구 관통 아케이드, 실내 보행자 공간을 둘러싸도록 되었다. 그리고 가로는 채광과 통풍이 잘되고 질 높은 생활환경을 제공하게 되었다.

이들 도시 디자인 규제에 따라 유도적 지역제 조닝 인센티브(Zoning Incentive)가 도입되어 개발자는 연면적의 할증을 받게 되었다. 이러한 신 제도는 그 후 샌프란시스코에도 적용되어 조닝상의 보너스가 조례화 되었다.

뉴욕의 사례로 록펠러 센터 방향의 애비뉴 오브 아메리카에 타워빌딩 구간, 5번가와 59번가로의 코너에 있는 제너럴 모터스 빌딩 등을 들 수 있다.

파크 애비뉴와 52번 가로에 있는 시그램 빌딩은 1958년에 완성되었고, 건축면적은 대지의 25%에 고층 오피스빌딩이 건설되었고 광장은 일반에게 개방되었다.

1960년대 중반에는 미국 사상 최대의 공공건축물의 하나였던 펜실베이니아 역을 붕괴시켜 근대적 오피스빌딩으로 재개발되기도 했다.

이 역은 뉴욕의 장거리 철도역인 그랜드 센트럴 터미널과 나란히 하고 있고, 1910년에 개업을 하였으며 암트랙 뉴저지 철도와 롱아일랜드 철도의 터미널로 지상역이다.

이 재개발에 의해 철도는 지하화 하였고, 그 지상부분에 고층 오피스 빌딩이 1965년에 건설되었다.

이것이 계기가 되어 문화유산의 보전에 주목하게 되었고 1965년에는 보존위원회가 설치되었다.

30년 이상 된 건물로서, 문화적 · 전통적 유산으로서 특별히 미적인 것과 역사적인 가치가 있는 것을 남겨놓게 되었다.

또한, 지역주민들이 도시계획의 참여—풀 뿌리운동—가 구체화 되었다. 이를 위해, 1960년대 중반에 지역계획평의회(Community planning Board)가 설립되었는데, 각 지구에 설립되어 현재 59개의 단체가 있다. 1975년에는 시 헌장(city charter)이 채택되었고, 이것에 의하여 ULURP(Uniform land Use Review Procedure)가 설치됨으로써 지역주민의 계획 평의회가 토지이용의 심사, 평의, 공청회를 열고 도시계획에 참가하게 되었다. 평의회의 역할은 조언을 하는 것이었으며 법적으로는 구속력을 가지지는 않는다.

또한 1977년에는 개발계획에 의해 환경파괴 방지를 제거하는 목적으로 환경특성평의회심사(Environment Quality Review Procedure)에서 환경심사법(1975년 주가 제정)이 만들어졌다.

이상과 같이 도시계획의 일환으로서 개발계획 이외의 지역주민을 위한 주민참가, 환경평가의 수순이 추가되어 왔다.

뉴욕 대도시권 계획에서는 앞서 언급한 바와 같이 지방계획협회가 활약해 오고 있었고 행정 측면에 대도시권으로서 광역행정의 집행기관은 없고, 시·군·촌·특별구의 레벨로서 행정기관이 도시계획으로서 독자적인 지역조례가 결정되어 집행해오고 있다.

1968년, 지방계획협회(RPA)는 뉴욕 대도시권의 제2차 계획을 권고했다.

그 배경으로는 제2차 대전 후, 경제와 인구의 급속한 증가는 교외로의 폭발적인 전개를 유발해왔다. 그것은 1929년 제1차 계획에 의해 건설된 고속도로변의 저밀도 개발의 연속으로 이어진다. RPA는 이러한 스프롤(sprawl)적 분산 도시구조는 토지이용상으로나 교통인프라 구조상으로도 비효율적이며 좋지 않은 형태라고 지적했다.

제2차 계획으로 재집중과 환경보전을 위한 계획을 제시하였다.

계획의 기본적 개념으로는, 뉴욕 대도시권의 교외에 있는 기존의 지방중핵도시의 중심부에 업무, 상업, 문화, 교육의 각 활동을 집중화시키는 것으로서 도시구조의 재구축을 할 수 있도록 제안했다. 이와 동시에 각 지역에 주요한 녹지를 보전할 수 있도록 했다.

그리고 이들 중핵도시와 맨해튼 중심부(CBD)를 연결하여 고속으로 정시정속성(定時定速性)을 가진 공공교통기관을 정비할 수 있도록 하고 있다.

주요한 중핵 도시로는 코네티컷 주의 스탬퍼드, 브리즈본, 뉴저지 주의 뉴브런즈윅, 뉴욕 주의 화이트 프렌즈, 뉴욕시 브루클린의 다운타운, 자마이카 센터이다.(그림 4.45 참조)

대도시권 계획의 개념으로는 새로운 조류로서 새로운 철도계의 교통기관 정비, 거기에 연계한 콤팩트한 재개발에 의한 중핵도시의 강화라는 수법이 강조되어 왔다.

이 개념의 조류는, 한편으로는 철도계의 교통망 정비에 의한 지구 환경에 있어서도 깨끗한 대기를 확보할 수 있는 환경보전의 흐름이라고도 말할 수 있다.

한편, 1978년에 뉴욕 도시권의 지방계획 가이드라인을 공적 입장에서 삼주지방계획위원회(Tri-State Regional planning Commission)설치를 발표하였다.

이는 1977년부터 2000년에 걸친 뉴욕 도시권 지방계획이다. 이 중에서 다음과 같은 여러 문제에 대하여 서술하고 있다.

뉴욕 도시권의 도시화 면적은 1860년대부터 30년에 걸쳐 2배로 급격히 확대되어 1970년대에는 뉴욕 중심에서 약 100km권이 되고 있다.

그 결과, 토지이용 면에서 볼 때 도시화에 부족한 장소가 개발되어 환경의 질적 하락이 보인다. 또한, 이들 신개발에 따라 새로운 상하수도, 도로, 도시시설 등의 효율적이지 않은 투자가 이루어져서 도시 경영에도 커다란 문제가 되고 있다.

이러한 비계획적인 도시화의 확대에 대하여 장래에도 똑같은 경향을 진행하게 되는 것에 문제 제기를 하고 있다.

문제 제기에 있어서는 새로운 2개의 사회현상을 들고 있다.

제1의 현상은 에너지의 장래 예측이 상당히 부족해진다는 것이다. 석유를 시초로 해서 연료의 고갈에 대비하여 보다 적은 에너지 계획을 도시 경영과 도시시설 전반에 대하여 생각하게 되었다.

이것은 현재, 지구환경을 생각하는 시대에서는 성(省)에너지 계획으로서 재고될 수 있는 문제가 된다.

제2현상은 도시권에 걸쳐 인구증가의 속도가 저하하고 있는 것이다. 이미 60년대와 70년대에 인구증가는 기대되지 않았다.

이후 25년 동안 뉴욕 도시권에 약 200만 명이 증가하였고, 이것은 과거 예측의 1/2 정도이다.

이러한 사회현상을 계기로 해서 삼주지방계획위원회는 개정작업에 들어갔다.

위원회는 뉴욕 도시권에서 지금까지 보인 무계획적인 도시화의 확대에 대하여 특히, 경제구조의 변동에 따른 도시개조, 인구의 정주지와 직장과의 안전한 배치, 그리고 효율적인 사회구조의 재편성을 개정의 목표로 설정했다.

2000년의 뉴욕 도시권은 안정 성장의 모토로 도시권의 경제 번영과 사회적 구조를 지향하고, 인구는 2,080만 명, 취업인구 910만 명이라는 프레임을 설정했다. 1975년 시점에서는 1,860만 명 인구와 780만 명의 취업인구였다.(표 4.10)

위원회에서는 이후 23년 동안 1,860만 명에서 200만 명의 증가 정도였으나, 다

표 4.10 뉴욕 대도시권의 2000년대의 인구, 고용, 주택수 (단위 : 1,000명, 1080호)

	인 구	고 용	주택수
뉴욕 대도시권 합계	20,810	9,110	7,860
뉴 욕 시	7,660	3,868	3,207
뉴욕시 이외	5,280	1,906	1,823
· 뉴 욕 주	12,940	5,774	5,030
· 뉴저지주 분	5,980	2,553	2,167
· 코네티컷주 분	1,890	783	663
뉴욕시내 역			
브롱스	1,310	259	514
브루클린	2,420	606	962
맨해튼	1,430	2,365	747
퀸스	1,920	501	776
리치먼드	580	137	208

출전 : Tri-State Regional Planning Commission 1978년

음 시대에 있을 도시 모습을 어떻게 할 것인지가 매우 중요한 시기였으며, 계획가는 「참다운 계획」을 수행할 기회를 갖게 된다.

지금까지의 경향을 그대로 답습할 수 없는 위원회의 결정에 의하여 장래에 있어서 많은 시나리오가 비교 검토되었다. 최종적으로는 6개의 대안이 비교되었다.

대안의 골자는 도시구조가 있는 기성 시가지를 강화시킬 것인지 신시가지를 확대시킬 것인지, 인구밀도와 교통기관의 선택의 조합을 할 것인지, 직장과 주택과의 밸런스를 이룰 것인지, 새로운 교외 도시 군을 육성할 것인지, 토지이용상의 구제에 의할 것인지 등에 관한 것이다.

비교 작업의 주요한 내용으로는 인구배분량, 토지의 신 개발량, 자동차 교통량, 대량 교통기관 교통량, 에너지 수요량, 자동차에 의한 연료 수요량, 직장과 주택과의 평균통근거리, 도시시설의 투자량의 적정성 등이다.

교외부의 신시가지 개발 상황의 추이를 보면, 1930년대 이후는 자가용의 보급과 함께 1950년대부터 연방정부에 의하여 주(州)간 고속도로의 건설에 의하여 중류계급이 도심에서부터 교외 주택으로 이주하는 경향이 강하게 되었다. 한편, 제2차 대전 후의 긴급 주택으로서 주택을 양산하여 저렴화시켜 민간의 개발업자가 교외부에 많은 발전을 보여주었다.

이러한 가운데, 전(全) 미국의 건설업자인 레비트 부자(父子)회사(Levitte & Sons Co.)는 특히 유명하며, 주택건설의 붐에 맞추어 각 지역에 사업을 확대하였다. 그 가운데 하나가 롱아일랜드의 레비트 타운이다.

1945~53년에 25,000호의 주택을 건설했다. 규모에 있어서 잉글랜드의 뉴타운에 필적하지만, 민간기업으로서 공공공익 시설의 정비에 한계가 있어 지방자치체와의 관계에도 문제가 많았다.

이처럼 도시 교외화가 진행하고 광대한 지역에 걸쳐 대규모의 주택용 개발이 저밀도 개발 패턴으로 하여 고속도로 이용이 가능한 클러스터형 교외지가 형성되었다.

1960년대부터 70년대에 걸쳐 교외화는 변화했다. 서버비아(Suburbia)라고 일컫는 종래의 주택이라는 패턴에서 새로운 경향으로서 연구공장 그리고 업무의 직장을 가진 직주근접형의 개방패턴이 되었다.

뉴욕 대도시권 서버비아의 경향을 보면, 1968년 RPA 제2차 계획이 구체화되어 다음과 같은 교외 중핵도시가 강화되었다.(그림 4.45 참조)

① 스탬포드(코네티컷 주)

1970년 초 도시개발이 시작되어 업무 연면적 30ha에 GTE본사 등 다국적 기업이 입지하고 있다.

② 뉴브런즈윅(뉴저지 주)

뉴욕과 필라델피아 사이에 입지하고, 존슨 앤 존슨사 본사 등이 재개발지구에 진출하고 라투가 주립대학이 확장되었다.

③ 뉴아크(뉴저지 주)

황폐화가 진행되어 왔던 중심부를 재개발로 부활하여 하이테크 산업을 집적시켰다. 또한, 100블록에 달하는 대규모의 주택개선사업을 진행하고 있다.

④ 화이트 프렌즈(뉴욕 주)

화이트 프렌즈 시는 저자가 1992년 8월에 현지를 방문하는 기회가 있었기에 소개하고 싶다. 녹지로 풍부한 도시이다. 화이트 프렌즈 시는 맨해튼에서 약 30㎞권의 위치에 있고, 현재 인구는 약 5만 명이며, 뉴욕 주 웨스트 체스타 지구의 군청소재지이다.

이 시의 위치는 맨해튼과 주(州) 북부를 연결하는 남북교통의 접점에 있는 동시에, 허드슨 강을 횡단하면 뉴저지 주와 코네티컷 주를 연결하는 동서교통의 접점으로서, 예로부터 행정, 경제의 중심으로 발전해 왔다.

1950년대, 뉴욕이 교외지역으로의 외곽화에 따라 인구이동과 함께 사업소가 진출했다. 특히, 1953년, 세계적 식품메이커인 제너럴 푸드 코퍼레이션이 본사 기구를 이 시의 중심부 외곽에 이전한 이후, 오피스 파크(office park)가 입지했다.

60년대에는 시의 다운타운 재개발이 이루어져 현재는 야간인구의 약 4배인 20만 명의 주간인구를 가지면서 뉴욕판 업무 핵 도시가 되었다.

진출하고 있는 주요기업은 앞서 언급한 제너럴 푸드 이외에도 IBM, TEXCO, PEPSI, 리더스 다이제스트, 치바 가이기 등이 있고, 일본기업도 히다찌, 후지토우 등 많은 기업이 입지해 있다.

시의 다운타운 중앙지구의 재개발계획을 보면, 계획면적은 53ha이다(그림

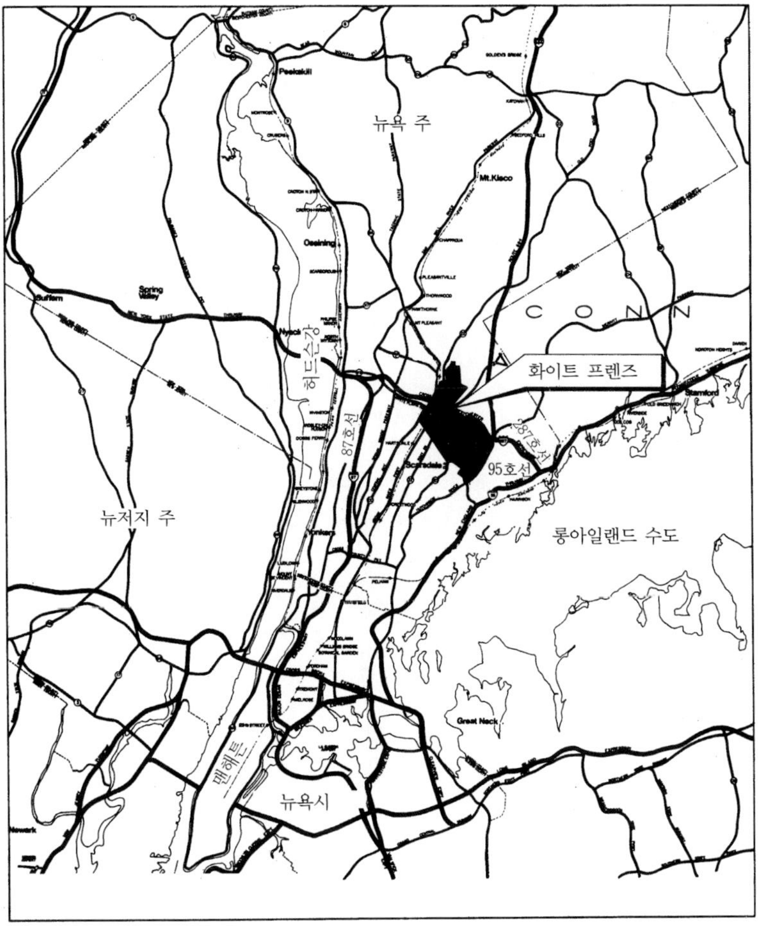

그림 4.47 화이트 프렌즈의 위치도(출전 : 화이트 프렌즈시 재개발부)

4.47~4.49)

1960년대 초에 재개발을 계획하였고, 당시 연방정부의 도시재개발기금을 활용하여 대상지의 토지 53ha를 전면적으로 시가 매수했다. 그 동안 4~5년이 필요했다.

종전의 도로 개설 및 폐도에 의하여 슈퍼블록의 가구를 정비하고, 역 시설(맨해튼과 연결되는 팬 센트럴 철도)의 신설과 역전광장 및 노상주차장 빌딩용지의 확보를 시행했다.

그림 4.48 화이트 프렌즈의 중심개발계획

출전 : 화이트 프렌즈시 재개발부

이들 기반정비에는 약 10년 가까이 걸렸는데, 간선도로는 시의 부담으로 하고 건축물 주변의 도로는 개발자 부담으로 했다.

70년대 중반부터 80년대에 걸쳐 오피스 빌딩, 상업시설의 건축을 개발업자가 실행해 왔다.

상업공간은 재개발지구의 중앙부에 대형 쇼핑센터를 배치하고 역전에는 오피스 빌딩을 배치하고 있다.

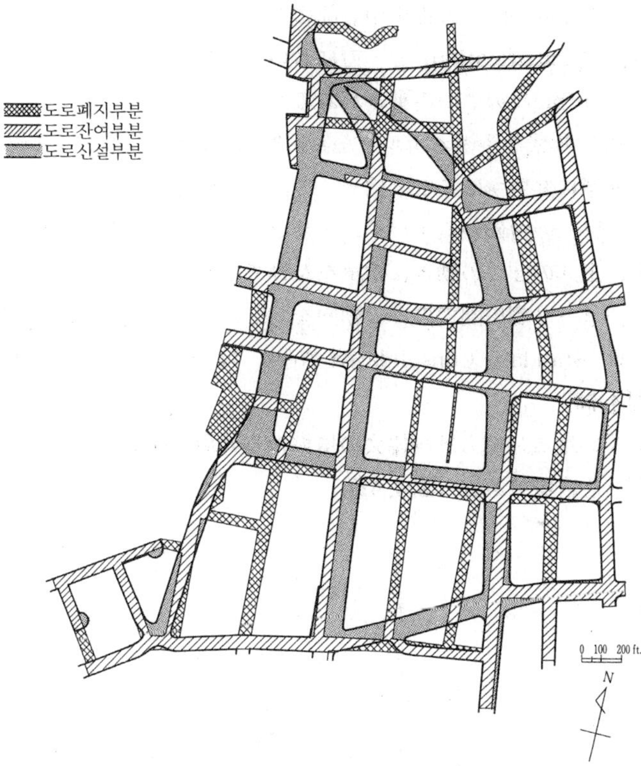

그림 4.49 화이트 프렌즈의 재개발 신구 도로망

출전 : 화이트 프렌즈시 재개발부

시찰하던 당시에는 모두 대부분이 완성되었고, 2~3동이 건축 중이었다. 현재는 시의 중앙부 서측지구의 재개발이 진행되고 있다.

4.3.4 뉴욕 대도시권의 새로운 계획 동향

1986년 대통령이 의회에 제출한 도시정책 보고(The President's National Urban Policy Report) 내용 중에는 최근의 도시 동향에 대하여 「1970년대에는 인구와 경제성장이 대도시에서 비 대도시로 이동하는 상황이 계속되어, 1980년대에 들어서 대도시의 인구증가가 중심이 되어 도시중심부에서도 일어나고 있다.」고 분석하고 있다.

미국의 1980년대는 도시 중심부에 인구가 돌아오는 움직임 — 젠트리피케이션(gentrification)과 교외에 인구가 이동하는 움직임 — 서버비아(suburbia)의 2개의 움직임이 있다고 지적하고 있다.

특히, 1970년대 후반의 오일 쇼크 후, 산업구조에 있어서 제조업에서 서비스 산업으로 변화하게 된 반면에 도시의 양상도 변화해가고 있다. 블루칼라 노동에서 화이트칼라 노동으로 변화하고, 그 직장의 입지가 위에서 언급했듯이 2개의 움직임으로 박차를 가해오고 있다.

대뉴욕 도시권에서의 이 동향을 대 뉴욕 표준연합지역(The New York Standard Consolidated Area NYSCA)으로 볼 때, 다음과 같다.(그림 4.50)

NYSCA의 지역은 지방계획협회의 경계에서부터 외주지구(Outer Ring)와 약간의 지역을 제외한 구역이다.(그림 4.51)

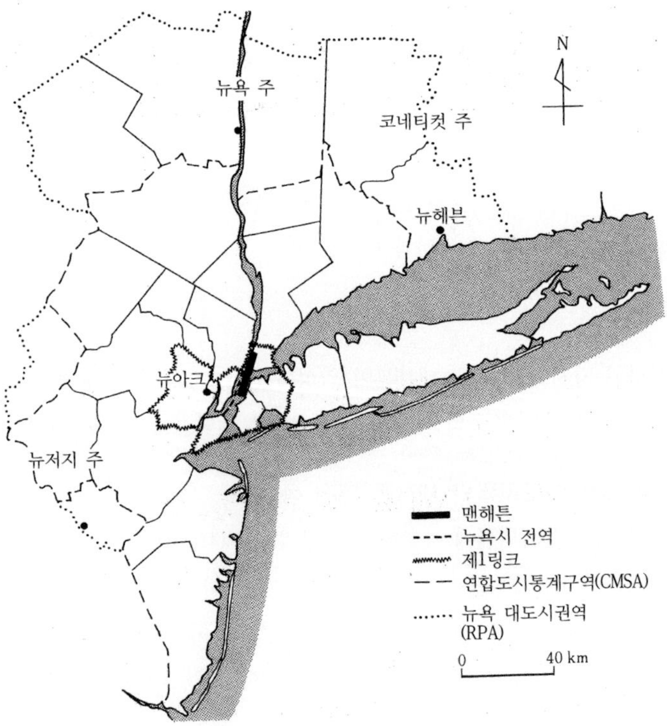

그림 4.50 뉴욕 대도시권의 경계 설정

NYSCA 지역의 전 인구는 1960년에는 1,580만 명이고, 1980년에는 1,660만 명으로 20년 동안 80만 명이 증가하여 횡보경향이 있다고 할 수 있다.

그림 4.51의 중심핵인 맨해튼, 제1링크인 퀸스(브루클린), 브롱스, 허드슨, 에섹스는 감소경향이 계속 되고 있다.

제2링크의 가운데는 샤호크, 푸트남, 록랜드의 원거리에 인구증가 경향이 보이고, 웨스트 체스타, 낫소 근교지에는 인구변화는 없다.

1960년 이후의 변화에서 드라마틱한 것은 취업인구의 구조변화이다.

NYSCA의 취업인구를 1971년과 1982년에 지역별로 보면(표 4.11), 중심핵 맨해튼에서는 그 10년간 취업인구가 약 6만 명으로 4% 감소하고, 산업구조는 제조업에서 약 14만 명이 감소하고 서비스관련 산업이 약 8만 명 증가하였다.

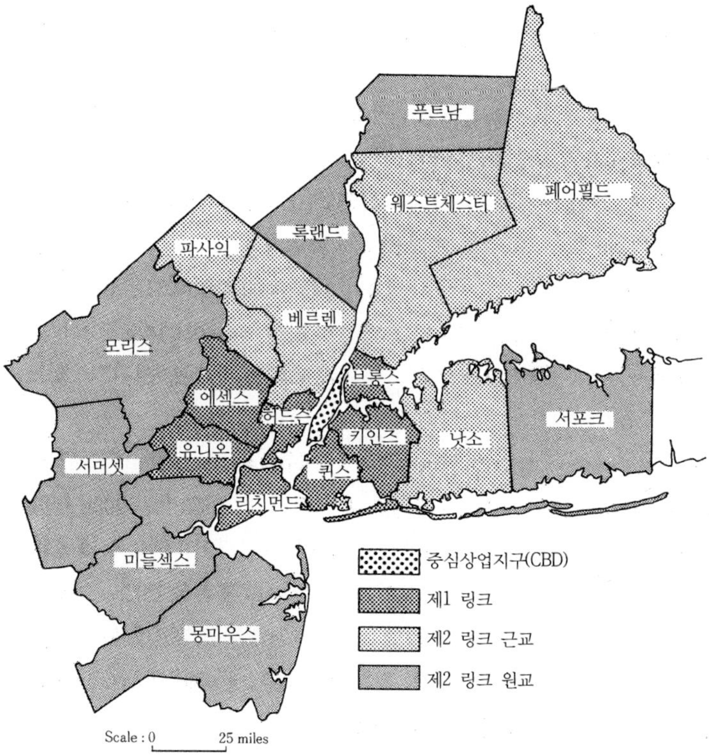

그림 4.51 뉴욕 대도시권(NYSCA)의 구역구분(출전 : Post-Industrial Cities, p.34)

표 4.11 뉴욕 대도시권의 지역별 취업인구 추이

	중심부		제1링크		제2링크(근교)		제2링크(원교)	
	1971	1982	1971	1982	1971	1982	1971	1982
제 조 업	27.2	19.3	45.4	34.5	48.1	38.9	52.9	42.4
소 방	23.2	28.1	8.6	8.6	7.8	10.1	6.3	8.6
서비스업	34.7	41.1	22.9	36.9	28.1	37.3	24.4	32.7
교통공익사업	11.8	9.2	16.8	14.0	8.4	7.3	9.0	10.2
건 설 업	3.1	2.3	6.3	6.0	7.6	6.4	7.4	6.1
전체 취업인구								
1971	1,632,066		1,411,358		923,972		431,207	
1982	1,573,068		1,272,587		1,168,311		752,323	
증 감 률	−4%		−10%		+26%		+68%	

출전 : H.V.Savitch「Post-industrial Cities」 p.36 Table 2.1

제1링크에서는 취업인구가 약 14만 명으로 10% 감소하는 쇠퇴현상을 나타내고 있다. 산업구조는 중심핵과 같은 경향을 나타내고 있다.

제2링크의 근교부에서 취업 인구가 약 24만 명으로 26% 증가하고, 원격부에서 약 29만 명으로 68%가 증가하고 있다. 산업구조는 제조업이 감소하고 있으나 절대치는 산업의 중심 핵을 나타내며, 서비스관련 산업은 증가 경향을 나타내고 있다.

지역별 특징으로 맨해튼이 변화의 돌출상황을 나타내고, 제1링크가 쇠퇴, 제2링크가 인구·산업 두 방면에서 확대하고 있었다.

한편, 뉴욕시의 2000년 계획위원회가 2년간의 조사연구를 통하여 1987년에 시장에게 보고하였다. 그 보고서에서 1960년 ~ 2000년간의 취업인구 추이와 장래 예측을 보여주고 있다. 1960년에서 1970년에 걸쳐 전후의 고도성장이 반영되어 증대하였고, 1970년에는 380만 명의 취업자수로서 최고치를 나타내고 있다. 그 이후, 1970년 후반까지 오일 쇼크 등의 영향으로 경제불황 하에서 취업자수가 320만 명까지 하락하였다. 그 시기부터 경제 회복을 보여 1980년대는 복잡한 상황은 있지만 상승 경향에 들어섰다.

1970년대의 불황으로 뉴욕시 또한 재정위기로 파산상황이 되었고, 직원들의 퇴출 등 「행정사무의 정지」로 인하여 지금까지 그 후유증이 남아있다.

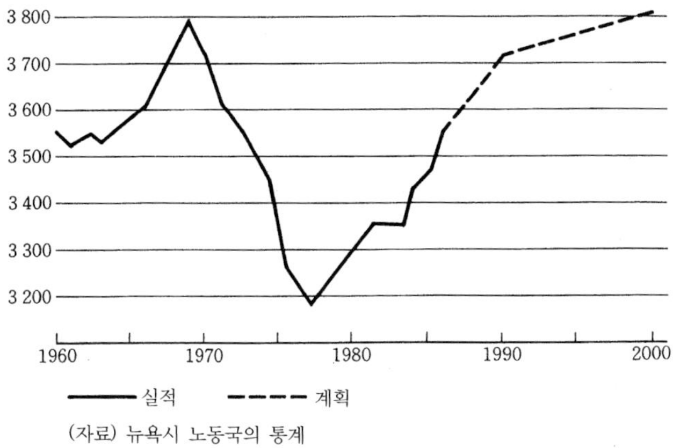

그림 4.52 뉴욕시의 취업인구 추이와 계획(천명)

출전 : 뉴욕 2000년 계획위원회 보고서, p.27, Fig.3

2000년 계획에서, 2000년까지 최고 380만 명의 취업자 수를 목표로 하여 30만 명 이상의 직장을 증가시킬 필요가 있다.(그림 4.52)

산업구조에 있어서는 제조업과 서비스산업을 대별하는 취업인구 추이를 다음과 같이 나타내고 있다.(그림 4.53)

전통적 제조업의 취업인구는 1950년 이후 급속하게 하락하고 있다. 뉴욕시 노동국의 통계에 의하면, 1969년~1977년 사이의 경제위기를 제외하더라도 제조업의 취업인구는 연간 5.2% 비율로 계속 감소하고 있다. 그리고 1981년 중반에는 최악의 기록으로 나타났다.

제조업 취업인구의 과반수는 흑인과 스페인계 주민이 점유하고 있고, 숙련기능자가 조금씩 없어지는 기본적인 문제를 안고 있다고 할 수 있다. 또한, 제조업의 취업인구 감소는 특히 외주부에 집중하고 있다.

한편, 서비스 산업은 각 도시마다 서비스 부분을 확대하였고, 맨해튼의 CBD에서는 금융업무 부분이 취업인구의 90% 이상 집중하고 있다. 세계금융센터를 반영하고 있는 모습이다.

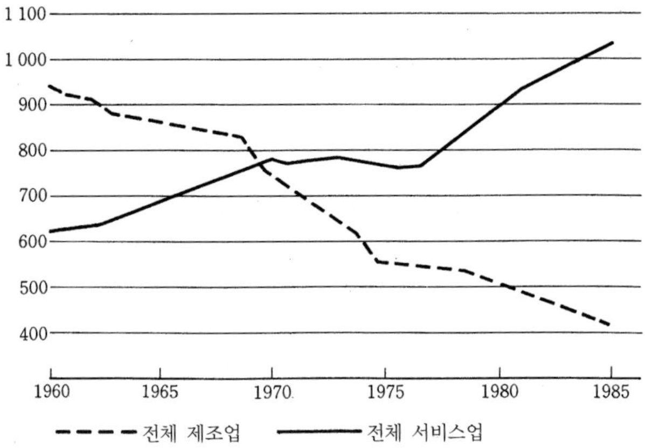

자료 : 뉴욕시 노동국 통계

그림 4.53 뉴욕시의 제조업과 서비스업의 취업인구(천명)

(출전 : 뉴욕 2000년 계획위원회 보고서, p.29, Fig.4)

그림 4.52에서 보는 바와 같이, 제조업과 서비스업의 구성비율은 1970년경부터 반전하여 제조업의 쇠퇴와 서비스업의 확대가 명확하다.

이상과 같은 산업구조의 변동을 근거로 2000년 계획이 검토되었다.

뉴욕시의 2000년 계획위원회(위원장 로버트 와그너)의 계획입안이었던 기본적 개념은 다음과 같다.

21세기를 바라보면서 뉴욕은 어떻게 될 것인가, 현실을 직시한 합리적인 견지에서 계획안을 검토하고 있다.

기본적으로는 시의 장래에 대하여 희망이 있는 상승지속적인 자세를 취하고, 건전한 경제활동·문화활동과 함께 인구성장에 있어서는 제약을 부여하고 있다. 또한, 물리적 조건으로서 도로, 철도 등의 기반시설, 주택 스톡, 연안지역의 토지이용 상황, 그리고 최근의 도시개발정책의 영향을 기본으로 채택하고 있다.

위원회에서 우선적으로 논의되었던 문제는 사회문제이고, 특히, 빈곤의 정도와 그 본질이었으며, 뉴요커들이 지역사회의 안정화를 어떻게 할 것인가가 관건이었다.

이것이 위원회의 관심사였고, 시는 이 문제를 사람 중심에서부터 검토를 진행하였다. 이것은 지금까지 장래계획에서는 없었던 것이었다.

다음으로, 뉴욕을 상승기류에 올려놓기 위하여 특별히 도전을 하지 않으면 안 되었다.

그것은 과거 10년 간 시가 처음으로 체험한 최대의 재정위기를 극복한 교훈이며, 다음 10년간에는 달라진 문제의 극복이 필요한 것이고, 그것을 위하여 시민이 동일하게 강한 의지와 공통목적을 가져야 한다는 것이다.

다음으로, 뉴욕의 오늘날 위치를 유지하기 위한 4개의 테마를 계획 대책으로 하고 있다.

① 세계도시(World city)로서의 뉴욕

② 지역사회로서의 뉴욕

③ 시민을 위한 뉴욕

④ 모든 기회가 부여되는 뉴욕

뉴욕은 그 복잡성, 활력, 풍부함 등 우수한 점들을 가지고 있고, 그 장점들을 최대한 함께 증진시켜 가는 것이 뉴욕의 21세기의 목표이다.

세계도시로서의 뉴욕의 특징은 다음과 같이 설정할 수 있다.

1915년, 패트릭 게데스(Patrick Geddes)는 「변혁기의 도시」에서 세계도시(World city)를 「어느 도시가 세계 경제의 상당부분을 지도하고 관리할 수 있는 도시」인가 정의하고 있다.

도시라는 의미는 그 도시에서 각 분야의 전문가나 지식인의 중심지이고 최고의 대학, 연구기관, 병원, 문화기관, 엔터테인먼트가 존재하며, 모든 주장과 견해 등의 광범위한 정보로서의 출판, 라디오, 텔레비전 본사 기능의 중심이기도 하다.

게데스가 세계도시라는 어휘를 만들어낸 이후, 뉴욕은 세계도시로서 모든 조건을 가지고 있다고 말한다.

또한, 루이스 멈포드(Lewis Munford)는 「대도시는 박물관이다」라는 말을 하였다.

여기에서 인간이 영위하는 모든 양식, 인간의 사회조직의 시험, 모든 산업과학의 발전 경과, 예술분야, 계획분야 등 모든 모토를 대도시라는 고밀화한 상황들을 여기저기에서 발견할 수 있는 장소라고 의미하고 있다.

변화와 다양성은 뉴욕 최대의 키워드이다. 거기에는 새로운 것을 배양하고 창조하고, 자극을 주는 뉴욕의 역할은 뉴욕의 도전을 국내나 해외 도시로 그 기회를 주는 것이다.

지금 도쿄는 세계도시라고 자칭하고 있지만, 뉴욕에 비하면 아직 성숙도가 남아있는 느낌이다.

지역사회로서 뉴욕이 취하는 방법을 보면, 뉴욕은 인종의 도가니(melting pot)라고 불려지고, 그 다양성이 특징이 되고 있다.

오늘날, 뉴욕 인구의 1/4은 외국에서 태어난 사람들이다.

최근에는 하이치인, 도미니카 인, 서독, 한국, 중국의 새로운 이민 그룹이 증가하여 문화는 한층 더 다양화하고 있다.

1997년까지는 홍콩에서 다수의 이민도 예상된다. 그리고 지금 이후 어느 정도 새로운 이민이 들어올 것이라는 예측은 어렵다고 말한다.

확실한 조사에 의하면, 지금까지로 볼 때 2000년까지 75만 명~125만 명이 될 것이라고 예측된다.

이 결과, 뉴욕은 세계에서 최대의 다종 민족으로 구성된 인구를 떠맡게 되는 것이다.

소수민족의 지역사회, 문화, 레스토랑이 다양한 구역에 들어서게 되었다. 이것이 뉴욕의 특징이 되어 이종민족의 일상적인 도시문제가 된다.

뉴욕 인구의 다양성은 인종의 변화 없이 인종이 풍부해지고 복합화 되지 않도록 허용하는 것이며, 어쩌면 필연성과 같은 모양으로, 그러한 본질적인 성질에 의한 것으로도 생각된다.

이러한 전통을 최선으로 보존하는 일, 그리고 전통을 살리려 한 근린사회를 유지하고 개선하는 것이 시의 장래에 있어서 중요한 것이며, 동시에 맨해튼의 중심부에 영향력이 강해지게 하는 것이다.

뉴욕사람들은 본능적으로 예술적, 경제적 다양성을 알고 있다.

그것은 시민들이 근린사회 속에서 사고방식, 문화, 계층이란 다양함을 확실하게 반영시켜 전통적으로 그것을 후대에 전달해주는 것이다.

그 결과로서 많은 뉴욕사람들은 마이너스 변화에 저항하고 반대한다.

그것은 그들이 두려워하는 생기가 없는 빌딩의 건설결과로서 활기 없는 근린사회가 되는 것이다.

근린사회에서 무엇보다 중요한 도전은 어떤 방법으로 뉴욕사람들이 거기에 살고, 그곳에서 일하는 것을 보장하는 주택이나 상업의 발전을 개선할 것인가를 결정하는 것이다. 거기에 덧붙여 양질의 공공공간을 유지 지속하여 뉴욕이란 근린사회의 특수성을 가진 예술성과 경제성의 다양함을 확보해 나가는 것이다.

과거 수십 년 동안 시의 근린사회는 그 생활기반을 둘러싼 활동변화의 시대였다. 그 변화는 보다 좋은 것도 있지만, 어느 장소에는 나쁜 것도 있었다.

시의 중심부에 걸쳐있던 많은 중산계급의 근린주구에서는 그곳에서 살아온 거주자가 없어지고 건물은 악화하고 있는 상황이며 근린사회는 활기를 잃고 쇠퇴하였다.

이들의 원인 규명은 어려운 일이지만 전통적 가족구성의 붕괴, 주택의 방출, 약자의 실업, 범죄, 마약과 같은 것을 명확하게 그 원인으로 생각하고 있다. 또한, 새로운 문제로서 홈레스의 존재도 무시할 수 없다.

2000년 계획의 입안에 있어서, 이것들이 사회문제의 대응에 가장 중요하다고 인식되었다. 특히, 주택은 근린주구의 안정화를 위한 중요한 요소이고, 주택방출이라든지 주택방화라는 것은 사실상 도시의 종말이다.

최근 뉴욕의 주택 스톡의 수는 근소하게 증가하고 있다. 특히 임대주택에서 특정주택으로 변화하고 있는 경향은, 뉴욕사람들이 생활을 하는 희망의 표출로 보이고 있다.

뉴욕이 중산계층의 도시로서 남기 위해서는 강력하고 안정화된 근린주구로 충분한 주택을 가져야 하는 것이며, 건전한 저소득자를 위한 주택공급이 시의 긴급과제가 되었다.

다음으로, 도시개발의 정책을 보면, 뉴욕 도시개조로 시 전체의 경제성장을 회복하기 위하여 맨해튼 중심업무지구인 CBD의 확대, 특히 서측지역, 종래 제조업 집적지였던 지역의 쇠퇴를 회복하고 도심부 전체의 재활성화를 도모해야 할 필요가 있는 것이다.

이를 위해 1961년에 지역제 조례를 도입한 유도지역제(zoning Incentive)는 각

각 빌딩 건설을 촉진하는 수단으로서 적극적으로 활용을 도모해 왔으나, 집단적 빌딩건설을 위해서라도 면적지역의 개발성장관리를 위하여 새로운 수법수단이 중요시되어 왔다.

1970년 후반 경기후퇴에서 벗어난 후, 유도지역제에 의한 집단적 빌딩 건설의 우연조치는 지역 전체의 개발성장관리를 유도한다는 목적에서 제도를 개정하는 움직임이 있었다.

1982년, 뉴욕시의 미드타운 조닝(Midtown Zoning)이 그것이다.

미드 타운 조닝의 지역지정 범위는 맨해튼 센트럴 파크 남쪽 39번가에서 56번가에 이르고, 3번가에서 8번가에 둘러싸여진 장방형의 지역을 동측의 안정화 지역과 서측의 성장지역으로서 보존지역으로 분할하여 지역 전체의 개발을 서측에 유도하고, 또한, 극장지역 등 일정 지역을 보존하는 것을 목적으로 하고 있다.(그림 4.54)

1981년에 발표한 뉴욕시 미드타운 종합개발 전략에서는 다음 4개항의 목표달성을 정하고 있다.

① 동측 지역 안정화와 서측 지역 성장화를 촉진시키기 위하여 1982년 5월 이후, 성장지역 용적률을 15배에서 18배로 올리고 안정화 지역에서는 15배에서 12배로, 보존지역에서는 15배에서 8배로 하향시키는 조치를 하였다.
성장지역 개발을 가속화시키기 위하여 18배의 용적률은 1988년까지 6년 동안의 시한조치이고, 이후는 15배로 내리도록 하였다.

② 새로운 건축규제를 고려한 방법으로 종래의 건물 채광과 통풍을 주로 하는 형태규제가 아닌, 건물이 도로에 부여하는 임팩트로서 건축규모를 규제하였으며, 나란하게 보행자의 움직임 공간 설정을 강화하였다.

그리하여 종래 보너스 제도의 우선조치가 폐지되거나 대폭 축소되어 지하철역 개량 등에 한정시켰다.

또한, 지역 전체를 도로에 걸 맞는 적절한 건축용적의 분포를 만들기 위하여 도로와 건축대지간의 건축용적의 상호관계를 확립시켜 종래의 공중권의 용적이전을 규제하였다.

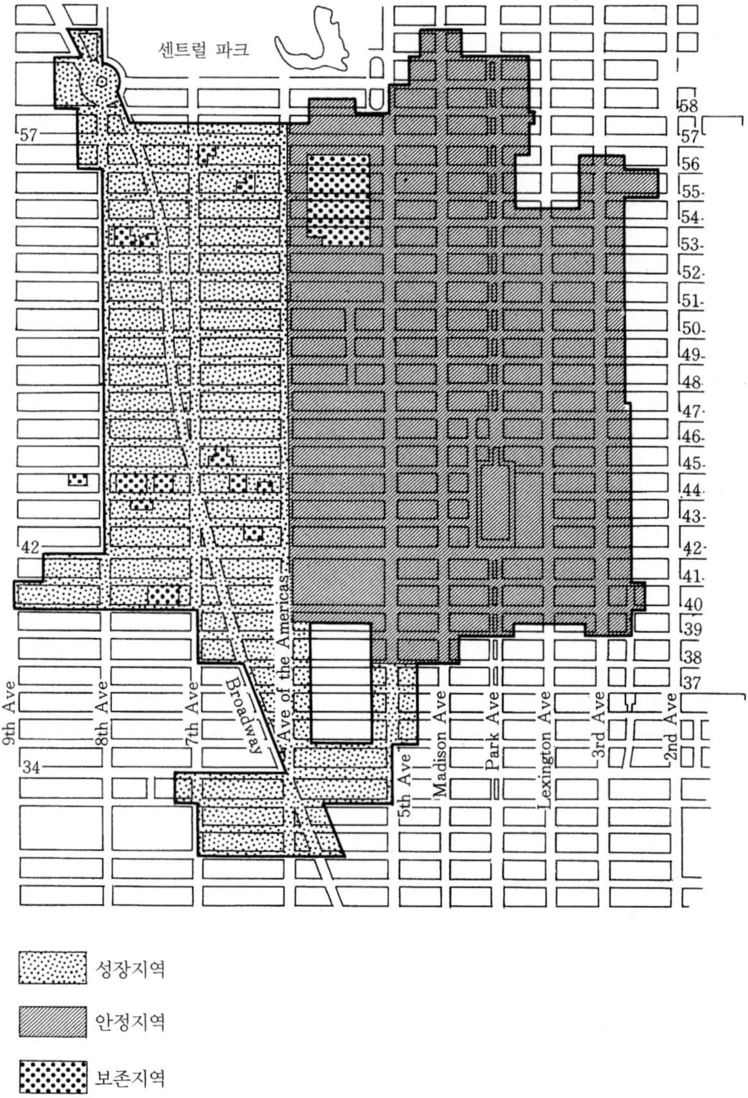

그림 4.54 맨해튼의 미드 타운 조닝

그리하여, 안정지역에 있어서는 극단의 대규모 재개발에 의한 대지나 가구의 병합이 어렵게 되어 소규모 대지나 가구로서의 개발이 지켜지게 되었다. 그리고 총체적으로도 연면적을 감소시키게 되었다.

③ 미드타운은 세계적으로도 우수한 다운타운이라는 역할을 가진 가로로서 어반 디자인으로서의 설계를 강제하고 있다. 그것은 1층 부분의 점포 설치, 보행자공간을 위한 전정, 보도의 확폭, 가구 내 관통 도로의 설치, 보도의 절하 금지, 지하철과의 접속계단 설치를 특정 도로에 대하여 보너스제가 아닌 강제하고 있다.

④ 브로드웨이 부근 극장가의 가구에서 미드타운이 가지는 매력이 있는 장소로서 강화 보존하기 위해 특정 용적률의 할증을 도입하고 있다.

뉴욕시 평가에 의하면, 이번 조치가 시행된 후 지역 전체가 어떠한 영향을 받았는지 개발관리의 유도효과를 신축건수와 연면적에 있어서 시행 전인 1977년~1982년과 시행 후인 1982년~1986년과 비교해 보면(표 4.12), 시행 전에는 서측의 신축빌딩 건수가 지역 전체의 82%를 점유하여 연면적으로도 80%를 점유하고 있으나, 시행 후는 동측의 신축건수가 전체의 60%를 점유하여 연면적으로도 42%를 점유하여 동측으로 변경한 전략은 그 방향성을 가지게 되었다.

건축규모에 있어서는 신 규제로 인해 종전보다는 평균적으로 미드타운의 건축규모가 축소되었다. 시행 전 5년간의 평균 건축규모는 53만 feet^{2}였던 것이 시행 후에는 33.2만 feet^{2}로 축소하였다. 층수에 있어서는 종전에 39층이 평균 층수였던 것이 35층으로 낮아졌다.

이것은 종전의 보너스제도의 축소까지는 전폐(全廃), 그리고 안정지역의 용적률의 인하, 가구내의 소규모 택지의 활용 등에 의한다.

표 4.12 미드타운 조닝의 개발유도 효과

	신 규제시행 전 1977년 ~1982년			신 규제시행 후 1982년~1986년		
	동측	서측	계	동측	서측	계
신축 빌딩 건수	28 (82%)	6 (18%)	34	21 (60%)	14 (40%)	35
빌 딩 연 면 적 (백만 feet)	14.34 (80%)	3.48 (20%)	17.82	5.94 (42%)	8.31 (58%)	14.25

출전 : Department of City planning, New York City "Midtown Development Review" 1987

한편, 성장지역에 있어서는 건축규제가 평균 27.3만 $feet^2$에서 48.8만 $feet^2$로 확대되었다. 이것은 용적률의 인상에 의한 것이다.

토지이용의 구성을 보면, 건물의 복합이용(mixed-use)이 촉진되어 주택면적이 증가한 것이 규제의 특징이다. 맨해튼의 중심부에 주택면적을 증가하고 24시간 가동하는 도시환경에 대응시키도록 하였다.

숫자로 보면, 시행 전 빌딩건축 가운데 주택면적이 전체 연면적의 9%였던 것이 시행 후에는 23%의 주택면적을 확보하게 되었다.

맨해튼의 신 건축규제는 앞에서 언급한 바와 같이 용적률을 인하한 다운타운 조닝이 시행되었던 것이 특징이지만, 1989년에 뉴욕시를 방문했을 때 도시계획국장 실비아 도치 여사는 "이후로도 다운타운이 가능할까"란 질문에 지금까지 실시한 것은 대변혁의 노고이며 두 번 다시 이렇게 할 수 없을 것이라 하였다. 다운타운의 어려움과 그 실행에 경의를 표한 것이다.

그리고 뉴욕시의 2000년 계획구상에서 맨해튼은 다운타운 조닝에서와 같이 종래 제조업, 창고업, 항만시설 등을 입지시킨 서측지역의 쇠퇴를 활성화시키기 위하여 동측지역을 억제하고 중심업무지역을 서측으로 확대하는 조치가 취해졌다.

또한, 맨해튼 남부에서는 월가를 중심으로 하는 다운타운의 활성화를 위하여 허드슨 강변을 배터리 파크시티(Battery Park City)라는 대규모 복합개발계획을 추진하고 있다.

상업 · 주택의 복합개발지역(Mix-used Commercial-residential Area)은 「도시속의 도시를 만든다(City within the City)」라는 생각이며, 상업업무지와 함께 주택지로서 구조를 정비하고 레크리에이션을 위한 개방공간이나 보행자를 위한 유보도망 등 공공공간을 충분히 확보하고 있다.

서측의 변화상황으로는 그림 4.55와 같이 로어 맨해튼, 미드타운, 웨스트사이드의 개발계획이 이루어졌고, 이미 컨벤션센터를 완성시켰으며 또한, 허드슨 리버센터, 링컨 웨스트의 개발을 진행하고 있다.

그리고 노후화한 고가의 자동차도로를 철거하고 6차선의 신설도로에 의하여 이들 서측 개발을 지지하는 소프트 정비계획도 있다.

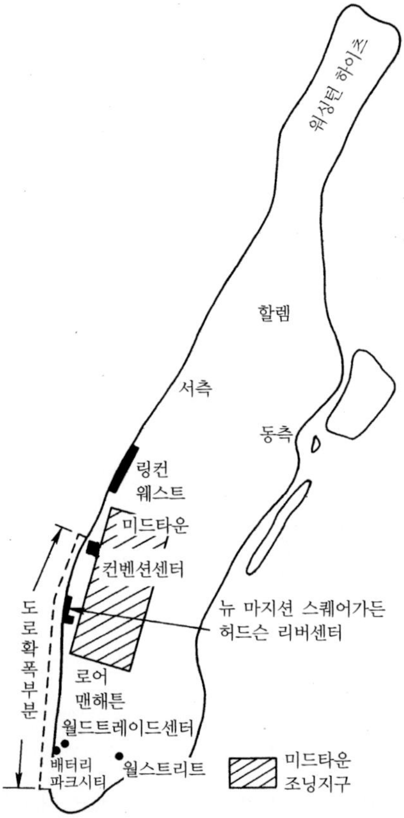

그림 4.55 맨해튼의 재개발

출전 : Post-Industrial Cities, p.52, Fig. 3.1

2000년 계획에서는 맨해튼 이외 지역에 새로운 지역거점(regional center)의 형성을 구상하고 있다.

커다란 목표는 지역사회의 활성화이다.

1970년대 남 브루클린은 황폐도시라 할 정도로 개선방법이 없었던 상황이었으나, 시의 재개발계획에 의한 공공투자자와 개인투자에 의해 폐허된 빌딩의 수는 감소하고 브루클린 남부에는 상업지구가 재건되었다.

이러한 실적에 의하여 앞으로 새로운 거점지역을 형성하는데 있어서 2개의 목표가 있다.

그 하나는 맨해튼에서 업무의 유출을 막는 것이다. 최근의 경향은 업무가 맨해튼에서 교외부로 유출하고 있는 상황이라는 것이다. 그러므로 지역거점은 도심업무지구로서 접근이 좋은 지구에 뛰어난 업무지를 준비하여, 그 거점성을 강화하려 하고 있다.

두 번째로는 황폐해지고 있는 지역의 경제를 재건시켜 주변의 주택지역을 포함한 지역사회에 제대로 세워보려는 것이다.

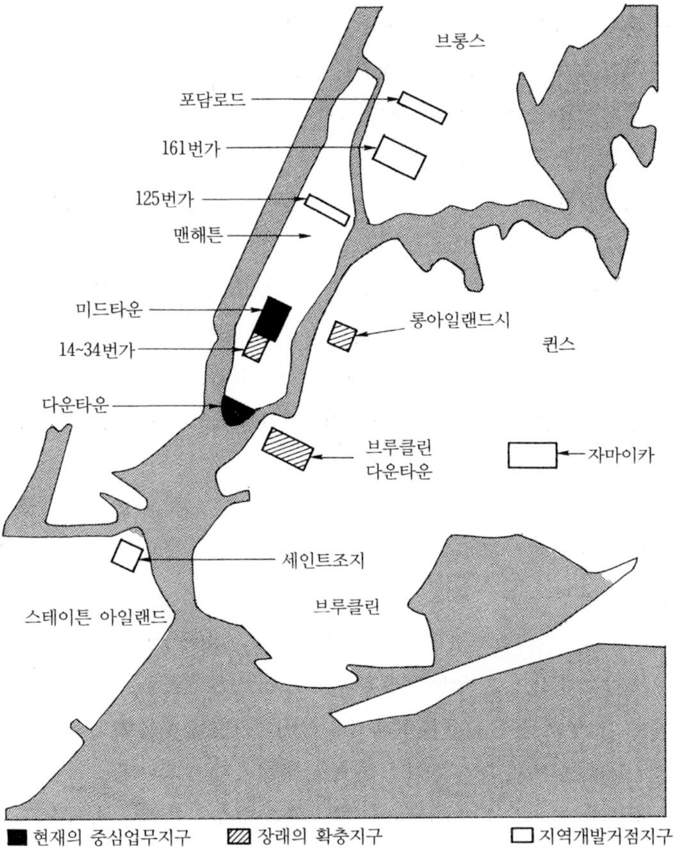

그림 4.56 뉴욕시 중심업무지구와 지역개발 거점

출전 : 뉴욕 2000년 계획위원회보고서, p.37

새로운 지역거점은 상업, 업무, 문화를 중심으로 활성화시키고 행정과 민간투자에 의해 지역고용의 증가를 도모하려는 구상이다.

신 거점으로서 브루클린에서는 다운타운, 브롱스에서는 포담 로드와 161번가, 퀸스에서는 자마이카, 스테이튼 섬에서는 세인트 존, 맨해튼에는 125번가를 둘러싼 지역이다.(그림 4.56)

2000년 계획에서는 워터 프런트로서 해안지역의 재개발을 통해 장래의 인간미 넘치는 변화지역으로 바꾸어 새로운 뉴욕의 매력이 되게 하려는 것이다.

뉴욕의 해안지역은 14개의 항을 가진 578mile의 길이를 가지고 있으며, 일찍이 항으로서 번영하여 공업지대로서 활기가 있었던 장소였으나 지금은 쇠퇴하여 버려진 미(未)이용 토지가 되고 있다.

이곳으로 다시 사람들을 불러들이고 경제의 활기를 불어넣는 도전이 필요하다.

이 계획에는 시와 주 정부의 기관이 일체화 한 조직에 의하여 움직일 필요가 있으며 새로운 도전으로 주목받고 있다.

그리고 2000년 계획에서는 뉴욕시의 시역을 초월한 광역지방계획의 계획기관이 부족한 부분이 있는 것도 지적하고 있다.

1929년 지방계획 이래, 민간단체인 지방계획협회(RPA)가 지금까지 각종 제안을 하고 있으나, 행정 측면에서 각 기관이 연합한 광역행정으로서 지방계획의 수립이 필요하다고 하겠다.

2000년 계획의 전략계획(Strategy Planning)으로는 이하에 언급한 엄격한 조건이 포함되어 있다.

뉴욕은 지금까지 우수한 인프라에 의해 번영을 지속하였다. 그것은 도로, 교량, 터널, 하수도 그리고 병원에서 공원에 이르는 사회시설의 네트워크이다.

1970년대의 뉴욕 재정위기로 인하여 수십 년간 이들 인프라 시설은 노후화했으며, 지금은 수복을 시작한 상황이다.

시 당국은 10년 계획으로 460억 달러의 투자를 필요로 한다. 이들 시설의 복구가 시(市)에 있어서 무엇보다 중요한 과제가 되고 있다.

또한, 복구대상으로서 이것 외에 지하철의 재생, 공항의 근대화 등이 있다.

1990년의 뉴욕 대도시권의 인구는 1984만 명이었고, 이 10년간에 65만 명이 증가하여 2,000만 명에 달한다. 한편, 뉴욕시의 인구는 약간 증가한 732만 명이다.

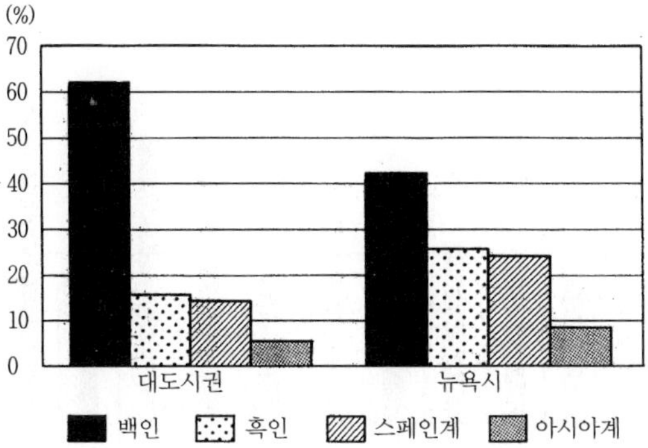

그림 4.57 뉴욕시와 대도시권에 있어서 인종구성, 1990년
(출전 : Regional Plan Association Annual Report 1992)

이 10년간 도시권의 변화는 ①교외와 그 주변지역에 있어서 급속한 저밀도 토지개발의 진행과, ②산업구조의 국제화에 수반한 국제 비즈니스의 진행이었다.

뉴욕 대도시권과 뉴욕시의 최근 지표를 보면,

① 인종별 인구분포

대도시권과 뉴욕시의 인종과 소수민족의 분포를 보면, 흑인과 스페인계가 거의 비슷한 수이고, 백인의 동향은 지역내 지방중심에서 외곽중심으로의 이동을 보여준다. 또한, 아시아계가 시내에서 증가하고 있다.(그림 4.57)

이러한 분포는 노동력의 질(質)에 의한 것으로 한편으로는 금융, 비즈니스의 국제화 움직임에 대하여 지방에서는 미숙노동과 빈곤을 떠맡는 움직임이고, 일과 노동력의 「미스 매치」가 커다란 과제가 되었다.

② 지역 생산액

1980년 후반은 뉴욕시에서의 상대적 제자리걸음으로 대도시권에서의 증가가 지속되고 외곽부에서의 생산이 순조로웠다.(그림 4.58).

③ 오피스 빌딩의 건설량

오피스 빌딩의 수요 이상의 공급과잉과 함께, 1988년 이후의 리섹션의 영향에 의하여 뉴욕시의 건설은 격감하고 대도시권에서도 감소해왔다.(그림 4.59)

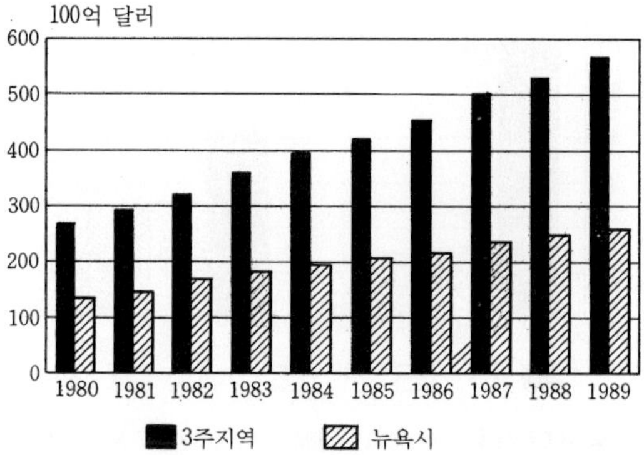

그림 4.58 뉴욕시와 3주지역의 지역생산액

(출전 : Regional Plan Association Annual Report 1991)

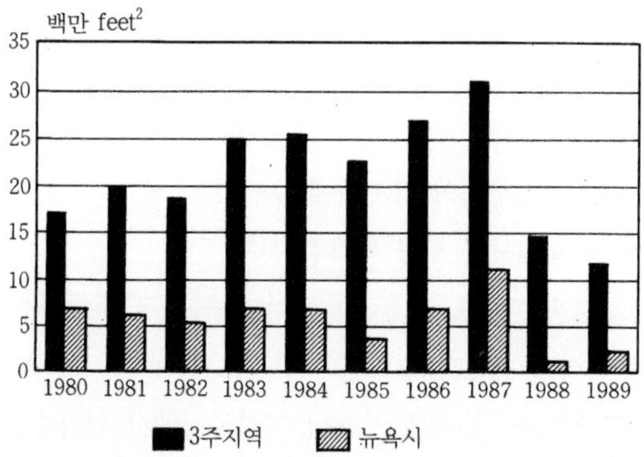

그림 4.59 뉴욕시와 3州지역의 오피스 빌딩의 연간 건설량(1988~1989)

(출전 : Regional Plan Association Annual Report 1991)

④ 주요 공업 본사의 분포

포춘 500사의 주요공업 본사의 분포에서는 대도시권에서 약간 감소하고, 뉴욕시와 맨해튼에서도 축소되었고 교외부에서 거의 제자리걸음 상황이 되고 있다.(그림 4.60)

이상과 같은 상황 하에서 RPA(지방계획협회)는 뉴욕 대도시권 계획의 새로운 계획 제안의 작업을 진행하고 있다.

RPA는 앞서 말한 바와 같이 1929년 계획 및 1968년 계획에 의하여 경제, 토지

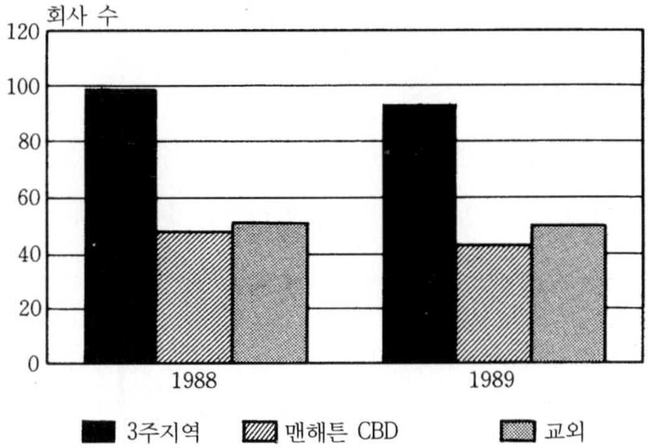

그림 4.60 뉴욕시 대도시권의 주요공업 본사 분포

(출전 : Regional Plan Association Annual Report 1991)

이용, 교통 등의 지역정책에 커다란 영향을 남겨왔다. 새로운 계획은 1994년에 완료될 예정이며, 1990년부터 시작되었다.

신 계획은 다음 7요소에 대하여 목표를 설정하고 있다.

1) 경쟁력 있는 지역 만들기

세계경제 가운데 당 권역이 점유하는 위치를 보다 높이기 위한 제안을 하고, 조사지역은 국제경제, 공공투자 수준의 비교, 비즈니스 활동상의 도쿄, 런던, 로스앤젤레스의 비교 등 넓은 범위에 미치고 있다.

2) 지역의 미화(美化)

지역의 매력 높이기와 교통, 주택, 환경 문제를 완화하기 위하여 새로운 구상과 개발 방법을 개념화 한다. 지역 디자인 구상 계획은 권역의 장래 토지이용을 시뮬레이션하고, 그 토지의 특색과 자연 자원을 살리는 새로운 타입의 개발을 진행한다.

3) 환경을 지키는 지역 만들기

대기오염의 경감, 쓰레기처리, 하천의 관리, 미개발지의 보전 등을 제안한다. 녹지대 등의 관리, 개발 계획도 할 예정이다.

4) 교통의 흐름이 좋은 지역 만들기

최대한의 움직임으로 환경의 악화를 최소화 하는 전략을 고안한다. 여기서는 도로나 철도에 의한 고속성과 운송 서비스에 대하여 장기계획을 수립한다.

5) 살기 좋은 지역 만들기

살기 좋은 주택건설을 진행하기 위하여 장해를 없애는 방법을 세우고, 지역의 주택공급을 증가하기 쉽게 하기 위해 토지이용에 대한 규제 모델을 작성한다.

6) 공정한 지역 만들기

지역 모든 주민에게 보다 많은 기회제공을 추진한다. 인종통합이나 마이너리티 그룹의 고용기회를 증대하기 위한 전략을 진행한다.

7) 지역관리

세제의 개선, 정부공관 영역의 능률화, 보다 좋은 공공서비스의 제공을 위한 제안을 실행한다. 신 계획의 표현화를 위해 신제도를 제안한다.

신 계획의 제안에 있어서는 다양한 범위의 주민 의견을 흡수하고 시민참가를 실행하는 것을 예정하고 있다.

신 계획의 목표연차는 20년 후인 2015년이다.

RPA의 신 계획은 세계의 여타 대도시권이 그 전 20년간에 직면한 장래의 경제, 사회, 기술 트렌드를 예측하는 것이 가능하도록 21세기의 대도시권 개발의 모델이 되는 것을 목표로 하고 있다.

4.4 도쿄 대도시권

4.4.1 에도에서 도쿄로

런던, 파리 등 유럽의 도시 생성은 성벽에 의해 도시의 윤곽이 명확히 나타나지만, 일본의 성 아래 마을은 도시의 윤곽을 정확히 나타내기 어렵다고 말하고 있다.

그럼에도 에도의 가로에서는 성이 서 있는 모습 그대로와 함께 성 아래 마을을 확대해오고 있는 것을 알 수 있다.

에도 각지의 발상에 대하여는 입강(入江)의 호(戶)라고 일컬어지고 있다. 예전 도쿄만은 아주 먼 내륙 구석까지 들어와 있었고, 맥정대지(麴町台地)의 근처 아래까지 조류가 들어왔다. 그 대지의 맨 끝이 에도 성의 관이 있던 곳을 지형상으로 보아, 입강의 호, 에도(江戶)라고 불린다.

12세기 초에, 지지부 다이라(秋父平)씨의 한 사람인 지지부(秋父重昭)가 거주해와 지명에 성을 따서 에도(江戶)사랑중계(四郞重繼)를 명하고, 에도의 지명으로 정착했다.

1456년, 오오다 도우칸(太田道權)이 에도 성을 축성하였으나, 후의 에도 성의 10분의 1 정도였다. 이 성과 성 아래 마을이 일체로 하여 가로를 형성하게 된 것은 토쿠가와 이에야스(德川家康)가 에도에 들어와서부터인 1590년 (天正 18년)이었다.

당시의 성(城)은 석단(石壇)이 없는 토루(土累)였다.

1559년 당시의 지도를 보면, 동측은 늪과 못이 많은 황야이고, 서측은 시나가와(品,川), 다카나와(高輪), 히비야(日比谷), 칸다(神田), 혼교(本鄕), 야나카(谷中), 오우지(王子)의 7개 대지가 연결되어 있었다.(그림 4.61) 이것이 도쿄의 원형이다.

에도 시가지의 본격적인 건설은 1603년 이후이며, 당시의 공사는 지금의 스루가와(駿河) 근처였던 칸다산을 무너뜨리고, 그 토지 위에 성을 동측의 이리우미(入海)와 조(朝)의 사스 주(州) 등을 정리하여 세웠고, 무사가족(武家地)이나 민가(町家) 등 성 아래 가로의 중심지를 건설했다.

히비야(日比谷)에서 고후구바시(吳服僑)에 이르는 일대, 니혼바시(日本橋)에서 게이교(京橋)에 이르는 34정 사방면의 매립공사를 시행하여 니혼바시를 시작으로 크고 작은 하천, 구거를 정비하고, 에도의 상업지가 건설되었다.

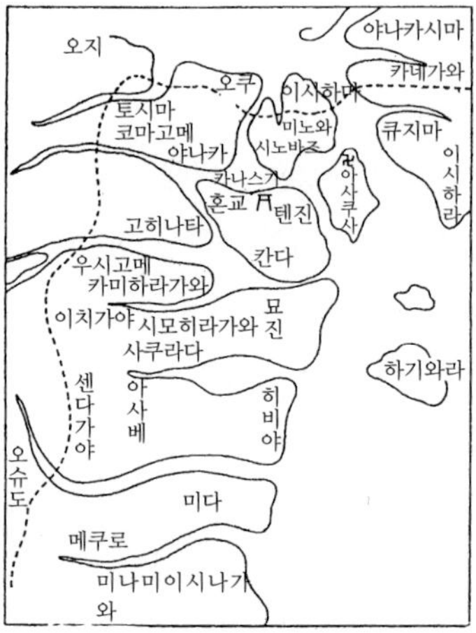

그림 4.61 영록(永綠)연간 (1559)의 에도

오사카의 겨울, 여름의 진지에서 히데요시(豊臣)가 멸망하고 도쿠가와(德川)가 패권을 확립한 것이 1615(元和元)년이고, 그 이후 혼교(本鄕)에서 뻗어나온 준하대(駿何台)에 이어진 대지에 에도 성의 북측 수비를 위해 지금의 오차노 미즈의 수로를 만들고 대지를 잘라버렸다.

이러한 성 아래 마을 건설은 에도시대의 소우구루와(総曲輪)라 불리며 성 아래 가로의 외곽을 형성하였다. 스미다가와(隅田川), 에도만의 서측 오치노미즈(御茶)의 수로에서 이치가야(市ケ谷), 요츠야(四谷), 아카사카(溜地)를 통과하는 浜難宮의 북측까지의 수로(지금의 外濠)를 완성하였던 것이 1636년이다. 이 당시의 인구는 약 15만 명이라고 한다.

당시의 성 아래 마을은 「물을 만든다」는 것이 가로를 만드는 원칙이었다. 특히, 에도는 산킨코다이(參勤交代)에 의하여 일본의 중심이 되어 최고의 소비지가 되었다. 그 때문에 물자의 집적과 반출 장소로서 물자의 유통을 위해 수상운송이 주력이었고, 「화물은 수상으로 사람은 육지로」라는 교통체계였다.

이를 위해 「물을 만든다」란 항만 내의 바다에 면하는 곳에 하천 하구부, 그리고 가로 안에는 수로와 운하가 통과하고, 마을 내에는 「배가 들어오는 웅덩이」가 시장이 되었다.

에도의 시가지를 확대 강화하기 위한 가로 만들기는 이상과 같이 매립사업과 구거(溝渠)사업의 역사였다.

한편, 매립지 위는 왕래가 가능한 가로의 번영을 위해 용수의 공급이 중요한 사업이었다.

에도시대의 최초의 수도(水道)는 고이시가와(小石川) 수도(후에 칸다 상수)이며, 일본의 상수사업의 총아였다. 칸다 상수가 준공하고 약 10수년이 지나 용수의 부족이 시급해지고 있었다. 따라서 하무라(羽村)에서 다마(多摩)천의 물을 분지(分枝)하여 에도의 오오키토(大木戸)까지 수로의 개착공사를 시행, 1654년에 준공 통수하였다. 이것이 다마카와(玉川)상수이다.

이밖에 센카와(千川), 미다(三田), 아오야마(青山), 카메아리(亀有)상수가 개착되면서 에도의 6수도가 정비되었다.(그림 4.62)

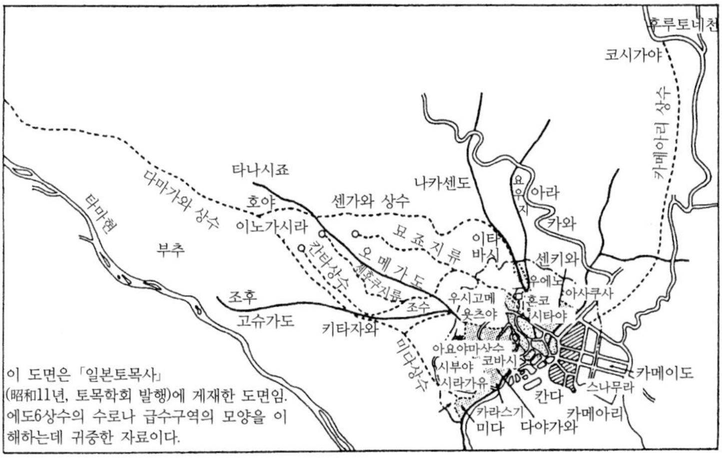

그림 4.62 에도시대의 6수도(수로 및 급수구역 약도)

이들 가운데 후자의 4개 상수는 1722년에 폐지되었고, 메이지 이후에 계속되어 온 것은 칸다와 다마가와(玉川)의 두 상수뿐이다.

이 시기에 일본의 거대 하천의 하류에 있는 중적층(进敵層) 평야를 안정시켜 치수의 토목공사가 각지에서 이루어졌다.

칸토평야에서는 경작면적의 확대와 에도를 홍수에서 지키기 위해 오오다 도우칸(太田道權) 이래, 도쿠가와 가우이(德川家)가 전면적으로 도네가와(利根川)의 치수공사를 시행했다.

당시 도네가와(利根川)의 수계는 복잡하여 끊임없이 자연적으로 변화하고 있었다. 따라서 도네가와의 상류에 중소하천을 집중시켜 배자(銚子)로 태평양에 유입시켜 지금의 도네가와의 대토목공사가 이루어졌다.

에도와 관동평야와의 연관의 시작이다.

화재사고는 에도의 꽃이라고 불리웠고 에도시 지역의 확장은 하메이레키의 대화재가 일어난 1657년 이후였다. 한편, 대화재는 도시개조의 중요한 시기였다.

하메이레키(明暦) 3년 정월 18일, 혼교(本郷)5번가에 있는 혼묘지(本妙寺)의 실화(失火)가 시작되어 2일간에 걸쳐 에도 혼마루(本丸)를 시작으로 에도 시가를 대부분 소실시켰다. 사망자가 10만2천 명에 이른다.

런던의 대화재는 같은 시기인 1666년의 일이었다. 런던의 대화재 이후에는 목조건축을 금지하여 렌가라는 석조건축으로 바뀌었으며 에도의 화재 복구는 다음과 같은 도시개조로 실시되었다.

(1) 도시기능의 분석

에도의 소우구로와 내에 있던 다이묘(大名)저택을 구로와(曲輪)로 이전하는 것을 중심으로, 하타모토(旗本) 저택도 외측으로 대이동시켰다. 또한, 구로와 내의 민가(町屋)에 있던 절을 구로와 밖의 외주부인 후카가와(深川), 아사쿠사(浅草), 코마고메(駒込) 메쿠로(目黑)로 이전시켰다.

(2) 방재기능의 향상

화재시의 연소방지를 위해 방재제방을 시로가네(白銀)거리, 만죠(万町), 욧카이치(四日)市거리 등에 설치하고, 광소로를 니혼바시와 교바시(京橋)간의 3개소, 카지마찌(鍛治町)와 토우(桶町) 간의 1개소가 설치되어 방재를 겸한 피난지로 하였다. 주요 간선도로의 도로 폭은 그때까지 6간 폭(10.8m)이었던 것을 10간 폭(약 18m)으로 개선하였다.

(3) 신시가지의 조성

불에 구운 소토(燒土)를 이용하여 고비키쵸(木挽町)·아카사카(赤坂)·우시고메(牛込), 고이시가와(小石川) 등 다수의 늪지대를 매립하여 신시가를 조성하였다. 또한, 스미타가와(隅田川) 동쪽의 에도시 외곽이었던 것을 1660년에 료코구바시(兩国橋)를 연결함과 동시에, 이 대지에 운하를 만들어 도로를 연결하여 신시가

지까지 배편을 이용하면서 에도의 물자유통 중심이 되었다.

에도 시가지의 윤곽은 하메이레키(明曆) 대화재 이후 확대되어 18세기 전기에 그 외곽이 형성되었고, 인구는 100만 명 이상의 도시가 되었다.

인구구성은 무인이 40~60만 명, 상민들이 50~60만 명, 절과 신사에서 5만 명, 요사와라(新吉原)에 8,000~1만 명으로 알려지고 있다.

에도의 윤곽은 1818년에 에도 슈비키(朱引) 지도가 결정되면서 슈비키가 코부나이(御府內)로 불렸다. 이 슈비키에 東은 나카가와(中川), 北은 아라가와(荒川) · 사쿠지이이(石神井川) 하류, 西는 칸다(神田) 상류, 南은 메쿠로(木黑)천과 시나가와(品川)를 포함한 농촌에 걸쳐있고, 도시의 생활실태에서 보면 광대한 범위에 있다는 것을 알 수 있다.

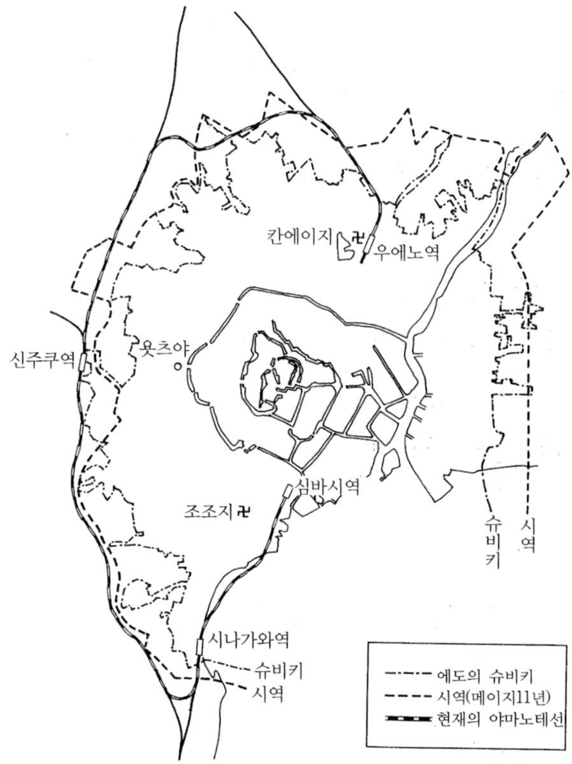

그림 4.63 에도의 슈비키와 도쿄시의 시역

윤곽은 18세기 중기의 마찌부기요우(町奉行) 지배장(支配場)이 실제에 가깝다고 알려지고 있다.(그림 4.63)

이 시가지의 범위는 후에 도쿄 15구의 영역과 비슷한 중요성을 갖는다.

이것은 당시 에도 시민의 대부분은 걸어 다니는 것이 보통이었고, 도보로 왕복 가능한 반경 5km의 범위에 부합한다.

에도시대의 대표적인 가로계획은 가도(街道)가 주요골격이고, 니혼바시 거리가 약 18m, 혼마치 가로가 약 14m, 이밖에 「오모테 가로」라고 일컫는 도로의 폭원은 6~12m가 원칙이었다. 一間폭(약 1.8m)이 대로지(大路地)라고 일컬으며 일반적으로 1m 정도의 협소한 도로가 대부분이었다.

당시 가로들은 오모테(表)가로에 면해 있으며, 오오다나(大店)·집주인이 살고 있었으며, 그 외측에 서민의 집들이 나란히 연결되는 우라나가야(裏長屋)형태였다.

그림 4.64와 같이 당시 서민의 주택규모가 약 10~20m²이며, 오늘날에도 볼 수 있듯이 아주 자세히 되어 있다. 상위 계급의 주민이나 점포에 있어서도 30~50m² 정도였다. 그 사이를 지나다니는 것은 가로라기보다는 골목(路地)이었고, 그 폭원은 1m에도 못 미치며, 사람이 걸어 다니는 정도였다. 수로는 후세도이(伏樋)

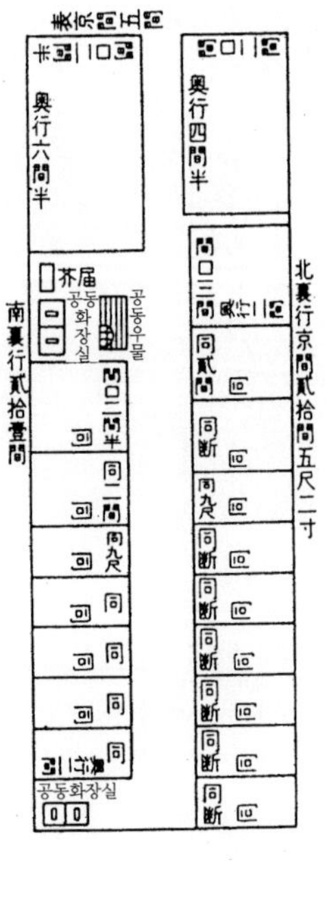

그림 4.64 에도시대 긴자(銀座)삼정목(三丁目)의 우라나가야(裏長屋)

(주 : 덮여있는 드레인)로 유도된 다메마스(溜桝)에서 물을 끌어들여 「공동우물(井戶)」을 만들고, 공동우물의 옆에는 소우고우가(總後架)라고 불리는 공동화장실이 있었다.

상가의 인구밀도는 500인/ha 이상으로 과밀한 상태였다.

시민의 대부분은 전술한 바와 같이 도보가 보통이었으며, 카고(駕籠)는 에도 후기에 들어서 상인(町人)에게도 허락되었다.

물자의 운송은 주로 해운으로 하였고, 육상 운송은 다이하찌 구루마(大八車) 주 : 대형 짐수차), 단지리(地車), 마차 등이 사용되었으며, 최근에도 보급하였던 것은 다이하찌 구루마였다.

에도에서 메이지 시대로 들어서면서 도쿄는 봉건사회에서 서구화 중심의 근대사회로 변모하게 되었다. 도쿄의 인구는 막부의 환란기에서 약 50만 명으로 반감하였고, 1886(메이지 20)년에는 약 106만 명으로 회복하고, 이후 증가의 일변도가 되었다.

토지이용 상황을 보면, 에도 말기에는 시가지 면적이 약 7,800ha로 그 내역은 무사대지(武家地)가 약 60% 상인대지(町人)가 약 20%, 기타 사유지가 점유하였다.

메이지 시대에 들어와 무사대지는 정부 토지로 몰수되어 공용지, 고급관료, 문신(公家)의 저택으로 전용되어 기타 주변의 광대한 주택용 대지는 「유다령 (桑茶令)」에 의하여 농지인 저이용지로 전환되었다.

이들 무사대지의 토지이용은 그 이후 최근까지 시대의 조류에 따라 토지이용을 전환하고, 도쿄의 도시개조의 타네지(種地)가 되어 왔다.

1872(메이지 5)년에 도쿄의 거리 만들기에 관한 2개의 사건이 있었다.

그 하나는 긴자의 대화재이다. 긴자(銀座)·츠키지(築地) 일대 약 87ha를 소실하고 도쿄에서 처음으로 계획적인 도시개조가 이루어졌다. 그곳이 긴자 렌와가로(煉瓦街)이다. 메이지 6년에 기공되어 9년경에 완성했다.

연옥 2개 건물은 연와 건축이며 불연화를 도모함과 동시에 가구(街區)를 정비했다. 긴자거리는 10간(18m)에서 15간(27m)로 확장하여 중앙마차궤도와 보차도를 구분하고 가로수로 버드나무를 식재하였으며, 가스등을 설치하고 서양식 측구를 개조했다.

시민의 눈앞에서 서양문화의 거리가 조성되었다. 그러나 이 불연화 사업은 긴자의 오모테 가로를 중심으로 한 지역으로서 후속조치는 없었다. 또 하나는 요코하마(橫兵), 심바시(新橋) 간에 증기철도가 신설되었다. 이 선은 요코하마 항과 도쿄를 연결하기 위한 철도이며, 이 후 1884(메이지 16)년에는 우에노(上野)-구마가이(態谷)간을 개통했다. 이 두 선을 연결하기 위하여 도쿄 시가지를 피해 당시의 교외였던 야마노테선을 시나가와(品川)-시부야(涉谷)-신주쿠(新宿)-이따바시(板橋)-아카하네(赤羽間)간의 철도가 1886(明治 18)년에 개통되었다. (明治 42년 전철화). 현재의 야마노테선의 탄생이다.(大正 14년 완성) 당시의 시내교통으로는 인력차가 메이지 3년에 출현하였고 메이지 5년에는 승합마차가 실용화되었다.

메이지 시대의 도쿄개조는 시구개정으로 대표되었으나, 메이지 중기까지는 미국과 유럽의 지식의 흡수시대라고 볼 수 있다. 선진국에서 각 방면의 기술자가 도쿄에 와서 조사하고 각종 초안을 제안하고 있다.

1884(明治 17)년 부지사 요사카와 아카마사(芳川顯正)가 제출한「시구개정의견초안(市區改正意見草案)」은 런던 및 파리의 상황과 도쿄 15구의 현상을 비교한

표 4.13 시구개정의견 초안의 설계내용

	종 류	폭 원	노 선 수	적 요
도 로	제1등 제1류	15간	1	보도 좌우 각 3간
	제1등 제2류	12	9	보도 좌우 각 2.5간
	제2등	10	22	보도 좌우 각 2간
	제3등	8	10	보도 좌우 각 1.5간
	제4등	6	}「其ノ数極メテ多シ」	보도 없음
	제5등	4		
하 천	신 설	15		폭원 8 ~10간으로 한다.
	개 량	스미다가와 기타		
철 도	심바시, 우에노를 연결 카지바시내, 만세이바시 북측에 정차장 신설			
교 량	종 류	폭 원		
	제1등	10간(좌우 각 2간 보도)		제1등 제1류 도로에 연결
	제2등	8간(좌우 각 1.5간 보도)		제1등 제2류 제2등에 연결
	제3등	6간(좌우 각 1간 보도)		제3등에 연결
	제4등	3~4간		제4등, 제5등에 연결

주 : 메이지 15년(1882년)의 조사에 의하면, 도쿄 15구의 인구 885,445명, 인구밀도 39,884명/$mile^2$ 이며, 1884년의 조사에 의한 런던, 파리에서는 각 각 3,834 354명, 32,522명/$mile^2$, 1,988,806명, 40,177명/$mile^2$ 이었다.

개정시구의 면적을 15.4$mile^2$ 로서 15구 평균 인구밀도(39,884명/$mile^2$)로 인구를 수용한다면 618,202명이 되고, 선진국의 수도에 비하여 과대하지 않다.

시구개정의 기본방침을 제출하고 있다.

그 주요한 내용은 15구의 인구규모를 62만 명으로 하고 도로, 하천, 철도, 교량 등에 있어서의 계획을 제안하고 있다.(표 4.13)

1878(메이지11)년에 도쿄부의 행정구획으로서 15구 6군이 결정되었다. 15구는 코지마치(麴町), 니혼바시(日本橋), 교바시(京橋), 칸다(神田), 시타야(下谷), 아사쿠사(淺草), 시바(芝), 마자부(麻布), 아카사카(赤坂), 요츠야(四谷), 우시고메(牛込), 고이시가와(小石川), 혼교(本鄉), 혼조(本所), 후카가와(深川)이다. 시구개정의 대상구역이다. 그림 4.63의 에도 시가지의 범위와 대체로 비슷하다.

도쿄시구 개정조례는 1888(明治 21)년에 정부에 의해 공포되었다. 조례의 특색으로는 도쿄의 도시개조를 수도로 한 국가적 프로젝트를 취하고 나라가 직접 사업을 진행하도록 한 것이다.

표 4.14 도쿄시구 개정 설계
(도쿄 구 개정사업지 및 쇼와 16년 도시계획 개요에 의함)

사 업 명	구 설계에 의한 것		신 설계에 의한 것		적 요
	노 선	연장 또는 면적	노 선	연장 또는 노선	
도로교량	316	약 117mile	86	약 36mile	그 후 추가 또는 삭제한 것이 있음
하 호 (河濠)	하천신설 8 하천개수 22 외호정리 4		하천신설 3 하천개수 1 (스미다가와) 외호정리 3		
공 원	히비야 외 48	약 100만 5,100평	히비야 외 21	약 65만 2,600평	우에노, 아사쿠사, 시바, 후카가와, 아스카산은 메이지 36년 太政官布達(태정관 포달)에 의해 결정되어, 그후 9년간에 愛宕山, 14년에 麴町이 추가되고 있다.
시 장	어도시장 3 청과물시장 2 수축시장 3				
화 장 장	기리가야, 요요기, 오치아이, 마치야, 오기닛타의 5개소를 결정, 후에 다이쇼8년 카메아리를 추가 결정함				
묘 지	아요야마, 시부야, 죠시가야, 소메이, 야나카, 카메이도의 6개소의 공동묘지를 결정하였다. 후에 시부야, 카메이도는 폐지, 다이쇼 9년 다마묘지를 추가하였다.				
철 도	심바시, 우에노를 접속하고, 카지바시내 및 만세이바시 북측에 정차장을 설계하였다.				
상 수 도	水源을 다마현으로 하고, 全市의 인구 150만 명으로 상정, 1인1일 4척^3 (약 0.11㎥)을 급수한다. 정수장으로서 정교정수장을 축조한다.				大正2년 제1기 확장하여, 인구 288만 명 1인1일 6척^{3}급수하는 계획을 설정한다.
하 수 도	메이지 33년에 본격적으로 조사에 착수하고, 메이지 41년 전 시역을 대상으로 한 계획을 세움				

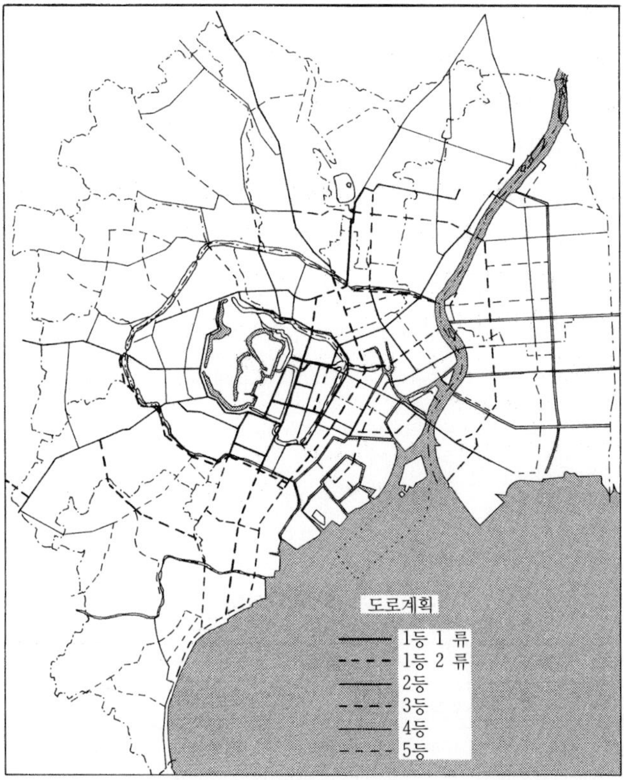

그림 4.65 도쿄시구개정 신설계도(메이지 36년)(출전 : 도쿄의 도시계획 백년)

시구개정의 사업내용은 표 4.14와 같이 메이지 22년에 고시되었고, 이것이 「구 설계」이다. 그 후 재원 등의 이유로 대폭 후퇴하여 메이지 36년에 「신 설계」가 결정되었다.(그림 4.65)

사업은 1919(大正 8)년의 도시계획법의 제정까지 계속되었다.

시구개정에 의한 사업내용으로는 시내 주요도로의 개정은 1910(明治 43)까지 대부분 완료하고, 그 후 외곽의 도로개정이 1918(大正 7)년에 대부분 완료했다. 또한, 공원, 상수도, 하수도 등의 도시기반시설의 정비가 이루어졌다.

당시의 계획규모는 오늘날 본다면 협소한 규모였다. 상수도에 있어서 메이지 23년의 도쿄수도 설계는 시의 장래 인구를 150만 명으로 하고, 1인1일 110ℓ 의

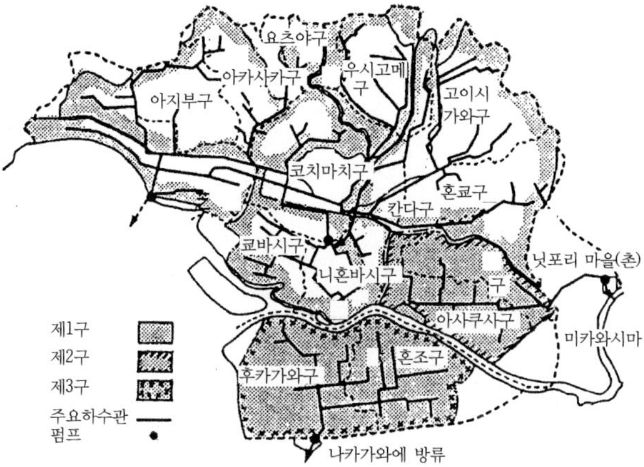

그림 4.66 도쿄시 하수도 설계도

수량을 공급하는 것으로서 배관해 왔으나, 오늘날 계획규모는 1인 1일 580 *l*로 약 5배의 수도수를 필요로 하고, 이를 위해 대구경(大口徑)의 배관이 제2차 대전 후 정비되어 왔다. 하수도 설계도 동일한 상황이다(그림 4.66)

한편, 시내 교통은 인력차와 승합마차라는 교통수단에서 출발하였으나, 1890(明治 23)년에 들어와서는 마차철도에서 전기철도로의 근대화 움직임이 활발하였다.

도쿄에서 노면전차가 처음으로 운행한 곳은 시나가와-니이가타이며, (1903 明治 36)년의 일이었다.

도쿄의 전차 신설의 출현은 빨랐으나, 실제로 전차가 달린 것은 교토보다 8년이 늦었으며, 나고야와 가와사키에도 신설되었다.

그 후 도쿄에서는 심바시-우에노 간, 우에노-아사쿠사 간 등 중심부에서 15구 전역에 개통되었으며, 한편 시내의 마차철도는 1904년(明治 37)년에는 모습을 볼 수 없었다.

도쿄시가 시영전차를 매수·통일화한 것이 1911년(明治 44)이었다. 당시의 궤도연장은 192.3km, 차량 1,054량, 1일 평균 승객수 51만 명이었다.(그림 4.67)

시영전차의 황금시대는 그 후, 1915(大正 4)년경이며, 연장 256km이고, 1일 평균 승객수는 130만 명이 되었다.

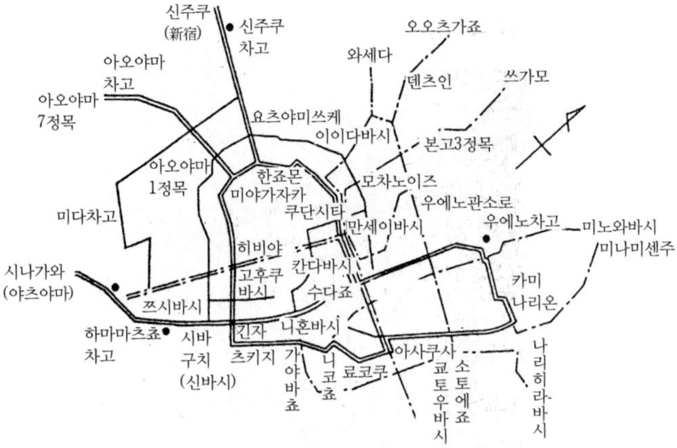

그림 4.67 메이지 44년 8월 1일 시영전차의 당일의 운전상황

「도쿄의 명물 만원전차, 언제라도 기다리면 탈 수 있네」 라는 유행가로 불려지질 정도로 혼잡하였다.

「시구개정으로 도쿄의 발전은 자각하는 것이다」라고 다야마 가타이(田山花袋)의 「도쿄의 삼십년」(田山花袋, 大正 7년 간행, 1981년 岩波文庫)에 기록되어 있다.

시구개정은 이미 완성되어 대로(大通)의 길은 넓고 확장되었고, 전차가 도착하는 곳에 그 윙윙거리는 듯한 전선의 소리가 넘쳐났다.

메이지 14년경의 도쿄는? 데이네이(泥濘)가로에 엔타로우바샤(円太郎馬車)가 달리던 도쿄는? 다리 근처에 음식점이 많이 생성된 도쿄는? 마차가 다니던 때의 도쿄는?

전차를 운행하기 위해 시의 번화가도 계속 변화했다. 교외에 거주하는 사람도 물건을 살 때는 그 근처가 아닌 전차로 시가의 중심으로 나갔다.

따라서 미츠코시(三越), 시로키야(白木屋)(현재의 日本橋東急) 마츠야(松屋) 등의 고후구텐(吳服店)(주 : 백화점)도 많이 갖추어져 갔다.

중요한 것은 전차가 교차하는 곳, 손님의 승하차가 많았던 곳 등은 지금까지도 번화하고 있으면서 시가(市街)의 상태를 유지하고 있다.

긴자의 오와리(尾張)거리의 코너(현재의 긴자 4丁目角), 칸다의 준타(順田)거리, 우에노의 넓은 골목(廣小路), 그리고 바깥 성문 자리의 거리는 예전부터 변해갔다.

교통의 편리함에 따라 주민이 다양하게 변해 가는 것은 본능적, 무의식적이라고 말해도 좋을 듯하며, 그곳에 가장 격심한 변천의 과정을 겪고 있는 것을 알 수 있다.

큰 도로도 대부분 에도시대의 모습을 잃어버렸다. 파괴와 건설의 모습은 한때 도쿄의 시가(市街)에 무의식적이고 불규칙한 모습을 나타내었으나, 지금은 그것도 일단 사라졌고 통일적이지 못한 자체도 함께 사라져 버렸다.

메이지 초기와 말기, 도쿄의 변혁 모양새가 보다 표면화되어서 도시의 활기가 강하게 남는 부분이다.

도쿄 도시계획의 초기를 보면, 에도에서 도쿄로 변화의 시대였던 메이지, 다이쇼를 거쳐 도쿄가 오늘날 23구의 대규모를 가진 당시 「대도쿄」의 탄생(昭和의 초기)까지가 도쿄의 탄생기라고 할 수 있다.

메이지(明治), 다이쇼(大正)는 도쿄 시가개정조례시대(1888~1918년)이며, 그 이후 도시계획법의 제정(1919년, 大正8)의 시대에 들어서면서 도쿄에서는 1923(大正 12)년의 칸토대지진에 의해 제도부흥계획의 시대에 커다란 변혁을 가져왔다.

1923년 9월 1일에 발생한 칸토대지진의 피해상황을 보면, 도쿄에서는 시 전역의 46%, 3,600ha, 요코하마에서는 시 전역의 40%, 1,280ha가 소실구역으로 약 45만호가 소실되었고 사망자는 약 10만 명에 달하는 대재해였다.

정부는 제도부흥원(帝都復興院)을 설치하였다.

도쿄의 제도부흥사업으로는 다음과 같은 사업이 진행되었다.

(a) 구획정리사업

시내 10구에서 65지구(國施工 15지구, 市長施工 50지구), 3,117ha의 광범위한 지구에서 시행되었다. 건물이전 동수가 20만 3,600호에 달하고, 공공용지 조성을 위한 감보율은 최고 23.1%, 최저 5.9%, 평균 15.3%였다.

시행구역의 가로 면적률은 25~35%로서, 오늘날의 도쿄 도심부가 고도화에 대응할 수 있는 기반이 정비되었다.

(b) 가로사업

구획정리시행에 의해 정리된 가로계획의 특징은 도쿄 도심의 십자노선으로 한 남북간선의 방사 19호선, 소화로(昭和通)를 폭원 24간(44m)을 주로 하여 연장 13km, 동서간선 방사 15호선, 야스쿠니(靖國)로를 폭원 20간(36m)을 주로 하여 연장 6.6km를 완성시킨 것이다.

국가 시행분으로는 폭원 12간(약 22m) 이상의 간선가로는 52노선 118.5km, 市 시행분으로 10~8간(18~14m)의 보조간선가로는 122노선 139km, 구획가로 폭원 1.5~2간(3~4m)이 324km가 조성되었다.

(c) 교 량

스미다(隅田)천의 아이오이(相生), 에이타이(永代), 키요스(清洲), 고마가다(駒形), 고도도이(言問)의 6대 교량, 오차노미즈(御茶水)의 성교가 신설되었다.

그림 4.68 대지진부흥계획사업 계획도

(출전 : 도쿄의 도시계획 백년)

(d) 공 원

스미다(隅田), 하마마치(兵町), 킨시(錦系)의 3대 공원의 신설과 함께 학교에 인접한 소공원 52개소가 신설되었다.

(e) 건축 관계

소실된 117교의 초등학교를 전부 철근콘크리트조로 개축하였다. 또한, 내화건축비 보조가 시행되어 응급주택 공급을 위해 재단법인 도쥰가이(同潤會)가 설립되었다.

(f) 총사업비

대지진 후 7년 후인 1930(昭和 5)년에 사업은 완료되었다. 부흥사업비는 약 7억 엔의 거액이 책정되었다.(그림 4.68)

부흥사업의 결과, 도쿄의 중심부는 모습이 새로워졌다. 또한, 이 사업의 결과 다수의 전문가가 양성되어 전국의 도시계획사업이 추진되는 계기가 되었다.

지진재해부흥 후의 도쿄는 종래 야마테선 내측의 구 시가지를 보다 확장하여 그 외주로 인구증가가 나타난 시대이며 대도시 시대로의 돌입기라고 할 수 있다.

1889(明治 22)년에 시의 제도가 처음 시행되어 도쿄시 및 11곳이 시로 되었다.

당시의 도쿄시 인구를 보면(표 4.15, 그림 4.69), 1932(昭和 7)년의 시역 확장 전에 걸쳐 구(旧) 15구(면적 8,164ha)에서 1922(大正 11)년이 최대 인구이며, 249만 명

표 4.15 도쿄의 인구 (그 1) (단위 : 1,000명)

연 차	시 내 (旧15구)	교 외 (旧20구)	계 (23구)
1890(明治 23)	910	320	1,230
1900(明治 34)	1,120	380	1,500
1910(明治 43)	1,720	580	2,300
1915(大正 4)	1,950	810	2,760
1920(大正 9)	2,173	1,185	3,358
1922(大正 11)	2,490	1,430	3,920
1925(大正 14)	1,996	2,114	4,109
1930(昭和 5)	2,071	2,916	4,987
1937(昭和 12)	2,220	3,150	6,190
1944(昭和 19)	1,940	4,635	6,575

주)

1) 시내는 쇼와 7년까지의 15구, 면적 8,164ha
2) 교외는 쇼와 7년에 도쿄에 편입 된 5군, 82정촌, 면적 46,900ha, 소화 11년에는 편입된 면적 49,400ha
3) 계는 현재의 23구에 해당한다.
(출전 : 국세조사, 도쿄시 인구조사)

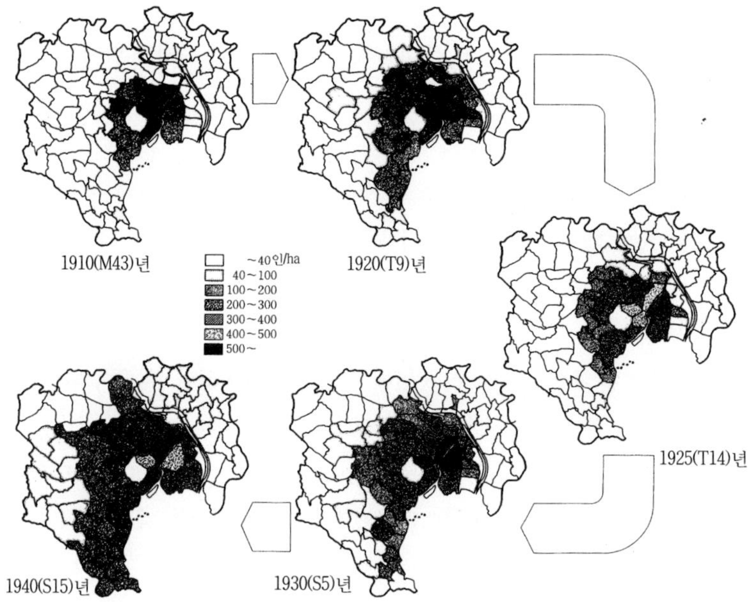

그림 4.69 도쿄구부의 인구밀도(출전 : 도쿄의 도시계획 백년)

이었고, 대지진의 영향으로 대폭 감소하여 1930(昭和 5)년에는 207만 명이 되어 그 후 약간 늘어나는 상황이었다.

한편, 외주의 신시가지는 인구가 집중하여 1932(昭和 7)년에는 신시가지를 병합하고, 旧 15구 외에 새로운 20구를 더하여 35구가 되었고, 더불어 1936(昭和 11)년에 세타가야구(世田谷區)에 일부 편입이 있었으며, 오늘날의 구부(23구)의 윤곽이 형성되었다. 1937년 현재의 전체면적은 57,700ha이다.(그림 4.70)

신시가지의 인구는 1920년경부터 100만 명을 넘어 대지진 후인 1925년에는 211만 명이 되었고, 旧 15구를 상회하는 상태가 되었다. 1930년에는 291만 명이었으며, 그 후에도 급증하여 1944년에는 463만 명이 되었다.

당시의 도쿄도시계획구역은 1922(大正 11)년에 계획 결정되었다. 그 구역은 도쿄역을 중심으로 해서 반경 16km권내를 포함하는 구역이며, 시의 행정구역으로서는 전술한 1932년, 1936년의 시역 확장에 의하여 대체로 도시계획구역과 일

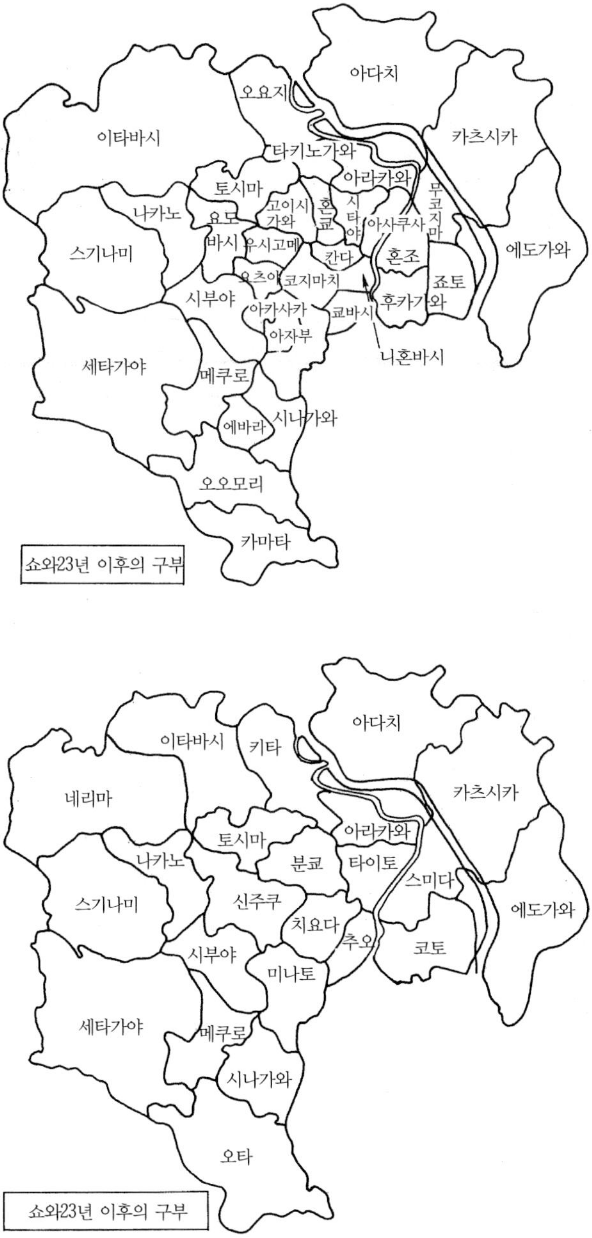

그림 4.70 도쿄구부의 행정구역의 변천

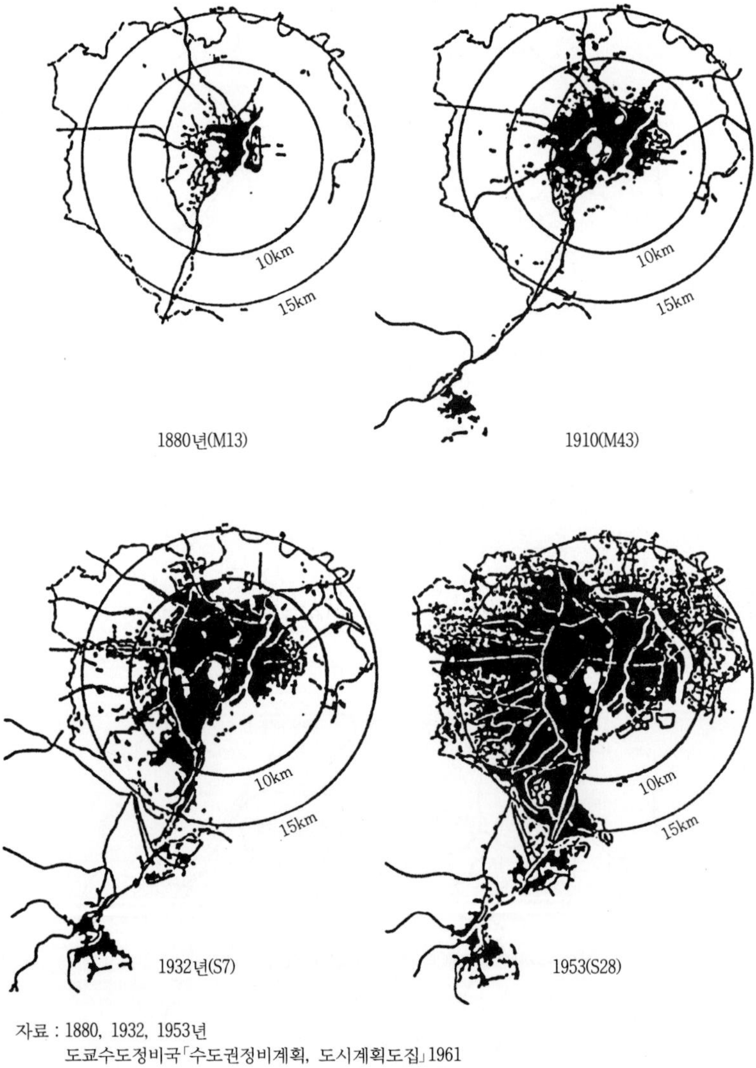

자료 : 1880, 1932, 1953년
도쿄수도정비국「수도권정비계획, 도시계획도집」1961

그림 4.71 도쿄의 시가지 확대 동향(그 1)

치하게 되었다.

1880년(明治 13)년에서 1953(昭和 28)년까지 시가지의 확대 동향을 보면 그림 4.71과 같다.

4.4.2 도쿄 도시권의 시동

다이쇼 시기에서 쇼와 시기에 들어서면서 도쿄는 시역을 확대하여 1936년 당시「대도쿄(大東京)」라 불리는 23구가 탄생했다.

1922(大正 11)년, 도쿄 도시계획구역의 결정에 있어서 도쿄의 도시구조를 어떻게 할 것인지에 대한 생각을 보면, 중심을 도쿄역으로 설정한 것은 장래 마루노우찌 부근을 업무가의 중심으로 상정하고 있다.

마루노우찌 부근 36ha를 정부에서 미쯔비시(三菱)로 지불한 것은 1890(明治 23)년이며, 4년 후에는 미쯔비시의 「마루노우찌 이쯔죠오 런던」으로 불리며 연와조 3층의 1호관을 완성했다. 도쿄역이 중앙 정차장으로 완성된 것이 1914(大正 3)년이며, 역전에 최대의 오피스 빌딩으로서 마루빌딩이 완성된 것이 1923(大正 12)년이었다.

이처럼 중앙역과 주변의 개발은 미성숙의 시기였으나 장래 업무가로의 중심을 이동시킬 수 있는 계획이었다.

메이지 초기 근대산업경제의 중심지로는 미쯔이(三井)에서 개발한 수상운송편이 좋은 니혼바시(日本橋) 거리이며, 주식거래소(후의 증권거래소)나 주요 은행 등의 사옥이 건설되어 왔다. 당시의 마루노우찌는 신 도쿄역을 중심으로 하는 신 개발이었다.

또한, 장래 도쿄역이 교통의 중추가 되고, 교통계통의 상당한 보급에 의하여 일반시민은 약 1시간 이내에 중심업무가에 집산할 수 있는 범위로 하여, 도쿄역을 중심으로 한 반경 4리(16km)의 권역을 포함하는 도시권을 설정했다.

이것은 구미 여러 도시에 걸친 대도시구역의 예를 참고한 것이다.

도시계획의 장래인구 예상으로는 당시 베를린과 파리의 수용인구를 참고로 구(旧) 15구에는 인구밀도 300인/ha로 하여 247만 명, 외주구에는 인구밀도 75~150인/ha로 한 450만 명, 23구 합계 697만 명으로 상정했다.

현실의 인구추이는 표 4.15와 같이, 구(旧) 15구 인구는 예상을 밑돌고 외주구는 예상을 상회하게 되었다.

1922년 당시 도쿄의 모습은 용도지역 지정의 이유서에서 다음과 같이 서술하고 있다.

「시의 서측 반은 야마테의 높은 건물(高台)로서 토지의 고조, 풍물이 쾌적한 현상 또한 주택의 용도로 제공하는 주택지역으로, 시의 동측 반은 스미타천에 이르는 지역으로서 토지의 평탄함과 가로구획의 정연함으로 교통편과 토지개발의 현황으로 보아 상업지역으로 하고, 강동지구 및 북측의 구(旧) 아라가와(荒川)역의 일대, 오오사키, 시나가와에 걸친 메쿠로천 하류의 유역에서 오오이(大井), 오오모리(大森)까지 걸친 해안 일대의 저지대를 공업지역으로 한다.」

시가지 건축물법에 의하여 지역제의 도시계획이 결정되어 도쿄의 용도지역의 지정은 1925(大正 14)년에 제1차로 이루어졌고, 23구 전역에 있어서는 1937(昭和 12)년 제 4차 추가 지정에서 이루어졌다(표 4.16)

도시계획도로에 대한 도시계획의 결정은 1921(大正 10)년이다. 그 후 지진재해 부흥계획도로의 사업화에 의해 구(旧) 시역 내는 대부분 완성했고, 1927(昭和2)년

표 4.16 도쿄의 용도지역 (그 1) (단위 : ha)

용 도 지 역	도쿄시(旧15구)와 그 주변		동 경 35 구	
주 거 지 역	9,780	45%	31,440	59%
상 업 지 역	3,240	15	5,380	10
공 업 지 역	8,200	37	14,650	28
미지정 지역	730	3	1,410	3
합 계	21,950	100	52,880	100

주 : 1) 구(旧) 15구와 그의 주변의 결정은 1925(大正 14)년에 최초로 결정하였다.
2) 35구는 현재의 23구에서, 결정은 제4차 추가지정에서 전 지역으로 되었다.
1937(昭和 12)년이다.
3) 면적부분에서는 수면부분을 제외하고, 매립지도 미이용 부분을 제외하고 있다.
4) 주거지역에서는 건축면적은 대지면적의 10분의6, 건축물의 높이 제한은 20m이다.
5) 상업지역에서는 건축면적은 대지면적의 10분의8, 건축물의 높이 제한은 31m 이다
6) 공업지역내의 특별지구로서는 갑종특별지구(보안상 현저히 위험하다고 생각되어지는 용도에 제공하는 지구), 2종특별지구(위생상 현저히 유해의 위험이 있는 용도에 제공하는 시설이 있는 지구)가 지정되었다.
갑종 1,570ha, 을종 1,220ha
7) 미지정 지역은 일반 소공업지를 지정하고, 다른 용도를 장래에 보유하는 경우 화장장, 서장 등의 경우이다.

에는 신 시역에 있어서 도로계획이 결정되었다.

도로계획은 간선방사도로, 간선순환도로, 보조선도로로 구분되었다. 간선방사도로 17노선, 폭원 25m로, 종래의 국도, 부(府)현(縣)도(道)의 계통으로 일치시켜 인접 현과의 연결에서 새 선로를 추가했다. 간선순환도로는 전부 1921년의 계획에서 도쿄역을 중심으로 반경 4mile (6.4km) 이내에 5개의 순환도로가 계획되었다.

1927(昭和 2)년의 계획에서는 그 외주에 지역개발의 상황, 철도정차장의 배치를 고려하여 약 1~2mile(1.6km~3.2km)의 간격으로 3개 노선의 순환도로(환 6, 환 7, 환 8)를 계획 결정했다. 폭원은 20~25m이다. 보조선 도로는 폭원 11~15m의 노선이 결정되었다.

이 시기에 오늘날 도쿄 도시계획 도로망의 큰 흐름이 결정되었다.

1930(昭和 5)년 이후 수차례 외주부에서 좁은 도로망이 생겼다. 좁은 도로망은 앞서 언급한 도로망을 한층 더 보조하고, 토지개발의 촉진 및 토지구획정리의 시행에 있어서의 기준을 나타내는 것을 목적으로 하는 지구로 결정되었다.

위와 같이, 도쿄의 도시계획도로는 방사순환 망 체계가 형성되었으나, 계획 당시의 사고방식은 에도시대의 주요도로는 모두 방사형으로 형성되었고, 도시의 확대에 따른 환상형에 결부하는 도로로서 순환도로의 도입이 어느 정도 필요했던 것이다. 파리, 모스크바, 베를린의 가로계통을 참고로 한, 당시의 시카고 계획의 3순환 간선도로를 사례로 하고 있다.

순환도로의 사업화에 있어서는 구 시가지의 외측에 있는 재래 도로가 좁으면서 굴곡지고 조직적인 계통도 없는 지역을 대상으로 하였다. 이들의 지역으로는 국도는 4간(7m) 미만이고 주요도로는 2간(3.6m) 폭이 대부분이다.

당시 증가하고 있는 자동차는 구 시가지의 외측에서 나올 수 없는 상황이었다.

순환도로 건설은 1921(大正 10)년에 착수되어 13년이 지난 1934(昭和 9)년에 완성했다. 폭원은 12간(22m)이며 연장 32km, 공사비 3,150만 엔이다. 공사비 재원의 일부는 연도(沿道)의 수익자부담금이 충당되었다.

이 도로의 명칭은 당시 공모되어 메이지(明治)거리로 불려지고 있다. 지금 순환 5호선을 주로 하여 시나가와 부근은 환6, 세이부는 환4와 보116을 조합시킨 것이다.(그림 4.72)

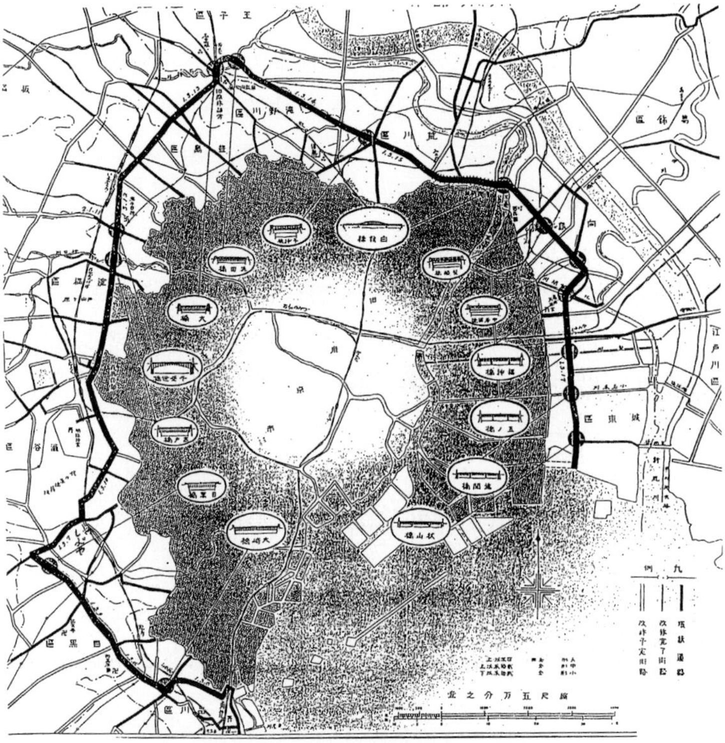

그림 4.72 도쿄의 순환도로의 건설

메이지 거리의 완성으로 예전에는 강우 시에 진흙탕이었던 도로가 근대적 도로로 변하였다.

보도와 차도는 분리되어 가로수가 있고, 지하매설물을 계획적으로 정리하였고, 차도는 쇄석도(碎石道)로서 아스팔트계의 고급포장으로 만들고, 보도는 콘크리트 블록으로 되었다.

도쿄 구부를 일주하는 순환도로는 환7로서 1950년대에 착공하여 1980년대에 완성했다. 메이지 거리의 완성까지 약 50년이 걸렸고 도로정비의 어려움도 있었다.

한편, 신시가지의 주택택지개발은 지진재해를 전후로 활발하여, 사업주체는 민영철도(私鐵) 계열의 연선(沿線)개발형의 일종으로 구획정리사업과 경지정리사업으로 대별되었다.

민영철도(私鐵)계열 외곽개발로는 1922년에 센조쿠이케(洗足池) 지구(18ha), 1923년에 덴엔쵸후(田園調布)(11ha)이며, 전원도시(주)에 의하여 주택분양이 시작되어, 그 후 하코네 토지회사(箱根土地)(후의 국토계획)에 의해 오이즈미(大泉) 학원(330ha), 코다이라(小平)학원(230ha), 국립학원(351ha) 등이 「학원도시」로서 주택개발이 이루어졌다. 그 외에 세이죠우(成城)학원(120ha) 등이 있다.

또한, 신시가지의 택지조성을 목적으로 하는 토지구획정리사업은 1924년, 메쿠로오가와루(小川柳)가로(40.8ha), 오사키 키리가야(大琦が谷)(33.6ha), 세타가야(世田谷)에바라(莊原) 제1호 (93.6ha)에 조합설립 인가가 이루어져 신시가지에 처음으로 인가하였다. 그 후 이오기(井荻)(881 ha) 등으로 대규모의 구획정리가 진행되었다.

1930년대에 위의 지구를 포함한 100지구 4,091ha가 시행되었다.

택지조성을 목적으로 하는 경지정리사업도 시행되었다. 타마가와젠엔(玉川全円)경지정리조합은 세타가야의 요가(用賀), 도도로키(等々力), 오야마다이(尾山台) 일대의 사업을 시행했다. 경지정리에서는 163지구 9,386ha가 시행되었다.

이상의 두 사업에 의한 시행면적은 1937(昭和 12)년 현재의 합계로서, 13,477ha이고 도시 면적의 27%였다.

도시교통에서 살펴보면, 다이쇼(大正)시대는 화려한 노면전차시대라고 불려졌지만, 대지진을 겪은 인구분포를 외곽화하여 구 시내와 외곽 사이에 새로운 교통수요가 발생했다.

이 새로운 교통수요에 대응하는 교통기관은 교외전철과 국철 시요센(省線電車)(후에 國電, JR)의 발달로 이어져, 이 시대에 오늘날 도시철도의 원형이 형성된 것이다.

국철 전차구간은 1919(大正 8)년경부터 본격적으로 확충되었다. 국철은 1910(明治 43)년까지 쥬오우선, 야마테선의 「のの자형」운행을 개시해 왔다.

1914(大正 3)년에는 중앙정거장으로 도쿄역이 개설되어 도카이도선(東海道線)의 기점이 되고, 심바시(新橋)역은 시오도메(汐留)역으로 개명하여 화물역이 되었다.

1919(大正 8)년에는 만세이바시(万世橋)－도쿄 역 사이가 개통되면서 도쿄역이 쥬오구의 기점이 되었다. 그리고 1925(大正 14)년에는 도쿄－우에노 간이 개통하고 야마테선이 순환선으로서 완성, 1932(昭和 7)년에는 오차노미즈(御茶の水)－료

고쿠(兩國)간의 고가선이 건설됨으로써 지금까지 이어져 온 국철이 도쿄역을 중심으로 하는 망 체계를 완성시켰다.

쥬오선은 1919(大正 8)년에 키치죠지(吉祥寺), 1922(大正 11)년에 고쿠분지(國分寺), 1929(昭和 4)년에 다치가와(立川), 다음 해에는 아사가와(浅川)까지 도달했다. 이 사이 1919년에 도쿄-나카노 간의 급행전차의 운행을 개시했다.

요코스카선(橫順賀線)도 1930(昭和 5)년에 요코하마-요코스카 간이 개통하면서 전차운행을 개시했다. 소부선(総武線)은 1933년에 후나바시(船橋)까지, 1935년에는 치바까지 연장되었다.

이렇게 하여 1935(昭和 10)년에는 동측으로는 치바, 서측으로는 아사카와, 남측으로는 요코스카, 북측으로는 오미야(大宮)까지 확장하여 현재의 국철(JR)체계의 근간이 형성되어, 도쿄 도시권의 확대를 위한 인프라를 정비하였다고 할 수 있다.(그림 4.73)

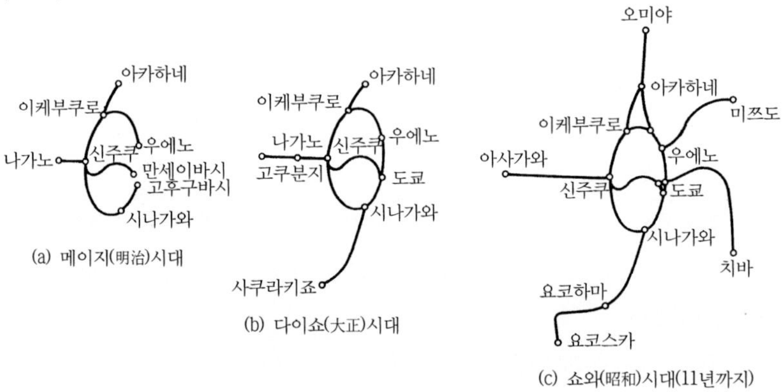

그림 4.73 국철 전차구간의 발달상황

한편, 민간철도에 의한 망 체계도 이 시기에 정비되었다.

민간철도는 1900년대에 건설을 시작하여 1920년대에 기차에서 전철화가 되었고 장거리 전차도 출현했다. 당시의 교외전차는 철도변(沿線) 주택지 개발에 의한 통근목적, 유명사찰·행락지의 관광목적, 자갈운반 등의 목적으로 운행되었다.

이것은 도쿄 도시권의 확대에 따라 후에 철도변 주택인구의 증가와 함께 통근목적의 주류가 되었다.

민영전철의 전철화 시기를 보면, 1922년에는 도큐이케가이선(東急池上線)(터미널역), 고탄다(五反田), 세이부이케부쿠로(西武池袋), 1923년에는 도큐메카비선(東急目蒲線)(메쿠로), 1926년에는 東急東横線(시부야), 케이세이나리타선(京城成田線)(아오토(青砥) 1933년에 우에노), 1927년에는 오타큐선(田急線 · 신주쿠), 케이요오선(京王線 · 신주쿠), 세이부신주쿠선(西武新宿線)(다카다노바바), 1928년에는 토부이세사키선(東武伊勢岐線) 나리히라바시(業平橋 · 1931년에는 아사쿠사), 1929년에는 토부토죠센(東武東上線) (池袋), 1930년에 게이힌큐우코 시나가와선(急行品川線)(品川), 1933년에 게이오이노카즈다선(京王井の頭線) (渉谷)가 각각 전차운전을 개시했다.

각 민영전철은 그 후 각각 터미널역을 정비하고 지역개발의 거점이 되어왔다.

지진재해 후 새롭게 대두되어 온 도시교통기관은 자동차교통이다. 당시 약 1.3만대였던 자동차대수는 지진재해 이후 시영전차 등이 기능을 정지하고, 복구하는 데에 힘들기 때문에 용이한 대체기관으로서 약진하였고, 4년간에 4배로 증가하여 1932(昭和 7)년에는 10만 대를 돌파했다.(표 4.17)

표 4.17 자동차대수의 추이[明治 40(1907)~昭和 10년(1935)] (단위 : 대)

연차	화물차	승용차	합 계	연차	화물차	승용차	합 계
明 40			16	11	1,383	13,483	14,866
41			29	12	2,099	10,666	12,765
42			69	13	8,282	18,951	27,233
43			116	14	9,425	22,456	31,881
44			210	昭 1	12,097	27,973	40,070
大 1			521	2	15,987	35,775	51,762
2			892	3	21,719	44,660	66,379
3			1,066	4	27,541	52,829	80,370
4			1,244	5	30,881	57,827	88,708
5	24	1,624	1,648	6	34,837	62,419	97,256
6	23	2,649	2,672	7	35,939	64,282	100,221
7	42	4,491	4,533	8	38,199	66,733	104,932
8	204	6,847	7,051	9	42,059	70,481	112,540
9	644	9,355	9,999	10	46,918	74,008	120,926
10	881	11,228	12,116				

주 : 내무성 조사

특히, 종래의 파란색 버스와 나란히 시내버스가 개설되어 본격적인 도시교통기관으로서의 기능을 발휘해 왔다. 버스사업 진출도 활발하여 1938년(昭和 13)년

말 자주통합이 이루어져서 전철계 13사, 독립업자 18사에 달하고, 영업노선은 두 개를 합하여 약 1,700km에 달했다.

한편, 택시는 1922(大正 11)년에 1,200대 정도로 사업기반을 확립하여 오다가 지진재해 후 버스와 함께 보급하였고, 1930(昭和 5)년에는 1만~1,2만대에 달했다. 시내 균일제인 「엔(円) 택시」의 시대이다. 당시는 50전, 30전의 「돈(錢) 택시」가 나타나서 손님의 지불시대이기도 했다.

이 시대에 두드러진 것은 1927(昭和 2)년에 지하철이 아사쿠사-우에노 간(약 2.2km)이 개통한 것이다. 그 후, 1934(昭和 9)년까지 아사쿠사-심바시(약 8km)

그림 4.74 도쿄 도시계획고속도교통기관 노선망
(주 : 大正 14년 내무성 고시 제56호 결정)

가 전부 개통하고, 새로운 교통기관으로서의 첫 울음소리를 열었다. 이것은 세계 최초의 지하철이 1863년 런던에 탄생한 60년 후였다.

도쿄의 지하철망 계획구상은 1903(明治 36)년의 시구개정 설계에서 결정된 7호선이 최초였고, 지진재해 후 부흥계획에서 검토되어 1925년(大正 14)에 도시계획 고속철도 5호선 82.4km가 계획 결정되었다.(그림 4.74)

1935(昭和 10)년에는 심바시 - 시부야(6.3km)간이 건설 착수되어 1939(昭和 14)년에 개통하였고, 종전의 아사쿠사 - 심바시(新橋)간에 연결하여 오늘날의 에이단 긴자선(營団銀座線)이 탄생했다.

1937(昭和 12)년, 일중전쟁의 전화(戰火)는 중국 전역에 확대되어 정부는 「국가총동원법」 「방공법」 등 전시체제를 확립했다.

교통통제도 종래의 기업 경제적 차원의 통제에서 전시 경제통제로의 일환으로서 행해지고, 1938(昭和 13)년에 「육상교통사업조정법」이 공포되었다.

조정구역은 도심에서 1시간 정도(30~40km)의 범위로서 당초, 도쿄시는 모든 교통기관의 공유공영을 실현할 수 있다고 주장했으나 일원화의 단계보다는 후퇴한 형태로서 1941(昭和 16)년에 도쿄의 교통조정은 「지역별조정」 이란 형태로서 결정되었다.

지역별 조정의 중요한 요소는 구 시내(야마테선의 내측과 아리카와(荒川)방수로 서쪽 지역)는 노면과 지하로 분할하였고, 노면교통사업은 도쿄시에 있어서 지하철은 특수기관으로서 테이토 고속도로 교통공단(정부, 도쿄시, 기관전철회사가 출자)이 발족하여 그곳으로 통합한다.

구 시내 이외의 지역은 방사형상으로 4개의 블록으로 나누어서 각 지역을 통합한다는 것이다. 논의가 된 국철(省線)의 조정은 결국 조정대상에서 제외되어 제2차 세계대전에 들어섰다.

1941(昭和 16)년 12월, 태평양 전쟁에 돌입하였고, 전쟁 중의 도시계획으로 주요한 방공도시계획의 시대가 되었다.

1943년(昭和 18)년에는 도쿄의 도제(都制)가 이루어져 조화로웠던 도쿄시가 사라졌다.

도쿄 대도시권의 시동은 1935(昭和 10)년의 도쿄녹지계획의 시작에서부터이다.

이 움직임의 배경은 1924(大正 13)년 제8회 국제주택, 도시계획회의(IFHP)인 암스테르담 회의에 의해 대도시 대책으로서 지방계획이 심의되어 7원칙이 결의되었다.

그것은 대도시의 무질서한 확장을 억제하고 과대함을 방지하기 위하여 위성도시로의 인구분산, 기존 시가지의 외주부에 녹지대 설치 등이었다.

이러한 결정이 일본에도 반영되었고, 특히 도쿄의 지진재해 이후 인구의 교외화와 시가지의 확대에 대한 지방계획의 필요성과 시가지 내의 공원녹지가 극히 적어 광역적 공원녹지체계의 필요성이 강조되어 왔다.

1932(昭和 7)년에 도쿄녹지계획위원회가 설치되어 내무차관을 회장으로 하고, 내무성, 도시계획 도쿄지방위원회, 도쿄부, 도쿄시, 가나카와 현, 사이타마 현, 치바 현의 관계자, 학식 경험자에 의해 조직되었다. 여기에서는 대체로 미나미 칸토를 대상으로 하여 각종 공원과 녹지를 포함하는 광역적 종합계획이 심의되었다.(그림 4.75)

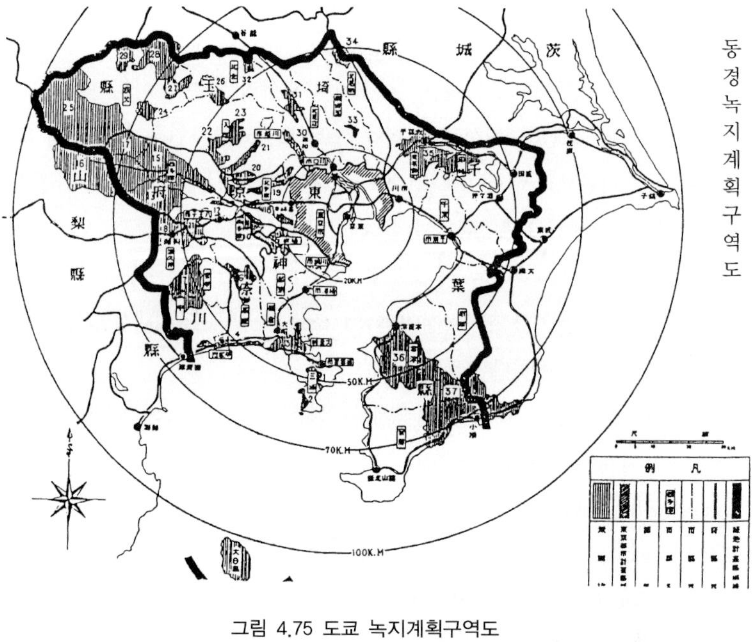

그림 4.75 도쿄 녹지계획구역도
(출전 : 근대 일본 도시계획 연표, 도시계획협회 p.88)

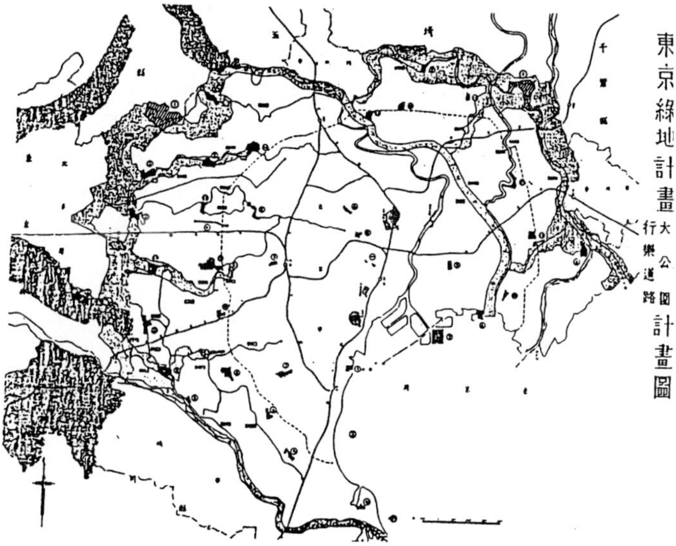

그림 4.76 도쿄 녹지계획

(출전 : 근대 일본 도시계획연표, 도시계획협회 p.94)

이 결과, 1935년(昭和 10)년에 「도쿄 녹지계획· 경원지(景園地) 및 행락도로」를 결정하고, 1939(昭和 14)년에 「도쿄녹지계획대망」을 결정하여 내무대신에 보고하였다.

계획에서는 23구 외주부에 순환(環狀)녹지대를 설정하고, 이시쿠지이(石神井), 젠후쿠지(善福寺) 등의 하천 변에 쐐기형태의 녹지대를 설정하였다.(그림 4.76)

1940년에는 부분 녹지대 외 5개소에 약 630ha가 도시계획으로 결정되고 동 사업이 진행되었다.

한편, 지방계획은 1940(昭和 15)년 당시, 내무성 국토국 주관으로 도쿄· 오사카 · 나고야· 후쿠오카를 중심으로 이루어졌다. 각 지방에 설치된 지방행정협회의 의장으로 있는 지사가 회장이 되었고, 지방계획협의회를 설치하고 계획안이 검토되었다.

도쿄에서는 도시계획 도쿄지방위원회가 중심이 되어, 1943(昭和 18)년에 칸토 지방계획안이 만들어졌다.

대 도쿄의 확장과 그 대책으로는 칸토지방을 대상구역으로 하여 도쿄 주변은 공업규제지역으로 하고, 주변을 녹지지역과 농림지역으로 설정한 위성도시에 대하여는 개발지역, 녹지지역, 농림지역으로 정하고 있다.

이 시기에 런던에서는 1944(昭和 19)년에 애버 크롬비 경의 「대런던계획」이 책정 발표되었다.

일본에서는 칸토지방계획의 완성된 안을 볼 수 없었으며, 1942(昭和 17)년에 「공업규제지역과 병행하여 공업건설지역의 지정에 관한 잠정조치」가 내각회의에서 결정되었다. 이 잠정조치는 지방계획안 성립까지의 조치였으나, 전쟁 국면으로 나아가는 데 있어서는 지방계획도 후퇴됨이 없었다.

위성도시의 구상은 형태를 변화시켜 군수공장의 지방이전을 위해 신흥공업도시계획이 결정됨으로써 구획정리사업이 실시되었다.

칸토지방에서는 가나가와 현 시가미하라(육군 병기반 · 면적 1,594ha), 다이와(비행장 해군공반 · 620ha), 군마 현 오오타(나카시마비행장 · 932ha), 이바라키 현 히다찌(타가)(히다찌 제작소 · 108ha) 등이다.

이들 지역의 구획정리사업은 전쟁 중에 착공되어 전후에 완성시켰다.

전쟁국(戰國)의 진전 악화와 함께 1941(昭和 16)년 방공법의 개정에 의하여 방공호나 방공방화설비 없이 건물소개(建物疎開), 공장소개(工場疏開), 인간소개(人間疏開), 학생소개(學童疏開)가 방공(防空)계획의 주요항목이 되었다.

건물소개는 케이힌(京浜), 한신(阪神), 니카교(中京), 키타큐슈(北九州)의 4대 공업지대의 여러 도시와 군수공장이 있는 여러 도시에서 시작하였으나 최종적으로는 대부분 모든 중소도시까지 파급되었다.

건물소개사업은 전시의 도시계획으로서 실시되어 방공방화, 피난활동에 공헌하였으나, 전후의 소개적지(疎開跡地)는 도시계획가로 및 공원용지로서 도시계획에 공헌하게 되었다.

도쿄에서는 강제 소개적지는 전후, 그 40%가 법에 의해 구 지주에 반환되고 나머지 60% 이상의 토지는 부흥 구획정리사업용지, 도영(都營)주택, 청사 등의 용지로서 활용되었다.

또한, 방공녹지로서의 조후(調布)는 현재도 비행장과 녹지로 남아 있는 동시에 토에리(舍人), 시노자키(篠崎)는 전쟁 중에는 고사포 진지로, 전쟁 후에는 공원녹지로 남았다.

4.4.3 도쿄 대도시권 계획의 창설

1940년대 후반부터 1960년대 전쟁 후 부흥을 거쳐 1960년 소득 배증계획에서 고도 경제성장기에 돌입하는 사이에 도쿄 시가지의 확대는 지금까지의 규모와는 비교가 안 될 정도로 도쿄 대도시권을 형성한 시대이다.

1945년 8월 15일 종전을 경계로 하여 대부분의 국면은 일전하였다. 도쿄의 주요 부분이 황량한 폐허로 변한 것이다. 그리고 전쟁 후의 전재부흥시대에 들어섰다.

전쟁 후의 아시가(足掛) 7년에 걸친 점령정책의 모토로서 급격한 사회변혁이 진행되어 국민은 패전의 허탈상태에서 일어나서 물자의 부족, 인프라의 퇴진과의 싸움으로 기적적인 경제부흥을 이루게 되었다.

도시계획은 전재(戰災)도시의 부흥을 위한 도시계획의 기본방침, 소실지의 잔토처리, 토지구획정리의 실시 등 막중한 임무였다. 또 한편으로는 점령하에 있었기 때문에 여러 제약을 받게 되었다.

1945년 12월, 전재도시 115도시를 대상으로 「전재지 부흥계획 기본방침」을 내각회의에서 결정하였는데, 특히 부흥계획의 기초가 되는 토지구획정리를 중점으로 하였다.

전재 부흥원을 내각총리대신이 직속기관으로 설치하고, 특별 도시계획법을 제정했다. 동법에서는 구획정리사업을 규정하고 녹지지역제가 창설되었다.

도쿄의 피해면적은 15,900ha(구부 면적의 28%), 소실가옥 71만호(구부 호수의 50%), 25만 명의 사상자와 294만 명의 실종자가 나왔다.

도쿄부에서 전후 직후에 부흥계획에 착수하여 당초 도쿄의 도시계획 중심으로서 활약한 것은 이시가와 사치(石川栄耀) 박사이다.

도쿄 부흥도시계획의 기본방침은 기존의 과대 도시의 폐해를 재차 조치하지 않도록 하는 것이다.

계획의 목표는 태양의 도시, 우애의 도시, 번영의 도시, 무교통의 도시, 식료(食料)자급도가 높은 도시, 생산의 도시, 문화의 도시, 불연(不燃) 도시 건설을 갈망하고 있다.

토지이용계획의 설정은 점령하에서 야기된 여러 제약과 승리할 것이란 점령정책에 의해 토지이용계획을 결정하지 못하는 상황 속에서 계획인구를 350만으로 높이고, 도시계획구역 가운데 그 50%를 시가화계획구역, 50%를 비시가화

표 4.18 도쿄의 용도지역(그 2)

	1935(昭和 10)년		1946(昭和 21)년		1950(昭和 25)년	
	면적 ha	%	면적 ha	%	면적 ha	%
주거지역	31,580	56.6	21,250	38.1	25,217	45.2
상업지역	5,390	9.6	3,130	5.6	7,980	14.3
미정지역	1,410	2.4	4,650	8.3	5,702	10.2
공업지역	17,440	31.4	2,640	4.7	3,990	7.1
소계	55,820	100.0	31,670	56.7	42,889	76.8
무지정지	–		24,150	43.3	12,959	23.2
합계	55,820	100.0	55,820	100.0	55,848	100.0

주 : 1) 미지정지는 그 후의 준공업지역이다.
2) 무지정지는 그 후 1948년에 녹지지역으로 지정되었다.
3) 도쿄도 도시계획 개요

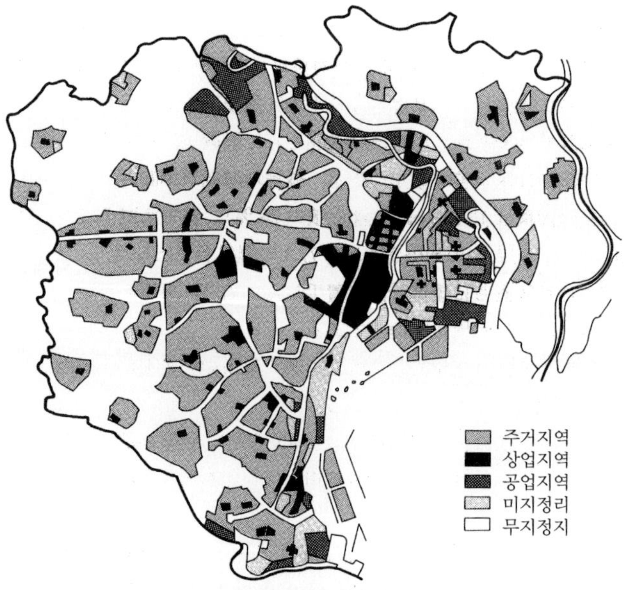

그림 4.77 도쿄 전재부흥계획의 구부 토지이용도(昭和 21년)

(출전 : 도쿄의 도시계획 백년)

구역으로 하고 비시가화지역은 녹지지역으로 예정했다.

공업지역에는 일상생활의 필수품 생산시설을 수용하는 것을 마지막으로 상업지역도 전쟁 전보다 반감하게 되었다. 상업, 공업지역의 면적은 1930(昭和 5)년의 상업인구 규모 1/2, 공업인구 규모 2/3로 하고, 1935(昭和 10)년의 지정면적을 대폭 축소한 것이다.(표 4.18, 그림 4.77)

녹지지역은 농경지 확보에 의한 식량의 자급률을 높이고 시가지의 무통제 등 외연적 진전을 방지하려고 하였다.

용도지역의 전면개정은 1946(昭和 21)년 8월이다. 이에 앞서, 1946년 3월과 4월에 가로망 계획이 결정되었다. 특징으로는 폭원 100m급의 간선가로 7호선, 폭원 80m 급의 2호선 등을 방사, 순환 가로망으로 결정한 것이다.(그림 4.78)

구획정리구역은 15,900ha와 여기에 연관하는 지역을 포함한 20,165ha를 1946년 4월에 결정했다. 1947년에는 전술한 구역 가운데 9,917ha를 구획정리사업구역으로 결정했다.

그림 4.78 도쿄 전재부흥계획의 간선가로계획도(昭和 21년)
(출전 : 도쿄의 도시계획 백년)

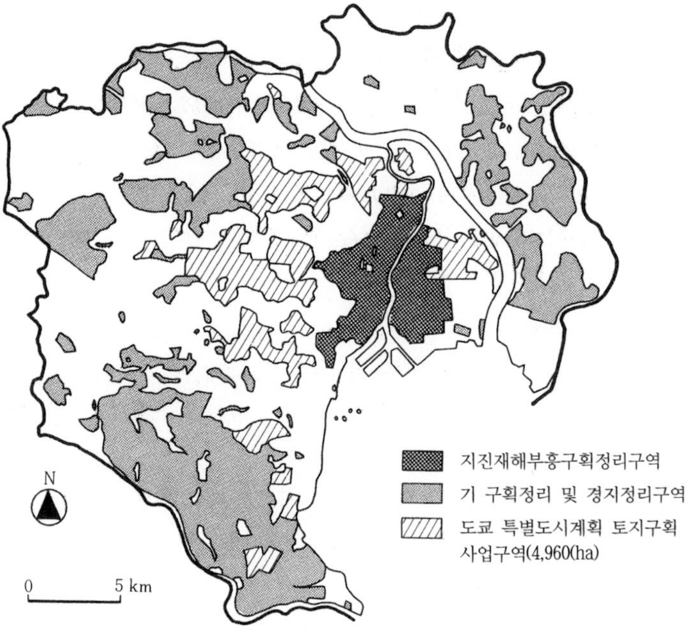

그림4.79 도쿄 전재부흥계획의 구획정리구역도(쇼와 21년)
(출전 : 도쿄의 도시계획 백년)

사업구역을 보면, 전쟁 전에 실시한 지진재해 부흥시의 구획정리구역과 교외부의 구획정리구역(경지정리를 포함)과의 중간부분을 전재부흥으로 사업화시키는 것이 예정되어 있었다.(그림 4.79)

이상의 전재부흥계획의 수립에 있어서는 당시 도쿄의 도시계획 중심에서 이시가와 사치 박사의 활약이 컸다. 박사는 전쟁 중 및 전쟁 후까지 대도시 문제 해결을 지방계획으로 받아들여 대도시권의 권역구조를 제안했다.(2.4절 참조)

전재부흥계획의 기본적 생각은 과대도시의 방지를 목표로 하여 특히 교외지역의 규제(녹지지역의 설정)와 위성도시의 육성을 주로 하고 있다.

도쿄의 지방계획 구상은 전쟁 전의 최대인구 700만 명을 고려하여, 도쿄 대도시권을 750만 명으로 하고 400만 명을 40~100km권의 위성도시 및 외곽도시로 받아들이려는 광역계획을 제안해서, 구부인구를 350만 명으로 설정하고 있다.

위성도시는 10만 명 규모의 계획인구를 상정하고, 요코스카(横順賀), 히라츠카(平塚), 아쓰기(厚木), 마치다(町田), 하치오지(八王子), 다치가와(立川), 가와코에(川越), 오미야(大宮), 카스카베(春日部), 치바(千葉), 노다(野田), 가시와(柏等) 등을 지정했다. 또한, 외곽도시는 20만 명의 도시를 상정하고, 미토(水戸), 우쓰노미야(宇都宮), 마에자키(前崎), 다카사키(高崎), 고후(甲府), 누마즈(沼津), 오다와라(小田原) 등을 지정하였다.

이러한 지방계획의 구상은 그 후 수도건설, 수도권 정비시대인 도쿄 대도시권 계획의 창설에 이르렀다.

이상의 전재부흥계획은 그 후 전후의 인프라 진행과 함께 공공사업비의 재원 부족 등으로 인하여 정부는 위기에 처한 경제재건을 일으키기 위하여 독일 공사나 샤프 조사단에 의하여 재무행정(行財政)의 대수술이 이루어졌다. 1949년 행정은 전재부흥계획의 재검토에 관한 기본방침을 내각회의에서 결정하고 대폭적인 축소를 하게 되었다.

그 결과, 도쿄의 도시 가로망계획은 1950(昭和 25)년에 대폭적인 폭원을 축소함으로써 광폭원 계획은 감소했다. 도로 연장에 있어서 대체적인 변화는 없었으나 가로면적은 종전에 비하여 약 30% 감소되었다.

사업 면에서도 전후 10년 동안은 전재복구에 전력을 다하고, 신설도로는 구획정리사업에 의한 것이다.

구획정리사업은 1950년에는 사업구역이 1/2인 4,960ha가 감소되었다. 또한, 사업규모도 축소되어 1957년도 말에 전재부흥사업을 타절한 이후에 전재부흥 연관 도시개조사업으로 변화되었다.

전재부흥사업으로서 1,705ha의 면적을 완성시켜 그 후 198ha를 도시개조사업으로 시행하고, 합계 1,273ha의 면적이 되었다. 행정청시행 29지구, 조합시행 7지구이다.(그림 4.80)

사업지구는 시부야, 신주쿠, 이케부쿠로 등의 주요 역 주변이 많고 공공용지율은 종전 13.8%에서 35.3%가 되었고, 각 역 주변은 기반이 정비되어 오늘날 부도심, 부부도심으로 발전하고 있다.

15% 이상의 감보부담 경감을 위해 용지매수가 이루어져 면적상으로 49ha에 달하였고, 이 가운데 전쟁 중의 소개적지(疎開跡地) 30ha의 활용을 포함하고 있다.

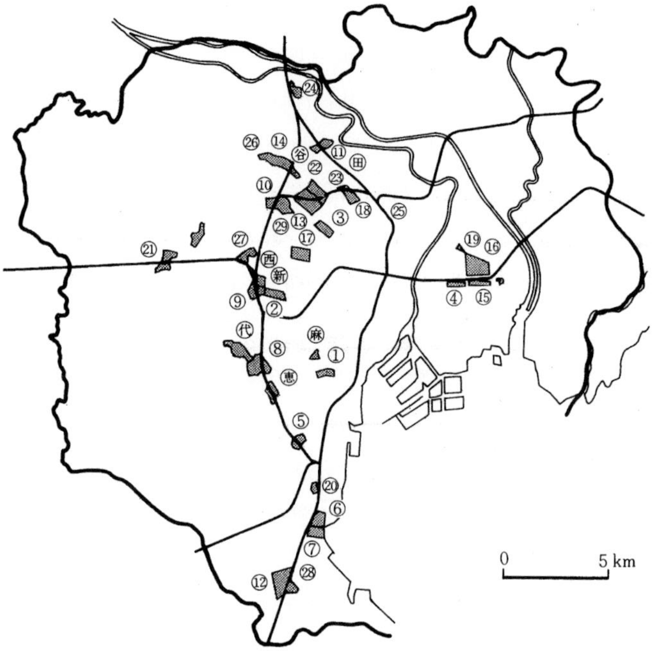

① 아자부 10번지 부근
② 신주쿠 2정목 부근
③ 구 교육대학 부근
④ 긴사죠역 부근
⑤ 고탄다역 부근
⑥ 오오모리역 동측 부근(1)
⑦ 오오모리역 동측 부근(2)
⑧ 시부야역 부근
⑨ 신주쿠역 부근
⑩ 이케부로역 부근
⑪ 오지역 부근
⑫ 카마타역 서측 부근
⑬ 오츠카역 부근
⑭ 시타이타역 부근
⑮ 카메이도역 남측 부근
⑯ 카메이도역 북측 부근
⑰ 와세다 스루마키죠 부근
⑱ 코마고메(神明町)부근
⑲ 오시아게역 부근
⑳ 오오이죠역 부근
㉑ 고엔지역 부근
㉒ 쓰가모역 부근
㉓ 코마고메역 부근
㉔ 아카바네역 부근
㉕ 닛포리역 북측 부근
㉖ 오야마하가시 부근
㉗ 토야마가하라 부근
㉘ 키마타역 동측 부근
㉙ 쓰가모구치소 부근
(麻) 아자부조합 부근
(谷) 타키노가와야바타 부근
(西) 니시오쿠보 정목 부근
(新) 신주쿠 부근
(恵) 에비수역 부근
新井 아라이 부근
(田) 다비타 부근

① 행정행(도) 시행
(麻) 조합 시행

그림 4.80 도쿄 전재부흥계획 정리의 실적도

전재에 의한 피해는 도시시설에 있어서도 컸고, 그 복구가 당시의 큰 과제였다.

수도(水道)를 살펴보면, 배수량은 종전 직후와 같은 규모인 120만 톤/일 이었으나, 급수조는 그 69%가 피해를 받아 배수량의 80%가 누수되는 것으로 추정되어 「자루 급수」로 불렸다. 1949년이 되어서는 겨우 30% 정도로 저하시키게 되었다.

교통에 있어서는 각 교통기관의 차량이 황폐하였고 철도나 버스 등 운행차량도 혼잡이 극에 달하였으며, 급격한 인구회복에 의해 교통수요의 증대에 운송력은 매우 부족하게 되었다.

인프라의 붕괴는 공공요금에도 반영되어 도시전차 요금은 종전에 1구간 10전이었던 요금이 4년 동안 8회나 요금을 인상하여 8엔이 되었다. 그 사이 경제 동향 중에 광공업 생산지수를 보면, 전쟁 전(1936년)을 100으로 한 경우, 1945년에는 55,1946년에는 28로 최저를 기록하였다. 그 후로 점점 회복하여 1949년에는 64가 되었고, 1950년과 1951년에 대략 104로서 전쟁 전의 수준에 도달하였다.

이와 같이 수도 도쿄의 복구는 잘 진행되지 않고 수도는 대부분 정비되지 않은 상태였다.

이러한 시기, 1950(昭和) 25)년에 수도건설법이 헌법 제 95조에서 정한 대로 도쿄도의 주민투표 수순을 거쳐 제정 공포되었다.

총리부의 부조직의 행정위원회로 수도건설위원회(위원장 건설대신)가 발족했다.「도쿄도를 수도로 하는 정치, 경제, 문화 등의 기능을 발휘할 수 있는 계획을 건설한다」 것을 목적으로 하여 기본적 계획과 사업을 시행하는 기관을 설치한 것이다.

도쿄도에서는 도쿄의 부흥을 국가적 사업으로 하여 나라의 재정지원에 의해 강력히 추진시키기로 하였다

사업계획으로는 전재부흥사업의 추진과 전쟁 후의 급격한 인구집중에 대처하는 긴급피난 성격의 사업을 추진한다.

주요한 사업은 토지구획정리, 도로, 공원, 상하수도, 공영주택, 초·중학교의 건설이다. 그러나 수립시킨 사업은 별다른 성과를 얻지 못하였다.

한편, 기본계획은 처음에는 수도권(대체로 50km권)을 대상으로 하는 대도시권 계획이 공적으로 채용되어, 수도권계획의 구상 초안의 형태로서 1955년에 수도건설위원회가 발표했다.

구상 초안의 개요는 수도권 인구는 1950년 1,050만 명(구부 530만 명)이 1975년에는 1,800만 명(구부 850만 명)이 되도록 상정하고 있다.

수도권의 도시구조계획은 도심에서 동심원적 링크로 구분하고,

내부시가지대 : 도심으로의 통근시간을 대체로 1시간의 범위로 하여 수도로의 지향성이 강한 인구 및 산업에 한정하여 증가를 억제한다.

근교지대 : 내부 시가지의 무분별한 발전을 없애기 위해 그 폭을 10km 정도로 한다. 이 지대 내에는 농경지를 보존하고 시가지의 무제한적 팽창을 규제한다.

주변지대 : 근교지대의 외측으로서 도심보다 대체로 25km 더 멀리 있는 지대이다. 여기서는 내부시가지로의 유입인구를 흡수하고 기존도시를 핵으로 하는 공업계의 위성도시를 육성한다.

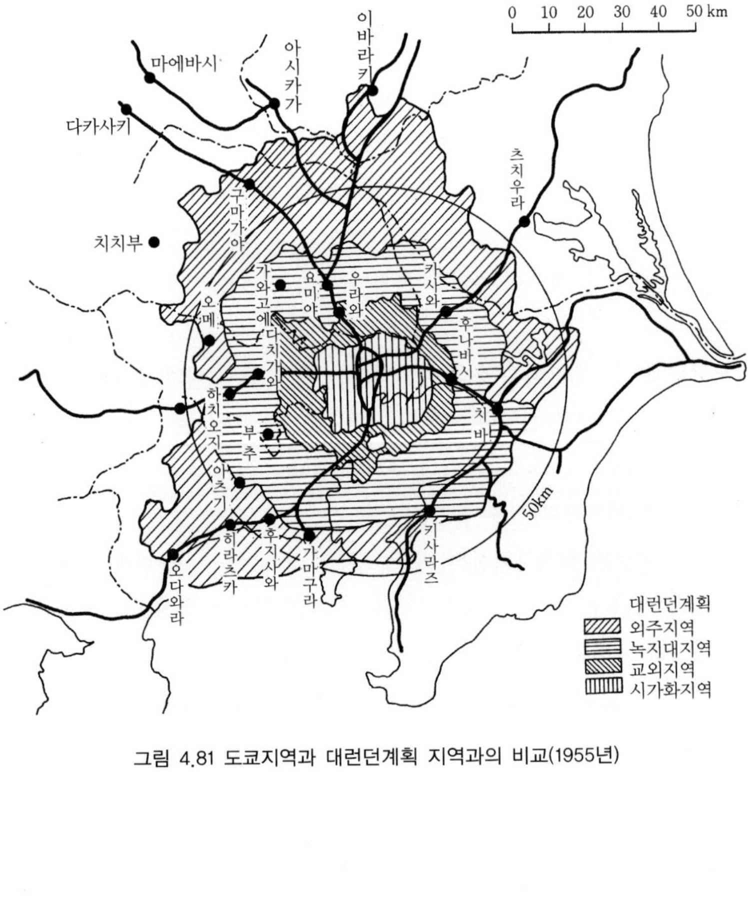

그림 4.81 도쿄지역과 대런던계획 지역과의 비교(1955년)

이상의 구상 초안은 그 후 수도권정비계획으로 이어져 왔다.

구상 초안의 성립까지 수도권의 도시구조를 동심원형의 구조 이외에 철도를 축으로 하는 선형구조 등의 비교검토가 이루어졌으나, 1944년, 애버 크롬비의 대런던 계획의 영향도 커서 동심원형의 구조가 초안으로 되었다고 할 수 있다.(그림 4.81)

수도건설위원회의 수도권 계획 구상 발표에 의한 광역계획의 필요성이 인식되어 1956년에 새로운 수도권 정비법을 성립하였다. 그리고 총리부의 외부기관으로서 수도권정비위원회(위원 국무대신)가 발족하였다.

수도 도쿄의 문제해결을 위해서는 도(道)에 걸 맞는 보다 광역적인 계획범위가 아니면 유효한 도시대책이 구상되어 있지 않은 것이 확연하게 되었다.

또한, 계획대상사업도 건설성 이외에 운수성·농림성 등 정부 관계 기관청들이 관계 도현과 협력하여 위원회 사무국의 스텝역할을 한다.

또한 수도권정비사업계획에 대한 예산조치는 도(首)의 특별기구에서 일괄 처리하도록 우선조치가 이루어졌다.

이 위원회에 권한이 부여되어 강력한 계획과 사업이 추진될 수 있게 되었다.

수도권정비법의 목적은 수도권 정비에 관한 종합적인 계획을 책정하고, 그 실시를 추진함으로써 일본의 정치·경제·문화 등의 중심으로서 수도권의 건설과 질서를 갖춘 발전을 도모하는 것이다.

종합적인 계획으로는 기본적인 사고방식, 구상을 나타내는 기본계획, 각 시설계획의 10년 계획을 나타내는 정비계획, 그리고 매년도의 사업 양을 나타내는 사업계획으로 나누어져 있다.

제1차 기본계획은 1958년(昭和 330년)에 결정 고시되었다.

(1) 수도권의 범위 결정

제1차 기본계획이 결정될 때까지의 경과를 보면, 수도건설위원회의 구상 초안에서 50km권을 상정하고 있으나, 그 후 당초의 사업국 안에서는 계획범위로서 미나미칸토(南關東)(1도 3현) 및 야마나시 현(山梨縣)을 포함한 70km권이었다.

그러나 최종적으로는 키타칸토(北關東)(3현)를 포함한 100km권으로 결정되었다. 이것은 도쿄 대도시권 문제해결의 계획범위로 실제적으로는 50km권이 당시에도 부당한 범위로 생각되어졌으며, 위성도시로서 내륙의 공업개발도시(계획에서는 시가지개발구역이라고 불린다)의 선정지점으로서 칸토지방을 대상으로 하고, 도쿄의 인구집중의 60%를 받아들이고 있는 키타 칸토를 그 계획범위로 끌어들여 새로운 공업개발에 의한 유출인구를 정착시키도록 지방계획 없이 국토계획적 의도를 포함하여 왔다고 할 수 있다.

(2) 수도권의 계획인구 규모

1955년, 수도권 인구는 1,980만 명이었다.

국세조사의 1도 7현 인구는 2,145만 명이었던 것이(표 4.22참조), 수도권역으로서 카타칸토(北關東) 4현의 전역은 포함하지 않았으며, 외주군은 권역 외로서 1,980만 명으로 165만 명 적었다.

20년 후의 장래인구 규모는 2,660만 명으로 각 지역의 적정 수용인구를 상정하여 자연 그대로 방치한 경우 예상되는 기성시가지 인구 1,430만 명 가운데, 계획적으로 시가지 개발구역에 수용하는 270만 명이 차이가 나는 1,160만 명을 기성시가지 인구로 하고 있다.(표 4.19)

표 4.19 수도권 인구의 지역배분

	1955(昭和30)년	1975(昭和50)년	차 이
수 도 권 인 구	천명 19,800	천명 26,600	천명 (+) 6,800
(계 획 인 구 의 배 분) 기 성 시 가 지 인 구 기 성 시 가 지 외 인 구	 8,700 11,100	 11,600 15,000	 (+) 2,900 (+) 3,900
(자연 그대로 방치한 경우) 기 성 시 가 지 인 구 기 성 시 가 지 외 인 구	 8,700 11,000	 14,300 12,300	 (+) 5,600 (+) 1,200
시가지 개발구역에 있어서 방치한 인구		1975(昭和50)년 까지 2,700	

시가지 개발구역 270만 명 가운데 전기 10년 동안 100만 명을 상정하고 있다. 기성시가지의 계획인구 1,160만 명의 내역은 구부와 미타카(三鷹), 무사시노(武藏野)에서 885만 명, 요코하마 170만 명, 가와사키 90만 명, 가와구찌 15만 명이다.

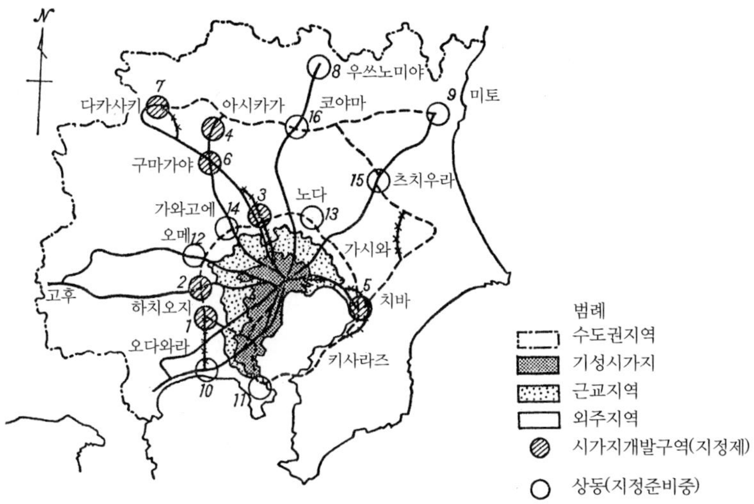

그림 4.82 제1차 수도권 정비기본계획(1958년)

(출전 : 鈴木信太郎「新しい都市計劃の方向」山海堂, 1962年)

기성시가지의 인구는 당시의 인구집중 세력 가운데 6~7년 안에 계획인구를 초과하게 되었다.

(3) 수도권의 지역구분과 정비방침

기본계획에서 수도권의 지역구분은 다음 3지역으로 구분하고 있다.(그림 4.82)

(a) 기성시가지

도쿄도 구부와 미타카, 무사시노, 요코하마, 가와사키, 가와구찌의 각 시의 1부가 지정된 도심보다 16~20km권의 크기이다.

도쿄 구부로의 인구집중을 억제하고 기성시가지에 걸친 도시공간을 합리적인 고도 이용을 하기 위해 보다 콤팩트한 시가지의 형성을 목표로 하고 있다.

인구밀도 및 토지이용 형태의 적정화를 도모하기 위하여 부도심의 육성에 의한 도심기능의 분산, 건축물의 고층화, 공공주택의 정비, 오픈스페이스의 확보를 도모하고, 주요간선도로, 도시고속도로, 주차장, 지하철 등의 교통시설의 확충, 상하수도 등 공공시설의 강화를 도모하는 여러 정비계획이 수립되었다.

한편, 인구 억제를 위해 기성시가지의 인구증가 요인이었던 대규모 공장, 대학 등의 신설 또는 증설을 「수도권의 기성시가지에 있어서 공업 등의 제한에 관한 법률(1959년 공포)」에 의하여 원칙적으로서 금지시켰다.

이 법은 1962년에는 시설의 기준면적을 끌어내려 제한범위를 확대하고, 종업원도 100명에서 60명 정도 이상으로 제한하고, 1,000㎡의 작업장까지 기준을 낮추는 등 제한이 강화되었다.

(b) 근교지대

기성시가지의 외주를 감싸는 폭 5~10km의 근교지대가 지정되었다. 이것은 그린벨트(녹지대)라 부르며, 기성시가지의 무질서한 팽창을 억제하고 자연환경과 우량농지를 보전하려는 목적을 가지고 있다.

대런던 계획의 그린벨트 구상이 도입된 것이다.

녹지대의 계획에 있어서는 1939년 「도쿄 녹지계획대망」에 의하여 순환녹지대의 설정을 제안하고 있고, 이 구상이 계획화 되었다. 또한, 1948년에는 전재부흥에 따라 특별도시계획법에 의해 녹지지역이 구부 주변에 18,010ha(구부면적의 32%)가 지정되었다.

그 후 녹지지역은 자작농 구역의 설정, 인구증가에 의한 주택수요의 증가로 스프롤이 진행하고 수차례에 걸쳐 축소되어 1956년에는 9,600ha (18%)까지 되었다. 특히, 녹지지역의 건폐율이 10%로서 위반 건축에 의하여 스프롤이 스며들어 왔다.

1950년대 후반부터 녹지지역에 대하여 조사 검토되어, 결국 녹지지역의 해제의 방향으로 나가면서 구획정리사업의 시행을 하게 된다.

1969년, 녹지지역의 해제방침으로 시가지의 기반정비를 시행하고, 특히 공원과 녹지를 적극적으로 보존하기 위하여 「토지구획정리사업을 시행할 수 있는 구역」으로 결정한다. 당시, 녹지지역에서 구획정리사업을 시행할 수 있는 구역으로 변화한 계획면적은 8,990ha이다.

구획정리사업은 1958년경부터 조합시행으로 하여 오늘날까지 이타바시, 아다치(足立), 에도천 등의 각구 25지구, 1,900ha가 실시되었다. 각 지구의 공원율은 17%에서 8%가 되고, 현재 대공원으로서, 지역의 숨 쉴 장소로서 활용되고 있다. 나머지 7,000ha의 처리는 현재, 현황의 시가화 상황을 근거로 도와 구 사이에서 검토가 진행되고 있다.

한편, 수도권의 근교지대(그린벨트)는 위에서 언급했듯이 녹지지역에 접하게 설정되었다.

근교지대는 광대한 지역이며, 지역의 성격상 3지역으로 분류되었다. 우량농지 지역(생산녹지로서 적당한 지역), 녹지계 지역(공원녹지 등의 설치에 적당한 지역), 그리고 시가지 허용지구(기존의 시가지 형성이 보이는 지역)이다.

이 3지역의 장래 모습을 어떻게 설정할 것인가는 계획 측면에서도 어렵고 근교지대의 법적구역 지정과 법적규제는 현지주민의 반대로 난항에 이르렀다.

1965년, 수도권 정비법의 개정에 의하여 근교지대는 해소되어 근교정비지대로 설정되었다. 이에 따라 1966년에는 지금까지의 순환형 녹지대에서 대폭 후퇴하여 녹지계 지역을 중심으로 하는 수도권 근교녹지보전구역이 되었고, 거점적 대규모 녹지를 남겨놓게 되었다.

1969년, 근교녹지보전구역은 14지구 11,769ha가 지정되었다.

(c) 주변지역

기성시가지로 유입하려는 인구 및 산업의 집중을 외주지역인 주변지역으로 분산하고, 그 정착화를 도모하기 위하여 기성 도시를 핵으로 하는 시가지개발구역을 지정하고, 그 육성을 도모하려는 계획구역이다.

시가지개발구역은 일본판 뉴타운이라고 불리며, 개발에서는 공업의 고도화에 따라 공업도시의 성격이 강했다.

법적으로는 1958년, 수도권 시가지개발구역정비법이 시행되어 기성시가지의 공업 등 제한법과 연계시켜 뉴타운 건설에 박차를 가했다.

시가지 개발구역의 지정은 시정촌의 구역을 갖도록 하였으며, 구역 내를 시가화 지역과 농림지역으로 구분하였는데, 즉 「구역구분(線引き)」의 시작이 되었다.

시가화 지역은 기성시가지와 구획정리사업에 의하여 조성된 신공업단지가 되었다.

시가지 개발구역의 지정 제1호는 1958년의 시가미하라(相模原)와 마치다(町田) 지구이며, 이후 1964년까지 18개의 지구가 지정되었다.

일본판 뉴타운의 특징은 우츠노미야(宇都宮)외 3지구 이외의 15지구에서는 복수의 도시 연합으로 형성되어 있다는 것이다.

표 4.20 수도권, 시가지 개발구역 일람

No.	지정 연월일	시가지 개발구역명	구역내 시정촌 (당시)	인구 S35/S50 (계획)	비 고		
1	33. 8.. 1	사가미하라, 마치다	가나가와현 사가미하라시, 도쿄도 마치다시	172,924/430,000	40km권	41. 6. 1	소멸
2	34. 5. 27	하치오지, 히노	도쿄도 하치오지시, 히노쬬	201,837/330,000	40km권	41. 6. 1	소멸
3	34. 5. 27	오미야, 우라와	사이타마현 오미야시, 우라와시, 아게오시, 요노시	418,482/660.000	40km권	41. 6. 1	소멸
4	35. 4. 30	오오타, 오이즈미	군마현 오오타시, 오이즈미죠, 야지마죠, 교쿠센무라	108,735/247,000	70km권		
5	36. 5. 1	치바, 이치하라, 고이	치바현 치바시, 이치하라시, 고이시	277,414/614,000	40km권	41. 6. 1	소멸
6	36. 5. 1	구마가야, 후카야	사이타마현 구마가야시, 후카야시	194,192/305,600	70km권		
7	36. 5. 1	마에바시, 다카사키	군마현 마에바시시, 다카사키시, 쿠라카노시	329,895/589,000	100km권		
8	36. 11. 1	미토, 카츠타	이바라기현 미토시, 카츠타시	182,662/372,000	100km권		
9	36. 11. 1	우쓰노미야	도치기현 우쓰노미야시	239,000/375,000	100km권		
10	36. 11. 1	히라츠카, 지가사키, 후지사와	카나가와현 히라츠카시, 지가사키시, 후지사와시, 사무가와쬬	312,487/702,000	40km권	41. 6. 1	소멸
11	37. 6. 30	오메, 하무라	도쿄도 오메시, 하무라쬬, 훗사죠	89,895/216,000	40km권	41. 6. 1	소멸
12	37. 6. 30	코야마, 마마타	도치기현 코야마시, 마마타죠	51,689/167,500	70km권		
13	38. 8. 31	가와고에, 사야마	사이타마현 가와고에시, 사야마시	140,308/294,000	40km권	41. 6. 1	소멸
14	38. 8. 31	츠치우라, 아미	이바라키현 츠치우라시, 아미죠, 치요다무라	96,040/308,600	70km권		
15	38. 8. 31	후루카와, 쇼와	이바라키현 후루카와시, 쇼와무라	63,186/206,000	70km권		
16	39. 12. 10	사노, 아시카가	도치기현 사노시, 아사카가시, 타누마죠	226,881/400,000	70km권		
17	39. 12. 10	真岡			100km권	45.5.25*	
18	39. 12. 10	이시오카	이바라키현 이시오카시		70km권		

※ : 우쓰노미야 도시개발구역에 편입

그리고 기존도시의 기능과 새로운 공업의 기능을 가진 도시와 조합시켰고, 그 예로 공업도시와 주택도시의 조합관계는 시가미하라 - 마치다, 히노(日野)- 하치오지(八王子), 오미야(大宮) - 우라와(浦和), 사야마(狹山) - 가와코에(川越), 오오타(太田), 오이즈미(大泉) - 다마이즈미(玉泉) 등이 되어 있다.

공업용지의 표준규모는 100만평(약 30ha)에 취업인구 10만 명이고, 시가미하라에서는 170만평, 히노에서는 80만평, 오키야(大宮)에서는 110만평, 오오타에서는 90만평 등이 계획 결정되었다.

뉴타운의 배치를 보면, 다음의 3개 링으로 분류된다.(표 4.20)

제1링은 교외지대에 접하는 30~40km에 계획된 7지구이다. 이들 지구는 외곽순환인 국도 6호선과 연접해 있다.

제2링은 50~70km권에 계획된 7지구이다

제3링은 100km권에 계획된 4지구이다. 이들의 지구는 현청 소재지를 중심으로 위치하고 키타칸토의 지방계획적 배려가 강한 지역이다. 계획 당초 뉴타운의 공업 유인력이 부족한 것이 일반적이었으나 실제로는 수도권으로의 인구집중은 급증하고 1960년대에 들어서 공업공해의 발생 등에 의해 공장이전이 촉진되어 왔다.

이들을 보면 공업 등 제한구역에서의 이전공장이 제1링인 30~40km권의 공업단지에 정착한 것은 전체의 75%이고, 그것이 원거리의 링에는 25% 에 이르는 상황이 되었다.

한편, 1960년대에 들어서 수도권으로의 인구 및 산업의 집중경향이 계속되어, 정부는 각자의 수도기능 분산의 일환으로 정부)관계 시험연구기관의 이전을 중심으로 하는 연구, 학원도시의 구상을 정하고, 1963년에 츠쿠바(筑波)지구의 내각회의 결정이 이루어졌다.

이로 인해 뉴타운의 성격은 종래의 공업도시에 추가하여 연구학원도시가 탄생하게 되었다.

계획규모는 4,000ha를 예상하였고 일본주택공단에서 시공하는 것으로 결정했다.

그 후 현지인과의 조정결과, 연구학원도시의 구상은 계획인구 16만명, 구역면적 3,300ha, 그 중 연구학원 용지 1,900ha, 계획시가지 300ha, 일반 시가지 1,100ha

가 되었다. 실제의 건설사업에 착수하게 된 것은 1966년부터이다.

1965년, 수도권정비법이 대폭 개정되었다. 특히 50km 권내의 계획변경에서는 종래 제1링의 「시가지 개발구역」을 폐지하고 무질서한 주변부의 스프롤을 방지하기 위하여 「근교정비지대」를 일괄적으로 계획 정비하려는 것이다.

그린벨트 구상이 없어지고 스프롤에 의해 무계획적인 시가지가 전개되는 지역은 오늘날에도 많은 문제로 남게 되었다.

50km권 정도 원거리 주변지역의 시가지 개발구역은 「도시개발구역」으로 명칭이 변경되었다.

도시개발구역으로는 종전의 11지구가 남았고, 1966년 이후, 츠쿠바, 카누마(鹿沼), 이타기(栃木), 고후(甲府), 가고시마(鹿島) 등 5지구가 추가 결정되었다. 그리고 1968(소화 43)년에 제2차 수도권정비 기본계획이 고시되었다.

이것은 제1차 기본계획을 언급한 바와 같이 전면적으로 개정한 것이며, 이것으로 인해 수도권 정비는 새로운 국면에 들어갔다고 할 수 있다.(그림 4.83)

도쿄 대도시권 계획으로 미나미칸토(南関東)를 중심으로 대략 50km권의 계획체계를 확립하고, 키타칸토(北関東)는 지방계획의 체계로 정리되었다고 할 수 있다.

제2차 기본계획의 계획 인구규모는 1975년에 3,310만 명이었다.

제1차 기본계획으로 비교하면 다음과 같다.

제1차 기본계획의 인구규모

1955년 → 1975년

1,980만 명(실적) → 2,660만 명

제2차 기본계획의 인구 규모

1965년 → 1975년 → 1985년

2,700만 명(실적) → 3,310만 명 → 3,800만 명

이것은 1960년대의 인구급증 경향이 상당기간 계속되고 있는 관측의 결과였다.

수도권의 지역별 기본적 생각은 다음과 같이 변화했다.

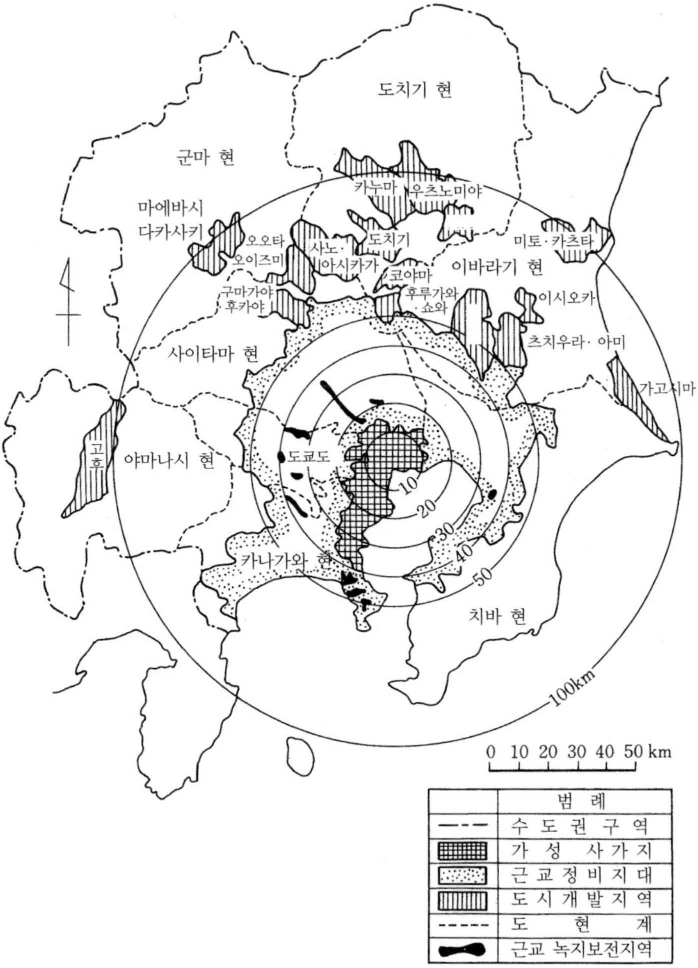

그림 4.83 제2차 수도권정비 기본계획

기성시가지

수도권의 중추적 기능을 분담하고 공업기능과 유통기능을 수도권 전역에 분산, 전개시켜 새로운 유통기능의 분산을 추가되게 되었다.

정비계획으로는 지역구조의 변혁을 도모하기 위하여 고속도로망, 고속철도망 등 대형회사 기반시설의 정비를 조기에 완성시키는 데 중점을 두고 있다.(후술)

근교정비지대

도시형 공업의 정착 촉진과 병행하여 자본집약적인 근교농업 생산의 장을 확보하는 지역으로 하고, 정비계획은 공업단지의 건설, 학술연구도시의 건설에 추가하여 새롭게 대규모 주택시가지의 건설이 진행되었다.

대규모 주택시가지는 1963년, 신주택시가지 개발법의 제정에 의해 종래 주택단지의 스케일보다 커다란 시가로서 품격을 가진 주택지개발이다.

대도시 근교의 주택개발 위주의 주택단지는 1950년대 후반에 성행하였다. 당초에는 1지구 평균 100ha 정도이고, 2개소의 초등학교, 1개소의 중학교를 포함하여 1개의 근린주구를 구성하는 규모였다. 이들 단지는 죠반히라(常盤平), 다마히라(多摩平), 백합의 언덕(白合丘) 등이며, 기존의 공공시설에 의존한 개발이었다.

1960년대에 들어서 개발규모가 1지구에 평균 300ha로 비약적으로 커졌으며, 3~5만 명 규모의 계획인구가 되었다. 그리고 1960년대 후반에는 1,000ha를 넘는 대규모 뉴타운이 실현되었다.

다마 뉴타운은 1965년에 착공되어 오늘날까지 계속되고 있으나, 계획면적 3,000ha이고, 계획인구는 당초 40만 명이었던 것이 그 후 30만 명이 되었다.

그 외에 치바 뉴타운(1967년 결정, 2,900ha, 34만 명), 코호쿠(港北) 뉴타운(1969년 결정, 2,500ha, 30만 명), 타키자키(竜崎) 뉴타운(1977년 결정, 672ha) 등 대규모 택지개발이 진행되고 있다.

주변지역

적극적인 공업개발의 촉진과 함께 고도의 농업 진흥을 도모하기 위한 개발과 수도권 전역으로의 서비스를 위한 대규모 도로, 철도의 정비를 추진한다.

이를 위해, 광역적 중심성이 높은 도시를 가진 중핵도시권의 도시개발구역으로서 미토(水戶), 히다찌(日立), 우쓰노미야(宇都宮), 마에바시(前橋), 다카사키(高岐)를 지정했다.

공업기능을 중심으로 하는 도시개발구역으로서 가고시마, 고야마, 오오타, 타테바야시(館林) 등을 지정했다.(표 4.21)

표 4.21 도시개발구역 정비계획

	구 역 명	지정 연월일	면 적	계획기간 또는 목표연차	계 획 지 표	
					인 구	계획공업용지
			㎢	연도	만 명	ha
1	미토 · 히다치	45. 5. 25	702	46~50	72	700
2	가고시마	42. 9. 29	202	〃	18	900
3	이시오카	41. 5. 30	63	〃	5.4	300
4	츠치우라 · 아미	〃	173	〃	18	800
5	후루카와 · 소와	〃	74.4	〃	10	100
6	츠쿠바	41. 11. 30	285	〃	14	–
7	우쓰노미야	(45. 5. 25)	(929)	(〃)	(70)	(600)
	「지역확대」	48. 9. 27	984	〃	63	400
8	사노 · 아시카가	(41. 5. 30)	(280)	(46~50)	(28)	(160)
	「지역확대」	48. 9. 27	308	〃	27	130
9	도치기	(41. 12. 28)	(430)	(〃)	(14)	(290)
	「지역확대」	48. 9. 27	273	〃	15.5	50
10	코야마	(45. 5. 25)	(150)	(〃)	(12)	(230)
	「지역확대」	48. 9. 27	256	〃	16	130
11	오오타하라	45. 5. 25	147	〃	9.5	600
12	마에바시 · 다카사키	〃	461	〃	69	610
13	오오타 · 다테바야시	〃	347	〃	30	1 200
14	고후	41. 12 28	251	〃	25	260
15	구마야 · 후카야	41. 5. 30	142	〃	22	260
16	치치부	45. 5. 25	88	〃	10	140
17	시모다테 · 유우키	48. 9. 27	406	50	20	140
18	키류	〃	172	〃	18.3	–

4.4.4 도쿄구부의 정비계획

다음으로 수도권정비계획의 중심핵을 갖지 않은 기성시가지 - 특히 도쿄구부의 정비계획을 보면, 1960년대는 도쿄의 격동기라 할 수 있다.

당시 도쿄 도시계획의 중심에서 야마다 마사오(山田正男, 1913~) 박사가 큰 활약을 하여 1955년에 도의 계획부장으로 임명되었고, 1960년에는 수도정비국의 초대국장이 되었고 1970년 도를 퇴직하였다. 그 후 수도 고속도로공단 이사장의 중책을 거쳤다. 그 기간에 도쿄와 그 주변의 도시계획 및 그 실현에 열정을 쏟아부었다. 전후, 도시계획을 거쳐 도쿄의 근대화를 추진시킨 제1인자이며 전술한 뉴타운의 모제스와 어깨를 나란히 하고 있다. 그런데 1960년대 10년간은 전반과 후반으로 나뉘어 변화의 시기였다.

1960년대는 정부가 국민소득 증대계획을 결정하고 일본 경제가 고도 성장기에 돌입한 시기이며, 한편으로는 도쿄올림픽 개최 결정시기로서, 도쿄를 둘러싼 도시문제가 비중 있게 다루어졌다.

후반기의 경제는 고도 성장기로서, 국민소득이 1965년부터 1970년에 걸쳐서 연평균 10%를 넘는 경제성장을 계속하였다. 도시문제는 대도시권의 구조변화에 따라 도시계획법의 개정(1968년) 등 새로운 법체계가 정비된 시기였다.

표 4.22 수도권의 인구 (단위 : 1,000명)

연 차	도심 3구	구 부	미나미간토	키타간토	수 도 권
1940	766	6,778	12,738	4,778	17,526
	(157)	(126)	(96)	(80)	(92)
1950	488	5,385	13,049	6,001	19,050
	(100)	(100)	(100)	(100)	(100)
1955	548	6,969	15,423	6,031	21,454
	(112)	(129)	(118)	(101)	(113)
1960	545	8,310	17,862	5,920	23,782
	(111)	(154)	(137)	(98)	(125)
1965	462	8,893	21,014	5,945	26,959
	(95)	(165)	(161)	(99)	(142)
1970	401	8,840	24,112	6,143	30,255
	(82)	(164)	(185)	(102)	(159)
1975	361	8,646	27,040	6,579	33,619
	(74)	(161)	(207)	(109)	(176)
1980	338	8,351	28,697	7,002	35,699
	(69)	(155)	(220)	(116)	(187)
1985	324	8,354	30,271	7,344	37,615
	(66)	(155)	(232)	(122)	(197)
1990	265	8,163	31,795	7,598	39,393
	(54)	(151)	(243)	(126)	(206)

도심 3구는 치요다구, 쥬오구, 미나토구의 3구

주 : 1) 미나미칸토는 도쿄, 가나가와 현, 사이타마 현, 치바 현의 1都 3県

2) 키타칸토는, 이바라키 현 군마 현, 이타기현, 山梨県의 4県

3) 수도권은 미나미칸토와 키타칸토의 합계

4) 국세 조사 결과

5) ( )내는 1950년을 100으로 한 경우의 지수

경제성장에 의해 대도시지역으로 인구집중화가 현저해짐으로써 도쿄를 중심으로 하는 미나미칸토(南関東) 1도3현에서는 1960년 이래 5년간 약 315만 명, 1965년 이래 5년간 약 310만 명이란 급격한 인구증가를 나타내고 있다.(표 4.22)

도쿄구부의 인구는 1965년에 889만 명으로 절정을 이루고 이후에 약간 감소 경향을 보였다. 도심 3구에서 전후의 절정은 1955년의 55만 명이며 이후에 감소 경향을 나타내었다.

이처럼, 도쿄는 주변 3현의 시가화의 확대에 의하여 본격적인 대도시권 시대에 들어선 것이다. 수도권내의 인구증가 경향을 권역별로 보면, 수도권 구역에서 1955년부터 1963년까지 411만 명(전국 총 인구 증가 수 629만 명의 약 60%에 달한다) 증가했다.

그 내역을 보면, 50km 권내에서는 644만 명 증가하고 특히, 30~50km권에서는 283만 명이나 증가하여 1955년 인구의 1.7배가 되었다. 한편, 50~100km권에서는 역으로 233만 명의 감소를 나타낸다.(표 2.23)

표 4.23 수도권의 거리권별 인구추이

구 분	1955년	1963년	증 가 수	증 가 율
15km권	698	875	177	125
15~30km권	291	475	184	163
30~50km권	367	650	283	177
50km권	1,356	2,000	644	147
50~100km권	663	430	−233	64
수도권구역 합계	2,019	2,430	411	120
전국 총인구	8,928	9,620	692	108

주 : 단위 만명

구부 인구의 변화는 1955년부터 5년간 2구에서 감소가 시작되어 1965년부터 5년 동안에 16구가 감소하는 상황이었다. 이것은 구부에서 주변 3현으로의 유출자가 증가하는 경향이 현저해지기 때문이다.

이러한 배경 속에서 1968년 제2차 수도권 정비 기본계획이 개정된 것이다.

도시권역의 확대에 따라, 무엇보다 큰 문제는 교통수요의 확대와 증대이며 통근교통대책과 자동차교통대책이 큰 문제였다.

기성시가지 – 특히 도쿄구부에서는 종래의 노면전차와 보행자만을 위한 가로를 급속한 자동차 보급에 의한 자동차사회의 가로 만들기로 개선하는 것이 최대의 과제였다.

자동차 보유대수는 산업경제의 부흥에 수반하여 증대했다. 1950년에 전국에 41만대, 도에서는 6만대였으며 1955년에는 전국은 150만대, 도에서는 25만대로 5년간 5배로 증가하는 모습이다.

이 시기 도심부에서는 전후 처음으로 빌딩 건축 붐에 따라 노외주차장도 대부분 없고 노상주차가 급격히 증가하여 도심부를 중심으로 교통정체는 심각하였다. 그리고 「1965(昭和 40)년 도로교통의 위기설」이 주장되었다.

이 실태를 파악하기 위해 도에서는 1951년부터 자동차 기종점(起終点) 조사, 주차실태조사, 교통흐름 형태(교통량과 보행속도, 교차점 교통의 분석 등) 조사가 실시되었다. 처음으로 실시한 조사로서 집필자는 당시 이 조사를 담당했고, 이것은 교통대책을 위한 기초자료가 되었다. 1952년 기종점조사는 야마테선 주변을 코든 라인(cordon line)으로 하여 각 방사선도로로 이루어졌고, 그 주요 망 노선도는

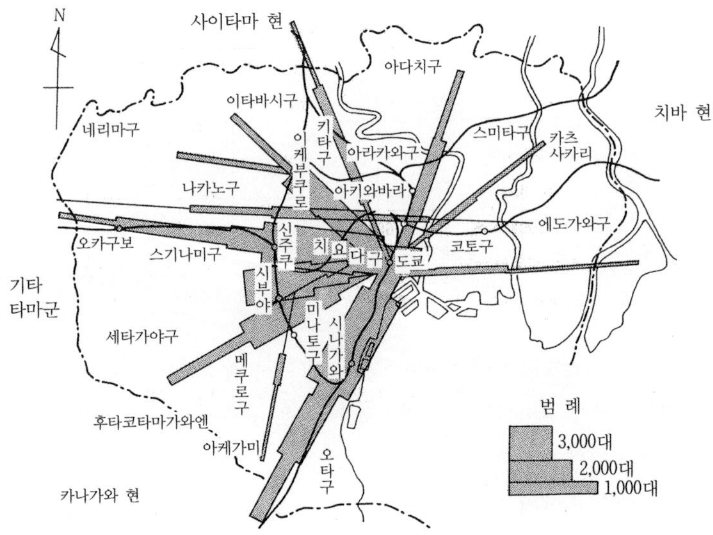

그림 4.84 기종점 조사결과(소화 27.12.2~4 오전 8시~오후 3시)

그림 4.84와 같다. 야마테선 내측의 자동차 교통처리가 문제였다.

1953년, 수도건설위원회가 수도고속도로에 관한 계획을 권고했다. 계획내용은 5노선 49km이고, 도심부 순환선은 현재의 긴자 주변을 달리는 도쿄고속도로 주식회사 선이었다. 또한 도에서는 노선, 선형 등을 구체적으로 실시하여 1/3,000, 1/1,000 지형측량 등이 실시되었다.

그리고 1959년 최초의 수도고속도로계획이 결정되었다. 그 내용은 도심에서 8km권내(환 6이내)의 자동차교통처리를 목표로 하여, 도심부를 둘러싼 순환선과 8방향으로 연장되는 방사선으로 8노선, 연장 7km이다(그림 4.85참조)

노선 선정에 있어서 용지확보의 어려움을 고려하여 하천(전연장의 35%), 공유지(13%), 가로(38%)를 주로 하고 사유지는 14%였다. 계획가로도 고속도로 건설과 동시에 정비한 것도 특징이었다.

구조규격은 4차선 16m를 표준 폭원으로 하고, 당시는 평면교차가 없는 고가, 수로식(掘割式)(주 : 파서 만든 수로) 도로로서 설계속도 60km/h를 표준으로 하고 보다 많은 교통용량을 처리하는 것을 중시했다.

출입구(램프웨이)의 배치는 기점과 도심부의 중간에 2~4개소 배치하고, 목적지에 있는 도심부에서는 순환선이 디스트리뷰터(distributor)로 하여 역할을 가지고 있었기에 평균 1km에 대하여 1개소의 램프를 배치하고 있다.

이것은 1958년의 도쿄도시군(대략 50km) 자동차 기종점 조사결과에 의하면, 도심 3구의 교통이 높은 비율이었다는 것에도 부합한다.(표 4.24)

표 4.24 1958년 도쿄도시군 자동차 기종점 조사결과
(도심 3구에 관계하는 교통량)

내 역	대수(천대)	비 율 (%)	
도심 3구 내~내 교통	427.6	42.9	
도심 3구 내~외 교통	526.6	52.8	
도심 3구 통 과 교통	43.0	4.3	
계	997.2	100.0	42.9
도 시 군 총 교 통 량	2,323.6		100.0

1959년 수도고속도로공단이 발족하였고, 당시 1965년의 교통위기 해결을 커다란 목표로서 사업화가 추진되었다. 그 후, 1960년 도쿄올림픽의 개최 결정으로 올림픽 개최사업에 커다란 주목이 되었다.

한편, 1958년에 국토개발 자동차도로로 도시 간을 연결하는 고속도로와 각 신 고속도로가 착공되어 1962년에는 도메이(東明)고속도로, 쥬오우(中央)자동차도로가 착공되었다.

당시의 문제는 도시 간 고속도로와 도시고속도로와의 접속을 어떻게 할 것인지가 쟁점이었다.

논의의 초점은 ①구부 주변에 순환선을 만들어 도시 간 고속도로의 교통을 만드는 것(외곽순환선), ②도심순환선의 혼잡을 완화하기 위한 구부 주변과 도심과의 중간지대에 제2순환선을 만드는 일(중앙순환선), ③이미 결정된 방사선은 ①의 순환도로까지 연장하는 일(연장선) 등에 대응할 필요가 있다는 것이다.

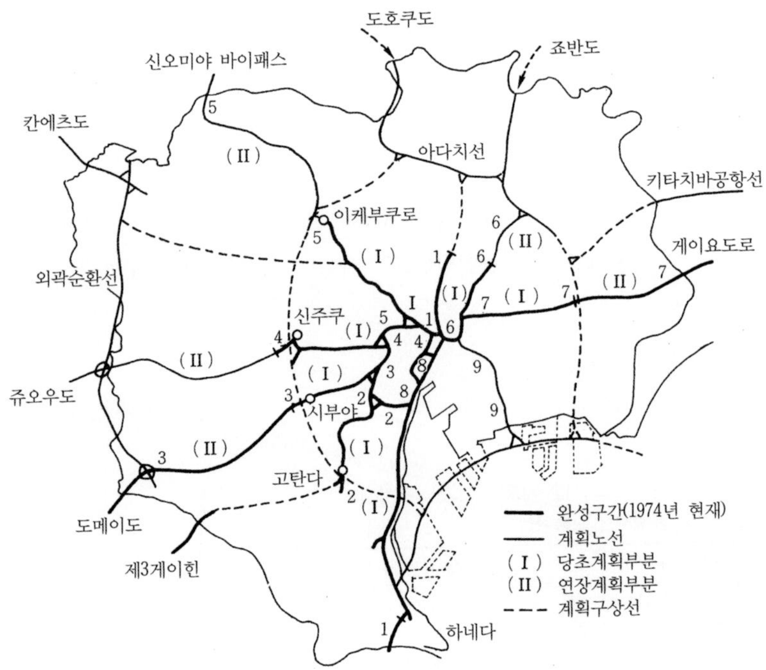

그림 4.85 도시고속도로망

이들 내용에 대하여 끊임없이 문제가 된 것은, ①도시 간 고속도로와 도시고속도로와의 접속위치에 대한 것. ②수도고속도로체계 가운데 연장선과 재래선과의 요금을 일체화시킬 것인가, 별도요금제로 할 것인가 등이다.

연장선의 도시계획 결정은 1964년에 요코하이선(横羽線), 1966년에 7호선 게이요(京葉)도로, 3호선 도메이도로(東明道), 4호선 쥬오도로(中央道), 외곽 순환선이 결정되었다.(그림 4.85)

이것에 의해 수도고속도로망은 8km권 시대에서 16km권 시대로 들어섰고 도시고속도로망과 접속하게 되었다. 순환선의 건설은 과제로 남겨졌다.

자동차 교통정체 대책의 하나로서 주차장 정비가 시급하였다.

주차실태 조사를 기초로 하여 도심부 및 부도심에 주차장 정비지구를 지정하고(1958년) 당면과제로서 파킹 메타에 의하여 무질서한 주차 억제와 함께 노외주차장의 건설이 추진되었다.

당시는 민간의 노외주차장은 별로 없었으며 도, 도로공단, 수도공단 그리고 민간에 의한 도시계획주차장(공원지하, 도로지하, 역전광장지하)을 건설하는 시대였다.

1965년까지 계획 결정된 노외주차장은 30개소, 연장 11,200대분이다. 그 후 대규모 건축물의 설치의무 주차장은 1960년대 후반부터 본격적인 빌딩 러쉬와 함께 정비되어 1970년에는 76,000대가 되었고, 공공주차장의 건설시대를 종식하고 민간 주차장시대가 되었다.

통근교통대책으로는 인구집중과 도시의 확대로 교통수요에 질적, 양적인 변화가 두드러졌다.

그 하나는 교통량의 급증이며 교통기관 역할의 변화이다. 교통기관별 운송인원의 추이를 보면(표 4.25), 1960년에는 국철이 36%, 사철이 2%를 점유하여 대량 고속철도의 정비가 긴요해졌다. 혼잡상황도 아침 러시아워에는 정원의 300% 전후의 혼잡으로 「살인전차」로 불렸다. 한편, 야마테선 내의 교통기관인 노면전차는 전쟁 전후의 주역이었으나 전체의 13%로 그 역할은 극히 한정되었다.

다음은 승차거리의 연장화이다. 국철의 정기승객 평균승차는 1930년에는 약 10km였으나 1955년에는 14km로 연장되었다. 노면전차는 1930년에는 7km였으나 1950년에는 4km가 저하했다.

표 4.25 도쿄구부 교통기관별 운송인원 표(그 1)

연 차	국 철	도 철	지하철	사 철	버 스	택 시	계
	백만 명	백만 명	백만 명	백만 명	백만 명	백만 명	백만 명
쇼와 5년(1930)	332	369	10	190	114	95	1,106
	(29)	(33)	(1)	(17)	(11)	(9)	(100)
〃 15년(1940)	681	507	97	472	395	105	2,260
	(30)	(22)	(4)	(21)	(18)	(5)	(100)
〃 25년(1950)	750	478	119	598	193	29	2,172
	(35)	(22)	(6)	(27)	(9)	(14)	(100)
〃 35년(1960)	1,988	699	315	1,246	825	449	5,522
	(36)	(13)	(6)	(22)	(15)	(8)	(100)

주 : ( )내는 퍼센트

이러한 교통수요의 양과 질의 변화에 대응하는 운송력은 충분하지 않고, 운송력의 기본인 노선용량은 전쟁 전과 비교하여 1955년까지 별로 변하지 않았다. 지금까지는 일렬 차편성의 증차량과 열차횟수의 증가로 대응하여 왔다.

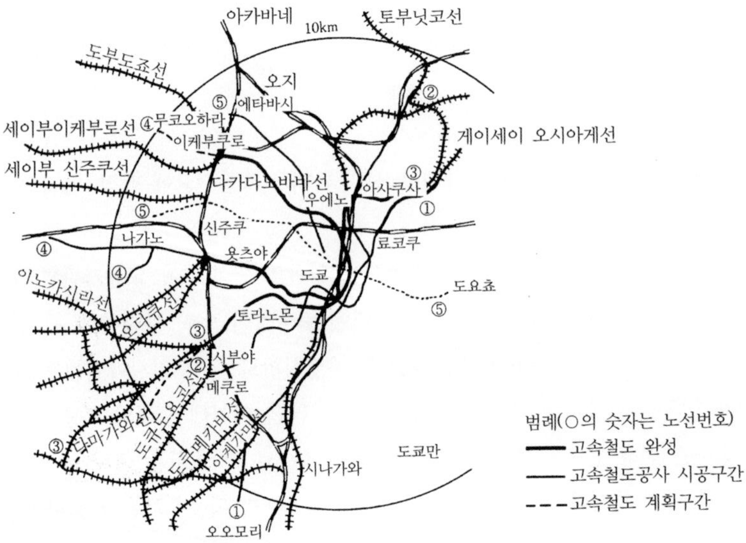

그림 4.86 도쿄의 지하철망 계획(1946년)

교통완화대책으로 대량고속철도의 증강이 요구되었다. 지하철망의 확충과 국철의 증강이다.

지하철망계획(도시계획고속철도계획)은 전쟁 전에 결정되었으나, 전후 1946년에 5노선 연장 101.8km가 변경되었다.(그림 4.86) 도심에서 8km권의 계획이다.

지하철의 건설은 1951년에 4호선(마루노우찌선)이 착공되었다.

1956년에는 운수성의 도시교통 심의회에서 도쿄 및 그 주변에 있어서 도시교통에 관한 제1차 답신이 이루어졌다.

이 답신은 ①지하철망은 11방면에서 도심에 이르는 노선을 고려하는 것 ②노선의 선정에 있어서 지하철의 연장까지는 외곽철도와의 직통운전 상호 승차를 고려하는 일, ③지하철망의 급속한 증강을 위해 경영주체로 공단(營團) 이외의 인물을 고려하는 일 등이 내용이다.

도시계획으로 1957년에 5호선 108.6km의 지하철망계획이 변경되었다. 이후 여러 차례 변경 후에 1965년의 계획망은 9호선 연장 234km로서, 도심에서 약 16km권 확대되었다.

건설은 1958년, 도쿄도 교통국이 1호선(도영 아사쿠사선), 공단이 2호선(히비야선)을 건설 착공하고, 교외철도와의 직통운전이 실현되었다. 또한 5호선(東西線)도 도쿄올림픽을 거쳐 건설되어, 1964년에는 5호선 연장 77km가 공유되어 지하철망 체계가 형성되게 되었다.

국철의 보강대책으로 1957년부터 제1차 5개년 계획의 시작으로, 1964년까지 통근운송대책, 간선운송대책 등의 투자가 이루어졌다. 내용으로는 열차편의 증대(쥬오선, 칸코선, 소부선의 7량에서 10량 등)와 운전시간의 단축(쥬오선, 소부선의 4분에서 2분30초 등), 성능이 좋은 차량의 투입 등이다.

1965년부터 제3차 장기계획으로 선로 증설에 중점을 두었으며 급행선과 완행선의 분리, 전차선과 기차선의 분리를 위해 5개 방면으로 도카이도(東海道), 쥬오(中央), 도호구(東北), 도키와(常盤), 소부(総武)의 각 선의 복복선화 계획이 세워지고 동시에 건널목을 해소하기 위한 연속입체화 사업이 진행되었다.

통근거리의 장거리화에 따라 교외 국철과 사철과의 직통운전 상호 승차가 실현됨으로써 통근거리가 더욱 장거리화 되었다.

1964년 도쿄 올림픽 개최는 1959년 개최 결정부터 광범위하게 올림픽 연관 공공사업이 이루어져 「거리 만들기」의 신기원이 되어 커다란 스톡(stock)을 남기게 되었다.

올림픽대회를 위하여 투입된 사업비는 총액 1조 엔으로 알려져 있다.

당시, 도쿄의 교통사정은 지금까지 서술한 바와 같이 동맥경화 바로 직전이었고, 도로에 대수술을 할 수 있는 매우 좋은 기회였다.

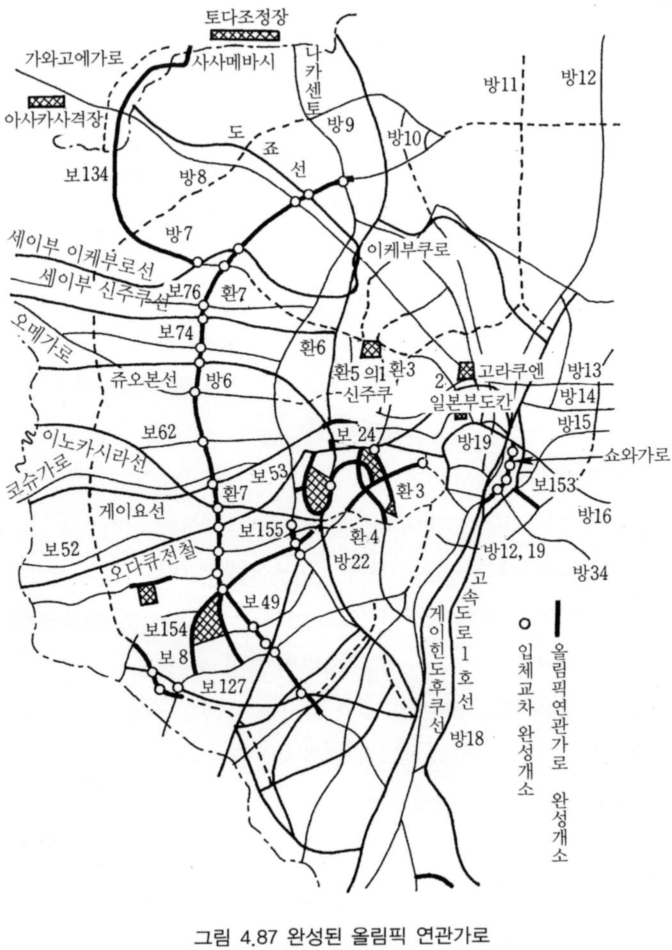

그림 4.87 완성된 올림픽 연관가로

올림픽 연관도로는 26도로에 연장 약 67km, 사업비 약 1,070억 엔이며, 오늘날, 도쿄 서부의 근간을 이루는 순환 7호선, 방사 4호선(아오야마거리) 등을 단기간에 완성시켰다.(그림 4.87)

순환7호선 57km가 전부 개통된 것은 1985년이다.

간선도로 교통의 원활화를 위해 도로 상호 입체교차가 이 시대에 진행되었다. 도심인 쇼와거리에 연속 입체교차를 시행하고, 그 중간부의 지하에 공공주차장을 건설하고, 그 밑의 층에는 지하철 1호선을 입체적으로 조합시켜 지하를 다층이용 가능하도록 동시 시공으로 완성시켰다.

도시고속도로는 도심과 하네다 공항을 연결하는 1호선, 도심과 신주쿠를 연결하는 4호선 등 연장 30km를 완성시켰다.

상수도 정비에 관련한 사업으로는, 1959년의 표준급수 능력이 142만 톤으로 심각한 물 부족 시대로서 다마천 수계의 확장사업, 에도천 수계, 나카가와, 에도천계의 수도확장사업이 진행되어 1964년에는 급수능력이 249만 톤으로 대폭 증가를 보이게 되었다.

하수도 보급률은 1959년 당시, 구부 면적의 약 20%에 달하였으나 부도심지구 등 도심부의 외주부로 중점정비가 이루어져 26%의 보급률이 되었다.

구부의 하수도 보급률이 93%가 된 것은 1991년이다.

올림픽과 연관하여 국철의 도카이도(東海道) 신간선, 하마마츠쵸－하네다 공항 간의 모노레일 건설이 이루어졌고, 당시 정부에서 관심을 갖고 있는 새로운 건설사업이 진행됨으로써 경제대국으로의 제일보를 내디뎠다고 할 수 있다.

포스트 올림픽의 도쿄 문제는 도시지역의 거대화에 따라 도쿄구부- 특히, 도심부에 여러 기능이 과도하게 집중하고 혼재함으로써 과밀의 폐해가 증대하고, 교통혼잡은 도심부에서 주변으로 확대해 갔다.

1963년에는 건설성의 대도시 재개발문제 간담회 제1차 중간보고에서도 논의되어 다음과 같은 결론이 나왔다.

도심부에 집중하는 기능은 크게 업무, 소비, 유통의 각 시설이고, 이것들이 무질서화 되면서 팽창을 계속하고 있다. 여기서 교통측면에서 시행 결과 도심의 기능이 마비되는 것을 명확히 인식하게 된다.

따라서 ①현재의 도심은 업무시설을 중심으로 하고, 여기에 소비시설을 적정하게 배치한 모습으로 재편한다. ②도심에 수용할 필요가 없는 업무시설은 대량 운송기관이 여러 계통에 집중하는 지점에 부도심을 개발하여 수용한다. ③화물 운송의 발생원이 되고 있는 유통시설은 교통의 혼란을 해소시키기 위해 그들의 기능을 근교로 집단적으로 이전을 도모하는 방침이 나왔다.

여기서, 도쿄의 도시구조로는 지금까지의 도심일심형의 구조를 부도심을 핵으로 하는 다심형의 구조로 개선, 병행하여 물류의 핵을 외주부에 배치하는 구상이 도출되었던 것이다. 도쿄의 다심형(多心型) 구조의 개념을 처음으로 발표하였다.

이 구상을 실현하기 위해 커다란 관건이 되는 교통체계에 대해서는,

① 시가지 외주에 외곽 순환고속도로를 건설하고 고속자동차 국도(도시 간 고속도로)를 분산하여 외주순환으로 항만, 공항, 신개발 시가지를 연결한다.

② 부도심 상호를 연결하는 도시 내 고속도로망 건설과 함께 부도심을 중심으로 하는 대량 운송기관을 정비한다.

③ 도심에 집중하는 교통을 처리하기 위하여 도심 주변에 내부순환 고속도로를 건설하고, 대규모 주차장을 직접 연결한다.

④ 내부순환 고속도로에서 출발하여 외부순환고속도로에 이르는 여러 개의 방사상의 고속도로를 배치한다.

라고 제안하고 있다.

또한, 직장과 주택이 앞으로 멀어지게 되어 통근 난을 불러일으키고 있는 상황을 타개하기 위하여 업무지의 주변에 중·고층 주택지를 육성하고, 통근거리의 단축, 교통량의 균등화를 도모할 수 있도록 제안하고 있다.

이상과 같은 상황으로, 수도고속도로망계획을 재검토하여 방사선의 연장선 및 외곽 순환선을 계획하였고, 1964년에 결정되었다. 중앙 순환선은 그 후 부분적으로 결정되어 왔다.

직장과 주택의 근접화는 기본적으로 중요한 과제이며, 이후라도 그 구제책을 검토할 수 있는 과제로 남게 되었다.

한편, 대량 고속철도가 있는 지하철망계획도 재검토되었다. 지하철망의 증대에 있어서 노면전차의 동향이 영향을 주었다.

노면전차(道電)는 1955년에는 1일 175만 명을 운송하여 전쟁 후 절정이었던 것이 감소경향에 들어서 1965년에는 1일 125만 명으로 약 30%감소를 나타내었다.

이로 인해 재정상 적자가 누적하게 되었다.

1959년, 운수성의 도시교통심의회는 「....도로혼잡의 완화를 도모하기 위하여 노면교통에 있어서 이질적인 존재인 노면전차를 철거하고, 다른 교통기관(지하철)으로 대체시킬 수 있다」라고 답신하였다.

1961년부터 지하철사업 구간에 맞추어서 철거가 시작되어 1962년에는 39계통 346km의 노선이었던 것이 1968년에는 12계통 86km의 노선이 되었다.

지하철망 계획의 증대는 1968년 도시교통심의위원회의 제10호 보고에 의하여, 교외 민영전철 등과 연결하고 있는 지하철의 혼잡 개선과 부도심의 육성을 위하여 이케부쿠로(8호선 추가), 신주쿠(10호선 추가), 시부야(11호선 추가)의 3부도심 사철과의 직통운전을 하였고, 도심에 이르는 노선이 추가 검토되었다.

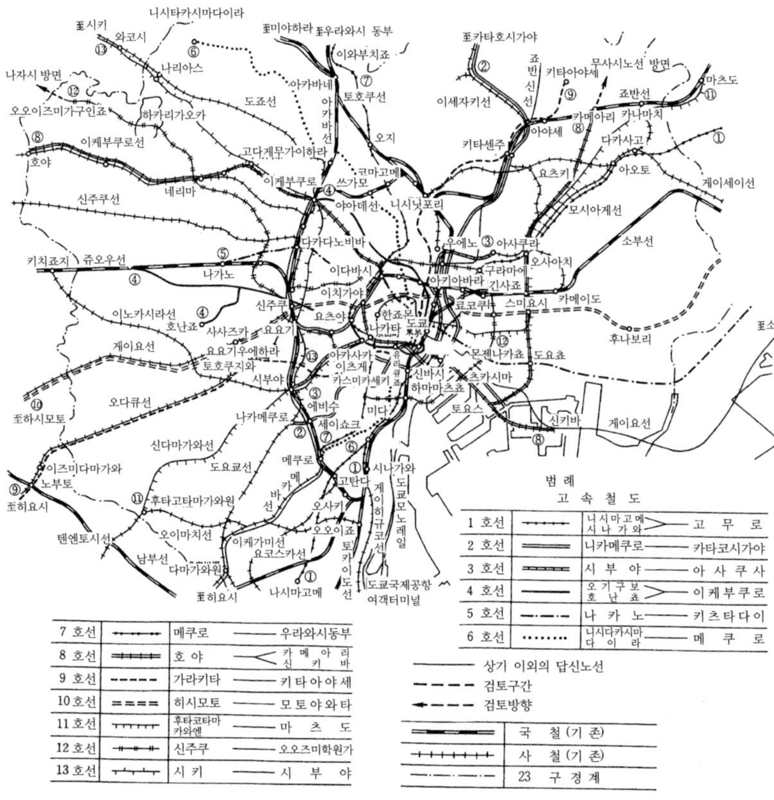

그림 4.88 도쿄권 고속철도망도(구부) (1985년)

1968년 도시계획에서 11노선 261km를 개정하여 1970년에는 11노선 286km로 개정 결정하였다.

1972년, 도시교통심의회의 제15호 보고가 있었는데, 그 내용은 전술한 노면전차가 전면적으로 철거됨에 따라, 그 대체기능을 가진 지하철의 필요성으로 도쿄에서는 새롭게 12호선이라는 제 2 야마테선에 해당하는 노선 및 이케부쿠로, 신주쿠, 시부야를 연결하는 13호선에 의해 부도심군의 강화노선을 주장하고 보고내용에 포함되었다.

1984년 도시계획에서 12호선의 일부가 결정되어 12노선 연장 305km의 지하철망이 계획되었다.(그림 4.88)

1946년까지 8km권, 1965년에는 16km권이었던 지하철망은 1970년에 30km권에 달하는 계획이 되었다.

다음으로, 1960년대의 주요한 도시계획, 도시계획사업에 포함된 것을 보면,

i) 1960년, 신주쿠 부도심계획이 결정되었다.

계획 취지는 도시기능의 도심부 과집중을 막기 위하여 부도심을 육성하고, 도심기능의 일부를 수용할 것이라는 것이다.

계획 범위는 요도바시정수장(33ha) 이적지를 중심으로 하여 신주쿠 서측 광장, 코슈(甲州)(방 5) 및 오메(青梅, 방 24) 양 가로의 쥬니소(十二社) 거리에 의해 둘러싸여진 약 96ha의 지역이다.

계획 내용은 고(高)규격의 가로와 슈퍼블록(약 1.5ha)에 의하여 건축대지의 용도 용적과 공공시설과의 균형화를 도모하고, 일체적으로 기능을 발휘할 수 있도록 가로의 배치는 교통처리(사람과 차량의 분리)의 효율화와 건축대지 이용의 합리성으로 입체화했다.

당면 사업범위는 정수장 이적지를 중심으로 하는 약 56ha로, 사업주체로 신주쿠 부도심 건설공사가 설립되었다.

정수장은 히가시무라야마(東村山)로 이전하고, 주변의 코니시로쿠 요도바시공장(小西六淀橋工場)은 하치오지(八王子) · 히노(日野)시가지 개발구역으로 이전되었다.

사업은 정수장의 이전, 입체적 가로의 건설, 서측 입구 광장의 입체화(2층 광장), 중앙공원의 정비, 택지의 조성 등이다.

사업에 착수하기 시작하여 8년에 걸쳐 1968년 기반조성을 완성하고 공사는 해산하였다.

사업비는 약 290억 엔이며 대부분 민간자금이며, 이자를 포함하여 약 410억 엔이다.

오늘날로 볼 때, 민간자금을 활용한 재개발의 제1호라고 할 수 있다.

대지이용계획은 11개의 가구(16.5ha)에 대하여, 매매계약의 특약사항으로서 건폐율, 벽면적, 용적률(당초는 500%) 등을 정하였다. 그 후 토지이용의 조건은 완화되어 최종적으로는 용적률이 1,000%가 되었다.

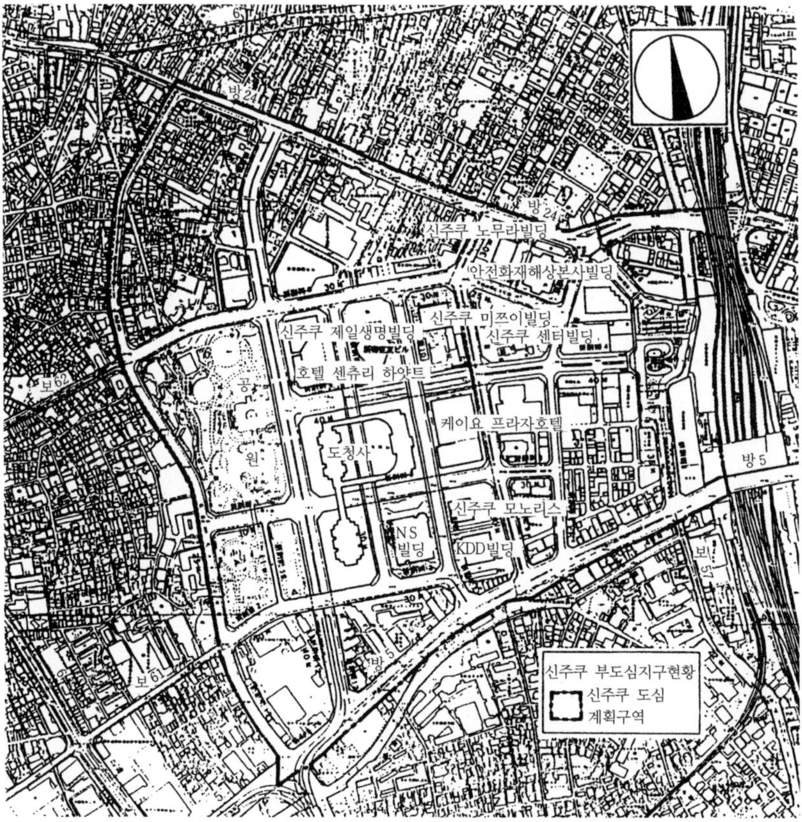

그림 4.89 신주쿠 부도심 계획도

토지처분은 1967년부터 이루어져 1971년에 제1동이 건설되었고 이후 각종 초고층건축물이 건설되어 1991년에 도청사가 이전해왔다.(그림 4.89)

ii) 1964년, 카스미카세키(霞ケ関) 3정목, 도키와바시(常盤橋) 특정 가구가 도시계획으로 결정되었다.

이것이 오늘날의 재개발사업의 시작이다.

당시, 건축물의 불연화와 고층화를 강조하며, 고층건축물이 적정한 규모의 가구(街區)로써 도시시설과 조화를 이루는 용적과 형태를 가지도록 계획되는 것이 도시계획상 중요한 것이었다.

그러나 건축기준법에서는 대지 단위의 규정이 있기 때문에, 1961년 동법의 개정에 의하여 특정가구의 제도를 계획하였다. 또한 1963년에 동법을 개정하여 용적지구제도가 설계되어졌다는 것에 의하여 특정가구도 용적지정이 이루어지게 되었다.

이처럼 협소한 대지를 통합하는 가구를 형성하고 유효한 공지를 확보하고 도시시설에 부합하는 환경의 좋은 건축물 군을 건설하게 되었다.

카스미카세키 3정목 특정가구(카스미카세키 빌딩)는 일본에서 최초의 초고층빌딩으로서 가구면적은 2.3ha, 높이 147m이다.

도키와바시 특정가구는 면적 9.1ha이고, 종전의 토지이용은 도 하수도국의 펌프소가 중심에 있고 관계권리자 간에 토지의 교환분합을 이루고 공동으로 방재건축물을 건설하는 계획이다. 주변도로의 정비(수도고속도로 4호선, 동해도 신간선 도쿄역 북구), 2.4ha의 공공주차장, 1.2ha의 공원정비에 의하여 통합적 · 입체적 가구를 형성했다. 관계권리자에 의한 방재 건축물 가구 조성법에 의한 조합이 사업주체이다.

iii) 1964년, 구부에 처음으로 용적지구 지정이 도시계획으로 결정되었다.

건축기술의 진보에 따라 31m라는 건축물의 높이제한을 폐지하고 연면적 제한을 하는 용적지구제도가 1963년 건축기준법의 개정으로 제정되었다.

제1종(용적률 100%)에서 제10종(1,000%)까지의 제정이다

도(都)에서의 지정방침으로는, 업무활동이 활발한 지구에서는 도로교통과 건축용적과의 균형을 보호하도록 고려하고, 주택지에서는 대량운송기관의 통근운송능력과의 균형과 함께 주거환경의 보호라는 측면을 중시하였다.

제10종(100%)은 도심 마루노우찌 지구와 신주쿠 부도심 지구, 총 135ha에 지정

되었다.

1964년에 순환(環狀) 6호선과 아라카와 방수로에 둘러싸인 지구를 지정하였고, 그 이외의 구부는 1968년에 지정되었다.

ⅳ) 1966년, 케이힌 남부 유통업무단지가 도시계획으로 결정되었다.

유통센터 구상이 도시계획의 입장에서 최초로 나타난 것은 1963년의 대도시 재개발 문제 간담회의 제1차 중간보고에 의한 것이다. 일심형 도시구조에 있어서 도심에 집중하는 도매상, 창고, 시장, 트럭 터미널 등을 구부의 외주부에 도시고속도로체계와 일괄적으로 입지시켜 다심형 도시구조로 유도하려는 것이다.

한편, 운수성은 1959년에 자동차 터미널 법을 제정하고 버스터미널, 트럭터미널을 계획적으로 정비하려고 하였다.

고도 경제성장에 의하여 화물 운송량도 증가추세인데, 운송기관별 운송 실적에서 국철화물은 1960년부터 쇠락하는 경향을 보여 이에 대체하여 트럭의 운송 실적이 급상승을 나타내어 왔다는 것이다. 물류 역시 철도에서 트럭으로 변혁하였다. 한편, 1962년부터 실시된 대형트럭 등의 도심 주변으로의 진입 규제가 확대되어 왔다.

1966년에는 유통업무 시가지의 정비에 관한 법률이 결정되었다.

도는 이들 유통센터의 정비에 대하여 「도쿄도의 유통업무시설 정비에 관한 기본방침」에 의하여 남부(케이힌 2구 약 72ha), 서북부(이타바시 31ha), 북부(아다치 약 33ha), 동부(카사이 약 52ha) 및 남동부(다마지역) 5지구를 정비하게 되었다.

1966년, 케이힌 2구 남부 유통업무단지가 도시계획으로 결정되어 다른 단지도 순차적으로 결정되었다. 유통시설 가운데 트럭터미널의 정비에 있어서는, 1965년 일본 자동차터미널 회사법이 정하여져 국 · 도 · 민간이 출자하는 특수법인으로서 동회사가 시행하게 되었다.

트럭터미널은 케이힌(22ha, 433버스)이 1968년, 이타바시(12ha, 320버스)가 1970년, 아다치(11ha, 340버스)가 1977년, 카사이(19ha, 460 버스)가 1983년에 완성 공용되고 있다.

버스터미널의 도시계획은 니시쓰가모(西巣鴨) (이케부쿠로 부도심 2.3ha, 지상 3층 36버스), 하마마쯔쵸(0.5ha, 지상2층 18버스), 하코자키(1.4ha, 지상 3층 지하 1층 26버스)가 결정되어 모두 공용되었다.

v) 1964년, 도시개발자금 제도가 창설되었다—공유지 확대법의 성립.

기성시가지내의 이전공장 등 이적지의 매수 및 도시시설용지(도로, 공원 등)의 선행취득이 이루어지는 제도이다.

1955년경부터 구부내의 공업은 정체를 시작으로 1961년부터 공업 종업원수가 감소하기 시작하였다. 이로 인해 중구(中枢)관리기능의 도심 집중이 시작되었다.

구부의 도시기능 변화가 제2차 산업인 제조업을 중심으로 한 공업화 사회에서 제3차 산업의 업무관리를 중심으로 하는 탈공업화 사회로의 변혁이 시작된 시기이다.

구부내의 공업은 공업용수였던 지하수급상 규제 「고토(江東)지구는 1961년, 조호쿠(城北)지구는 1962년 실시」, 공장의 소음, 진동, 매연 등 공해 규제의 강화에 의하여 구부 외로의 전출하는 동향으로 감소하여 왔다.

수도권의 도시개발구역 등 공업단지 조성이 공장의 지방분산에 박차를 가해왔다. 구부내의 공장 이적지는 도·주택공단·주택공급공사 등에 매수되어 주택단지로 전환해왔다.

주택공단이 1956년에 건설한 청호(青戸)단지(카즈사카쿠)는 구부에 있어서 공장 이적지 이용의 효시가 되었고, 도는 1964년부터 공장 분산을 촉진하기 위하여 이전 예정 공장을 매수하고 기성시가지의 재개발, 도시기능, 도시구조에 착수할 수 있도록 제도를 정하여 공장 이적지를 적극적으로 매수하고 1971년부터 취득대상을 확대하여 도시정비 용지의 선행매수를 행하도록 하였다.

1972년에는 「공유지 확대 추진에 관한 법률」(공유지확대법)이 제정되어 정부로부터 조성조치가 강화되었다.

1976년도 말, 도(都)는 공장 이적지 232건, 312ha, 1,722억 엔, 도로 등 예정지 357건, 98ha, 668억 엔이 투자되었다.

공유지 확대법의 선행매수제도는 아직 구체적인 사업 예정지가 아닌 토지를 포함하여 토지소유자의 제3자로의 획득을 일시 금지하고, 토지소유자와 선매주체 사이의 협의에서 매수가 가능하도록 하는 특징을 가지고 있으며 세재상의 특별조치도 있다.

공유지의 확대 그 자체를 목적으로 하는 일본에서 최초의 법이다.

1971년 당시, 전국적인 토지 붐이 일어 토지의 투기적인 거래 규제가 토지대책의 최대 과제가 되었다.

토지대책으로는 규제에 의하여 적정한 토지이용의 실현, 택지 특히 주택지의 개발과 공급, 토지에 관한 소득이나 이익의 공평배분, 공유지의 취득에 의한 회사자본 정비의 4가지가 주요한 목적이 있는 수단이라고 할 수 있다.

공유지 확대법의 시행은, 그 후 오일 쇼크가 계기가 된 불황의 심각화를 배경으로 하여 지가는 한때 진정되었고 공공사업의 시행도 대폭 페이스를 떨어뜨려 불황이 되었다.

선행취득은 1991년도 말에 공장 이적지분은 349ha, 도시시설용지분은 196ha, 보전녹지는 490ha였다. 이 외에 구 국철용지나 국유지의 처분에 있어서 도에서는 적극적으로 취득하는 노력을 하고 있다. 1990년대에 들어서는 여러 차례 토지문제를 계기로 하여 버블붕괴라는 사태가 일어났다. 이어서 토지대책이 이루어졌으나 지속적으로 공유지의 확대를 도모하는 것이야말로 도시문제 해결책의 중요한 포인트라는 것을 잊어서는 안 된다.

vi) 1969년, 고토(江東) 방재거점 구상이 발표되었다.

공장 이적지에 관한 재개발사업으로서 이적지를 집단적으로 매수한 고토지구의 재개발이다.

1967년, 도의 방재회의에서는 「고토에 있어서 대지진 화재의 양상과 당면 광역피난 광장」에 대하여 보고했다.

고토지구는 아라카와(荒川)와 스미타구에 둘러싸여진 고토 델타지대로서, 지반이 낮고 저층 목조가옥이 밀집하고 근본적인 방재대책이 필요한 지역이다.

그곳에 6개소의 대규모 방재거점을 건설하는 구상을 결정했다.

당초 구상계획에는 1개 거점의 면적은 50ha 이상으로 하고 거점 주변을 고층건축물(30m 이상)로 둘러싸고 중앙에 대규모 공지를 배치하고, 그것을 피난광장으로 하는 것이다. 사업은 도에서 시행한다.

6거점 가운데 시라히게(白鬚)동지구(110ha)가 1972년에 도시계획이 결정되어 1985년에 완료했다. 카메이도(亀戸), 오오시마(大島), 고마쯔가와(小松川)지구(114ha)는 1975년에 도시계획 결정을 하고 일부사업을 완료하였으며, 나머지 지구가 현재 사업으로 1995년 완성 예정되었다.

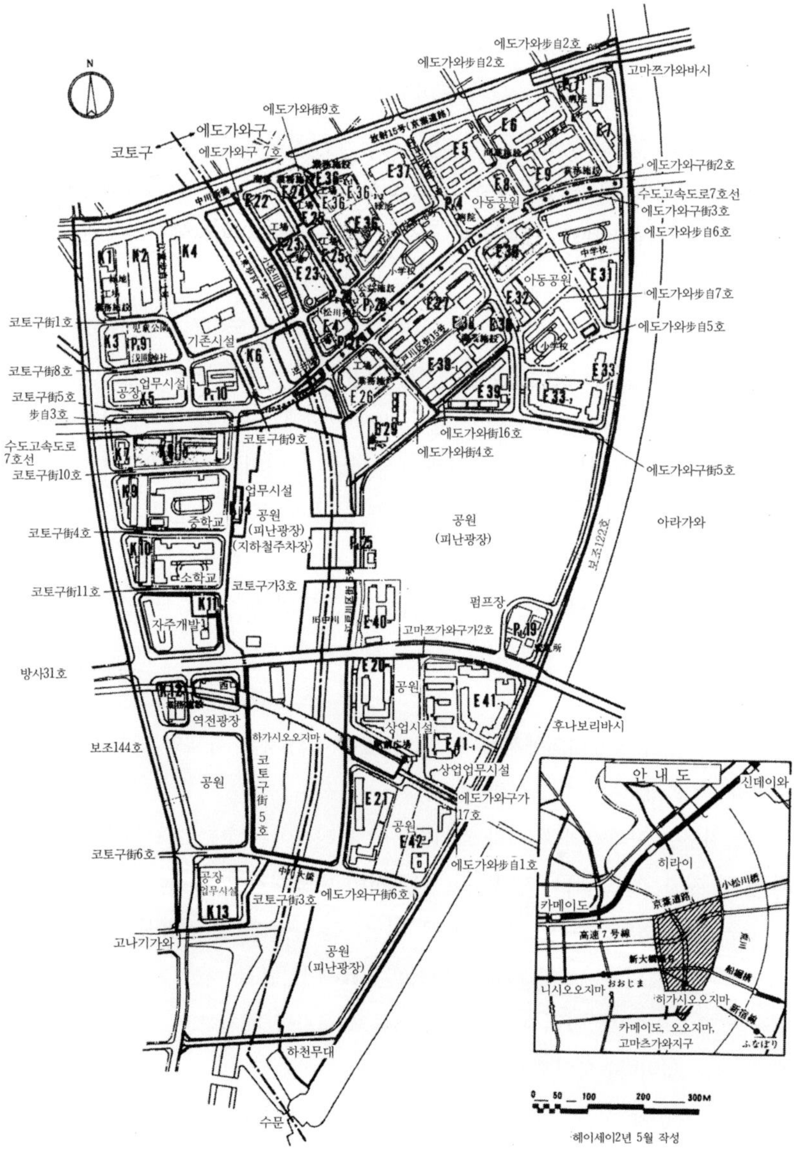

그림 4.90 카메이도, 오오시마, 고마쯔가와 지구 종합계획도

계획에서 완료까지 약 20년을 필요로 하고 있다. 이 지구의 상황은 종전에는 대공장과 영세공장이 상업, 주거와 혼재밀집하고 있고 대공장의 선행매수에 의하여 시가지 재개발사업이 이루어졌다.

계획 후, 지하철 10호선의 신역이 설치됨으로써 시내에는 중학교 2교, 초등학교 3교가 신설되었고, 주택건설호수는 7,000호에 달하고 공장(공장 아파트 포함), 상업, 업무시설을 집약하여 배치하고, 도쿄 사타마치(下町)의 밀집 혼재지역의 계획적인 재배치가 이루어졌다. 또한, 대공원은 25ha로 피난인구는 약 20만 명의 수용이 가능하다. 총 사업비는 약 4,800억 엔이 예정되었는데, 1ha당 45억 엔이다.(그림 4.90)

시라히게 서측지구(39ha)는 1983년에 도시계획을 결정하고 현재 사업 중이다.

기타 지구는 그 후 불연촉진사업 등에 의하여 사업화되고 있다.

이들 시가지 재개발사업은 대규모 지구에서 시행되며, 앞서 언급한 대공장 이적지 이용 주택단지 각 위치에 건축되어 코토지구는 종전의 공업지대 성격으로 중고층 주택지역(중소공장은 혼재하고 있지만)의 성격이 변질해왔다.

런던, 파리 등에서 보이는 공업의 쇠퇴로 인하여 인구감소가 현저히 나타나 실업률의 증대라는 사태는 도쿄의 고토 지구에서도 보여졌다.

고토구의 인구를 보면, 1965년 27.7만 명에서 35.5만 명, 1985년 38.8만 명으로 증가해왔다.

4.4.5 도쿄 대도시권 계획의 개정

1960년대 후반부터의 고도성장은 수출주도형 경향이 계속되어 1968년에는 국민 총생산(GNP)이 서독을 능가하여 미국 다음으로 세계 제2위가 되었고 1인당 국민소득에서 세계 20위 전후가 되었다.

이러한 고도 성장의 부작용으로 공해가 발생하여 환경대책이 커다란 과제가 되었다.

1970년대는 오일 쇼크를 계기로 경제는 저성장기에 들어서면서 1970년대 후반에 전후 최대의 불황으로 이어졌고 도쿄권으로의 인구집중도 다소 저조해지는 경향을 보여 왔다.

한편, 산업구조는 고도성장기의 대형 장치형의 「중후장대(重厚長大)」에서 기술혁신에 의하여 「경박단소(經薄短小)」로의 전환이 이루어져 공업화 사회에서 탈공업화 사회로의 이행을 시작했다.

1980년대에 들어서 국내에서는 새롭게 서비스 산업을 중심으로 내수 확대에 의한 경기회복기를 맞이하였고 국제적으로는 금융의 자유화에 의하여 국제 금융시장 시대가 됨으로써 공업의 생산거점이 국제적으로 배치되어 기업도 다국적화의 시대가 되어갔다.

일본의 1인당 국민소득도 세계 제1위가 되었다.

이러한 국제 경제는 고도의 통신정보화에 의하여 글로벌 경제 규모 속에 집중적 거점을 형성시켜 그 선도적 도시로서 뉴욕, 런던, 도쿄가 등장해 왔다.

이들 도시는 새로운 도시의 타입으로서 세계도시(World City) 그리고 글로벌시티(Global City)로 불리게 되었다.

이들 도시는 도시기능의 변화에 따라 도시구조에도 커다란 인프라를 가지고, 이를 위해 도시구조의 재구축이 진행되어 재개발이 활발해져 왔다.

1990년 전후 일본에서는 「국제화와 풍요」의 시대로 불리며 도쿄 대도시권-특히 도심과 그 주변의 집중은 종래 모습과는 달리, 세계도시, 지구도시로서 새로운 도시기능의 부가에 대응하는 도시구조의 재구축이 요구되었다.

같은 시기, 도심에서 시작된 지가 상승기를 바라보며, 1988년을 정점으로 하여 도시계획도 새로운 발상의 전환이 요청된 시대가 되었다.

1976년, 제3차 수도권 정비계획이 개정되었다.

제3차 계획의 계획주체는 종래의 수도권정비위원회가 폐지되어 1974년에 발족한 국토청으로 이관되었다.

이것은 1974년, 국토이용계획법이 성립하여 수도권, 긴키(近畿)권, 중부권의 대도시권 행정을 국토청이 주관하게 되었던 것이다.

1970년 전후에 도시계획제도가 대개혁되어 도시계획법(1968년), 도시재개발법(1969년), 건축기준법(1970년) 등의 대개정과 국토이용계획법의 성립에 의하여 도시 관계의 법체계가 정비되어 종래의 계획권한이 정부에서 지방 지자체로 대폭적으로 이관된 것 등이 그의 배경이다.

제3차 기본계획은 그 계획의 성격도 변화해 왔다.

국토청의 성격으로 볼 때, 국토종합개발법과 연관하여 전국종합개발계획이란 국토계획 차원에서 계획부터 사업에 이르는 계획관리를 해온 종래의 권능은 없어지고, 각 관청의 소관 프로젝트 간에 있어서 계획 조정적 맞춤이 강하게 되어 왔다.

국토이용계획법의 입법경과를 보면, 1971년 이후의 일본 열도 개조란 토지 붐과 난개발 현상이 심각해져 택지 수급의 언밸런스로 지가의 급등세가 계속되어 왔다. 이 때문에 정부가 토지대책을 어떻게 할 것인가가 사회문제화 되었다.

여하튼 동법에서는 ①규제에 의한 적정한 토지이용의 방향에 있어서 국토이용계획의 입안과 ②토지대책으로서 토지매수 규제, 개발행위의 규제, 유휴토지에 관한 조치에 있어서 결정하였다. ③특히, 토지의 투기적 매수가 집중하는 지역이나 지가가 급격히 상승하는 지역들이나 이것들이 발생하려는 지역에 대하여 감시구역을 지정하고, 토지에 관한 권리의 이전 등의 허가를 도도부(都道府)현지사의 권한으로 하고 있다.

이번의 지가상승 제약에도 도(都)는 1987년부터 새롭게 감시구역을 확대하고 도의 행정구역 전역으로 하는 대상 면적도 축소하고 면적 100㎡ 까지 끌어내렸다. 이렇게 하여 토지매수의 적정화가 이루어져 지가의 안정에 커다란 효과를 가져왔다. 그런데 제3차 수도권 정비계획의 내용을 보면, 계획지역 구분에 있어서 종전의 기성시가지와 근교 정비지대는 일체화 되어 도쿄 대도시지역으로 변화했다. 말하자면, 도쿄 50km권이 계획대상이 된 것이다.(그림 4.91)

일체화의 이유로는 신도시계획법에서 시가화 구역과 시가화 조정구역으로 구분(지역구분)하게 되었고, 시가화의 무질서한 확대에 과감한 절단을 제어할 수 있기 때문이다.

지역구분작업 가운데 수도권의 기성 시가지와 근교 정비지대의 합계 약 7,500㎢ 가운데 시가화 구역은 약 3,000㎢ 지정되었다고 예측한다. 나머지 지역은 시가화 조정구역이 되었다. 주변지역에 대하여는 종전과 같이, 기타칸토(北関東) 및 코후(甲府)는 자주적 지방계획으로서 파악되고 있다.

제3차 계획의 기본적 개념은 수도권의 인구와 산업의 증대는 얼마간 계속되는 가운데 지방에서의 전입인구 증가는 1973년부터 자연증가가 주요원인이 되어 왔다.(표 3.5 참조)

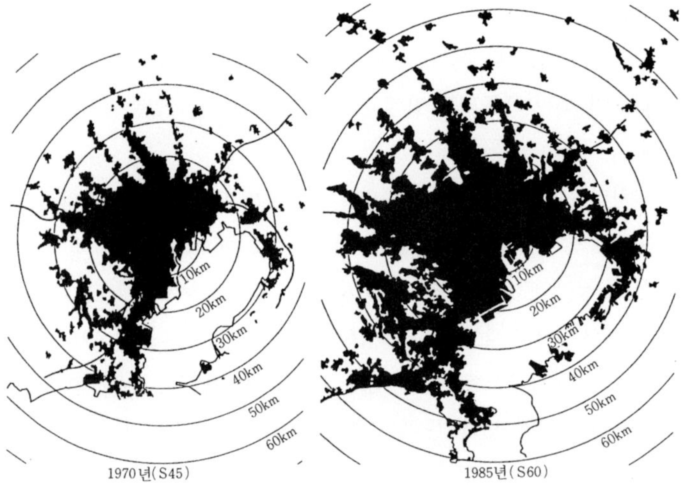

그림 4.91 도쿄권의 시가지 확대 동향(그 2)

대도시에서 태어나 자라온 사람들의 생활공간으로서 정주성을 높이고 원활한 정착이 있는 풍부한 지역사회의 형성을 목표로 하였다. 이것은 처음 시도한 목표로서 생활공간으로 풍부하고도 소프트한 목표설정이었다.

수도권의 계획구조는 도쿄 대도시지역을 중심으로 한 광역 다핵도시 복합체를 형성하는 것으로 한다.

핵 도시는 도쿄구부, 요코하마, 가와사키, 다찌가와, 치바 등 주요도시 핵의 기능을 충실화하여 간선교통의 정비에 의하여 각 핵 도시간의 연대를 강화시키기 위한 것이다.

인구규모는 제2차 기본계획과 동일하다.

1975 → 1985년

3,360만 명(실적) → 3,800만 명

인구 억제형이기보다 초세형이었다.(표 4.22 참조)

인구산업의 집중억제책으로 지금까지의 공장, 대학 등의 입지 규제가 계속되어 왔고, 정부 기관의 분산책으로서 츠쿠바(筑波) 학원도시의 건설이 이루어져 왔다. 이 시기에는 집중요인인 도심과 그 주변 사무소의 입지규제가 문제가 되었다.

논의한 끝에 지방세로서 사업소 세가 창설되었다.

제3차 수도권 계획 후 1977년에 국토청은 삼전총(三全總)을 발표하였다.

삼전총에는 정주권 구상이 계획의 주가 되었다. 이 삼전총 가운데 도쿄로의 일극집중의 근본적 시정책으로서 수도기능 이전문제가 채택되었다. 수도기능 이전의 형태에 대하여는 천도(遷都)의 방식과 분도의 방식이 있으며, 이것에 대하여는 21세기에 걸쳐서 전 국민의 창조적, 건설적 논의가 이루어질 것을 기대하고, 그 방향을 보고 결정하게 되었다. 그 후 국토청은 수도권 기능의 이전에 관한 조사를 진행하여 1981년에 일괄 천도(遷都)·전천도(展遷都)·분천도(分遷都), 전분도(展分都) 4개의 패턴에 대하여 검토한 결과를 발표했다. 또한, 수도를 어떻게 할 것인가, 수도를 어떻게 개조할 것인가에 대하여, 1979년 이래 국토청에서 수도개조 구상을 검토하고 1984년에 그 구상을 발표하였다.

도쿄 대도시권에 있어서는 다핵구조의 집중으로 취업의 기회, 도시적 서비스의 확보 면에서 의연한 도쿄구부와 도심부로의 일극 의존구조가 계속되어 왔고, 그것이 주택문제, 교통문제, 환경문제 등의 대도시문제와 지진재해 등 재해로의 취약성이 커다란 요인이 되고 있다.

이러한 상황의 대처와 함께 도쿄 대도시권의 원활한 기능 발휘와 종합적인 주거환경의 정비를 진행하기 위하여 종래의 일극 의존구조에 대하여, 분화를 기조로 한 복수의 핵과 권역을 가진 업무 핵 도시 및 부차 핵도시를 전략적으로 육성하고, 다핵 다권형의 지역구조를 형성하고 도쿄 대도시권을 연합도시권 구조로 하여 재축한다라는 것이다.

업무 핵 도시 구상이 새로운 전략거점으로 부상했다.

1986년에는 제4차 수도권 기본계획이 결정되었다.

여기서, 1970년대, 80년대의 도쿄 대도시권의 인구동향에 의한 기본계획개정의 배경을 보면, 1970년대의 도쿄 대도시권, 수도권의 인구 가운데 도쿄구부의 인구는(표 4.22 참조),

		(차이)
1965년	889만 명 (피크)	
1975년	864만 명	-25만 명
1985년	835만 명	-29만 명

으로 감소했다.

도심 3구의 인구는 1965년 46만 명에서 1975년에는 36만 명, 1985년에는 32만 명으로 격감하였으며 1940년에는 76만 명이 정주했다.

도심구의 외주구에도 감소가 파급되어 전체적으로 구부인구가 감소했다.

구부인구를 제외한 미나미칸토(南関東)의 인구는,

	(차이)
1965년 1,212만 명	
1975년 1,839만 명	+ 627만 명
1985년 2,191만 명	+ 352만 명

로서, 60년대 후반의 10년간에 627만 명이 증가하여 그 이전과 동일한 증가율을 나타내 왔으나, 70년대 후반의 10년간은 352만 명으로 증가율은 반감해왔다.

야마나시(山梨)현을 포함한 기타칸토(北関東)의 인구는,

	(차이)
1965년 594만 명	
1975년 657만 명	+ 63만 명
1985년 734만 명	+ 77만 명

으로 지방중핵도시의 공업기능 집적으로 안정적인 경향을 보인다.

수도권 전체로서는, 자연증가를 중심으로 하는 완만한 인구증가라는 상황이다. 또한, 인구의 정착화가 진행하고 있다고 할 수 있다.

그러나 도시구조는 주택, 교통, 환경의 각 문제를 포함한 대도시 문제에 있어서 해결할 수 있는 문제가 산적하고, 이들에 대처하기 위하여 도시구조의 변혁이 이루어졌다.

제4차 기본계획에서는 앞서 언급한 수도개조 구상을 가지고 개정이 이루어졌다.

업무 핵 도시의 전략적 육성에 의한 다핵권형의 연합도시권 구조를 목표로 했다.

업무 핵 도시로서는 하치오지(八王子), 타치가와(立川), 우라와, 오미야(大宮), 치바, 요코하마, 가와사키 및 츠쿠바(筑波) 연구학원도시를 육성하고, 부차 핵도시로는 오메·구마모토·나리타·키사라즈(木更津)·아츠키 등이며, 업무 핵도시, 부차 핵도시 상호를 연결하는 도쿄 중심부에 대하여 순환형의 축상 신시가지의 개발을 구상하고 있다.

수도권의 인구규모로는,

1985년 → 2000년

3,760만 명(실적) → 4,090만 명

으로서 인구 예측은 초세형이다.

1987년, 제4차 전국종합개발계획(四全総)이 발표되었다.

새로운 기본목표로 다극 분산형 국토의 구축이다.

그 배경에는 1985년 이후, 도쿄권의 인구가 재차 집중화를 나타내고 전국적으로 일극 집중이 현재화하여 지방의 정주구상을 강화하고 국토 전체의 균형 있는 발전을 목표로 하였다.

1991년, 도쿄 일극 집중의 근본적인 시정책으로서 「수도기능의 이전에 대하여」 국회에서 결의를 했다. 그리고 1992년에는 「수도기능 이전문제에 관한 간담회」에서 중간보고를 발표했다.

이에 의하면, 도쿄에서 60km 이상 떨어진 장소에 새로운 수도를 건설하려는 제안이 있고, 신수도에는 정치 · 행정기능을, 도쿄에는 국제금융, 비즈니스, 문화, 예술의 도시로서의 역할을 기대하고 있다. 그 규모로는 넓이 9,000ha, 인구 60만 명의 도시 상을 표시하고 있다.

1992년 12월, 「국회 등의 이전에 관한 법」이 성립되었다. 그 즈음 정치개혁으로서 행정개혁, 그리고 지방자치의 새로운 방식이 그 근저에 있고, 일본의 행정구조가 정부와 지방의 역할분담으로 변화하고, 특히 지방분권이 강조되어 천도를 생각할 수 있도록 하였다.

이후에는 이전 조사회의 동향에 주목할 수 있을 것이다.

수도권 정비기본계획의 성격이 위에서 언급한 바와 같이 국토계획 레벨의 조정기능이라는 역할로 변화하게 된 반면에, 지방자치체가 할 수 있는 자세로서의 장기계획과 구상이 차제에 강화 확충되어 왔다.

도쿄 도에서는

① 1963년에 처음으로 종합적 장기적 재무행정(行財政)계획을 가진 장기계획을 책정하였다.(아즈마지사(東知事) 시대)

② 1971년에 광장과 푸른 하늘의 도쿄 구상이 발표되어 중기계획이 책정되었다.(미노베지사(美濃部知事) 시대, 1967~1979년)

③ 1981년에 마이타운 도쿄 구상이 발표되어 1982년에 제1차 도쿄도 장기계획, 1986년에 제2차 1990년에 제3차 계획이 책정되었다.

이런 가운데, 일점집중형인 도쿄 도시구조를 개성이 풍부한 다핵형 도시구조로 만들어 재편성하는 것을 목표로 하고 있다.(스즈키 준일 지사시대, 1979 — 현재)

각 구, 각 시에서도 가로 조성하기를 중심으로 한 장기구상을 책정하고 장기계획에 의하여 재무행정을 집행하고 있다.

그런데 1970년대는 환경문제와 주민참가의 시대라고 할 수 있다.

i) 1969년, 도쿄도 공해방지 조례가 결정되었다.

환경대책으로는, 1955년「매연방지 조례」(빌딩 난방의 매연 방지), 1963년 지반침하대책으로 건축물의 지하수 채취규제조치가 이루어져, 같은 해 대기오염의 하나인 아황산가스에 의한 오염을 방지하기 위하여 일정 규모 이상의 매연발생시설 — 정부에 의하여 중소시설을 포함하여 엄하게 규제한다. — 규제조치를 하였다.

1967년 공해대책 기본법, 1968년 대기오염방지법(매연 배출과 자동차 배기가스의 규제 등)과 소음규제법이 결정되었다.

도에서는 종전의 조례를 일원화 하고, 1969년 도쿄도 공해방지 조례를 결정했다.

이로 인해 대기오염, 수질 오염, 소음, 진동, 지반침하 등에 대하여 규제와 대책이 이루어지게 되었다.

도쿄 도에서는 1960년 수도정비국에 도시 공해부를 설치하고, 그 후 공해 관계국을 설치하게 되었다.

1970년대에 들어서 도쿄에서는 광화학 스모그의 발생 등에 의하여 자동차 배기가스 규제 강화와 함께 간선도로의 연도 환경대책이 주민운동을 중심으로 사회적인 문제가 되었다.

자동차 공해대책의 일환으로서 간선도로의 연도대책이 강화되기 시작하였다.

1976년 순환 7호선 등으로 차도의 일부를 축소하고 보도를 확장하여 식수대를 설치하는 사업이 이루어지기 시작하였고, 1977년 건설성은 간선도로 주변의 생활환경정비를 촉진하기 위하여 완충건축물(버퍼 빌딩), 완충녹지 등의 설치에 대하여 지침을 내놓았다.

1980년「간선도로의 연도정비에 관한 법률」이 공포되어 도시계획의 취지에 맞게 연도의 가로 만들기 연도정비계획을 법으로 결정하게 되었다.

ii) 가로 만들기의 주민참여

1968년, 신도시계획법이 개정되어 도시계획의 결정권한이 구법에 의해 정부에서 지방자치체로 이양되어, 도시계획 결정 절차에 주민참가의 길을 제도화 했다.

주민참가 방안은 도시계획의 입안에 대하여 공청회나 설명회에 의견을 청취하기도 하고, 계획안의 결정에 먼저 개입하여 공고, 열람과 함께 의견서를 제출하는 것이 가능하도록 한 제도였다.

1973년, 도의 용도지역 등의 전면지정을 바꾸어 많은 구에서 적극적인 주민참여가 이루어졌다.

한편, 주민운동은 반대 · 요구형의 주민운동에서 참가형의 주민운동으로 전개되어 왔고, 행정측면에서도 주민과 협의하면서 가로 만들기 방법의 방향을 잡을 수 있게 되었다.

1981년, 도에는 환경 어시스턴트에 관한 조례(환경영향평가제도, 어시스 조례)를 제정하였다. 이것에 의하여 계획에 대한 환경문제와 주민참가의 일체화를 도모하게 되었다.

1984년에는 정부에서 환경영향평가 실시 요망을 각의(閣議) 결정하였다.

도의 어시스 조례는 원칙적으로 사업자가 사업실시 전에 어시스를 하는 사업자 어시스, 도시계획 측면에서 계획의 단계로 어시스를 행하는 계획 어시스라고 한다.

사업자 어시스와 계획 어시스를 각각 절차를 어떻게 일체화시킬 것인가가 당시의 문제였다.

실제로 도시계획 어시스 조례의 절차를 동시 평행적으로 진행시키게 되었다.

도시계획 절차는 계획안을 작성하는 사업설명과 공청회를 하고 계획안을 공표하는 순서로, 어시스 조례에 의하여 사업자가 환경에 미치는 영향에 대하여 예측, 평가하여 환경영향평가안을 공표한다.(前合)

이 후에 도시계획 절차는 계획안의 공람, 의견서 정리, 동시에 어시스 조례의 순서도 설명회와 의견서 제출 한 후에 견해서를 작성 공표하고, 설명회와 의견서를 제출하여 평가서를 작성하고, 도시계획심의회의 도시계획 심의를 통하여 어시스 평가서가 제출된다.(後合)

이것에 의하여 두 절차의 전합과 후합을 행하여 일체화가 도모된다.

iii) 1973년에 신법에 의하여 용도지구가 결정되었다.

도쿄 도는 신도시계획법의 시행에 의하여 전술한 바와 같이 결정 수순에 의하여 용도지역의 전면적인 개정을 이루었다.

구부 용도지역의 변천을 보면, 전후의 전재부흥계획으로 강도 높은 제한으로 결정되었으나, 그 후 인구집중과 산업구조의 공업화에 의하여 용도지역의 양상은 변화해 왔다.

① 1950년, 건축기준법의 개정에 의해 용도지역제도가 변경되어 미지정지가 준공업지역이 되었다. 이 변경은 역을 중심으로 한 상업지역이 확대되어 노선식 상업지역도 부활하여 칸토지구, 아라카와(荒川)방수로 연안 등 전쟁 전의 공업지역이 주거지역으로 지정되었고, 후에 공업지역이나 준공업지역으로 부활되었다.

녹지지역도 택지화가 진행된 구역이나 구획정리사업구역 등은 주거지역으로 변경되었다.

이 개정에 의하여 앞에 언급한 토지이용의 형태가 되었다고 볼 수 있다.

② 1953년에 주거전용지구가 확대되었다.

전후 공업화의 진행에 따라 주택지에 중소공장이 진출함으로써 소음을 일으키는 공해문제가 발생하였는데, 공장 진출을 저지하기 위한 주거지역에서 준공업지역으로 변경하는 경우와 주거환경을 지키기 위하여 주거전용지구로 변경하는 경우에 의하여 그 대응책을 찾을 수 있었다.

주거전용지구는 1940년, 전원조포(田園調布) 일대 약 147ha의 구역으로서 이 때의 변경에서 야마테선 주택지를 대상으로 확대되었다.

1965년의 지정면적은 8,045ha이다.

③ 1969년에 녹지지역은 폐지되어 구획정리사업 예정지구가 되었다.

1948년까지 무지정지가 녹지지역으로서 지정되었으나 녹지지역의 강한 규제(건폐율 10%)로 주거지역으로 변경을 요망하는 진정이 많아서, 구획정리사업의 진행과 함께 점점 축소되었다.

한편, 수도권 정비계획의 그린벨트 구상 일환으로 그 존속이 강하게 요청되는 상황이었다.

1969년에 녹지지역은 폐지되어 구획정리사업 예정지구가 되었다.

현재는 사업수법을 포함하여 재검토중이다.

④ 1964년에 용적지구 지정이 이루어졌다(전출)

⑤ 1973년에 신법에 의하여 용도지역제가 결정되었다.

1971년 건축기준법의 개정에 따라 용도지역제가 4종류에서 8종류로 되었다.

개 정 전		개 정 후	
기본지역	주거지역	기본지역	제1종 주거전용지역
	상업지역		제2종 주거전용지역
	준공업지역		주거지역
	공업지역		근린상업지역
전용지구	주거지구		상업지역
	공업지구		중공업지역
			공업지역
			공업전용지역

도쿄의 용도지역 개정은,

① 생활환경의 보호 및 개선

② 도시공해, 도시방재의 관점에서 용도지역의 순화

가 큰 목표가 되었다.

당시, 맨션 등에 의한 일조 분쟁이 크게 일어나게 되었다.

특히, 주택과 공장이 혼재한 지구에서 공장 이적지에 건설된 고층맨션, 간선도로변의 고용적률 지구의 고층맨션 북측 인접지의 영향 등이다.

구부의 공장 특성이었던 중소 영세공장의 근대화에 의하여 주거와 공장 혼재지구에 공장공해의 발생으로 생활환경을 해하여, 이것을 억제하기 위한 지역순화의 동향이 강해졌다.

이것은 준공업지역을 공업전용지역으로 변경하는 움직임과 주택지역으로 변경하는 움직임이었다. 후자는 에도가와구, 칸토구에서 강력했다.

이러한 동향은 도시구조가 변동하고 있는 상황을 반영하고 있다.

도시구조 고층건축물을 기존의 저층 목조지역에 어떠한 방식으로 생활환경과 조화시킬 것인가의 문제이고, 구부의 저층 목조건축군을 어떠한 방식으로 불연화 중·고층 건축군으로 전환시킬 것인가의 기본적인 문제도 있다.

또한, 이 시기 도쿄구부는 새로운 산업구조의 전환을 위한 변동을 시작하였다. 그것은 중소공장의 성격이 변화하고 산업구조가 도시형 공업으로 움직여 나가는 것이다.

표 4.26 도쿄구부의 업종별 공장수의 추이

구분			공장수 1966년	1969년	1972년	구성비 %	증감률 '66~69년 %	'69~72년 %
도시형공업	잡화정보형	의복·기타	4,921	5,421	4,902	5.4	10.2	△ 9.6
		가구·장비품	3,940	4,069	3,727	4.1	3.3	△ 8.4
		고무제품	965	1,292	1,336	1.5	33.9	3.4
		출판·인쇄	8,643	11,091	12,379	13.6	28.3	11.6
		피혁·동제품	3,900	4,485	4,254	4.7	15.0	△ 5.2
		그외제품	8,524	9,527	9,474	10.4	11.8	△ 0.6
	기계가공형	금속제품	14,152	15,167	15,551	17.1	7.2	2.5
		일반기계	7,239	8,311	8,782	9.7	14.8	5.7
		전기기계	5,950	6,824	6,956	7.7	14.7	1.9
		운송용기계	2,150	2,099	1,931	2.1	△ 2.4	△ 8.0
		정밀기계	3,473	3,535	3,573	3.9	1.8	1.1
		무기	–	2	2	0.0	–	0
지방형공업	기초자원형	종이·종이가공품	3,649	3,535	3,289	3.6	△ 3.1	△ 7.0
		화학공업	1,237	1,125	914	1.0	△ 9.0	△18.8
		석유·석탄	59	54	43	0.1	△ 8.5	△20.4
		철강업	881	863	834	0.9	△ 2.0	△ 3.4
		비철금속	1,151	1,072	1,060	1.2	△ 6.9	△ 1.1
	지방자원형	식료품	4,396	4,467	3,949	4.4	1.6	△11.6
		섬유공업	4,840	4,524	4,062	4.5	△ 6.5	△10.2
		목재·목제품	2,653	2,555	2,272	2.5	△ 3.7	△ 11.1
		채굴·토석	1,560	1,604	1,495	1.6	2.8	△ 6.8
계			84,283	91,622	90,785	100.0	8.7	△ 0.9

(공업통계조사보고서 및 동속보, 47년)

출전 : 堀內亭一「도시계획과 용도지역제」 1978년, p.145

도쿄도의 제조업을 보면, 1972년에 90,785개소 공장의 91%가 구부에 입지해 있고, 90% 중에서 81,339개소 공장의 종업원 규모는 20명 미만의 소영세 공장이다.

공장의 업종별 추이(1966년~1972년)를 보면(표 4. 26) 기초자원형 및 지방자원형 공장이 대폭 감소하고 구부에 지방 분산해 있으며, 잡화정보형 및 기계가공형 공장은 증가하고, 1969년부터는 잡화형의 특정 업종도 감소를 나타내어 전체적으로는 도시형 공장-정보·첨단기술 부문을 중심으로 하는 구조가 달라지고 있다.

용도지역의 개정결과를 보면(표 4.27) 생활환경의 보호·개선이라는 점에서 제1종, 제2종의 주거전용지역 면적이 1970년의 2.5배로 대폭적인 증가를 보이고 있다.

한편, 용도지역의 순화라는 점에서 공업지역의 면적은 1970년의 40%로 감소하고 준공업 전용지역이 그만큼 증가했다.

1976년의 건축기준법 개정에 의해 1978년의 일조에 의한 건축물의 규제 조례에 의하여 용도지역의 개정이 1981년에 이루어졌다.(표 4.36참조)

표 4.27 도쿄의 용도지역(그 3) (ha)

용 도 지 역(구부)		1965년	1970년	1973년
주거계	제1종 주거전용지역		} 10,431	} 25,645
	제2종 주거전용지역			
	주 거 지 역	26,687	25,300	10,140
	소 계	26,687	35,731	35,785
상업계	근 린 상 업 지 역		1,084	2,948
	상 업 지 역	6,171	5,626	5,757
	소 계	6,171	6,710	8,705
공업계	준 공 업 지 역	7,707	8,575	9,075
	공 업 지 역	4,464	3,879	1,494
	공 업 전 용 지 역		62	1,398
	소 계	12,177	12,516	11,967
	녹 지 지 역	9,243		
	합 계	54,322	54,957	56,553

주 : 1) 1965년의 주거지역 가운데 주거전용지구는 8,045ha이다.

2) 도쿄 도시계획 개요

1980년대는 재개발의 시대라고 할 수 있다.

풍부한 배경과 양질의 환경을 가진 직장과 주거의 생활공간 창조이다.

도시계획의 계획제도에서도 종래의 도시지역 전체에 걸친 매크로한 교통체계와 토지이용계에 대해 지구계획제도의 도입에 의하여 매크로한 교통체계와 토지이용체계의 조합이 되었다.

도쿄구부의 기성시가지는 구획정리 등의 면적 정비지역을 제외한 저층지역도 과밀이었고 용도는 혼재하고 도로·공원이라는 공공시설 부족의 모습이 대부분이다. 이들 지역을 개선·수복하기 위하여 기반정비로서 구획정리사업이 이루어질 수 있었으나, 동시에 우와노모(上物)라고 불리는 토지이용에 적용한 건축물군이 재개발사업에 의하여 이루어진 것이 중요하였다.

재개발의 흐름은 시(時)계열에서 보듯이, 다음의 2가지이다.

(a) 특정가구

1961년에 창설된 제도이다.

지역지구 도시계획으로 결정되어 유효공지의 확보에 의한 용적률, 건축물 최고 높이 및 벽면 위치의 제한을 하고 가구내의 건물을 건축하는 제도이다. 가구와 주변의 도로폭원이 적절하게 확보되고 있는 구역이다.

도에서는 1946년에 카스미카세키3丁目(카스미카세키 빌딩 등)을 1호로 하여, 히가시 이케부쿠로 3정목(선샤인 시티), 신주쿠 부도심의 각 가구 등 초고층 빌딩을 건설한다. 1990년까지 구부에서는 47개소, 87ha가 지정되었다.

(b) 사업수법으로서의 재개발

1961년에 시가지 개조법(정식은 공공시설의 정비에 관한 시가지의 개조에 관한 법률)과 방재건축가구(防災建築街區) 조성법이 결정되었다.

시가지 개조법은 종래의 구획정리사업 가운데 입체적 환지 개념을 법체계화한 것이며, 계획도로·광장의 정비와 인접하는 주변 토지의 고도화를 도모하기 위하여 건축물의 정비를 병행하여 이루어진 사업이다.

도쿄에서는 신주쿠역 동서광장의 조성과 주변건물의 정비(면적 2.9ha)에서 시가지 개조사업이 이루어졌다.

방재건축가구 조성법은 오랜 세월 동안 현안이었던 건축물의 불연화를 촉진시키기 위해 연도형에서 가구단위의 불연화를 진행하려는 것이다.

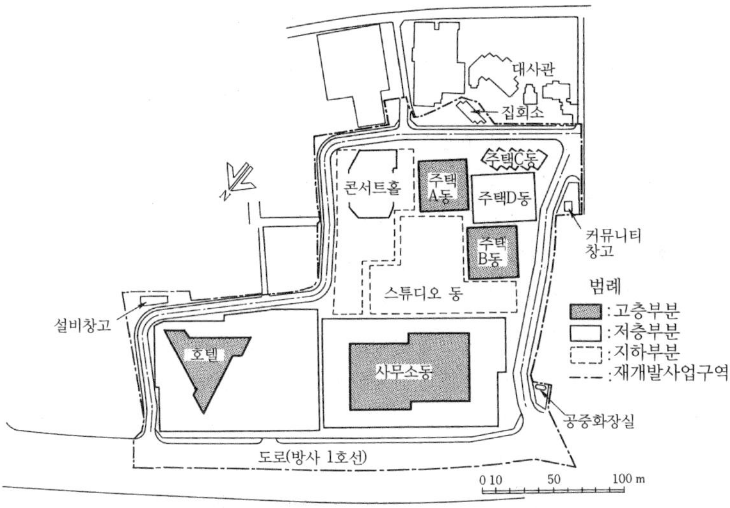

그림 4.92(1) 아카사카, 록본기 지구 제1종 시가지재개발사업(아쿠힐)

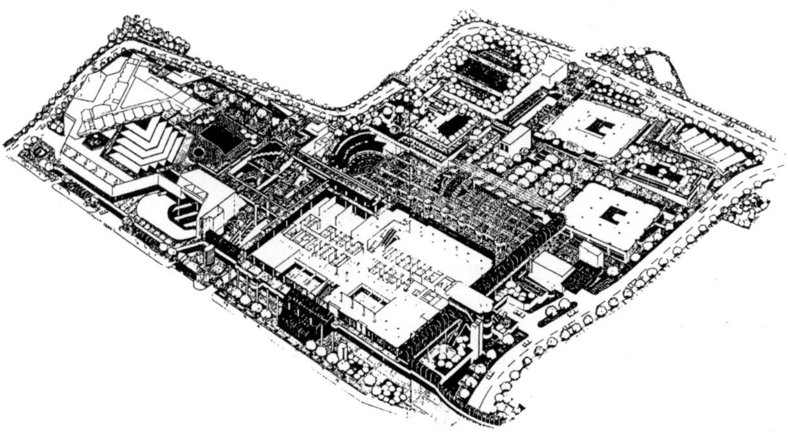

그림 4.92(2) 아카사카, 록본기 지구 재개발의 보행자 공간(통로, 광장, 공원부)의 입체적 배치의 광장, 녹지 및 커뮤니티 시설도

1969년에는 두 법을 통합 발전시켜 도시재개발법이 제정되었다.

이 법에서는 종전부터 생활의 장으로서 도시환경의 개선, 방재 도시화에 의한 안전성의 확보와 새롭게 토지의 고도이용과 도시기능의 갱신이라는 확대된 목적을 가지고 도시계획사업으로서 위치시켰다.

사업수법으로는 ① 입체환지의 개념에서 출발한 권리변환방식에 의한 제1종 시가지 재개발사업(종전의 토지, 건물의 권리를 이후의 시설건축물의 부지 및 면적으로 위치 변환하는 수법), 주로 관계권리자가 시행하는 조합 재개발이다. ② 1975년 법 개정으로 결정된 용지취득에 의한 관리처분방식으로 제2종 시가지 재개발사업(종전의 토지, 건물의 권리를 시행자가 매수 또는 수용하고, 종전의 권리자의 희망에 의하여 이후 시설건축물의 대지 및 면적으로 권리를 부여하는 수법), 시행자는 지방공공단체, 주도(住都)공단 등의 공적기관이다.

도쿄 도의 시가지 재개발사업은 1990년 공공단체 시행 10지구, 개인 시행 5지구, 조합 시행 38지구 및 공단 시행 7지구 합계 60지구의 도시계획 결정이 이루어져 20지구가 완성되었고, 20지구가 사업 중이며, 나머지 20지구는 지원과 사업 조정 중이다.

제1종 시가지 재개발 사업의 주요한 지구를 보면, 도심부에서는 유라쿠쵸오역전, 아카사카, 록본기(아쿠힐, 면적 5.6ha)로 조합 시행지구에서 최대급이다.(그림 4.92), 부도심부에서는 신주쿠 부도심지구에 집중하고 있다. 그 가운데는 오오사키역 동구, 오오이역 동구 · 서구, 오기구보 북구, 킨시쵸역 등 주요 역 주변에 집중하고 있다.

제2종 시가지 재개발사업의 주요한 지구를 보면, 도 시행으로서 강동(江東)방재 거점인 카메이도·오오사카·코미쯔가와 지구(1975년 결정 면적 98.6ha)(전출), 시라히게 서지구(1983년 결정 48.8ha), 시라히게 동지구(1972년 제1종으로 결정, 27.6ha)이며, 시행면적은 기타 지구에 비하여 최대급이다.

도 시행으로서는 그밖에 아이다바시, 니시오쿠보, 카바네역 북구 등의 지구이다. 주도(住都)공단시행으로 다치바나1정목(丁目), 아카바네역 서구, 니시신주쿠6정목(丁目), 카메아리역 남구 등의 지구이다.

이와 같이 재개발사업 시행에서 1980년 재개발의 마스터플랜이라고 하는 도시재개발 방침이 결정되어 재개발 촉진지구, 재개발 유도지구 지정이 이루어졌다.

재개발의 흐름 속에서 새롭게 주택대책이 커다란 줄기가 되었다.

1975년「대도시 지역에서 주택 및 주택지 공급의 촉진에 관한 특별조치법」이 결정되어, 1980년에는 기성 시가지에서 대규모 공장 등의 이적지를 활용하는 택지 등의 건설과 도로, 공원 등 공공시설의 정비 등을 종합적 · 일체적으로 이루기 위하여 특정 주택 시가지 종합정비촉진사업이 창설되었다.

도쿄에서는 도심부의 야간인구 감소 회복에 대응하는 직주근접형의 도시형 주택 공급을 위하여 키바지구(77ha), 오오카와단지구(리버시티 21, 29ha), 시바우라 · 코난지구(79ha), 에비수지구(41ha)가 사업이 결정되어 민간의 활력을 유도화하여 사업촉진화가 도모되었다.

도시계획제도 가운데 마이크로한 계획으로서, 한편으로는 앞서 언급한 특정지구 재개발의 흐름이 진행되어 오고 타 지방에서는 계획적 가로 만들기의 수법으로 1980년에 지구계획제도가 도시계획법, 건축기준법의 개정으로 창설되었다.

지구계획제도는 전쟁 후의 북유럽 · 서독에서 지구상세계획(Detailed Plan, Bebauungsplan B플랜)이 일본에 소개되어 그 필요성이 절실해졌다.

도시지역 전체를 매크로 규제계획으로, 지역 · 지구레벨로서의 마이크로한 상세 결정으로 가로 만들기 체계를 정비할 수 있다는 주장이다.

지구계획제도의 내용은 지구의 정비, 개발 및 보전에 관한 방침을 정하여 장래 시가지의 목표설정을 하고, 지구정비계획에서 지구내의 지선도로와 소공원에 이르는 공공시설의 설치 및 규모를 정하고, 또한 건축물의 대지면적, 형태의장, 건축선 등 개별적 · 구체적 계획내용에 대응하는 규제를 하는 특징이 있다.

지구정비계획에서는 언급한 바와 같이 두 가지 측면을 가지고 있다. 그 하나는 사업수단으로서의 지구계획이고, 재개발사업에 의한 스크랩 앤드 빌트 수법이 아닌, 수복형, 개선형의 가로 만들기에 의하여 가로를 갱신해오는 수단으로서 채용하는 경우이다.

또 하나는 개발 후의 주거환경보전대책으로서, 지역주민으로부터 요청이 강한 주거환경의 유지보전을 위하여 상린(相隣)환경의 규제를 하는 경우이다.

예로서 전자는 에도가와구 후나보리역 주변, 니시미즈역 주변 등과 같이 지하철 신역 개설에 따라 구획정리사업과 동시에 지구특성을 살리는 가로 만들기로 채용되었다.

스키나이구 잠사(蚕糸)시험장, 기상연구소 이적지 주변 등과 같이 이적지 정비에 병행하여 주변지구의 불연화, 녹화 추진 등 안전하게 살 수 있는 거리 만들기를 위하여 채택되었다.

후자의 예로는 다마시 히지리가오카 지구, 하치오지시 난요다이 지구와 미쯔이다이 지구 등과 같이 신주택사업지구, 민간개발 사업지구의 신개발이 양호한 주택지에서 환경보전을 위해 채택되었다.

지구계획제도에 주민참여방식이 도입되어 계획안 단계부터 지구내의 주민의견을 반영시킨 구 · 시(區市) 주도의 도시계획이다.

규제조치에 대하여는 구 · 시의 건축조례에 의하여 이루어졌다.

도쿄에서의 지구계획 결정은 1983년부터 1990년까지 14구 41지구, 14시 52지구, 3정 3지구로 합계 96지구이며, 지정면적은 1,912ha에 달한다.

1980년 지구계획과 동시에 새로운 도시계획으로서 연도정비계획제도가 창설되었다.

간선도로의 연도에 있어서 심각해지고 있는 도로교통 소음문제에 대처하기 위하여 「간선도로의 연도 정비에 관한 법률」이 공포되었다.

자동차 교통량과 도로교통 소음이 일정 기준을 초과하거나 심한 연도에는 주거 등이 집합화 하고 있는 도로에 대해 구간을 정하여 연도정비도로로서 지정되어, 구시정(區市町)은 연도정비계획을 도시계획으로서 결정하였다.

정비시책은 구역 내의 토지가격 상승에 대한 계획으로서 완충건축물의 조성, 기존주택 등의 방음공사에 필요한 조성조치를 강구한다.

대상도로는 환8, 환7, 닛코 가로 등이 도시계획으로 결정되어 1984년부터 1990년까지 22지구, 도로연장 47km, 지정면적 307ha이다.

4.4.6 도쿄 대도시권 계획의 21세기 동향

1980년대는 재개발, 재건축의 시대로서 그 배경에는 산업구조의 변혁에 따라 도쿄 대도시권의 구조를 변화시키는 방향이었다.

도쿄 대도시권 계획이 21세기를 향한 새로운 움직임이 시작되고 있다. 그 조류를 보기로 한다.

(1) 도쿄 대도시권의 구조변화

도쿄 대도시권의 권역별 인구동향을 보면, 1970년까지는 도쿄구부의 인구증가 경향이 계속되었으나 1970년대에 들어서 도심 3구는 물론 이너링크인 구부 인구도 감소하는 경향으로, 그 외주부로 인구증가가 이동하여 표 4.28과 같이 아웃링크인 도쿄 다마지구, 카나가와, 사이타마, 치바의 각 현이 급증해 왔다.

표 4.28 도쿄 대도시권의 권역별 인구 추이 (단위 : 1,000명)

연 차	도심 3구	이너 링	아웃 링	도쿄 대도시권	외주지역
1970	401	8,439	15,272	24,112	6,143
1985	324	8,030	21,917	30,271	7,344
	%	%	%	%	%
증감률	−19.2	−4.8	+43.5	+25.5	+19.6

주 : 1) 이너 링은 23구에서 도심 3구을 제외
2) 아웃 링은 1도 3현에서 구부를 제외
3) 외주지역은 이바라키, 군마, 도치기, 야마나시(山梨)의 각 현

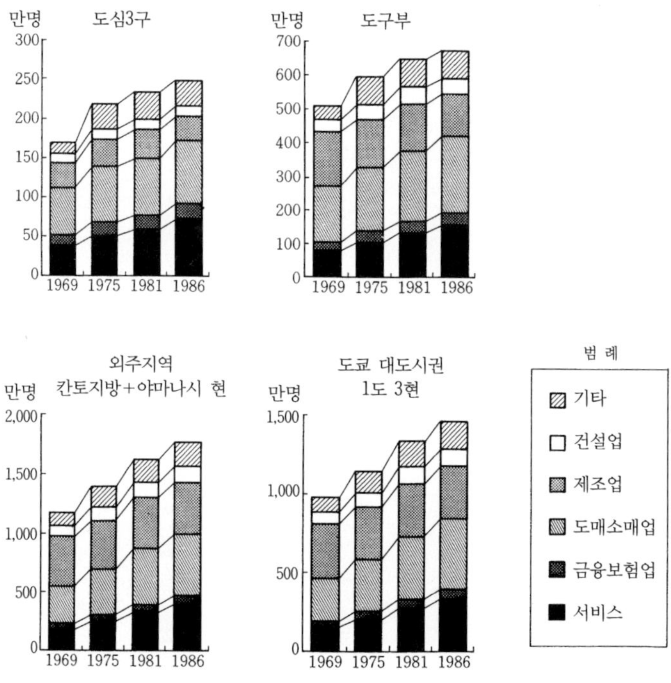

그림 4.93 도쿄 대도시권의 산업분류별 종업원수의 추이

수도권계획의 외주지역이었던 이바라키, 도치기, 군마, 야마나시의 각 현에서도 증가경향이며, 특히 아웃링의 인구급증에 대응한 시책이 중요하다.

도쿄 대도시권의 인구규모는 3,000만 명을 넘어 세계 도시인 대런던권의 685만 명, 대파리권의 1,000만 명, 대뉴욕권의 1,860만 명에 비해 확대된 인구량을 집적하고 있고, 도시계획의 시책도 이들 도시에 비할만 하도록 철저한 계획전략이 요망된다.

한편, 산업구조의 변동을 보면, 1970년대 초까지 제조업을 중심으로 하는 제2차 산업의 공업화 사회로부터 그 후 경제의 서비스화에 수반하는 제3차 산업을 중심으로 하는 탈공업화 사회로 변동했다.

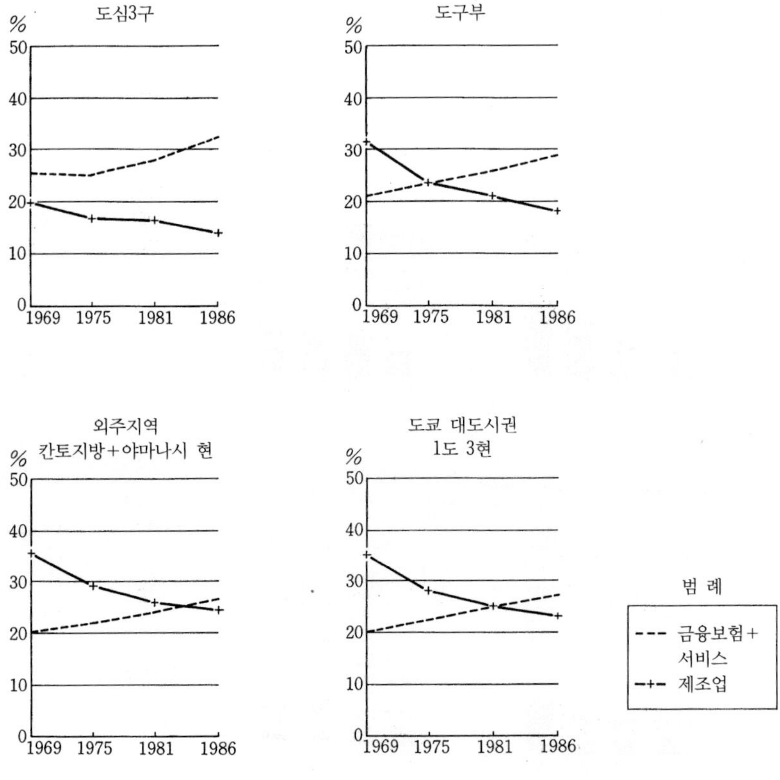

그림 4.94 도쿄 대도시권의 서비스업 + 금융보험업, 제조업 종업원 구성비의 추이

제조업의 중핵이었던 대형 기간(基幹) 공장에서 연구개발형 첨단기술을 중심으로 하는 연구기관으로의 전환, 금융보험업의 기업 서비스형을 중심으로 하는 업무계 활동이 확대되어 왔다.

도쿄 대도시권의 사업소 통계조사에서 산업분류별 종업원 인구를 보면, 그림 4.93, 4.94와 같이 1969년~1986년 사이 제조업의 비율은 서비스업+금융보험업의 비율로 전환해왔다.

도심 3구간을 보면 이전의 집적으로 금융+서비스업이 우위에 있고, 구부에서는 1975년에 전환, 도쿄 대도시권에서는 1981년에 역전하였으며 칸토 북부 야마나시에서는 그 후 전반적인 구조변동이 외연화(外延化)해 왔다.

종업원 인구의 권역별 추이를 보면, 전체적으로 볼 때 종업원 인구는 모든 권역에서 증가하는 것으로, 특히 도심 3구간과 아웃링에서의 집적이 현저해졌다. (표 4.29)

대런던권 전 지역 및 대파리권과 대뉴욕권의 중심부와 중간지역은 감소경향이 있으며 외주지역은 증가경향이 있다.(표 4.2, 4.5 4.11 참조)

표 4.29 도쿄 대도시권의 권역별 종업원 인구추이

	도심 3구		이너 링		아웃 링		도쿄 대도시권	
제조업	19.92	14.13	36.50	20.46	39.50	26.99	35.27	22.98
건설	7.14	5.34	7.42	7.34	7.42	8.09	7.38	7.43
도매소점	38.30	34.38	29.00	33.02	22.25	27.62	27.29	30.33
금융서비스	25.42	32.26	19.14	27.04	19.32	25.72	20.22	27.15
기타	9.22	13.88	7.94	12.14	11.51	11.58	9.84	12.11
종업원수								
(천명)								
1969		1,575		3,591		4,677		9,843
1986		2,306		4,460		7,878		14,644
증감률								+49%
1969–1986		+46%		+24%		+68%		

주 : 1) 도심 3구는 대도시권의 중핵부를 선정하였다.
2) 이너 링은 23구 가운데 도심 3구를 제외한 약 18km권
3) 아웃 링은 1도3현 가운데 구부를 제외한 약 50km권
4) 산업별 종업원 인구는 전체를 100%로 한 백분율이다.
5) 자료는 都県 데이터는 일본 장기통계총람, 도 구부 데이터는 도쿄도 통계 연감, 산업별 종업원 통계

종업원 인구의 권역별 집적에 대해서도 기타 세계도시에 비하여 도쿄 대도시권의 집적은 확대되는 경향이며 다른 대도시의 이너시티 문제와는 달랐던 양상을 보여주고 있다.

(2) 도쿄 대도시권 계획의 개정방향

1986년의 제4차 수도권 정비계획에서는 업무 핵 도시의 전략적 육성에 의하여 다핵 다권형 연합도시권 구조를 결정하고 있다.

이 계획구상을 실현화시키는 주체가 앞으로의 문제이다. 정비기관인 국토청에 의해서도 도 · 현 수준의 강력한 추진이 도모될 필요가 있다.

이를 위하여 수도권 정상이라고 불리는 도 · 현지사와 지정도시의 시장에 의한 지방자치체 협의기구의 확충 강화에 의한 전체계획의 콘택으로서 역할을 충실히 할 수 있을 것이다. 도쿄 대도시권 개조의 새로운 계획이념으로는 다음의 여러 점들이 있을 수 있다.

① 직장과 주거를 근접화시키는 일

② 職, 住, 遊의 선택의 자유와 편의성의 향상을 중시하는 일

③ 랜드스케이프 디자인을 중시하는 일

④ 사회생활의 변화, 다양성으로의 대응을 중시하는 일

상기의 계획이념으로부터 도쿄 대도시권 계획을 보면, 종래의 도심과 그 주변으로의 일극집중의 장거리 통근운동을 변화시켜 새롭게 도심 주변에 도시형 주택을 적극적으로 배치했다. 또한, 30~50km 권의 주택지대에는 업무지를 적극적으로 배치하고, 거대 도시 속에서 통근운동의 흐름을 양극화하여 각각의 통근운동은 1시간 이내로 하며 이상적인 것은 30분권이다.

요약한다면 「안으로는 주택을, 밖으로는 업무지를」이라는 구조개혁이다.

수도권 정비계획의 업무 핵 도시 구상은 정확하게「밖으로 업무지」의 발상이다.

다음으로 업무 핵 도시 구상의 실현화를 위해 연구조사를 검증해보자.

자료는 국토청의 수도개조계획을 각 도(都) · 현(県) · 시(市)의 장기 구상 등을 베이스로 한 작업으로 하고 있다.

표 4.30 도 · 현 · 시별 장래 인구 프레임(설정치, 예측치)

	도 현 시	국세조사에 의한 실적치				장 래 치 (소 75)					
		소45	소50	소55	소60	四全總(소62.6)에 의함	수도권개조계획(소60.5)에 의함			각 도현시 장기구상등에 의함	
							계획치(*1)	케이스1(*2)	케이스2(*3)		
야간인구	도 쿄 도	1,141	1,164	1,162	1,183	–	1,200	1,230	1,180	1,234	· 제2차 도쿄도 장기계획(소62.2)
	(구 부)	(884)	(865)	(835)	(835)		(840)	(860)	(800)	(847)	· 제2차 도쿄도 장기계획(소62.2)
	카나가와 현	547	640	692	743		780	800	810	832	· 제2차 신 카나가와계획(소62.3)
	(요코하마시)	(224)	(262)	(277)	(299)		–	–	–	(328)	· 요코하마 21세기 플랜(소56.12)
	(가와사키시)	(97)	(102)	(104)	(109)		–	–	–	(118)	· 2001가와사키 플랜(소58.3)
	사이타마 현	387	482	542	586		650	670	680	676	· 사이타마현 신 장기구상(소60.3)
	치 바 현	337	415	474	515		620	600	620	631	· 2000년 치바현(소59.12)
	1도 3현 계	2 ,412	2,701	2,870	3,027	3,310	3,250	3,300	3,290	3,373	(상기 계)
주간취업인구							계 획 치 (*4)				
	도 쿄 도	675	705	732	790	–	803			814	· 도쿄도 주간취업자수의 예측(소60.)
	(구 부)	(589)	(612)	(623)	(668)		(648)			(677)	· 도쿄도 주간취업자수의 예측(소603)
	카나가와 현	232	245	264	297		337			324	· 제2차 신 카나가와계획(소62.3)
	(요코하마시)	(90)	(97)	(103)	(115)		–			(148)	· 요코하마 21세기 플랜(소56.12)
	(가와사키시)	(50)	(46)	(46)	(49)		–			(56)	· 2001가와사키 플랜(소58.3)
	사이타마 현	151	165	189	213		245			274	· 사이타마현 신 장기구상(소60.3)
	치 바 현	136	148	167	184		229			228	· 2000년 치바현(소59.12)
	1도 3현 계	1,194	1,263	1,352	1,485	–	1,614			1,640	(상기 계)

(*1) 도구부, 요코하마시, 가와사키시의 중심지역에 있어서 도심재개발등 도시갱신에 의한 인구정착, 주변부에서의 핵도시를 중심으로 하는 계획적인 시가지 정비, 대도시권 동부지역의 계획적시가지 개발등의 시책전개를 전제하는 계획치

(*2) 쇼와 60년 이후, 도구부에서 주변부로의 인구유출이 멈추었다고 판정

(*3) 쇼와 60년 이후, 도구부에서 주변부로의 인구유출이 재차 증가한다고 판정

(*4) 도쿄 대도시권 전체의 종업원 증가로 업무 핵도시 부차핵도시를 중심으로 하는 배치 시책을 전제로 하는 계획치

※ [수도개조계획](쇼와 60.5)에서는 도쿄대도시권(상기 1도 3현 + 이바라키현 남부)의 장래인구 예측치로서, 소75 약 3,450만 명, 소 85 약 3,520만 명, 소 100 약 3,460만 명(안정)이 나타나고 있다.

(a) 도 · 현별 장래 인구 프레임

수도개조계획에 의하여 야간인구의 장래 프레임은 2000년에 3,250만 ~ 3,300만 명이고, 각 도 · 현 · 시의 장기구상에 의한 합계인구는 3,373만 명이며, 양자는 대체로 일치하고 있다. 주간 취업인구의 프레임은 수도개조계획에 1,614만 명, 각 도 · 현 · 시의 장기 구상에서 1,640만 명이다.(표 4.30)

(b) 업무 핵 도시의 장래 취업인구 프레임

업무 핵 도시의 육성에 있어서는, 수혈이 되는 업무면적을 늘리는 개발 또는 재개발지역의 규모와 배치, 그리고 업무 핵 도시를 서포트하는 배후권 주거자의 통근구조, 취업구조라는 현상을 어떻게 변화할 것인가가 문제이다.

업무 핵 도시의 장래 상주인구와 종업지 취업인구의 프레임은 표 4.31과 같으며, 본 연구에서는 목표 취업인구의 프레임으로서 당핵 도시의 상주 취업

표 4.31 업무 핵 도시의 취업인구의 추이 (단위 : 1,000명)

		하치오지 · 타치가와	요코하마 · 가와사키	오미야 · 우라와	치바	(참고)도구부
1985년 (昭60)	① 상 주 지 인 구	573	4,079	750	789	8,347
	② 상주 취업인구	264	1,975	349	359	4,375
	③ 종업지 취업인구	236	1,646	289	314	6,681
	④ 취종비 (③/②)	89%	83%	83%	87%	153%
2000년 (昭75)	⑤ 상주지 인구*1	790	(4,460)	848	1,000	8,470
	⑥ 상주 취업인구*2	364	(2,159)	395	455	–
	⑦ 종업지 취업인구	364	2,040*4	395	455	(6,770)*5
	(참고) 1985년 시점에서의*3 목표 취업인구 달성률	65%	81%	73%	69%	

목표취업인구의 설정방법

- 하치오지 · 타치가와, 오미야 · 우라와, 치바에서는 각 업무 핵 도시의 장래(상주지) 인구 프레임에 있어서 취업비가 1(즉, 당시에 걸쳐 상주 취업자수와 종업지 취업자수가 동수)이 되는 종업지 취업인구를 각 업무 핵 도시의 목표 취업인구로 한다.
- 요코하마, 가와사키에 있어서는 2시의 장기계획에서 설정되고 있는 장래 프레임의 합계를 목표 취업인구로 한다.

⑦ 업무 핵 도시 목표 취업인구로서는 시뮬레이션 결과를 비교평가에 사용한다.

*1. 2000년의 각 업무 핵 도시의 상주지 인구는 전술의 업무 핵 도시 장래인구 프레임을 참조

*2. 상주지 취업인구는 상주지 인구×취업률(昭60)에 의하여 산정(⑤×(②/①))

*3. 2000년 목표 취업인구 프레임의 1985년 시점에서의 달성률(③/⑦)

*4. 「요코하마 21세기 플랜」에 의한 148만 명, 「2001 가와사키 플랜」에 의하여 56만 명의 합계

*5. 「도쿄도 주간취업인구 예측」 (쇼와60.3, 도쿄도 총무국)에 의한 예측치

인구와 종업지 취업인구가 동수가 되었다는 목표치를 설정하고, 이들 취업인구는 배후권에서 유입된 것으로 판정했다. 따라서 각 시의 상정치와 약간 상이하나, 결과적으로 타당하다고 여겨진다.

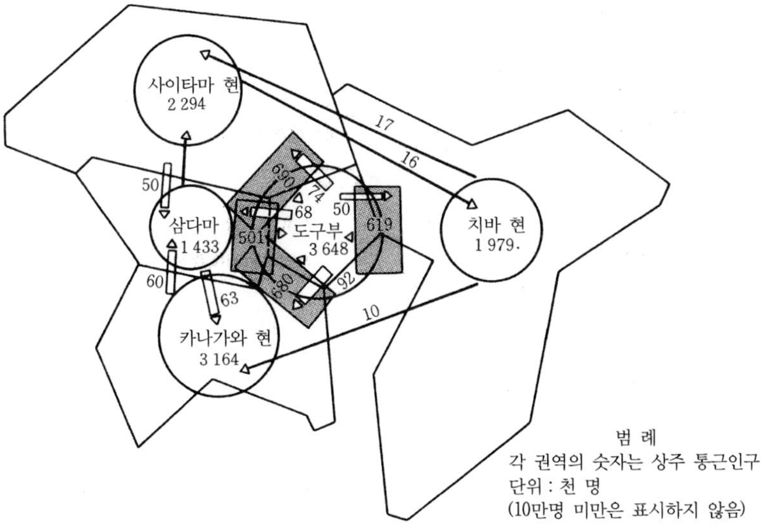

그림 4.95 1도 3현의 통근이동(1985년)
(상주 취업자의 통근선(자립도시권간의 통근이동))

표 4.32 자립 도시권 간의 통근이동 (1985년 국조 · 1,000명)

종업지 / 상주지	도쿄도			카나가와 현	사이타마 현	치바 현	(참조)상주 취업자		
		도구부	산타마				자택취업자	통근자	계
도 쿄 도	(4,763)	3,851	912	155	100	53	914	5,091	6,005
도 구 부	3,418	(3,350)	68	92	74	50	727	3,648	4,375
산 타 마	1,345	501	(844)	63	26	3	187	1,433	1,630
카나가와 현	740	680	60	2,402	5	6	379	3,164	3,544
사이타마 현	740	690	50	8	(1,503)	16	480	2,294	2,775
치 바 현	624	619	5	10	17	(1,305)	438	1,979	2,417
(참조) 종업취업자계	7,903	6,681	1,222	2,973	2,134	1,843	–	–	–
자택취업자	914	727	187	379	480	438	–	–	–
통근자	6,989	5,954	1,035	2,594	1,654	1,405	–	–	–

2000년의 종업지 취업인구는 1985년과 비교하면 표 4.31과 같이 하치오지 · 타치가와에 65%, 요코하마 · 가와사키에서 81%, 오미야, 우라와에서 73%, 치바에서 69%이고, 목표달성을 위하여 상당한 추진정책이 필요하게 되었다.

(c) 업무 핵 도시와 배후권의 관계

표 4.33 업무 핵 도시과 그 배후권의 종업지 취업인구(1985년) (1,000명)

업무 핵 도시, 배후권	종업지 취업인구	업무 핵 도시, 배후권	종업지 취업인구
도쿄도	7,903	사이타마 현	2,134
도구부	6,681	오미야시, 우라와시	289
산타마	1,222	오미야 · 우라와 배후권	1,845
하치오지시, 타치가와시	236	치바 현	1,843
하치오지 · 타치가와시 배후권	986	치바시	314
	2,973	치바 배후권	1,529
요코하마시, 가와사키시	1,646		
요코하마, 가와사키 배후권	1,327		

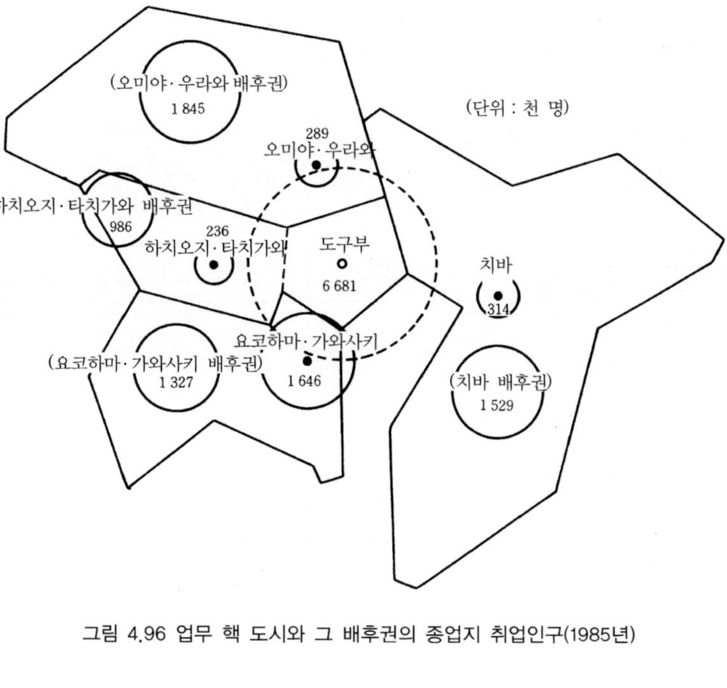

그림 4.96 업무 핵 도시와 그 배후권의 종업지 취업인구(1985년)

앞서 언급한 업무 핵 도시의 장래 공업지 취업인구를 목표치에 달성시키기 위하여 배후권 주거자의 통근구조, 취업구조라는 조직을 변환시키지 않으면 안 되었다.

기본적 구조로서 업무 핵 도시로의 통근자 상주지 범위는 1985년 국조결과에서 볼 때 도쿄 대도시권 이외에서의 통근자는 매우 적어 도쿄 대도시권 내라고 할 수 있다.

업무 핵 도시의 배후권이 되는 지역은 대략 도현 정도의 자립도시권이라 할 수 있다. 이것은 1985년 국조결과에 도쿄권의 상주 취업자의 통근선 분포에 의하여 명확하게 나타난다.(그림 4.95, 표 4.32)

1도3현의 통근이동 가운데 업무 핵 도시와 그 배후권의 종업지 취업인구의 관계를 보면 표 4.33, 그림 4.96과 같이 된다.

2000년의 업무 핵 도시와 그 배후권의 종업지 취업인구는 각 도현, 시의 예측치에 의하여 표 4.34, 그림 4.97과 같이 된다.

표 4.34 업무 핵 도시와 그 배후권의 종업지 취업인구 추이(2000년) (1,000명)

업무 핵 도시, 배후권	종업지 취업인구	업무 핵 도시, 배후권	종업지 취업인구
도쿄도	8,137[*1]	사이타마 현	2,740[*3]
도구부	6,770[*1]	오미야시, 우라와시	395[*5]
산타마	1,367[*1]	오미야시 · 우라와 배후권	2,345[*8]
하치오지시, 타치가와시	364[*5]	치바 현	2,278[*4]
하치오지 · 타치가와 배후권	1,003[*7]	치바시	455[*5]
가나가와 현	3,238[*2]	치바 배후권	1,823[*8]
요코하마시, 가와사키시	2,040[*6]		
요코하마, 가와사키 배후권	1,411[*9]		

*1 : 도쿄도 주간취업자수의 예측(昭 6.3. 도쿄도 총무국)
*2 : 제2차 신 가나가와 계획(昭 62.3)
*3 : 사이타마 현 신 장기구상(昭 60.3)
*4 : 2000년의 치바 현(昭 59.12)
*5 : 상주인구 장래프레임×취업률에 대한 취종비(就從比) 1로 한 산정
*6 : 요코하마 21세기 플랜(昭 56.12), 2001가와사키 플랜(昭 58.3)
*7 : 산타마 프레임－하치오지시, 타치가와시분
*8 : 현 프레임－업무 핵 도시분
*9 : 가나가와 현 프레임(*6 에 표시한 요코하마시, 가와사키시의 프레임)으로 하는 쇼와 60년에 대한 장래(쇼와 75)가 감소하게 되기 때문에, 여기서는 신가나가와 현 프레임 설정의 채택이 필요하였던 요코하마시, 가와사키시분 이외의 취업인구 상정치를 기재

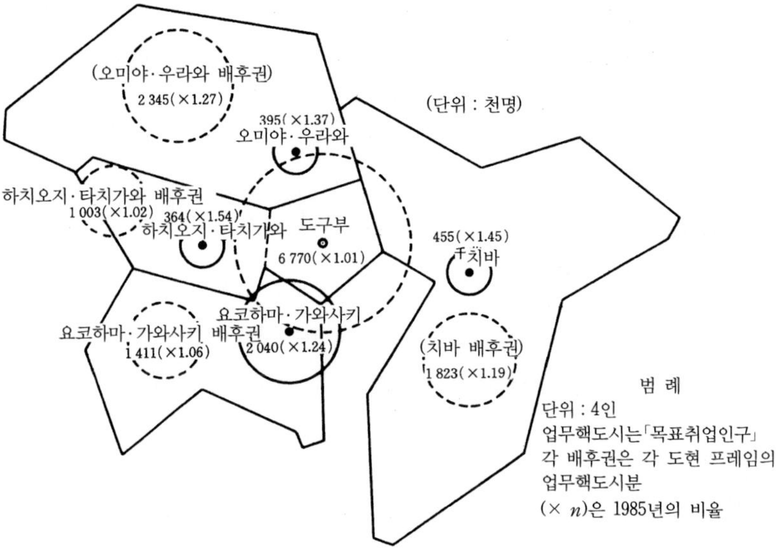

그림 4.97 업무 핵 도시와 그 배후권의 종업지 취업인구(2000년)

(d) 업무 핵 도시의 취업인구가 현상치에서 목표치로 달성하기 위해서는 후배권의 모습을 어떻게 조합하여 바꿀 것인가가 문제이다.

목표달성의 전제조건으로는, 도쿄 대도시권의 장래인구 프레임을 원칙으로 하여, 변화하지 않으면 도구부의 취업인구를 억제하고 업무 핵 도시 주변의 취업인구를 증강시키게 된다.

이번의 연구작업은 다음과 같이 주요한 트렌드형으로 예측한 결과로서 업무 핵 도시가 목표하는 장래 취업인구를 달성하는 비율은 30~60% 정도였다.(그림 4.98)

이번의 예측수법에는 장래의 인구증가 상당량이 취업인구 증가분으로서, 사회적 조류인 여성과 고령자의 취업률 상승에 의한 취업인구의 증가분과 원거리 통근의 기피경향을 가지고 있으며, 업무 핵 도시 배후권에 도구부로의 소요시간 90분 이상의 시정촌(市町村)에는 구부로의 통근자가 업무 핵 도시로 통근선을 변화시키는(최대 30%~15%) 요소를 채택한다.

본 그림은 목표취업인구와 현황취업인구의 차이를 100으로 할 경우 산정결과와 그 내역(각 요소의 기여율)을 표시

이 경우의 업무 핵도시 취업인구는 목표를 달성하고, 현황의 취업인구의 신장률은 하치오지 · 타치가와에서 1.54배, 요코하마· 가와사키에서 1.24배, 오미야· 우라와에서 1.37배, 치바에서 1.45배가 되는 것에 대해 도구부의 신장률은 1.01배가 된다.

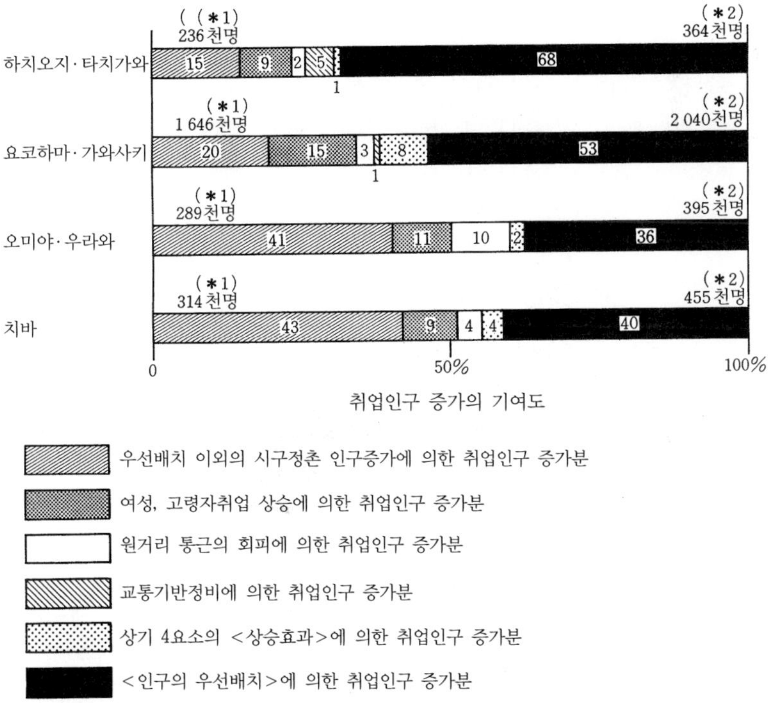

기여율 : 각 요소의 취업인구 증가분을 목표취업 인구와의 차이로서 제외한 것
그래프 내의 숫자는 각 요소의 %
(*1) 현황(昭60) 취업인구 (*2) 목표취업인구

그림 4.98 목표 취업인구의 달성 기여율

핵 도시가 목표로 하는 취업인구의 달성률을 100%에 가깝도록 하기 위해서는「인구의 우선 배치분」에 대하여 앞으로 상당한 노력을 하지 않으면 어렵다. 인구의 우선 배치분은 배후권의 60분 권내로 구상된다.(그림 4.99)

계획적 조치로는 업무 핵 도시와 배후권을 포함하는 자립도시권의 확립과 강화이다. 특히, 자립도시권으로서 철도계, 도로계의 교통기반 정비가 중요하다.

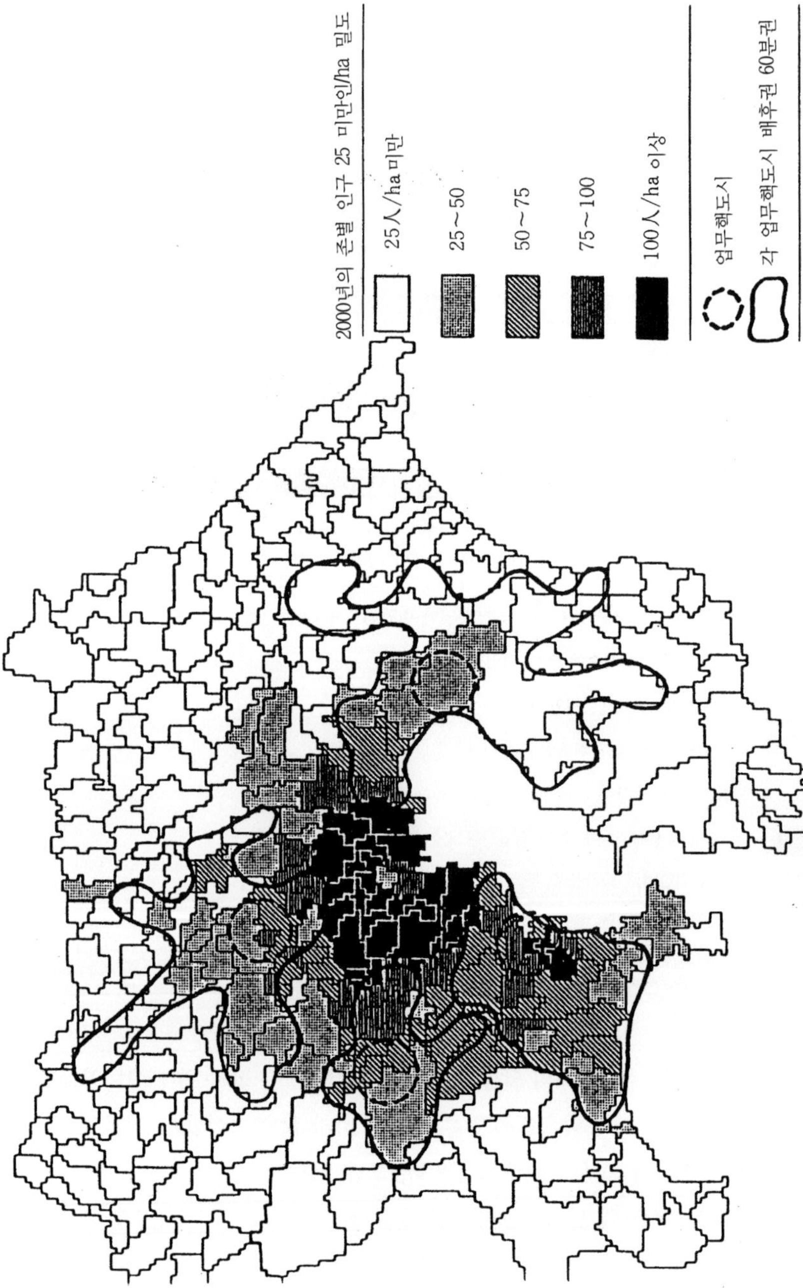

그림 4.99 2000년의 업무 핵 도시의 상정 배후권

철도계획으로는 하치오지, 타치가와권에는 다마 도시 모노레일이 있고, 요코하마, 가와사키권에는 지하철, 미나토미라이 21선, 요코하마 순환선 등이 있으며, 배후권으로서는 소데쯔이즈미노선 연장을 들 수 있다. 오미야, 우라와권에는 사이타마 신도시 교통이 있고, 치바권에는 치바도시 모노레일이 있으며 배후권으로서는 케이요(京葉)선, 치바 급행선이 있다.

철도는 계획으로 배후권 네트워크를 강화할 필요가 있다. 현재의 장래구상 노선은 대체로 도구(都區)부로의 통근지향의 노선이며, 이에 대하여 자립도시권으로서의 노선 추가가 중요하다. 또한, 도로에 의한 업무 핵 도시 상호를 연결하는 순환형 노선도 중요하다.

한편, 업무 핵 도시로서 업무면적의 증대를 위해 재개발, 신개발에 의한 새로운 비즈니스 존의 공급도 중요하다.

업무 핵 도시에 있어서는 모두 중심부로의 재개발, 그것도 중심부 이외의 업무지를 확대하여 신개발이 진행되어 왔다.

하치오지, 타치가와의 타치가와역 북구 및 타치가와 기지 이적지를 중심으로 하는 재개발, 치바의 치바역 주변의 재개발, 오미야·우라와의 오미야역 주변 및 오미야 정류장 이적지의 재개발, 요코하마·가와사키 중심역 주변의 재개발 등이다.

중심부에서 업무확대를 위한 신개발은 요코하마의 미나토미라이 21, 치바의 마쿠하라 신도심 등이 있다. 이외에 업무 핵 도시의 배후권에 걸친 업무기능의 강화를 도모하고 있다.

1988년, 신주택시가지 개발법의 개정에 의하여 뉴타운에 센터지구로서 업무시설을 복합화한 도시형성이 가능하게 되어 다마 뉴타운, 고우후쿠 뉴타운 등에서 새로운 비즈니스 존이 개발되고 있다.

또한 기존의 공장지역 가운데 공장적지의 재개발에 의하여 가와사키시의 카나가와 사이언스 파크(KSP), 요코하마시의 요코하마 비즈니스 파크 등의 업무계 복합도시 개발이 추진되고 있다.

이들의 새로운 업무 핵, 비즈니스 존의 형성은 기본적으로는 산업구조의 탈공업화에 따라 확대된 오피스 수요의 발생에 수반한 새로운 비즈니스 존의 형성에 의한 것이다.

지금까지의 비즈니스 존은 전통적 도심부에서의 업무집적이라는 입지 특성을 가진 것으로 교통혼잡, 환경악화, 또한 업무면적의 높은 폭등 등에 의하여 새로운 오피스 입지로서 대도시 교외부에서는 지방도시가 착안되었고 또한 정보통신의 고도화에 박차를 가하여 새로운 비즈니스 존으로 개발 전개되어 왔다.

또한, 교외부의 공장단지도 제조업에서 연구개발 부문이나 오피스로 전환하는 동향도 나타나고 있다.

미국의 대도시 주변에서도 종래의 인더스트리얼 파크에서부터 비즈니스 파크, 오피스 파크에 이르기까지 조류가 변화해 오고 있다.

교외부의 비즈니스 파크의 특징은 도심에서는 얻을 수 없는 전원도시적 자연환경을 충분히 채택하여 컨벤션 시설 등의 문화적 요소를 가지고 도심에 없는 새로운 비즈니스 환경이 조성되기 쉽다. 그러나 배후지에 주택계의 스톡(stock)이 있어 직·주 근접화에 의하여 통근운동은 단축될 수 있다는 장점이 있다.

도쿄 대도시권의 업무 핵 도시 구상의 실현화는 업무 핵 도시와 배후지를 포함하기 위하여 자립도시권으로서 육성하고, 그 가운데 취업구조와 통근구조의 조합으로 변화해 온 것으로, 다음 시대의 새로운 흐름이 될 수 있을 것이다.

(3) 도쿄구부의 계획개정의 방향

도쿄구부의 산업구조 변동에 따라 도시계획용도지역의 변천을 보면, 1986년부터 지금까지 약 10년간의 사회·경제 정세의 변화에 대응하기 위하여 많은 수정작업이 이루어져 1989년에 개정되었다.(표 4.35)

여기서, 산업구조의 격동기였던 1970년~1990년의 20년간 용도지역의 변화를 보면(표 4.36)

주택계지역에서는 1,449ha 감소하고,

상업계지역에서는 3,493ha 증가하고,

공업계지역에서는 189ha 감소하고,

용도지역의 합계면적은 1,855ha의 증가

를 보이고 있다. 합계면적의 증가분은 항만매립지의 계획 추가에 의한 것도 있다. 대부분이 공업계에 지역지정이 이루어져 왔고 공업계의 감소분과 합하여도 2,044ha가 감소된다.

여하튼, 공업계, 주택계의 감소에 의하여 상업계가 증대해 왔다고 할 수 있다.

표 4.35 도쿄의 용도지역(그 4) (ha)

용 도 지 역(구부)		1981년	1990년
주거계	제1종주거전용지역	13,824	11,905
	제2종주거전용지역	11,283	12,026
	주 거 지 역	10,349	10,351
	소 계	35,456	34,282
상업계	근 린 상 업 지 역	3,293	3,984
	상 업 지 역	5,815	6,219
	소 계	9,108	10,203
공업계	준 공 업 지 역	9,479	9,861
	공 업 지 역	1,342	1,303
	공 업 전 용 지 역	1,168	1,163
	소 계	11,989	12,327
	합 계	56,553	56,812

출전 : 도쿄도 도시계획 개요

표 4.36 도쿄의 용도지역의 변천 (ha)

용도지역	1970년	1990년	증 감
주거계지역	35,371	34,282	−1449
상업계지역	6,710	10,203	+3493
공업계지역	12,516	12,327	−189
합 계	54,957	56,812	+1855

제3차 서비스 산업의 증대 경향과도 일치하나, 문제는 주택계의 감소이다.

한편, 용적률의 지정상황을 보면(표 4.37), 1970년은 건축물의 높이제한(31m ~20m)의 폐지에서 용적률 제도로의 전환기이며, 용적률 제도의 본격적인 도입은 1973년 이후라고 할 수 있다.

표 4.37 도쿄의 용도지역 - 용적률 - 의 변천

용적률(%)	1970년	1973년	1981년	1990년
1,000	135	114	114	114
900	114	90	87	87
800	303	404	405	428
700	912	752	727	748
600	1,570	1,373	1,360	1,447
500	2,871	2,139	2,177	2,402
400	4,189	2,895	3,416	3,920
계	10,094	7,767	8,286	9,146

출전 : 도쿄도 도시계획 개요

주 : 1,000%~500%는 상업지역, 400%는 상업지역, 근린상업지역(200~400%), 주거지역(200~400%), 준공업지역(200~400%), 공업지역(200~400%)을 포함한다.

높은 용적 지정면적을 보면, 1973년 이후 400% 이상의 지정면적은 전체적으로는 미미하게 증가하였다.

용적률 1,000 ~ 900%의 면적은 변하지 않고 400~500%대가 1981년~90년에 걸쳐 증가해 왔다.

용적률 400%의 적용지역은 상업지역, 주거지역, 준공업지역과 광범위한 지역에 걸쳐 지정되어 왔고, 재개발이 이루어지기 쉬운 지역이라고 볼 수 있다. 예를 들면, 주택계는 공업계의 400% 지역에 재개발이 이루어져 상업계 500%는 그 이상의 용적률의 지역으로 변경된 경우가 많다.

따라서 용적률 300~500%, 특히 400% 지역은 토지이용으로서 주택계로 해야 하는지, 업무계로 할 것인지 선택의 폭에 있어서, 이후 토지이용으로서 용도지역 상세화에 의해 명확히 해야 할 것이다.

1980년 후반에 들어서 전국으로 확대된 버블로 불려진 지가상승에 대응한 토지정책을 1983년 도쿄 도심에 대하여 결단을 내려 여론에서 강하게 논의되어 왔다.

1989년, 정부는 토지정책의 기본적 방침으로서 토지기본법을 제정하고 토지에 대한 기본이념으로

① 토지에 있어서 공공복지의 우선

② 적정한 이용 및 계획에 따르는 이용

③ 투기적 거래의 억제

④ 가치의 증가에 따라 이익에 대응한 적절한 부담

의 4가지 항목을 게재하여 토지는「적정성을 가진 합리적인 토지이용을 도모하기 위하여 책정된 토지이용계획」에 따라 이용되는 것을 요구하고 있다.

1991년 정부는「토지기본법을 포함한 이후의 토지정책 방안에 대한 보고(토지정책심의회)」를 열어 종합토지정책 추진요강을 각의 결정했다.

이 가운데 새로운 토지이용계획제도를 검토하는 방침을 내놓고 도시계획 중앙심의회, 건축심의회 등에서 심의되었다.

그리고 1992년에 도시계획법과 건축기준법의 대폭적인 개정을 이루게 되었다.

두 법의 개정 법률에 의하면, 지가상승에 대응한 일련의 조치인 지가감시구역제도의 강화, 부동산 시장으로의 초과 유동자금의 유입 억제, 토지세의 창설 등

금융, 세제 등의 토지정책에 대응하는 토지이용계획제도의 충실을 도모하는 것을 개정의 취지로 하고 있다.

주요한 개정을 정리해 보면, 새로운 토지이용계획제도로서 다음 3단계의 구성을 명확화 한다고 할 수 있다.

새로운 토지이용계획제도의 제1단계로는 시정촌, 도의 특별구 수준의「토지이용의 기본방침」을 창설하고 거리 만들기의 골격을 이루는 전체구성과 마스터플랜을 정하게 된 것이다.

제2단계로서, 용도지역제도를 8종류에서 12종류로 세분화하고, 특별용도지구의 확충, 개별건축물의 용도규제의 합리화를 이루고, 건축계획의 규제를 명확하고 효율화하려는 것이다.

제3단계로서, 구체적 가로 만들기 실현화 수법으로 지구계획제도의 확충, 유도용적제도의 창설, 가로 만들기로서 공공시설의 정비와 링크되는 토지의 유효이용이 촉진되는 지구계획의 충실, 그리고 공공시설의 정비수준에 대응하여 단계적으로 용적률을 설정하는 수법을 창설하고 있다.

토지이용계획으로 종래의 규제를 주축으로 한 사고방식에서 가로 만들기의 마스터플랜이라는 구상의 확립과 실현화 전략계획(strategy plan)의 중요성을 강조하도록 전환해 왔다. 앞으로 이 새로운 제도를 어떻게 정착시키고 운용해 나갈지가 문제이다.

다음으로, 용도지역제도의 세분화를 보면, 표 4.38과 같이 현행의 8종목에서 12종목으로 주거계가 세분화되어 3종류가 7종류가 되었다.

종래의 주거전용지역이 저층 주거전용과 중·고층 주거전용으로 분리되어, 각각에 필요한 점포와 편의시설의 입지를 인정하는 지역과 제한하는 지역으로 세분하고 있다.

종래의 주거지역을 3종류로 분리하여 대규모 점포, 사무소의 입지를 제한하는 지역과 인정하는 지역으로, 그리고 도로의 연도지역에 대응하는 지역으로 세분하고 있다.

상업계, 공업계는 종래의 지역제가 되었다.

특별용도지구로서 입체용도 규제를 시행하고, ①중고층계 주거전용지구, ②상업전용지구를 창설한다. 전자는 도심부에 상업업무시설이 입지하는 지역 등으로 중·고층 주택에 제한하는 규제를 행하여 주택의 확보를 도모하고, 후자는

표 4.38 용도지역의 세분화

<table>
<tr><th></th><th>현행제도</th><th>신 제 도</th><th>취 지</th></tr>
<tr><td rowspan="6">주
거
계</td><td rowspan="2">①
제1종 주거전용지역</td><td>①
제1종 저층주거전용지역</td><td>저층주택의 전용지역</td></tr>
<tr><td>②
제2종 저층주거전용지역</td><td>소규모 점포의 입지를 요구하는 저층주택의 전용지역</td></tr>
<tr><td rowspan="2">②
제2종 주거전용지역</td><td>③
제1종 중고층주거전용지역</td><td>중고층주택의 전용지역</td></tr>
<tr><td>④
제2종 중고층주거전용지역</td><td>필요한 편의시설의 입지를 요구하는 중고층주택의 전용지역</td></tr>
<tr><td rowspan="3">③
주거지역</td><td>⑤
제1종 주거지역</td><td>대규모의 점포, 사무소의 입지를 제한하는 주택지역</td></tr>
<tr><td>⑥제2종 주거지역</td><td>주택지를 위한 지역</td></tr>
<tr><td></td><td>⑦
준주거지역</td><td>도로의 연도지역 특성에 어울리는 업무시설과 주택이 조화롭게 입지하는 지역</td></tr>
<tr><td rowspan="2">상
업
계</td><td>④
근린상업지역</td><td>⑧
근린상업지역</td><td>근린주택지를 위한 점포, 사무소 등의 편리를 도모하는 지역</td></tr>
<tr><td>⑤
상업지역</td><td>⑨
상업지역</td><td></td></tr>
<tr><td>공
업
계</td><td>⑥
준공업지역
⑦
공업지역
⑧
공업전용지역</td><td>⑩
준공업지역
⑪
공업지역
⑫
공업전용지역</td><td></td></tr>
</table>

점포와 사무소가 밀집하는 지구에서 저층의 주택과 공장 등을 제한하고 상업업무계 용도의 편의를 증진시킨다.

표 4.39는 이번 용도지역의 재검토와 용도규제에 대하여 나타내고 있다.

도쿄구부의 새로운 계획 동향으로는 토지이용계획의 개정을 중심으로 하면서

표 4.39 용도지역의 재검토와 용도규제에 대하여

<table>
<tr><th colspan="2">현 행</th><th colspan="2">개 정 후</th></tr>
<tr><th>용도지역</th><th>용 도 규 제</th><th>용도지역</th><th>용 도 규 제</th></tr>
<tr><td rowspan="2">제1종 주거전용지역</td><td rowspan="2">주택 이외에는 학교, 공중목욕장, 진료소, 50㎡ 이내의 겸용주택 등에 한하여 건축을 허용</td><td>제1종 저층주거전용지역</td><td>현행의 제1종 주거전용지역과 기존의 동일(양로원을 노인홈으로 개정하는 등)</td></tr>
<tr><td>제2종 저층주거전용지역</td><td>제1종 저층주거전용지역 적격 건축물 외에 150㎡ 이내의 점포 등에 한하여 건축을 허용</td></tr>
<tr><td rowspan="2">제2종 주거전용지역</td><td rowspan="2">공장, 볼링장, 오락장, 호텔, 1,500㎡ 초과하는 3층 이상의 사무소, 점포 등의 건축을 금지</td><td>제1종 중고층 주거전용지역</td><td>제2종 저층주거전용지역 적격 건축물 이외에 병원, 아동후생시설, 500㎡ 이내의 점포 등에 한하여 건축을 허용</td></tr>
<tr><td>제2종 중고층 주거전용지역</td><td>현행의 제2종 주거전용지역 부적격 건축물 이외에, 일정 운동시설의 건축을 금지</td></tr>
<tr><td rowspan="3">주거지역</td><td rowspan="3">50㎡ 초과하는 공장, 화재위험성, 공해발생 등의 위협이 있는 상업지역, 근린상업지역 금지공장에 다음으로 대규모 공장, 50㎡ 초과의 자동차 차고, 창고업을 영위하는 창고 등의 건축을 금지</td><td>제1종 주거지역</td><td>현행의 주거지역 부적격 건축물 이외에 오락실, 가라오케, 3,000㎡ 초과의 사무소, 점포 등의 건축을 금지</td></tr>
<tr><td>제2종 주거지역</td><td>현행의 주거지역과 기존 동일 (300㎡ 이내의 자동차 차고의 건축 허용 등)</td></tr>
<tr><td>준주거지역</td><td>현행의 주거지역 부적격 건축물 이외에 목재분쇄공장 등의 건축을 금지, 현행의 주거지역 부적격 건축물 가운데 자동차 차고, 150㎡ 이내의 자동차수리공장 등의 건축을 허용</td></tr>
<tr><td>근린상업지역</td><td>상업지역 부적격 건축물 이외에 극장, 영화관, 갤러리, 개실부속욕장 등의 건축을 금지</td><td>근린상업지역</td><td>현행의 근린상업지역 부적격 건축물 이외에 개실부 욕장에 속하는 일정 건축물의 건축을 금지, 객석부분 200㎡ 미만의 극장, 영화관 등의 건축을 허용</td></tr>
<tr><td>상업지역</td><td>150㎡ 초과 공장, 화재위험성, 공해발생 등의 위협이 있는 준공업지역 금지공장에 이어 대규모 공장의 건축을 금지</td><td>상업지역</td><td>현행의 상업지역 부적격 건축물이외에 콘크리트 분쇄공장 등의 건축을 금지</td></tr>
</table>

현 행		개 정 후	
용도지역	용 도 규 제	용도지역	용 도 규 제
준공업지역	화재위험성, 공해발생 등의 위협이 큰 공장의 건축을 금지	준공업지역	현행의 준공업지역 부적격 건축물이외에 석금함유제품의 제조공장 등, 개실부 욕장에 속하는 일정의 건축물의 건축을 금지
공업지역	호텔, 카바레, 개실부 욕장, 극장, 학교, 병원 등의 건축을 금지	공업지역	현행의 공업지역 부적격 건축물 이외에 개실부 욕장에 속하는 일정 건축물의 건축을 금지
공업전용지역	공업지역 부적격 건축물 이외 주택, 점포, 도서관, 볼링장, 오락장 등의 건축을 금지	공업전용지역	현행의 공업전용지역 부적격 건축물 이외에 노인홈, 일정의 운동시설 등의 건축을 금지

도시재개발과 도시개발의 새로운 흐름이 되는 것이다. 또한, 구부 중심부의 커뮤니티의 붕괴를 방지하고 주택계의 새로운 정책의 강화라는 흐름이다.

또한, 토지이용계획에 연계된 공공시설정비계획의 흐름이며 특히, 도시교통방식의 새로운 흐름이다.

앞으로는 거주지역 주변에서 쉽게 느낄 수 있는 풍부한 도시공간의 창설이 커다란 목표이다.

새로운 조류로서 제5장 도시교통, 제6장 도시재개발, 도시개발에 대하여 전개하였다.

참고문헌

1) H. V. Savitch "Post-Industrial Cities, Politics and Planning in New York, Paris, and London" Princeton University Press, 1988
2) Greater London Development Plan 1976, the Greater London Council
3) The Greater London Development Plan 1984, the Greater London Council.
4) Projet de Schema Directeur D'amenagement et D'urbanisme de La Region D'ile-De-France 1980 Préfecture De La Region D'ile-De-France
5) 40 Ans de Planification en Region D'ile-De-France 1983
6) Regional Plan of New York and its Environs Volume 1～4, 1929
7) Metropolitan Transportation, 1980
Comprehensive Planning office, the Port of New York Authority, 1963
8) New York Ascendant, the Report of the Commission on the Year 2000, Robert F. Wagner (chairman of the Commission) 1987
9) 大都市問題研究会編集「国際比較による大都市問題」(株)ぎょうせい, 1990
10) Regional Plan Association Annual Report 1992
11) Regional Plan Association Annual Report 1991
12) 土木学会編「日本の土木地理」のうち「都市」(鈴木信太郎)(土木学会創立 60 周年記念出版), 森北出版, 昭和 49 年
13) 「東京の都市計画百年」東京都都市計画局, 平成 2 年
14) 「近代日本都市計画年表」(財) 都市計画協会, 平成 3 年
15) 「東京都市計画環状道路改修工事報告」東京府土木部, 昭和 9 年
16) 「昭和 8 年東京都市計画概要」東京市役所
17) 「昭和 14 年東京都市計画概要」東京市役所
18) 石川栄耀「東京復興都市計画論」都市計画 26 号
19) 「甦った東京・東京都戦災復興土地区画整理事業誌」東京都建設局, 昭和 62 年
20) 山田正男「時の流れ都市の流れ」都市研究所鹿島研究所出版会, 昭和 48 年
21) 鈴木信太郎「1960 年代の東京の都市計画『東京・成長と計画・1868～1988』」東京都立大学都市研究センター, 1988 年
22) 堀内亨一「都市計画と用途地域制」西田書店, 1978 年
23) 「都市計画概要 (昭和 40 年, 45 年, 60 年, 1990 年)」東京都
24) 鈴木信太郎「大都市の望ましい都市構造」新都市 54 年 1 月号
25) 「首都建設」首都建設委員会報告, 1951～1955 各年度版
26) 「首都圏整備」首都圏整備委員会, 1956～1959 各年度版

5 도시교통

도시가 확대하여 성장하는 과정 가운데 교통이 차지하는 역할은 매우 큰 것이다.

교통은 그 도시의 성장을 지지하는 역할을 담당하고, 또 그 도시의 성장을 조장하고, 다음 단계의 방향감을 주는 역할을 담당해 왔다.

앞날을 전망하는데 있어 대도시권의 도시구조의 변동, 특히 토지이용의 변화에 대한 교통계획은 도시의 안정적인 성장을 조장하고, 지방에서는 안정적인 성장을 관리하는 역할을 담당하게 되었다.

앞 절에서 서술한 바와 같이, 도쿄 대도시권 계획의 21세기를 향한 동향으로서 권역별 인구집적의 추이와 산업구조의 변화를 가지고 다핵 다권형 연합도시권 구조를 어떻게 실현시킬 것인가, 그리고 그 계획이념에 대하여 서술하고, 업무핵 도시가 가질 수 있는 방향에 대하여 문제점과 제언을 해왔다.

또한, 구부에 있어서 토지이용계획의 개정방향에 대하여 서술하였다.

본 장에서는 도시교통의 계획개정 변천에 대하여 서술하고, 나아가 대도시권 계획에 대하여 도시교통의 구조변화 측면에서 새로운 21세기로 향하는 사고방식과 조류에 대하여 서술한다.

5.1 도시교통의 계획개정

도쿄구부에 걸친 도로망계획의 개정은 1960년대, 1980년대에 이루어졌다. 1960년대의 개정은 1964년의 순환 6호선 내측, 1966년의 순환 6호선 외측의 개정이 이루어졌다.

이 개정의 기본적인 개념은 구부의 도시구조를 도심집중형에서 다핵형 구조로 유도하려는 가로망을 편성하는 것으로, 당시 급증하는 자동차교통에 대응한 가로 만들기로서 능률적인 경제시점에서 도로계획이 목표가 되었다.(표 5.1)

표 5.1 자동차대수의 추이(그 2) (단위 : 1,000대)

연 차	승 용 차	버 스	트 럭	기 타	도쿄도 계	전 국
1950	108	5	196	206	510	1,860
1965	365	10	371	338	1,085	5,065
1970	944	17	587	476	1,584	12,951
1975	1,370	18	755	503	2,646	23,276
1980	1,722	16	898	452	3,088	31,695
1984	2,098	15	1,116	513	3,743	35,327
1989	2,491	16	1,227	74	3,809	38,862

주 : 1. 「기타」는 특종 용도차, 대형 특수차와 소형 이륜차를 포함한다. 경자동차는 포함하지 않는다.
2. 1989년의 「기타」는 특종 용도, 대형 특수차로 보인다.
3. 표 3.4의 전국 자동차 보유대수에서는 경자동차를 포함한 대수이다.
(1989년의 경자동차 (원부를 포함)는 전국에 1,526만대이며, 최근 증가경향이다.

이를 위해 도시고속도로망과 병행시켰으며 평면도로의 구조는 교통처리를 향상시키기 위해, 간선도로는 입체교차화나 교차점부의 확폭을 도모하고 중간부의 폭원은 필요한도에 한정시키게 되었다.

재검토 결과 방사간선 36호선, 순환간선 11호선, 보조선 294호선 등이고 총연장 1,501km가 되었다.

이때 전쟁 전에 결정되어 온 소규모 도로 1,000노선, 연장 1,400km에 대하여도 검토되어 소규모 도로는 이후 구획정리사업 등의 면적 개발로서의 정비를 예정하여 일부는 폭원뿐만 아니라 보조선으로 격상시키며 대부분은 폐지되었다.

그 사이 오일 쇼크가 일어나 경제성장 변화와 함께 도로의 소음, 배기가스 등 공해의 증대에 의해 환경에 대한 주민의식의 향상 등 사회정세의 변화가 있었다.

이전의 개정에서는 교통량 처리에 중점을 둔 간선도로 정비에 역점을 두었으나, 거주환경 보전을 위하여 도로계획의 한 방법이 새로운 문제로 나타났다.

재검토에 있어서 교통체계 정비의 방향을 명확히 할 필요가 있었다.

교통체계의 방향으로는 효율성 있는 도시교통을 확보하고 지역환경을 보전하기 위하여 사람과 물건의 이동을 지역의 상황에 대응하여 철도, 버스, 자동차 등

운송기관으로 적절히 분담시켜 운송기관 상호의 유기적인 결합을 도모할 필요가 있다.

이 경우 지하철을 시작으로 하는 철도망의 정비와 버스망체계의 확립에 의하여 공공교통체계의 충실을 도모하고, 자동차 교통을 공공교통기관으로 전환하는 것을 촉진한다.

이를 포함하여 장래(2000년)의 자동차 교통량에 대해 패션 트립 조사(1968년, 1978년)와 물류조사(1972년)의 조사결과를 이용하여 인구와 경제의 프레임을 설정한 작업이 진행되었다.

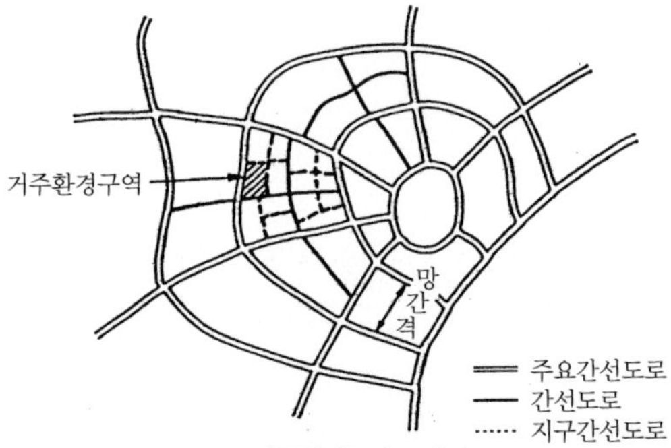

거주환경구역 모델

그림 5.1 도로망과 거주환경구역의 모델

1981년 도로계획 검토의 기본목표로서 도시 방재의 강화, 도시기능의 확보, 지역환경의 보전, 도시공간의 확보라는 4가지 목표를 설정하여 진행되었다.

이들의 목표설정으로 재검토에 해당하는 주거계의 지역에 대하여 거주환경 개념을 도입했다.

거주환경지구의 큰 부분은 일상 생활권의 설정, 지구 외부에 도시계획도로의 배치, 지구 내의 통과교통을 배제하며 면적(面積)인 거주환경의 보전, 보행한계를 넘지 않는 범위 내에 버스노선으로 생활도로계획의 배치, 자전거 교통을 위한 보도의 확충과 식수대의 강화를 고려한 폭원구성을 설정하고, 도시경관, 통풍, 채광을 위한 공간확보를 배려하도록 하였다.(그림 5.1)

상업부문 등의 지역에 있어서도 재개발을 계기로 적극적인 개념을 채택하도록 하였다.

거주환경지구의 설정은 지구특성 및 환경기준의 구역구분을 고려하여 고밀주거지대, 중밀주거지대, 저밀주거지대, 도심업무지대 및 혼합지대의 5분류로서 교통발생 밀도와 거주환경기준의 한계를 연관시켜 도로망 간격을 설정하고 있다.(그림 5.2)

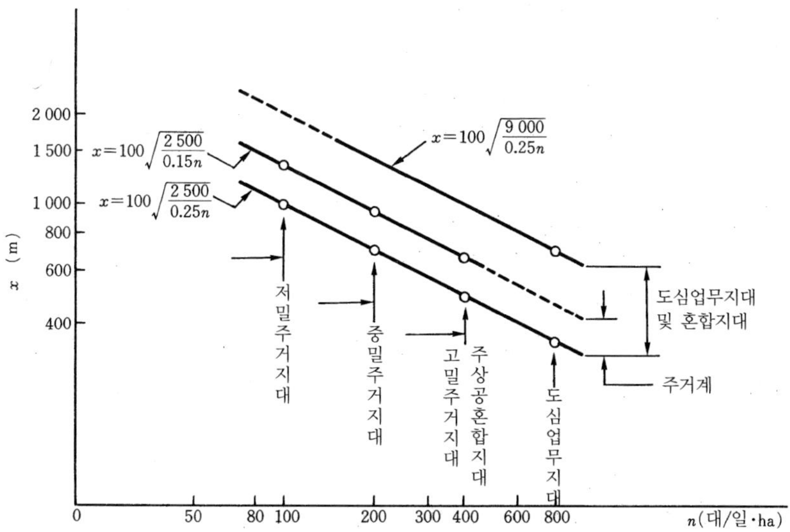

그림 5.2 교통발생밀도 (n)와 도로망 간격의 기준(x)와의 관계

또한, 토지이용 및 용적률과 도시계획 도로 용적의 밸런스도 검토되었다.

구부를 계획가로에서 구와 분리하여 약 230존으로 분할하고, 존의 건축연면적의 수요를 추계하여 지정 용적률과 도로사선 등에서 결정된 법정 허용 용적률과 비교한 결과, 2000년에는 마루노우찌, 오오테죠, 카스미카세키 등의 도심업무지구에서 연면적 수요가 법정 허용 용적률을 조금 초과하고, 도심 주변 및 시부야, 신주쿠, 이케부쿠로, 우에노 등의 지구에서 법정 허용 용적률의 70% 이상을 달하였으나 구부 평균에서는 약 50%를 넘는 것으로 예측되었다.

이 결과, 도심부의 용적률에 대하여는 한층 더 규제를 강화할 것을 지적하고 있다.

다음으로, 도시 방재의 강화 관점에서 계획수준의 설정이 이루어졌다.

지진재해 및 평상시의 화재에 대해서도 소방활동 등을 확보하기 위하여 소방차의 호스가 닿는 범위의 모든 지역을 포함하여 소방차 통행가능 도로와 소방 수리(水利)를 배치할 필요가 있다. 이를 위해서 긴급차가 위반하여 제재 없이 이용하도록 도시계획도로의 폭원을 적정한 간격으로 배치할 필요가 있다.

지진재해시 소방활동 곤란구역은 현재 구부 면적의 약 30%를 점유하고 있고 그 대부분이 외주구에 있다. 이 곤란지역을 해소하기 위하여 차도 폭원 9m 이상의 도로를 가능토록 1,000 ~ 1,500m 간격으로 배치할 필요가 있다.

재검토 결과 곤란지역은 소방 수리를 충실하게 행함으로써 해소할 수 있다.

또한, 피난의 안전성 확보를 위하여 도시계획 도로의 네트워크화를 도모함과 동시에 풍하(風下)의 소화 방지효과를 상정하려면 폭원 20m 이상 도로의 적정배치에도 노력한다.

이와 같이 종합적 시점에서의 도로계획 재검토 결과, 방사간선 36노선, 순환간선 11노선, 보조선 303노선이 되고, 총연장 1,658km가 되었다.

도로 재검토에 있어서 계획도로의 실현화 즉, 사업 실시의 전망을 명확하게 하는 것이 긴급과제였다.

따라서 다음에 서술한 사업의 우선순위 기준을 정하여 대체로 10년간의 사업화가 예정된 노선으로서 77노선, 98km가 선정되었다.

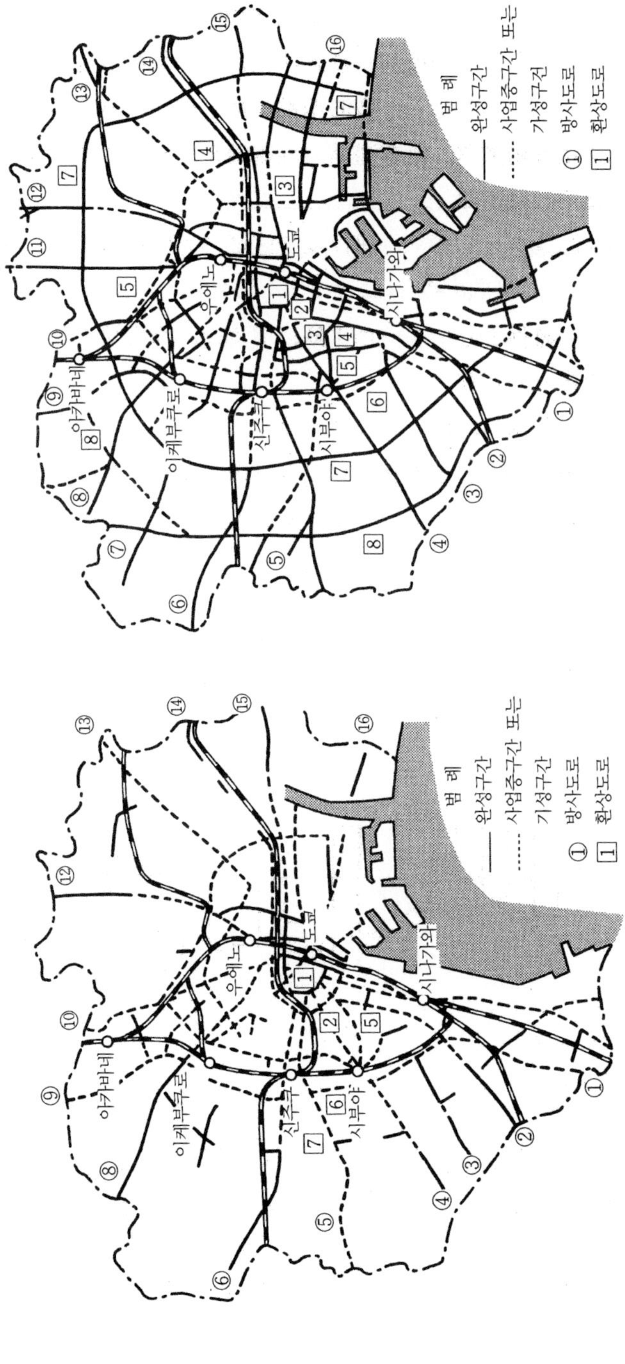

쇼와35년(1960) 당시

헤이세이 원년(1989) 3월 현재

그림 5.3 도쿄 23구내의 간선도로망

사업의 우선순위 기준으로는

① 도시 방재의 강화—지정피난도로에서 현재 도로가 15m 미만의 도시계획 도로, 소방곤란구역의 해소, 연소방지에 유효한 도시계획 도로

② 도시기능의 확보—다핵형 도시구조로의 유도, 도시의 골격형성으로서의 순환간선도로, 기존도로의 혼잡 완화, 버스 서비스 권역의 확대에 유효한 도시계획 도로

③ 지역환경의 보전—거주환경구역의 외곽을 형성하는 도시계획도로

④ 도시공간의 확보—지하철, 하수도, 도시 하천 등의 도시시설을 매설하는 도시계획 도로

도시계획 도로의 정비는 이상과 같은 기준으로 진행되고 있다.

도쿄구부의 간선도로 정비상황은 그림 5.3과 같이, 1960년 당시에는 도심, 부도심 주변이 정비되어 있으며 교외부는 순환 7호선이 부분적으로 있다.

1989년 현재는 순환 7호선이 전체노선으로 공용되어 순환 8호선이 오오타구, 네리마구, 이타바시구의 일부 구간을 제외하고 공용되어 왔다.

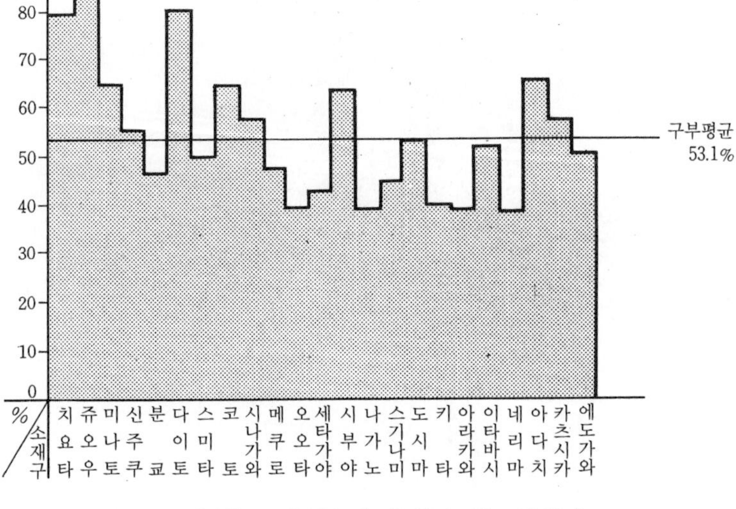

그림 5.4 도시계획도로 완성률도(平成 원년 3월 31일 현재)

방사간선도 많은 노선의 완성률은 다음과 같다.

1989년 3월 현재, 계획도로 총연장 1,699km 가운데 906km가 완성되었고 완성률은 약 53%이다. 그 내역은 방사선이 약 66%, 순환선이 약 58%, 보조선이 약 48%이다.

23구의 구별 도시계획도로의 완성률은 그림 5.4와 같이 도심구에서는 80% 전후이고 외주부에서는 40% 이후로 낮은 상황이다.

도시교통의 교통기관별 운송인원의 추이(표 5.2)를 보면, 1960년대에 들어서 종래 주역의 하나였던 노면전차와 도로전차의 역할은 감퇴하고 대체된 지하철의 역할은 증대하여, 통근교통의 주류로서 국철, 사철, 지하철의 시대가 되었다.

도시철도로서 지하철 계획노선망의 결정은 종래부터 운수성의 자문기관인 도시교통 심의회에서 심의 보고가 이루어져 도시계획으로서는 별도 도시계획 심의회에서 결정되었다.

1972년의 도시교통 심의회의 15호 답신에 의해 도쿄권의 지하철 노선은 도심에서 약 50km권이 계획되었다.

그 후, 도시교통 심의회는 조직 개정으로 운송정책 심의회가 되었다.

1985년, 동 심의회에서는 「도쿄권에서 고속철도를 중심으로 하는 교통망의 정비에 관한 기본계획에 대하여」(7호)를 답신하였다.

표 5.2 도쿄구부 교통기관별 운송인원의 추이(그 2) (단위 : 백만 명)

연 차	국전철JR	사 철	지하철	도전철	버 스	택 시	계
1965	2,627 (36)	1,768 (24)	753 (10)	557 (7)	958 (13)	708 (10)	7,371 (100)
1975	2,788 (34)	2,277 (28)	1,749 (21)	49 (1)	901 (11)	504 (6)	8,268 (100)
1980	2,487 (30)	2,388 (29)	1,963 (24)	44 (–)	758 (9)	591 (7)	8,231 (100)
1985	2,791 (31)	2,590 (29)	2,280 (25)	42 (–)	684 (8)	592 (7)	8,979 (100)
1988	3,047 (32)	2,781 (29)	2,516 (26)	43 (–)	666 (7)	603 (6)	9,656 (100)

도시교통 연보

이 보고서 답신에서는 2000년을 목표년도로 도쿄권의 인구규모를 3,400만 명으로 하여 인구의 외연화가 진행되었는데, 특히 도쿄권의 북부 · 동부지역의 인구증가를 볼 수 있다.

또한, 타치가와, 하치오지, 오미야, 우라야, 치바 등의 업무 핵 도시의 육성에 의해 도쿄구부로 유입인구가 둔화하는 것으로 나타난다.

계획의 기본적 개념은 기존 설치노선의 혼잡완화에 중점을 두고 최고 혼잡구간에서의 피크시 혼잡률이 200%를 넘는 노선에 대하여 새 선로의 건설과 복복선화등의 조치를 하는 것이다.

주요한 노선으로는 죠반선 방면의 혼잡완화를 위한 죠반 신선, 11호선인 마츠도까지의 연장, 또한 도큐도요코선의 복복선화, 메쿠로선의 개량과 메쿠로에서 6호선, 7호선과의 상호 직통운전의 시행, 하네다 공항 종합개항에 따라 도쿄 모노레일 하네다선 및 케이힌 급행공항선의 연장이 새롭게 결정되었다.

또한, 새롭게 국철의 개량 등에 대해서도 쥬오우선 미타카 - 타치가와 간의 복선화, 야마테 화물선의 오사키(大崎)까지의 여객선화, 무사시노 남선인 가와사키까지의 여객선화 등이 추가되었다.

신교통 시스템으로는 닛포리 - 토네리간 등이 운송수요의 동향 등을 감안하여 도입하게 되었다.

이상의 노선 설정에 의해 최고 혼잡구간의 평균 혼잡률은 1980년의 약 220%에서 2000년에는 약 180% 이내의 전망을 보이고 있다.

1989년 현재, 도시고속철도계획의 도시계획 결정은 지하철망으로서 12노선 308km이며, 그 가운데 76%인 235km가 공용되었다.

5.2 도시교통에서 본 대도시권 계획의 개정방향

도쿄 대도시권 계획의 개정방향은 업무 핵 도시의 전략적 육성에 의하여 다핵 다권형 연합도시권 구조를 구축하려는 것이다.

이를 위해 전 절에서도 언급한 바와 같이, 커다란 조류로서 대도시권의 직장과 주거의 근접화라는 도시구조의 확립이 중요하다고 지적해왔다. 이것은 도시교통의 경우에도 오늘날 교통혼잡의 해소라는 점에서도 중요하다.

뉴욕, 런던, 파리에서도 똑같은 계획전략이 진행되어 왔다. 도쿄권의 인구규모 3,000만 명 이상의 도시권에서는 특히, 외주부에 예정되어 있는 업무 핵 도시의 육성은 기타 도시에 비해서도 중요하다.

「안으로는 주택을, 외부로는 업무지를」이라는 구조이다.

도쿄 대도시권의 도시교통 측면에서 도시구조를 보기 위하여 「인간의 움직임」 패션 트립(trip) 조사결과를 분석하는 것이다. 패션 트립 조사는 1968년과 1978년, 그리고 1988년에 3회에 이루졌으며, 이것은 세계적으로 처음이다.

조사목적은 도쿄권 종합교통체계의 마스터플랜을 작성하기 위한 것이다.

3회의 조사결과를 개설(概說)하면, 도쿄 대도시권의 도시권역이 표 5.3(그림 4.91 참조)과 같이 성장 확대하는 과정 가운데 토지이용의 변동, 교통기관의 변동에 의하여 일상생활 행동권이 양극화된 것이라고 할 수 있다.

즉 아침에 사람들은 집을 나와 직장으로 가고 밤에 집으로 돌아오기까지 일상생활의 행동범위에 있어서, 원거리 통근하는 사람들의 행동반경은 크고 도쿄권을 대상으로 하고 있다.

표 5.3 도쿄 도시권의 DID 면적의 추이

	면 적	증 가 분	신 장 률
1965년	1,265 ㎢	0 ㎢	100
1975년	2,359	1,094	186
1985년	2,926	567	231

주 : DID (Densely Inhabited District : 인구집중지구)는 인구밀도가 40인/ha이며, 5,000인 이상이 되는 연속한 지구를 나타 낸다.

자료 : 총무청통계국 「국세조사보고」

참고 : 그림 4.91

한편, 근거리를 통근하는 사람들의 행동은 작고 핵 도시 중심의 지역권을 대상으로 하며 2개의 움직임이 명확해진다는 것이다.

또한, 일상생활 가운데 가정주부와 아이들의 행동은 그 지역사회 속에서 완결되어 새로운 사회변동에 수반하는 움직임으로 여성 및 고령자의 행동빈도가 확대되고 있다. 그리고 전반적으로 새벽과 심야에 활동하는 사람들의 움직임도 증가하고 있다.

말하자면, 매크로와 마이크로의 일상생활 행동권으로 재편시키고, 이에 대응하는 교통계획이 요청되게 된다.

5.2.1 매크로의 일상생활 행동권

표 5.4 도쿄권의 지역별 발생 집중량의 추이 (단위 : 만 trip end)

	제1회 1968년	제2회 1978년	제3회 1988년
도쿄구부	4,500	4,801	4,678
도쿄시군부	873	1,330	1,502
도쿄도 계	5,373	6,131	6,180
요코하마시	823	1,130	1,369
가와사키시	392	451	495
카나가와	838	1,249	1,511
카나가와 현 계	2,053	2,830	3,375
사이타마 남부	795	1,361	1,631
사이타마 북부	531	725	884
사이타마 현 계	1,326	2,086	2,515
치바시	} 684	} 1,282 }	347
치바서북부			1,210
치바서남부	104	213	226
치바동부	–	379	357
치바 현 계	788	1,874	2,140
이바라키 현 계	–	423	555
도시권 합계	9,540	13,344	14,767

주 : ① 조사구역은 조사연도에 의해 다르며, 제2회에서는 치바 동부, 이바라키 남부, 사이타마 북부의 일부가 추가되어, 제3회에서는 이바라키 남부의 일부가 추가되었다.

② 트립엔드라는 1개의 트립의 양단을 각각 트립엔드라 부르고, 어느 지역 가운데에 있는 그들의 수를 집계한 것이 트립엔드수이다.

도쿄권의 패션 트립 조사결과를 보면, 전 지역에서의 발생 집중량은 1968년부터 10년 동안 약 30%, 1978년부터 10년 동안 약간 감소하여 약 10%의 증가를 보이고 있다(표 5.4, 그림 5.5)

지역별로 보면, 도쿄구부의 발생 집중량은 1968년에는 전지역의 47%를 점유하고, 1978년에는 36%, 1988년에는 32%로 전 지역의 비율은 저하하고 있다.

또한, 지역별 신축비율을 보면 도쿄구부에서는 거의 변화하고 있지 않다.

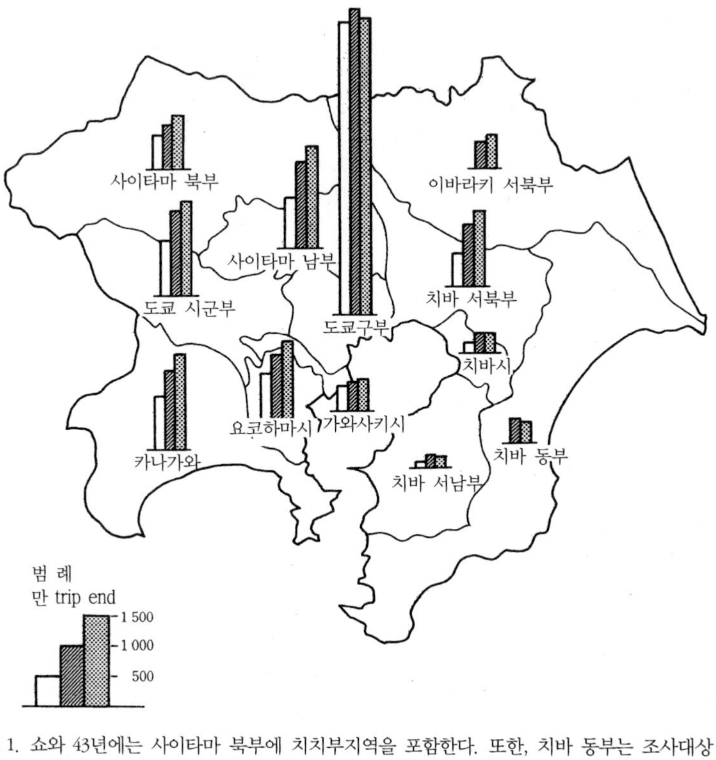

주 : 1. 쇼와 43년에는 사이타마 북부에 치치부지역을 포함한다. 또한, 치바 동부는 조사대상 외

2. 치바시에는 토게쵸오를 포함하고 있지 않다. 치바 서남부는 조사지역이 53년, 63년이 일부 상이하다. 이바라키 현은 이바라키 남부지역(조사지역)이며, 쇼와 53년에는 가고시마지역을 포함하고 있지 않다.

3. 지역구분에 「카나가와」는 「요코하마시」, 「가와사키시」를 제외한 카나가와 시정촌을 의미한다.

그림 5.5 지역별 발생 집중량의 추이

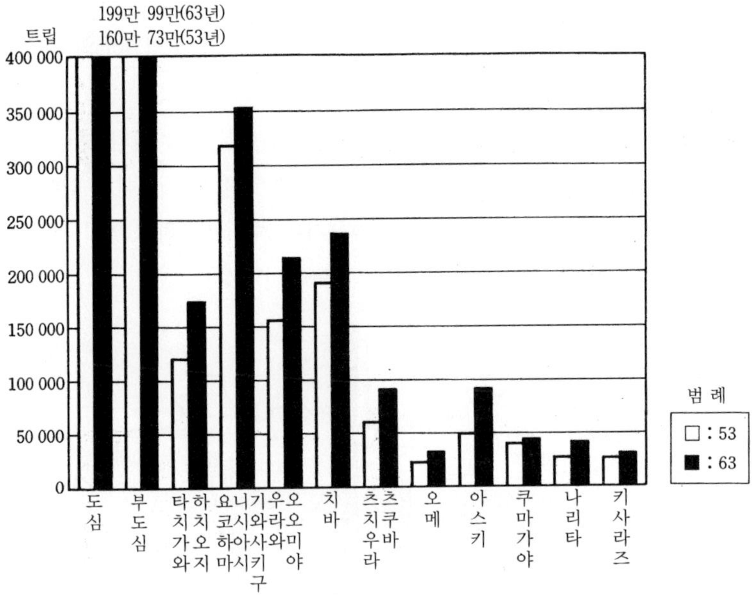

그림 5.6 통근핵별 통근 집중량의 추이

증가가 현저한 구부에 인접하는 치바 서북부, 사이타마 남부 등에서 커다란 신장세를 보이고 있다.

도쿄권의 도시구조를 명확하게 하기 위하여 통근교통으로 본 통근핵과 그 권역구조를 보면, 통근핵으로의 집중량과 그 추이는 다음과 같다.(그림 5.6, 5.7)

① 도쿄 도심(치요다, 쥬오, 미나토구), 부도심(신주쿠, 시부야, 토시마, 분쿄구)

1988년 도심으로의 통근은 199만 트립, 부도심에서는 99만 트립이고 기타 통근핵으로의 집중량을 크게 상회하고 있다. 1978년부터의 증가량도 각각 39만, 24만 트립이나 된다.

통근권역을 보면, 대부분이 도쿄 50km권을 대상으로 하며, 기타 통근핵 권역이 중요한 지역도 많다.

② 업무 핵 도시

요코하마(서 · 중구), 가와사키(가와사키구)로의 통근 트립이 약 35만 트립으로

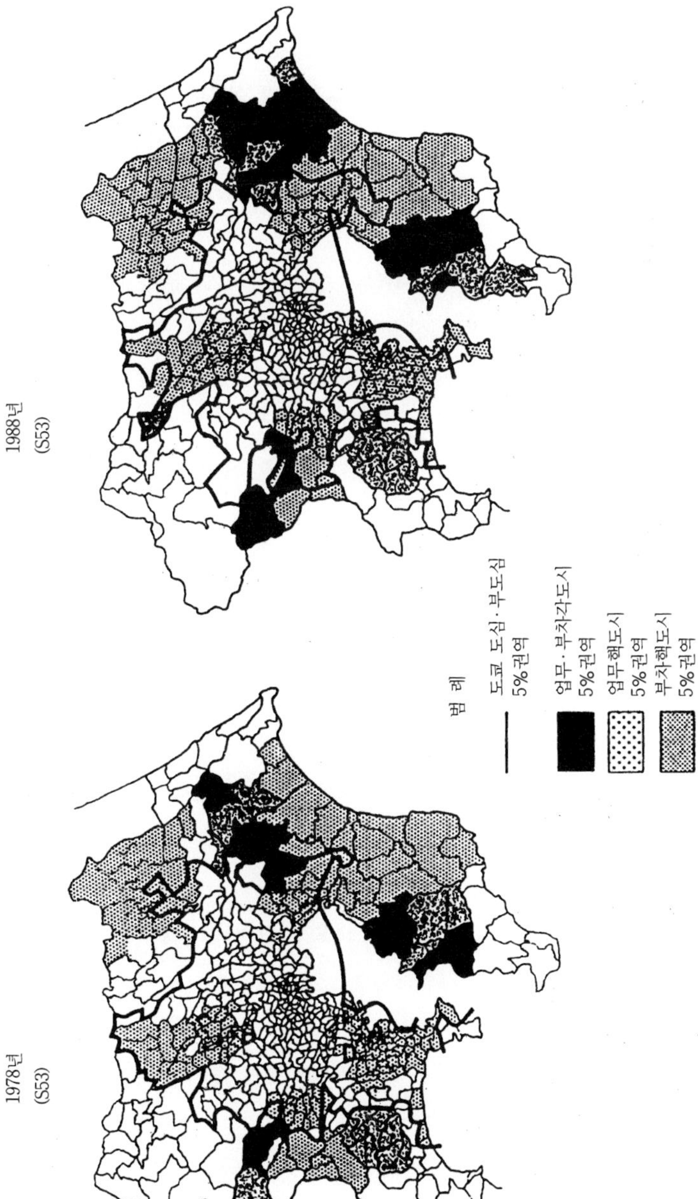
1988년
(S53)
1978년
(S53)
범 례
도쿄 도심·부도심
5%권역
업무·부차각도시
5%권역
업무핵도시
5%권역
부차핵도시
5%권역

그림 5.7 통근교통권역

제일 많고, 치바 약 24만 트립, 우라와· 오미야· 타치가와· 하치오지· 츠치우라· 츠쿠바의 순이다. 1978년부터는 각각 5만 트립 정도의 증가량을 나타내고 있다.

통근권역을 보면, 도쿄구부의 녹지주변부에서 각 외측을 권역으로 하여 면(面)의 확장은 대개 동일 현 내로 정해져 있다. 각 권역에서 현 내의 지역적 특성이 되어 도심, 부도심과의 통근권역으로도 중복하고 있다.

③ 부차 핵 도시

아츠키(厚木)시에 10만 트립, 국제공항이 있는 나리타와 쿠마가야에 약 5만 트립이 있고, 신장률은 도시성장의 성숙도와는 다르다.

통근권역은 업무 핵 도시의 권역과 중복된 부분도 있지만 아츠키, 쿠마가야에서는 권역이 비교적 독립한 권역을 가지고 있다.

권역구조의 변화를 10년 전인 1978년과 비교하면 도쿄 도심과 부도심의 권역은 확대부분과 축소부분을 볼 수 있다.

확대부분은 하치오지, 한노우, 쿠마가야, 치바, 이치하라 방면이며 축소부분은 요코스카, 츠치우라 방면이다. 축소부분은 요코하마, 츠쿠바 연구학원도시의 업무시설 정비 강화에 의해 같은 방면의 통근이 증대하려는 것이다.

또한, 통근핵이 되는 도시에서 도쿄 도심과 부도심으로의 통근도 양적 확대는 보이지 않는다.

이러한 상황으로 볼 때, 이후 업무 핵 도시, 부차 핵 도시의 육성 강화로 도쿄 중심으로의 통근권역을 축소시키는 것도 기대된다.

다음으로, 통근 핵의 이용 교통수단과 소요 시간의 특성을 보면 다음과 같다. (그림 5.8)

① 도쿄 도심· 부도심

통근에 이용되는 대표교통수단은 그림 5.8과 같이 철도이용의 비율이 압도적으로 높다. 10년 전과 비교해도 철도이용의 비율이 증가하고 있다.

권역의 평균 소요시간은 약 60분이다. 소요시간 분포를 보면, 철도이용에서는 30분 이하의 통근 트립 비율이 기타 도시에 비교하여 낮은데 60~90분에서 절정이며, 90분 이상을 요하는 트립 비율도 높아지고 있다.

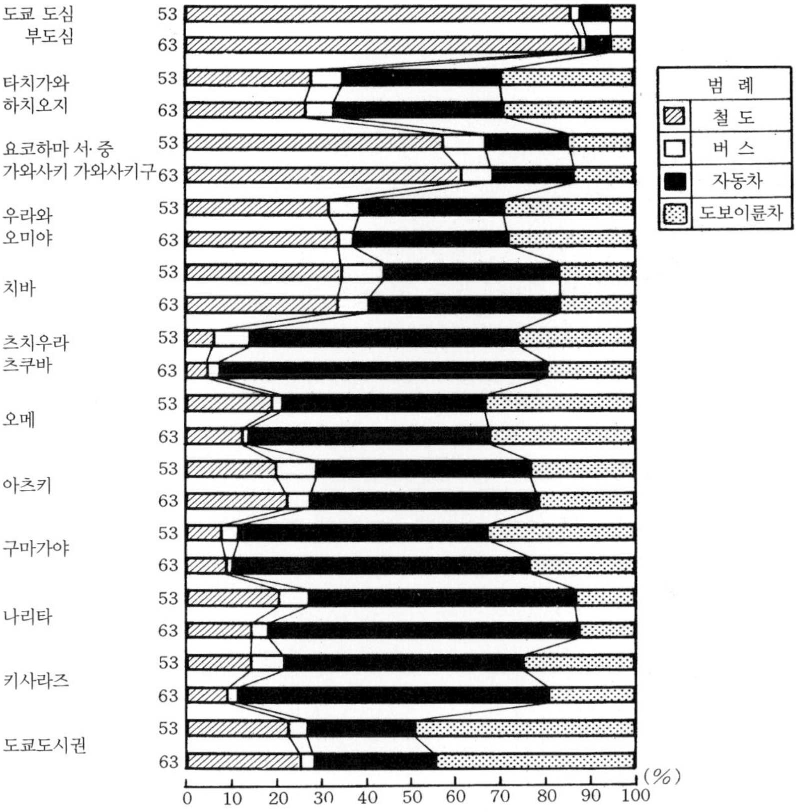

그림 5.8 통근핵별 대표교통수단 구성(도착기준)

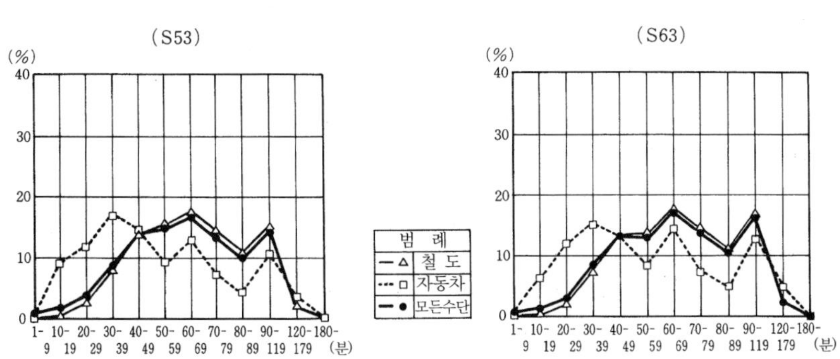

그림 5.9 통근소요시간 분포(도심 3구)

10년 전과 비교해도 분포 패턴은 대체로 변하지 않았고 장기화 경향을 볼 수 있다.(그림 5.9)

② 업무 핵 도시

이용교통수단이 도쿄 도심·부도심과는 다르다.

요코하마·가와사키에서는 철도 이용의 비율이 높으나 타치가와·하치오지·우라와·오미야 치바에서는 철도 이용과 자동차 이용이 대체로 같다. 츠치우라·츠쿠바에서는 자동차 이용 비율이 매우 높아진다.

10년 전과 비교하면 요코하마·가와사키에서는 철도이용 비율이 증가하였으나, 타 도시에서는 철도와 버스 이용의 비율이 감소하고 반대로 자동차 이용의 비율이 증가하였다.

이 권역의 평균 소요시간은 약 40분이다.

소요시간 분포를 보면 자동차 이용에서는 도쿄 도심에 비하여 30분 이내의 비율이 높아지고 90분 이상의 비율은 낮아진다.(그림 5.10)

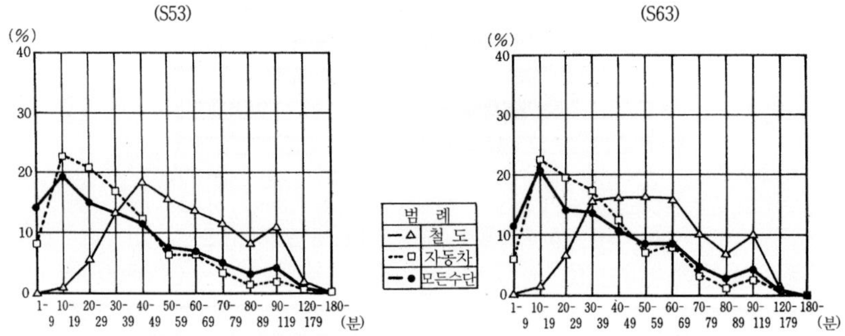

그림 5.10 통근소요시간 분포 — 업무 핵 도시(우라와 · 오미야)

③ 부차 핵 도시

어느 도시든지 자동차 이용률이 높고, 업무 핵 도시의 자동차 이용비율에 의하여 이용도가 높다.

이 권역의 평균 소요시간은 30분 이내이다. 소요시간 분포를 보면, 10~19분이 절정이고 50분을 초과하면 트립 구성 비율이 급감하고 있다.

소요시간 분포를 10년 전과 비교하면, 10~19분의 절정이 되면 한층 더 상승하고 철도 이용이 감소하며 자동차 이용이 증가하는 것을 알 수 있다.

다음으로, 업무교통으로 본 업무 핵의 교통 특성과 권역구조를 보자.

여기에 업무목적 교통과 협의 · 회의, 판매 · 배달, 작업 · 수리, 기타 업무가 포함되어 있다.

핵 도시로의 업무목적 교통량을 보면 그림 5.11과 같이 10년 동안 대부분 업무 핵(핵도시의 중심)에서 증가하고 있다.

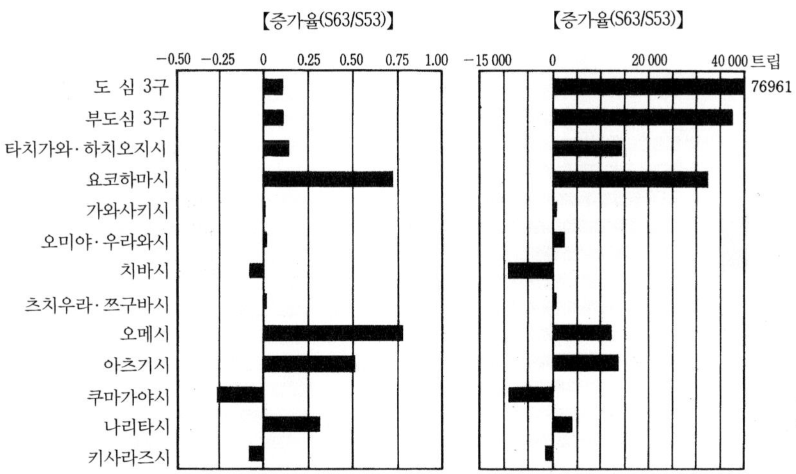

주 : 오미야·우라와시는 요노시를 포함

그림 5.11 핵 도시 시역의 업무목적 집중 교통량의 추이

도쿄 도심 3구에서는 7.7만 트립, 부도심 3구, 요코하마에서 3만 트립 이상으로 크고, 타치가와·하치오지·오메·아츠기 등에서도 1.5만 트립이 증가하고 핵 도시의 업무기능의 집적이 진행하고 있다.

다음으로, 업무교통의 대표 교통수단 구성비를 보면(그림 5.12)

① 도쿄 도심·부도심

업무목적 교통은 철도 이용률이 높고 자동차 이용률이 낮게 나타나는 것이 특징이다. 특히 「협의·회의」 목적의 철도 이용률이 약 55%로 반수를 넘고 있다.

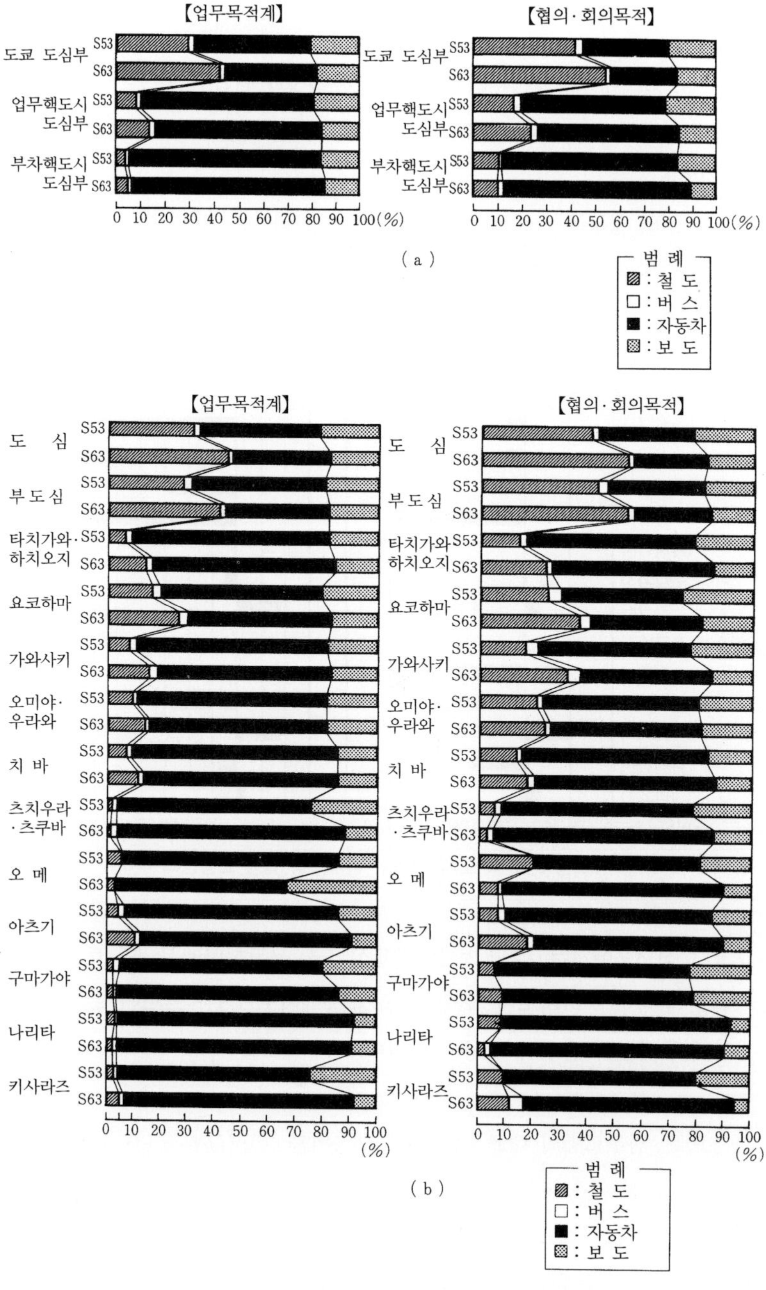

그림 5.12 업무 상세목적별 대표교통수단 구성비의 추이

이 10년간의 변화에도 이러한 경향이 확대되어 온 것이 명확하다.

도쿄 도심과 부도심을 비교하면 대개 동일한 패턴이지만, 도심은 철도이용률이 약간 높다.

도쿄 도심의 철도, 특히 지하철망 체계의 정비는 대부분 완성되었고, 이후 부도심에도 이케부쿠로·신주쿠·시부야를 연결하는 벨트 체계의 정비가 계획되고 있다.

② 업무 핵 도시·부차 핵 도시 중심부

각 도시에 공통적인 것은 업무목적 교통의 철도 이용률이 낮고 대부분이 자동차를 이용한다는 것이다.

「협의·회의」목적에서 본다면, 업무 핵 도시 가운데 요코하마와 가와사키는 철도 이용률이 30%를 넘고 있으나 기타 도시에서는 낮고, 이 10년간에는 철도 이용이 약간 증가하는 경향을 볼 수 있다.

부차 핵 도시에서는 철도 이용률은 10% 정도에서 증가 경향이 보인다.

다음으로, 업무 핵의 영향권역에 대하여 본다면, 영향권역은 업무 핵으로의 업무목적 교통량이 업무목적 발생 교통량(내부 교통량을 제외)의 5% 이상을 점유하는 존 권역이다.(그림 5.7 참조)

① 도쿄 도심

영향권역은 구부에서는 보이지 않고 업무 핵 도시 중심부를 포함하는 도쿄권 전역에 파급되어 있다.

② 업무 핵 도시·부차 핵 도시 중심부

업무 핵 도시의 영향권은 각 현의 내부를 중심으로 한 배후권 방향으로 확대된 권역으로 되어 왔고, 부차 핵 도시에서는 그 시역을 중심으로 주변지역을 포함하는 정도의 작은 권역이 되었다.

다음으로, 도쿄권의「사람의 이동」(패션 트립(trip)조사)을 지역간 유동패턴과 어떻게 연관되는가를 본다.

① 우선「사람의 이동」의 전목적에 대해 보면, 도쿄권 사람들의 움직임은 도쿄구부를 중심으로 한 방사형태의 유동이 주류를 이루고 있다.

무엇보다도 유동이 큰 것은 도쿄구부-사이타마 남부이며, 다음으로 도쿄구부와 도쿄 시군부, 치바 서북부, 요코하마시 순이며 이들의 유동은 모두 100만 트립을 초과하고 있다.(그림 5.13, 표 5.5)

1	도쿄구부
2	도쿄시군부
3	요코하마시
4	가와사키시
5	카나가와
6	사이타마 남부
7	사이타마 북부
8	치바시
9	치바서북부
10	치바서남부
11	치바 동부
12	이바라키 남부

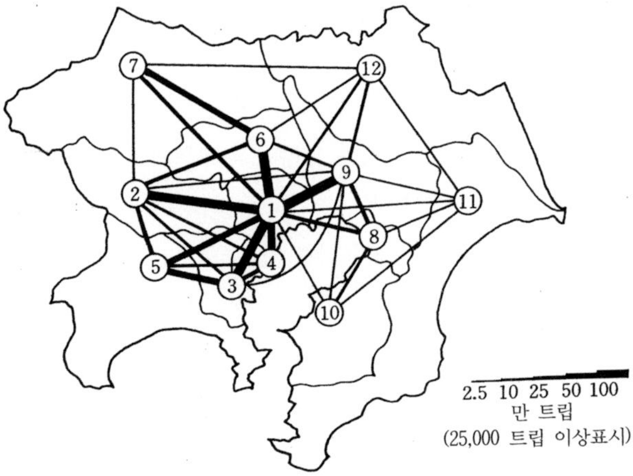

그림 5.13 지역간의 인구이동

이 10년 동안 「사람의 이동」의 변화를 보면, 현저히 증가한 것은 역시 구부를 중심으로 한 방사상의 움직임이다. 무엇보다도 증가량이 큰 것은 도쿄구부-사이타마 남부이며, 다음으로 도쿄구부와 치바 서북부, 요코하마시, 도쿄 시군부의 순이다.

증가율을 보면, 도쿄구부를 중심으로 하는 유동은 아니며, 구부에 인접한 지역 상호간의 유동 증가율이 높아지는 것이 분명하다. 이러한 유동이 많은 것이 현재 구부를 통과하는 움직임이 되어 구부와 외주부의 순환형 교통계획 정비를 불러일으키고 있다.(그림 5.14)

② 「사람의 이동」 가운데, 통근목적의 지역 간 유동패턴을 보자.

각 지역에서 도쿄구부로의 움직임이 주가 되고 있다. 그 지역으로는 요코하마시와 카나가와 간, 사이타마 남부와 사이타마 북부 간에 커다란 흐름이 있어 업무 핵 도시가 배후권을 강화해 오는 움직임일 것이다.

표 5.5 12지역 전목적 전수단기종점 (OD) 표 (오일쇼크 OD표) 쇼와63년 (단위 : 트립)

기점 \ 종점	도쿄 구부	도쿄 시군부	요코하마시	가와사키시	카나가와시	사이타마 남부
도 쿄 구 부	19,001,981	933,546	581,536	349,402	290,159	965,559
도 쿄 시 군 부	941,043	6,061,553	77,213	71,957	153,416	145,430
요 코 하 마 시	582,076	77,453	5,482,992	243,965	412,929	11,840
가 와 사 키 시	348,733	73,590	245,236	1,712,728	68,098	10,664
카 나 가 와	294,815	151,364	409,773	68,416	6,581,224	8,585
사이타마 남 부	970,568	146,639	12,435	10,014	8,774	6,565,567
사이타마 북 부	191,918	22,326	3,520	1,890	2,515	331,949
치 바 시	131,864	3,267	2,693	1,391	1,582	4,614
치 바 서 북 부	775,452	17,826	12,773	7,669	6,659	59,285
치 바 서 남 부	19,712	567	1,372	819	1,078	1,055
치 바 동 부	13,537	640	1,326	251	755	1,550
이바라키 남 부	75,501	2,070	1,622	977	999	14,937

기점 \ 종점	사이타마 북부	치바시	치바 서북부	치바 서남부	치바 동부	이바라키 남부
도 쿄 구 부	187,789	129,298	770,845	19,554	14,180	74,328
도 쿄 시 군 부	21,571	2,910	17,669	607	625	2,279
요 코 하 마 시	3,683	2,877	12,865	1,154	1,315	1,928
가 와 사 키 시	2,177	1,285	8,020	819	464	550
카 나 가 와	2,710	1,679	7,001	769	832	1,181
사이타마 남 부	333,200	4,486	60,466	931	1,458	14,666
사이타마 북 부	3,791,254	581	10,878	351	500	12,737
치 바 시	539	1,303,969	181,530	55,703	41,490	2,597
치 바 서 북 부	10,913	183,888	4,837,310	15,518	47,809	61,505
치 바 서 남 부	178	55,467	15,491	1,016,684	17,505	929
치 바 동 부	571	41,953	48,762	17,787	1,633,668	22,906
이바라키 남 부	12,471	2,836	60,400	851	22,893	2,538,983

핵 도시로서 치바시 · 타치가와· 하치오지를 강화할 필요가 있어 보인다.

이 10년간의 증가량을 보면, 도쿄구부를 중심으로 해서 사이타마 남부와 요코하마의 유동량도 증가경향을 강화하고 있다.(그림 5.15)

③ 「사람의 이동」 가운데, 업무목적의 지역 간 유동패턴을 보자.

업무목적 사람의 움직임은 도쿄구부와 각 지역으로 연결할 수 있는 부분

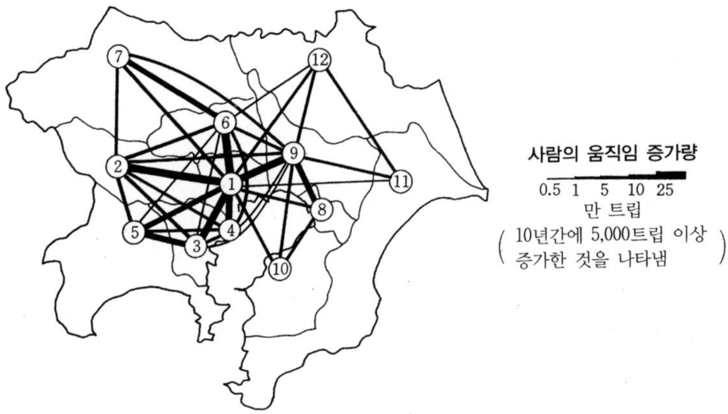

1	도쿄구부
2	도쿄시군부
3	요코하마시
4	가와사키시
5	카나가와
6	사이타마 남부
7	사이타마 북부
8	치바시
9	치바 서북부
10	치바 서남부
11	치바 동부
12	이바라키 남부

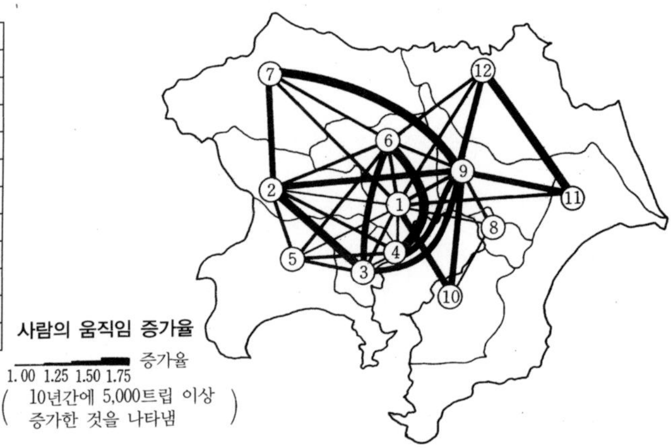

그림 5.14 사람의 움직임 증가량, 증가율

이 커졌으나, 특징은 유동의 방향이 일방향이 아니라 쌍방향이라는 점이다. 또한, 도쿄구부 이외 지역 간의 유동량도 비교적 늘어났다.

이 10년간의 증가량에서는 도쿄구부와 치바 서북부간, 요코하마시와 카나가와 간이 많다.(그림 5.16)

업무교통의 교통수단은 도쿄구부 이외에서는 대부분이 자동차를 이용하므로 간선도로(고속도로를 포함)의 순환 망체계의 정비가 시급하다.

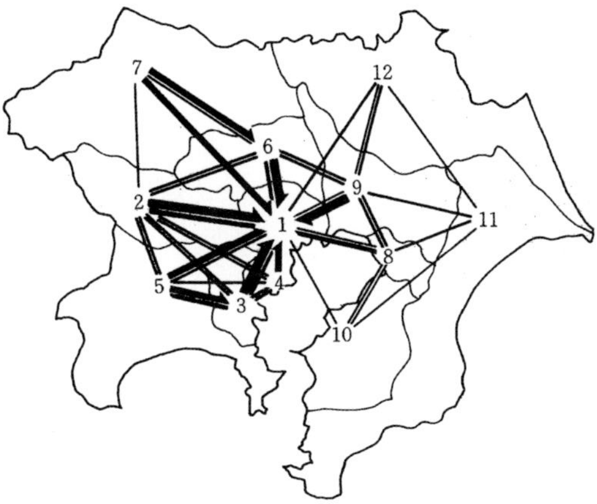

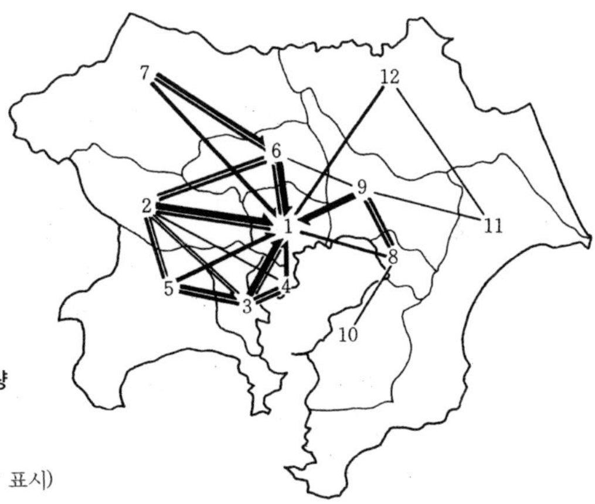

1	도쿄구부
2	도쿄시군부
3	요코하마시
4	가와사키시
5	카나가와
6	사이타마 남부
7	사이타마 북부
8	치바시
9	치바 서북부
10	치바 서남부
11	치바 동부
12	이바라키 남부

그림 5.15 통근목적 유동량, 증가량(쇼와 63년)

④ 「사람의 움직임」가운데 사적 목적의 지역 간 유동패턴은 지역 내의 움직임이 대부분이고, 지역 간의 유동은 비교적 적게 나타난다.

계획적으로는 지역 내의 마이크로 한 교통체계의 정비가 필요하다는 것을 이 자료로부터 얻을 수 있다.

마이크로한 교통체계에 대하여는 다음 장에서 포함시킬 것이다.

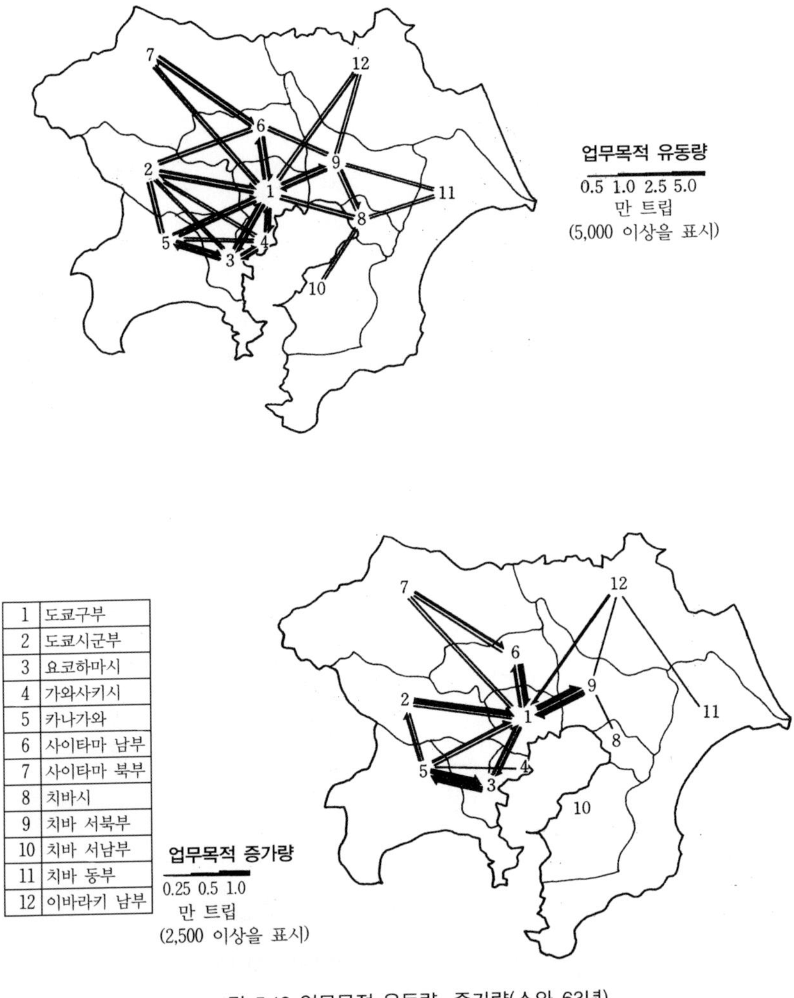

1	도쿄구부
2	도쿄시군부
3	요코하마시
4	가와사키시
5	카나가와
6	사이타마 남부
7	사이타마 북부
8	치바시
9	치바 서북부
10	치바 서남부
11	치바 동부
12	이바라키 남부

그림 5.16 업무목적 유동량, 증가량(쇼와 63년)

다음으로, 대표교통수단의 구성변화에 대하여 살펴보자.

1개의 트립은 몇 개의 교통수단으로 구성되어 있고, 이 트립을 이용한 주요 교통수단을 대표교통수단으로 하고, 집계상의 우선순위는 철도 → 버스 → 자동차 → 이륜차 → 도보의 순이다.

도쿄권의 지역별로 본 대표교통수단 구성의 변화를 1968년부터 20년간 살펴보면 크게 철도 이용 비율이 높은 지역과 자동차 이용 비율이 높은 지역으로 나눌

수 있다.

전자는 철도, 특히 지하철의 정비수준이 높은 지역 — 특히 도쿄구부에서는 철도 이용이 증가하고 자동차 이용이 약간 감소하는 경향이다.

후자는 도쿄구부를 제외한 지역이며, 그 20년간 자동차 이용에서 대폭적인 신장률을 나타내고 있고, 주변부에는 특히 현저하다.(그림 5.17)

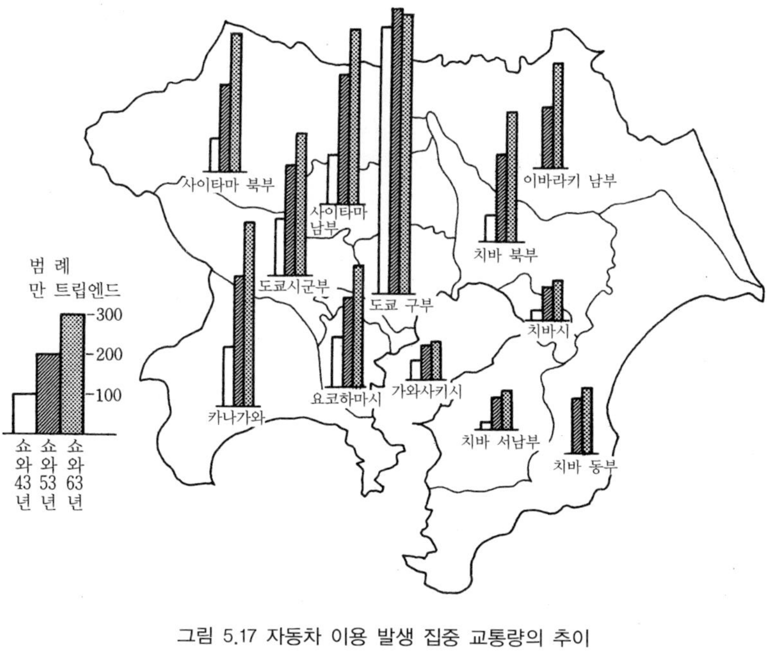

그림 5.17 자동차 이용 발생 집중 교통량의 추이

자동차 이용과 총 교통의 신장률을 비교하면, 표 5.6과 같이 자동차 이용 신장률이 외주부에서는 10년 동안 50% 이상이다.

이 지역의 철도 이용 비율은 1968년부터 10년 동안 약간 감소하였으나, 1978년부터 10년간에는 철도 이용이 약간 증가하는 경향이었다.

표 5.6 지역별 교통량의 신장과 자동차 이용 교통의 신장(63/53년)

지역 / 항목	도쿄 구부	도쿄시군부	요코하마시	가와사키시	카나가와	사이타마 남부	사이타마 북부	치바시	치바 서북부	치바 서남부	치바 동부	이바라키 남부	지역내 계
총교통량의 신장	0.97	1.13	1.21	1.10	1.21	1.20	1.22	1.08	1.26	1.06	0.94	1.31	1.11
자동차 이용의 신장	0.90	1.30	1.35	1.17	1.42	1.35	1.57	1.23	1.50	1.24	1.20	1.76	1.27

주 : 1. 쇼와 43년에는 사이타마 북부에 치치부지역을 포함하지 않고, 또한 치바 동부, 이바라키 현은 조사대상 외

2. 치바시에는 토게죠오를 포함하지 않음. 치바 서남부는 조사지역이 53년, 63년과 일부 상이하다. 이바라키 현은 이바라키 남부지역(조사지역)으로 볼 수 있고, 쇼와 53년에는 가고시마지역을 포함하고 있지 않다.

3. 지역구분에 「카나가와」는 「요코하마시」, 「가와사키시」를 제외한 카나가와 현 시정촌을 의미한다.

5.2.2 매크로한 물류활동권

도시권의 종합교통체계를 고려함에 있어 「사람의 이동」과 함께 「물자의 이동」은 중요한 요소이다.

「물자의 이동」물자유동조사는 1972년, 1982년에 도쿄권에서 실시되었다.

물자의 이동이 있는 물류활동권의 특징은 사람의 이동에 비해 영향권이 확대되어 일본에서는 전국 각지 및 해외와의 관계가 강화되어 왔다.

도쿄 도시권의 물자유동량은 1972년에 327만t/일에 대하여 1982년에는 298만t/일 로서 중량 기준에서는 감소하고 있으나, 건수 기준에서는 증가하고 있다. 이것은 물자운송의 소량화 경향에 의한 것이다.

도쿄 도시권의 도현지역 간의 물자유동 패턴은 그림 5.18과 같이, 이 10년 동안에 광역화하여 각 도현별 내 유동변화에서는 도의 감소에 비하여 주변 3현의 증가가 현저하다.

또한, 물자의 발생원을 도시 활동면으로부터 품목별 구성을 보면, 1982년 조사결과, 도쿄도분에서는 중량 기준으로 생산관련 31%, 건설관련 27%, 생활관련 17%의 순에 대하여, 건수 기준으로는 생활관련 55%, 업무관련 21%, 생산관련 14%의 순이고, 생활관련 물류가 과반수를 차지하고 있는 것이 특징이다.

물자운송의 운송기관별 거리를 보면, 50km 이내에서는 화물자동차 이용이 90%로 압도적으로 높고, 50~300km권에서는 철도가 15~20% 셰어(share)를 점유

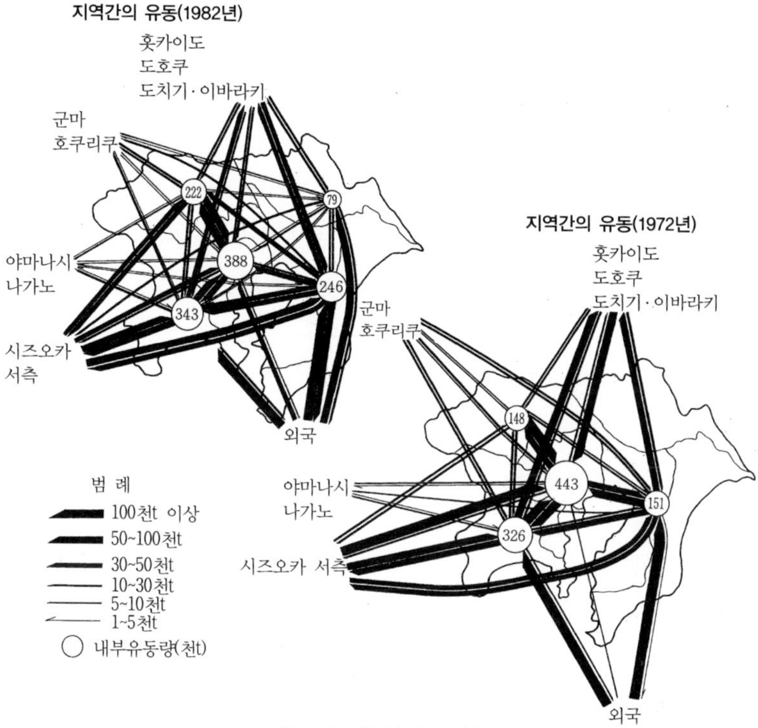

그림 5.18 지역간의 물자유동 패턴

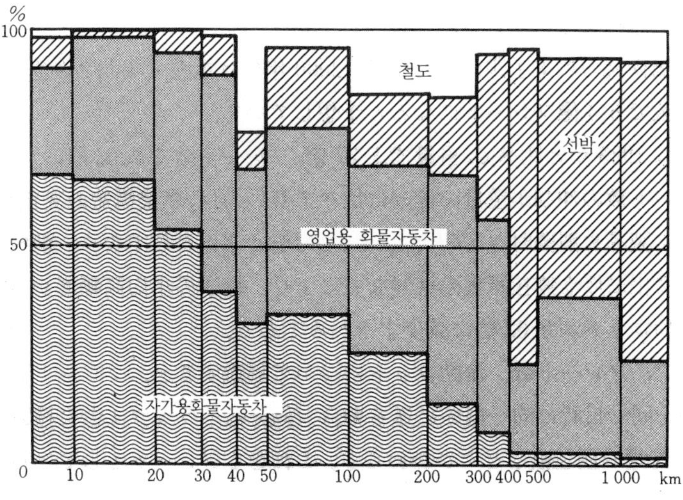

그림 5.19 활동거리별 운송기관 분담(중량) (도쿄권)

하고 또한 300km를 초과하는 선박의 셰어가 확대되어 왔다.(그림 5.19)

「물자의 이동」 조사는 별도 운수성이 전국 물자 순 유동조사를 행하였다.

이 조사는 1970년부터 5년 동안 이루어졌고, 최근에는 1985년에 이루어졌다.

순 유동조사는 물자만의 움직임에 주목하여 물자의 출발점부터 도착점까지를 1개의 유동으로 보고 있다. 상기의「물자의 이동」조사와 동일한 취지였으나 대상 범위에 약간 어긋남이 있어 물자량으로서는 1년간의 연간조사가 되었다.

1990년에 도쿄권의 장래 물자유통 비전이 어떻게 될 것인지에 대한 조사연구가 발표되었다.

이것은 운수성측의 조사자료에 의하여 1군3현의 트럭협회가 처음으로 행한 연구이다.

수도권 물자유통 비전 책정조사위원회(위원장 : 필자)가 설치되어 3년에 걸쳐 이루어졌다.

도쿄권 물자의 변화에 대한 조사연구부터 여러 점에 대하여 서술하였다.

최근 물류 취급은 급속히 변화하고 있고 소비자 요구의 다양화와 질적 향상에 의하여 소량품종 물류의 발생, 다양한 물류서비스의 대두, 국제화, 정보화가 진행되어 왔다. 한편 물류업계에서는 노동력 부족, 노동시간 단축으로의 대응이 급선무가 되었다.

도쿄권 물류의 장래 예측에 대하여는 2000년에는 중량으로 9.9억 톤, 프렛(product)으로는 6.4억 톤이 된다고 예상하고 있다.

이것은 1985년과 비교하여, 중량으로 1.27배, 프렛수로 2.03배의 양이다.

프렛수의 신장이 중량의 신장에 비해 높은 것은 산업구조의 변화에 의해 하이테크 제품이나 소비재 등의 물류가 대폭적으로 증가하는 것만은 아니며, 소비의 다양화와 고도화에 따른 무재고화의 진전 등에 의해 운송의 소량 고빈도가 계속 진행되어 유동 로토가 0.62배로 감소하기 때문이다.

여기서, 프렛수와 유동 로토(Lotto)에 대하여 해설하면, 프렛수란 동일 화물을 동일 시점, 동일 시간에 보낼 경우(예를 들면, 트럭 1대에 적재한 경우), 중량이나 곤포(梱包)수 등에 관계없이 이것을 1프렛으로서 얻어진 화물량의 단위이다. 유동 로토란 1프렛당의 중량이며, 중량을 프렛수로 차감한 수치이다.(예를 들면, 트럭 1대에 운반된 톤수), 운송의 소량 고빈도화에 따라 감소한다.

중량, 프렛수, 유동 로토의 관계를 1985년 현재 2000년 예측을 보면 그림 5.20과 같다.

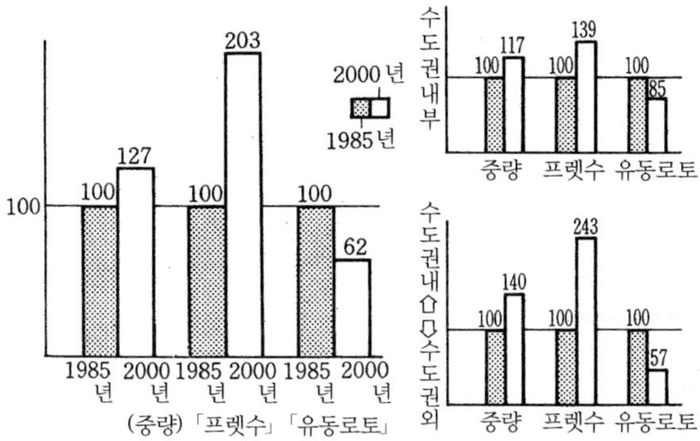

그림 5.20 2000년의 수도권 물류량(1985년을 100으로 한 수치)

소량 고빈도 경향은 프렛수의 증대와 함께 트럭 교통량의 증가로 이어져 도로 혼잡이 한층 악화되었다. 트럭 측면에서 보면 도시 내의 집배효율이 저하되어 나타났다.(그림 5.21)

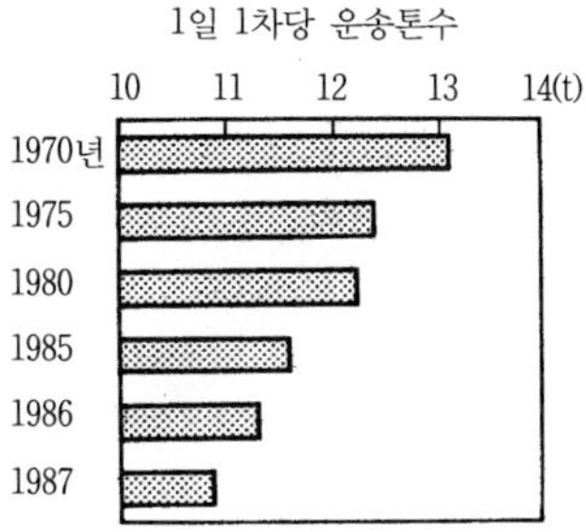

자료 : 陸運統計要覽

그림 5.21 도쿄권의 도시내 집배효율의 변화

이후 도시 측면 및 업계 측면에서 효율적인 집배시스템의 방책이 요청될 것이다.

도쿄권의 물류 패턴을 크게 나누어 도쿄권 內~內 유동량과 內~外 유동량을 보

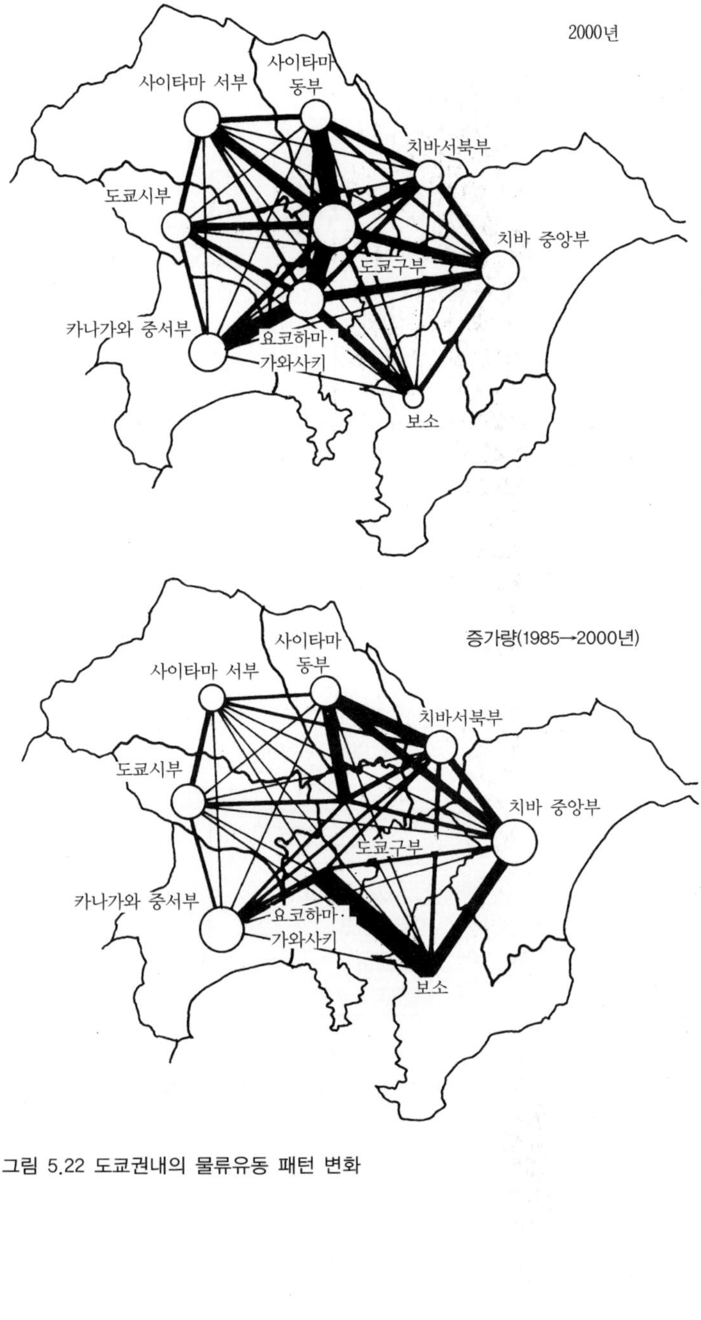

그림 5.22 도쿄권내의 물류유동 패턴 변화

면, 특히, 프렛수의 신장은 2.43배에 달한다.(그림 5.20 참조)

이것은 산업의 지방 분산화 진행과 지방에서의 고규격 고속도로 정비에 의한 것이고, 이후에 진행될 것이 예상된다.

또한, 국제화에 따라 수출입 물류량도 급속하게 증가하여 2000년에는 수출 약 2,500만 톤, 수입은 약 1,900만 톤에 이를 것으로 예측된다. 1985년과 비교하여 수출은 1.24배, 수입은 2.11배로 증가한다.

도쿄권 내 물류의 지역 상호간 유동 패턴을 보면,(그림 5.22) 1985년~2000년에 증가량이 많은 지역은 요코하마 · 가와사키와 보소간, 사이타마 동부와 치바 서북부간, 치바 중부와 보소간 등이며, 도쿄권의 내부 및 임해 · 임공부에 있어서 산업집적의 여러 계획의 진행에 의한 것이다. 이들 지역은 도쿄권 외연부의 순환방향으로 있어 도쿄만 횡단도로와 수도권 중앙연결도로의 정비가 기대되고 있다.

다음으로 2000년의 물류를 운송기관별로 보면, 1985년과 비교하여 트럭의 분담률이 높은 2.04배 성장하였다. 2000년의 분담률은 중량으로는 82.1%로, 프렛수로는 93.8%에 이른다. 특히, 영업용 트럭의 분담률이 높고 프렛수로 85.4%가 될 것으로 예상된다.

한편, 철도와 해운의 분담률이 낮고 운송량은 중량으로 각각 1.21배, 1.13배에 달하지만, 컨테이너 등으로 인하여 프렛수는 각각 1.92배, 1.83배의 성장을 하였다.

항공 운송량은 고속형과 국제화에 의한 수요가 증가하여 중량으로 1.8배, 프렛수로 2.17배가 된다.(표 5.7)

다음으로 2000년 도쿄도의 물류를 보면, 도쿄권 전체의 물류량에 대하여 중량으로 약 35%, 프렛수로 약 55%를 점유하게 되었으나, 1985년의 수준에 비하면 5~6% 정도의 저하가 예상된다.

이처럼 도쿄도의 물류집중 경향은 상대적으로 본다면 완화경향이며, 특히 구부 내부, 구부 →요코하마 · 가와사키는 중량과 프렛수도 감소한다. 그것도 2000년까지 1985년의 중량으로 1.2배, 프렛수로 1.8배에 이를 것으로 기대된다.(표 5.8)

표 5.7 도쿄권의 운송기관별 물자 유동량의 변화

	중량			프렛수		
	구성비(%)		지수	구성비(%)		지수
	1985년	2000년	1985=100	1985년	2000년	1985=100
합계	100.0 (7.8억 톤)	100.0 (9.9억 톤)	127	100.0 (3.1억 프렛)	100.0 (6.4억 프렛)	203
철도	3.7 ⇨	3.5	121	0.7 ⇨	0.6	192
트럭	80.1 ⇨	82.1	130	93.3 ⇨	93.8	204
철도	23.6 ⇨	22.1	119	12.7 ⇨	8.4	134
영업용	56.5 ⇨	59.9	134	80.6 ⇨	85.4	215
적합	5.8 ⇨	7.5	164	65.6 ⇨	75.3	233
전세	50.7 ⇨	52.5	131	15.0 ⇨	10.1	137
해운	13.5 ⇨	12.1	113	1.4 ⇨	1.3	183
항공	0.0 ⇨	0.0	180	2.5 ⇨	2.7	217
기타	2.7 ⇨	2.3	108	2.1 ⇨	1.6	151

표 5.8 2000년의 도쿄도의 물류

유동패턴	톤 수(천톤)			프렛 수(천건)		
		%	배율		%	배율
합계	354,241	100	1.16	350,345	100	1.82
구부내내	58,150	16.4	0.96	27,054	7.7	0.97
구부 ⇐⇒ 시부	7,636	2.2	1.14	10,097	2.9	1.52
시부내내	23,954	6.8	1.34	5,654	1.6	1.21
도내계	89,740	25.3	1.05	42,805	12.2	1.09
도쿄도 ⇐⇒ 기타수도권	117,633	33.2	1.09	56,280	16.1	1.37
도쿄도 ⇐⇒ 수도권외	146,868	41.5	1.30	251,258	71.7	2.25
도외계	264,501	74.7	1.20	307,538	87.8	2.01

이것은 구부와 시부(市部)간 및 구부와 도쿄권 외(동북지방, 중부지방, 킨키지방)의 사이에서 물류량의 증가가 많기 때문이다.

상술한 바와 같이, 추가로 증가가 예상되는 트럭운송 수요에 대응하여 다음과 같은 효과적인 대책이 강하게 요망되고 있다.

자동차를 원인으로 하는 대기오염은 점점 심각해지고 있다. 특히, 간선도로변에서는 이산화탄소(NO_2)의 환경기준 달성률은 전국적으로도 저하경향이고, 또한 부동입자상 물질(SPM)의 환경기준 달성률도 낮은 상황이다.

환경청은 디젤차의 배기가스 규제 강화나 자동차 탄소산화물(NO_2) 소멸법으로 대응하고 있지만, 환경기준에는 미치지 못하는 곤란한 상황이다.

환경대책으로서 트럭운송의 물류 수요를 억제하는 것을 대응책으로 병행시키는 것을 고려함도 중요하다.

우선 배출가스 농도가 높은 트럭의 대체를 촉진시킨다.

배출가스 기준 달성 차, 메탄올 차, 전기자동차 등 기술 향상의 시급한 보급을 도모할 필요가 있다. 특히, 대체 촉진을 위하여 세제나 보조금 교부 등에 의한 강력한 조성과 조치가 요구된다.

둘째 대기오염 방지를 위하여 운송수단으로 트럭이 아닌 철도, 내항해운의 조합에 의하여 협동 운송을 촉진한다. 최근에는 장거리 운송에서 철도 이용이 점차 증가하는 경향이지만, 트럭운송 시간대에 적응하는 화물철도 시간표를 결합하는 등의 조치를 촉진시킬 수 있다.

셋째 장거리 운송의 효율화를 도모하고 트럭의 사용대수를 감소시키기 위하여 자가용 트럭에서 영업용 트럭으로 전환시켜 트럭 같은 대형차의 사용을 촉진하고 도입 검토를 촉진시킬 필요가 있다.

마지막으로 트럭운송의 효율화와 동시에 도쿄권의 다핵 다권형 구조로의 전환을 위하여 집배시스템을 재구축할 필요가 있다.

1960년대 처음으로, 도심 집중을 해소하는 계획전략의 일환으로 도심에 집적하여 온 화물운송의 발생원인 유통시설을 구부의 외주에 분산화하는 것을 도모하였다. 이로 인해 공공 트럭터미널은 오오타구 케이힌, 이타바시구 다카시마다이라, 이다치구 토에리, 에도가와구 카사이의 각 유통업무단지 내에 건설해왔다. 민간 터미널도 주변부로 분산하여 그 일부는 코토구의 임해부에 집적시켜 왔다.

이들 시설은 지방에서 대형 노선 트럭이 터미널에서 소형의 집배차에 적재 교체되어 도내의 각각 집배권에 집배하는 기능을 가지고 있다.

이후에 도쿄권의 다핵 다권형 구조로의 전환에 있어서 트럭 집배시스템은 새로운 체제로 재구축할 필요가 있다.

새로운 집배시스템의 기본은「보다 많은 교통의 단축화」를 목표로 하여 그 거점으로서 유통시설을 다음과 같이 계획 배치하는 것이 요망된다.

① 업무 핵 도시 주변 : 신 터미널의 정비

현재 상태에서는 민간의 물류시설이 도쿄 주변 현에 스프롤(sprawl)적으로 입지하고 있으나 집배효율도 악화되고 주변의 주택환경에도 좋지 않은 상황이다.

따라서 업무 핵 도시 주변에 고속도로 정비와 일체화된 물류시설 용지의 공급이 필요하며, 가로 만들기의 일환으로 새로운 타입의 복합 공공 유통센터의 정비가 이루어질 수 있다.(그림 5.23)

그림 5.23 요구되는 공공 유통센터의 배치

② 도쿄구부 : 기존 터미널 재정비

기존 공공 터미널의 물류시설 및 용지의 고도이용을 도모할 필요가 있다. 또한, 새로운 용지인 임해부 매립지, 철도화물역 이적지 등에 물류시설을 정비할 필요가 있다.

기존의 공공 터미널에서는 한정된 용지를 유효하게 이용하기 위하여 시설을 고층화, 다양화하고 비교적 도심에 가까운 곳의 입지를 활성화시키면서 새로운 물류 업무시설의 기능을 부가해 올 수 있다.(그림 5.24)

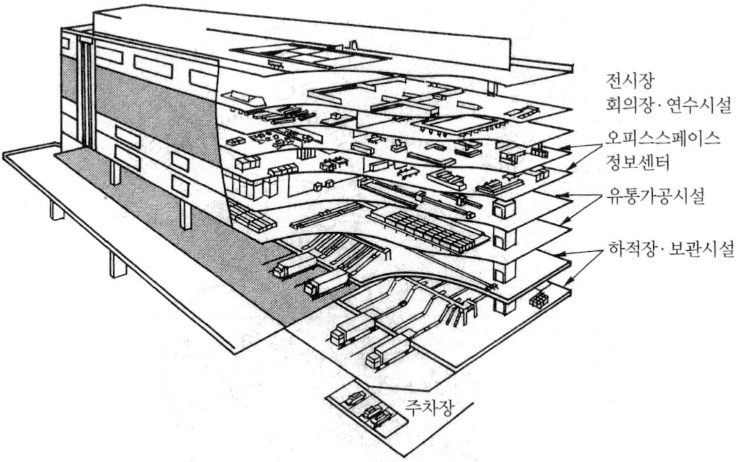

그림 5.24 공공 트럭터미널의 고도이용 구상도

이상, 도쿄 대도시권 계획의 앞으로 방향에 대하여 전절에서는 업무 핵 도시를 중심으로 한 직장과 주거의 근접화에 의한 자립 도시권역의 확립으로서, 「외부에 업무지를」이라는 계획전략을 목표로 할 것을 강조해 왔다.

본 절에는 도시교통에서 본 앞으로의 방법에 대하여 「보다 많은 교통의 단축화」를 계획전략의 목표로 할 것이다.

이들을 합하여 도쿄 대도시권의 미래는 도쿄 도시권 장래전망위원회(위원장 : 이노우에다카시(井上孝))가 1992년에 발표한 「21세기 초두를 바라보는 도쿄 도시권의 모습을 형성하기 위하여」에서 「장래 이미지도」에서 보여준다.(그림 5.25).

보고서 가운데 「도쿄 도시권의 장래 도시상은 도쿄 도시권의 주변부가 각각의 지역특성을 갖고 기능이 충실한 자립적인 도시권을 형성하는 일, 그 중심도시에 적격인 핵 도시를 전략적으로 육성할 필요성은 점점 높아지고 있다. 한편으로는 도시 활동의 다양화, 광역화에 의하여 다양한 권역이 중층적이고 복합적으로 형성시키고 있는 새로운 상황을 밟는 도시권 구조의 구축이 요구된다」라고 서술하고 있다.

특히, 장래 이미지 가운데 골격 교통축을 계획전략의 축선으로서 제안하고 있

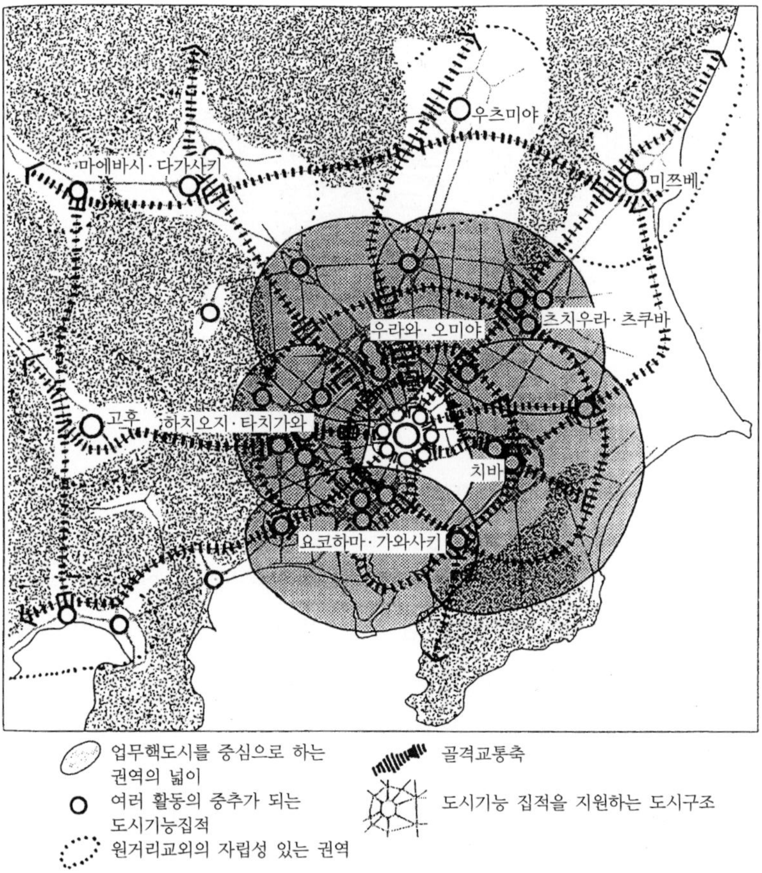

그림 5.25 도쿄 도시권의 장래 이미지

고, 이것은 파리의 축상 개발 구상과 동일한 개념으로 여겨진다. 또한, 도시기능의 집적을 지지하는 도시구조를 매크로와 마이크로의 일상생활 행동권에 대응하는 교통체계로 재편성하고, 중심 핵, 업무 핵, 부차 핵에 각각의 도시구조와 도시권을 나타내고 권역구성의 중층성과 자립성을 나타내는 것이다.

필자의 제언으로 계획 컨셉을 동일한 개념으로 명확해지도록 시도되었다.

5.3 교통 인프라구조의 스톡과 그 사용법

도쿄 대도시권의 중심핵을 이루는 도쿄구부 특히, 도심 3구에 있어서 도시교통에서 본 지금까지의 인프라구조의 스톡 경과를 정리하고, 앞으로의 모습을 접근하고 싶다.

지금까지 서술한 바와 같이, 전쟁 후에 점차 확대된 도쿄 경제사회의 움직임을 지지하기 위하여 교통 인프라구조가 정비되어 왔다. 그러나 그 한편으로 오늘날의 교통지체는 일상화되어 오고 있다.

따라서 교통 인프라구조의 건설 스톡과 그 사용된 방법이 어떻게 변화해 왔는가를 1965년, 1975년, 1985년의 20년 동안 문제의 초점인 도심 3구를 중심으로 보자.

대표적인 인프라로 도시고속도로와 지하철을 채택하였다.

도시고속도로의 스톡 상황을 보면, 쇼와 30년 도쿄올림픽 개최시에는 하네다에서 도심으로 들어가는 도심 순환선의 반 정도가 개통되었다.

그리고 다음 10년간(쇼와 40년대) 75.8km, 그 후 10년간(쇼와 50년대)에 65.4km로 확대해 왔다. 그러나 그 후 건설 속도는 저하하여 1988년 현재 총 연장이 200.9km가 되었다.

한편, 지하철 스톡상황은 1920년대에 아사쿠사-우에노-시부야 간의 긴자선이 전쟁 후 쇼와 20년대에는 이케부쿠로-오차노미즈 간의 6.4km가 공용되었다.

쇼와 30년대에 54.9km, 다음 10년간(쇼와 40년대)에는 88.8km, 이 무렵에 지하철이 매년 10km씩 늘어나 세계의 주목을 받았다. 당시에는 개삭공법으로 도심의 주요 간선도로는 판자로 가득한 시대이기도 했다. 다음 10년간(쇼와 50년대)에는 건설속도가 떨어져서 46.1km이고, 1988년은 217.6km가 개통하여 공동사용하고 있다.(표 5.9)

다음으로 많이 이용되는 자동차 교통량의 변화를 보자.

처음에는 일반도로 교통량의 변화와 도심 21개소의 교차점 교통량의 합계로 보면, 1965년을 100으로 할 경우, 1974년에는 92, 1985년에는 89로 감소하고 있다.(표 5.10) 이것은 교통량이 감소한 것은 아니고, 지체 때문인 것이다.

표 5.9 수도고속도로와 지하철의 건설상황 (단위 : km)

	수도고속	지 하 철
전쟁 전	–	14.3 km
쇼와 20년대	–	6.4 km
쇼와 30년대	32 km	54.9 km
쇼와 40년대	75.8 km	88.8 km
쇼와 50년대	65.4 km	46.1 km
쇼와 60년대	27.7 km	7.1 km
합 계	200.9 km	217.6 km

표 5.10 도로의 사용방법 변화

		쇼와 40년	쇼와 50년	쇼와 60년
교차점교통량 (도심 21개소)(지수)		802천대 (100)	(S 49) 747천대 (92)	718천대 (89)
기종점조사	구 부	8,976천 트립 앤드 (100)	10,996 (123)	12,866 (143)
	도 심 3 구	2,331 (100)	2,451 (105)	2,785 (119)
	3 구 / 23 구	26 %	22 %	22 %
	다 마 지 구	915 (100)	2,656 (290)	4,333 (474)

이 20년 동안 도심 3구의 업무면적은 증가해오고, 1965년을 100으로 하여 1975년에는 184, 1985년에는 228이 되었다.(표 6.1 참조)

도심부의 교통량은 증대하지 않았는가?

자동차 교통의 기점조사 결과에서 발생 집중량을 보면, 이 20년간에 도심 3구에서는 1.2배의 증가를 나타내고 구부에서는 1.4배, 다마지구에서는 4.7배의 경향을 나타내고 있다.

도심 3구의 교통량은 구부 전체의 26%에서 22%로 감소하고 있지만 교통량의 절대수는 증가를 보이는데, 구부 전체 가운데 비율은 22% 정도로 침정화 되고 있다고 생각된다.

자동차 교통의 증대는 구부의 주변지역과 도쿄의 다마지구이다. 또한, 자동차 교통 가운데 대표적인 수도고속도로를 보면 도심 3구의 램프 출입량은 20년 동안 1.7배로 대폭적으로 증가하고 있다.

수도고속도로에 대한 일반사람들의 견해는 이용을 하면서도 신뢰성은 없지만 실제로는 도심의 교통처리를 위한 역할이 크다고 여긴다.

표 5.11 수도고속도로의 스톡과 그 사용방법

	1967년	1975년	1985년	1988년
스톡(공용 연장)	47.2 km	107.8 km	173.2 km	200.9 km
노　선	하네다, 메쿠로, 시부야, 신주쿠	요코하마, 요가, 도메이, 티카이도, 키타이케부쿠로, 이리야, 우코지마, 이찌노에, 케이요	쥬오도, 죠반도, 완간, 칸토우	동측, 중앙순환선
교통량(12시간) (신장률) (24시간)	17.6만대 (100) –	35.2만대 (200) 48.9만대	54.2만대 (307) 80.3만대	 93.4만대
야간교통량 비율	–	28%	33%	34%
트럭 혼입률	33 %		42%	39%
평균 보행거리 안쪽 0~10km 10~16km 16km 이상 (16~30km) (16~30km) (40km~)	11.3km 39% 45% 16%	16.1km	17.5km 28% 25% 47% (34%) (11%) (3%)	18.3km 27% 24% 49% (33%) (12%) (4%)
23구의 교통 내↔내 내↔외 외↔외		42.4% 47.8% 9.8%	33.8% 55.4% 10.8%	32.3% 55.9% 11.8%
도심램프 출입대수 (신장률)	75,068 (100)	119,789 (160)	129,954 (173)	
도심3구의 주요교차점교통량 (신장률)		22.2만대 (100)	28.5만대 (128)	30.6만대 (138)
도심3구의 업무 연면적신장률	100 (1965년)	184	228	

수도고속도로 이용사례를 보면(표 5.11), 평균 주행거리에서는 1967년의 11km에서 1988년에 18km로 도쿄권의 확대에 대응해 왔다.

이것을 주행거리별로 보면 10km 미만이 20년 동안 39%에서 27%로 감소하고 있고, 16km 이상이 16%에서 49%로 증가해왔다.

한편, 23구를 중심으로 한 차의 움직임을 보면, 23구의 내부~내부 교통량이 32%, 내부~외부 교통량이 55%이고, 양자에 약 90%를 점유하고 있다. 따라서 23구에 관계가 없는 차가 10% 정도 도심에 들어오고 있다.

1988년의 1일 교통량 93만대의 약 60%가 도심 순환선을 주행하고 때때로 도심 램프의 개폐를 어쩔 수 없이 하게 되는 이상한 교통상황이다.

수도고속도로 발족 당시의 목표는 구부 내의 자동차 교통을 원활히 하기 위한 것이며 수도고속도로와 고속 자동차도로는 본래 다른 교통체계이다. 오늘날 도메이·쥬오우·도호쿠도로 등의 직결에도 별로 도움이 되지 않고 지체상황이 되었다.

해결책으로는 순환고속도로의 정비이다.(그림 5.26). 그 하나는 중앙순환선의 완성이며, 1987년에 그 동측이 공동 사용되었고 서측부분이 계획 사업화되었으며

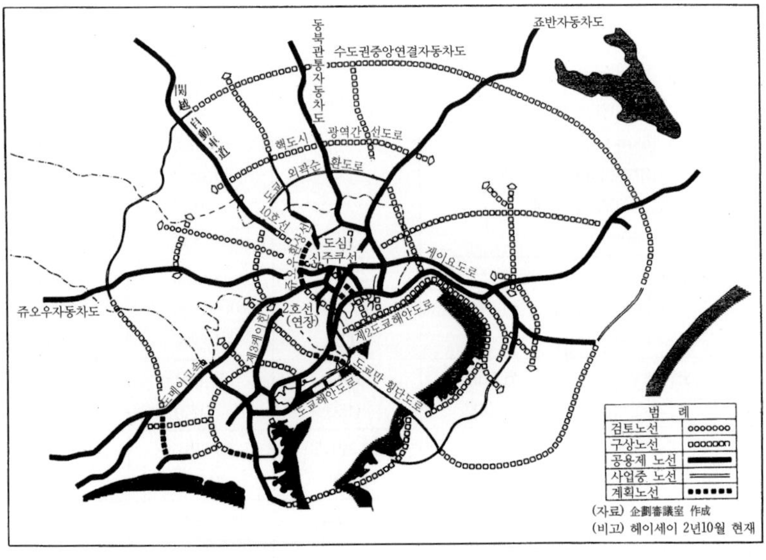

그림 5.26 도쿄권의 광역간선도로·도시고속도로

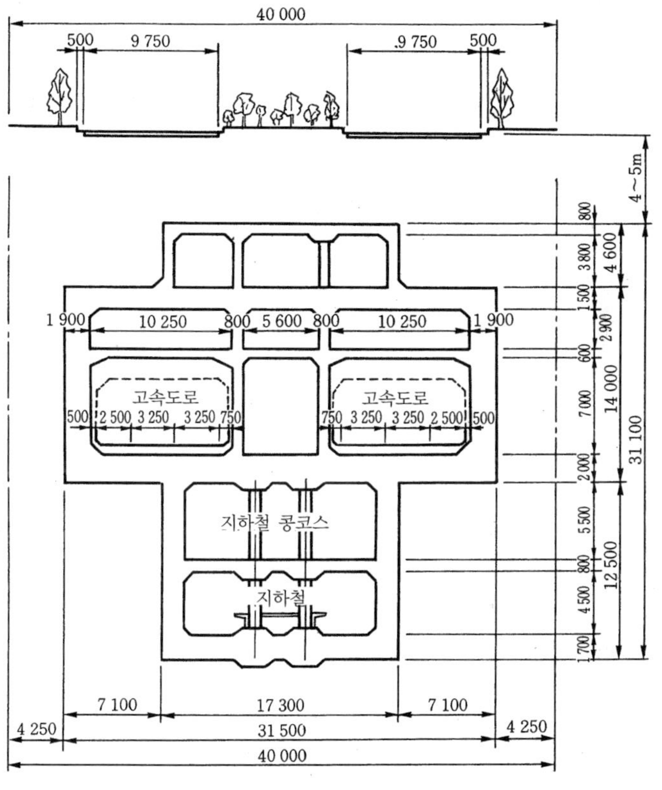

그림 5.27 순환6호선 수도고속도로 중앙순환선 및 지하철 12호선 표준 횡단면도

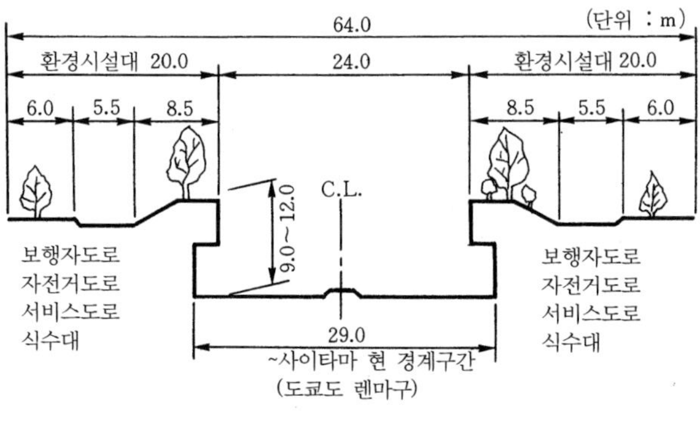

그림 5.28 외곽순환선 수로식 구조

었으며, 빠른 시일 내에 전 선로의 완성이 기대된다.(그림 5.27)

도시간 고속도로를 상호 결합시키는 역할을 가진 외곽 순환에 대해서는 사이타마 현 내에 1992년에 완성하고 이어 도쿄 북부에 사업화되었다.(그림 5.28)

또한, 업무 핵 도시의 외곽을 둘러싸는 수도권 중앙 연결도로도 사이타마·도쿄의 일부에 계획·사업화가 진행되었다.

다음으로 철도, 특히 지하철의 이용사례를 보자.

지하철의 정비에 있어서 1960년대 당시에는 혼잡률이 300%에 이르러 통근지옥을 해소시키는 것이 긴급과제였다.

노면전차를 대신하여 도시내 대량 교통기관으로서 지하철의 정비도 커다란 주목을 받고 있었다.

이러한 정비의 과제는 통근, 통학자의 운송력 증강을 주안점으로 하고 있다. 그러나 최근 지하철의 이용방법에 크게 변화가 나타났다.

도심 3구의 지하철망 상황은 황궁 주변으로 동측에 6본, 북측에 2본, 남측에 4본의 지하철이 배치되어 도심의 주요간선도로의 밑에는 모두 들어있는 상태이다.

표 5.12 지하철의 스톡과 그 사용 사례

	1965년	1975년	1985년
스톡(공용 연장)	75.6km 지하철 5호선 도심에서 8km 권의 지하철	164.4km 지하철 9호선 도심에서 16km권의 지하철	210.5 km 지하철 11호선 도심에서 20~30km 권의 지하철
운송인원(1일 평균) (신장률)	191.1만 명 100	401.7만 명 210	511.1만 명 267
정기율	61.9%	66.7%	63.3%
	1971년	**1975년**	**1985년**
아침·저녁 러시율	58.8	58.8	55.8
주간(10시~16시)의 운송인원 (신장률)	91.7만 명 100	105.2만 명 115	130.8만 명 143
도심주요역의 승하객수 (1일) (신장률)	72만 명 100	125.4만 명 174	143.3만 명 199
주간(10시~16시)의 종일 점유한 비율	32%	33%	32%

또한, 도심에서는 1회 승차 환승하면 대체로 목적하는 역에 도달할 수 있는 망 체계이며, 중심역에서는 3~4본의 지하철노선의 환승역이 되어 지하 보행자 네트워크도 동시에 완성하고 있다.

다음으로 사용된 변화에 대하여 살펴보면, 1일 평균 운송인원의 추이는 1965년을 100으로 하면, 10년 후에 210, 또 그 10년 후에 267로 신장하고 1985년에는 1일 약 511만 명을 수송하고 있다.(표 5.12).

전 수송인원 가운데 정기적인 승객의 비율을 보면, 정기적인 비율은 증가하였고 1975년 66.7%, 1977년 68.1%로 절정에 달하였다. 그러나 그 후에는 1985년에 정기 승객의 비율은 63.3%로 감소하여 왔다.

이것은 종래의 정기 승객(통근, 통학)을 주체로 일반승객, 즉 낮 시간대의 업무, 영업 등의 증가에 의해 그 역할이 변화해 왔다고 할 수 있다.

다음으로 운송인원의 시간대별 상황을 보면 노선의 최고 혼잡구간인 아침 러시아워의 혼잡률은 200~240으로 저하해 왔다.

아침 · 저녁의 러시아워의 운송인원이 종일 점유하는 비율을 보면, 1971년에는 58.8%였던 것이 1985년에는 55.8%로 감소되어 왔다. 물론 혼잡률 200% 이상이라는 실태는 과장이 아니다. 장래 목표로 170% 정도가 될 것이다.

한편, 낮 시간과 19시 이후의 야간 운송인원이 차츰 증가해 왔다.

도심의 주요 6역(긴자, 니혼바시, 도라노몬, 아카사카 미츠케, 오오데죠, 카스아카세키의 승강객 수의 추이를 보면, 1965년을 100으로 하여 10년 후에 174이고 또 10년 뒤 200으로서 도심부에서의 신장률이 높다.

도심 3구의 업무면적 증가율은 동년의 차이로 비교하면 100 : 184 : 228이며, 도심의 지하철 승강객 수의 추이와 동일한 경향을 나타내고 있다.

또한, 하루에 차지하는 주간이용 비율은 도심역에서는 31~32%이며, 전 선로에서 보았을 때 평균 25~26%이다. 도심역은 주간이용 비율이 높고 일부 역에서는 40%에 달한다. 이것은 업무용 교통수단으로서 지하철 이용이 많아지는 증가경향이다.

도심에서 사람의 이동은 전술한 자동차보다도 지하철에 의해 증가해 왔다.

도심부에서 지하철의 스톡은 사회경제 활동의 원활화를 위하여 통근교통의 역할 외에 주간업무 교통에 의하여 중요한 역할을 완수하게 되었다.

이후의 지하철 새 선로 건설상황은 7호선(남북선)이 아카바네에서 황궁의 서측을 거쳐 메쿠로 방향으로 건설 중이다. 또한, 12호선의 방사선부와 순환선부도 건설 중이다.

이후 12호선의 순환선은 제2 야마테선이라고도 불리며, 도심 외주부에 예전의 노면전차(도시전철) 위주로 번성하였던 아자부 10번, 몬젠나카쵸, 우에노 광 소로, 카구라자카, 야나기마치 등을 연결하고 있다. 이들 도시에는 에도 · 메이지 시대부터 역사와 문화를 육성시키고 전통적인 주택군을 배후에 가진 커뮤니티이지만, 교통조건의 불리함으로 인해 활력이 저하되어 12호선의 건설로 재활성화가 기대되고, 도쿄 이너시티의 구조를 재구축하기 위해서도 중요하다.

참고문헌

1) 鈴木信太郎「マイタウン東京構想と道路計画」道路，1981 年 5 月
2) 鈴木信太郎「都市交通計画と土地利用計画」都市計画，112 号，1980 年 10 月
3) 「東京都市圏の人の動き」東京都市圏交通計画協議会，平成元年
4) 「東京都市圏総合都市交通体系調査報告書」平成元年
5) 「東京都をめぐる物の動き」東京都市圏交通計画協議会，昭和 59 年
6) 「21 世紀の首都圏貨物流通ビジョン」首都圏貨物流通ビジョン策定調査委員会（委員長 鈴木信太郎），1990 年 3 月
7) 「21 世紀初頭の望ましい東京都市圏のすがたを形づくるために」東京都市圏将来展望委員会（委員長 井上孝），平成 4 年
8) 鈴木信太郎「都市再開発と交通問題」森記念財団再開発講演会，昭和 63 年
9) 鈴木信太郎「都市交通から見た都市圏の都市構造について」日本都市計画学会編「東京大都市圏地域構造・計画の歩み・将来展望」彰国社，1992 年
10) 「東京圏の都市形成の将来動向に関する調査（その 2）報告書」（委員長 八十島義之助）都市計画協会，平成 2 年

6 도시재개발 · 도시개발

6.1 마이크로한 일상생활 행동권

대도시권의 일상생활 행동권에서 매크로한 움직임과 마이크로한 움직임을 모두 지적해 왔다.

그리고 매크로한 움직임을 중심으로 대도시 권역구조의 변화와 그 계획방향에 대하여 서술해 왔다. 본 장에서는 마이크로한 움직임을 중심으로 한 일상생활 행동권에 대하여 새로운 동향을 보고, 글로벌 계획으로서 도시재개발, 도시개발의 방안을 서술한다.

일상생활 행동 변화의 큰 요인은 사회적 조류의 변화에 따른 사람들의 가치관 변화이다.

최근에는 사람들이 살면서 풍부함을 기대하며 어반 라이프(도시다운 삶)를 향유할 수 있는 라이프스타일을 요구하고 있다.

어반 라이프를 풍부하게 즐긴다는 것은 여가시간의 증대에 따른「자신의 시간을 갖는」것일 것이다. 원거리 통근자들은 라이프스타일을 즐길 여유가 없다.

하루일과 후에 자신의 시간을 가족이나 친구와의 시간으로 가지는 것이 지금 시대의 흐름이다.

그리고 도시에서나 할 수 있는 화려한 도시시설과 문화시설을 요구하는 생활의 질적 향상을 도모하려고 한다.

생활 속에서「도시를 잘 이용하는」것이 사람들의 큰 목표가 되어 왔다.

이러한 의미에서 도시문제를 생각할 시기가 되었다.

사람들의 직업, 주택, 여가 선택의 폭은 확대되어 왔을 것이다.

종래의 생활행동 패턴인 장거리 통근으로 인해 도심으로 통하는 어려움이 있는 사람들도 도심 레벨의 높은 문화시설에 접하려고 한다. 그리하여 직(職), 주(住), 유(遊)의 입지가 흩어지게 되고 그들을 연결하는 것이 교통의 역할이 되었다.

지금까지의 교통계획, 방사형태의 일방통행적인 통근, 통학에 대응하는 것이 최대의 과제이었으나, 이제부터는 풍요롭고 편의성을 높이기 위하여 매크로와 마이크로의 생활행동에 대응한 교통으로 변화될 때이다.

원거리 통근에서 사람들을 해방시키기 위한 직과 주의 근접방법은 없다.

대도시에 있어서 매크로와 마이크로의 일상생활 행동권에서 본다면, 지금처럼 집중화한 도시구조에서는 안된다고 한다.

직주근접화의 전략수법으로, 첫 번째는 교외주택지 가운데 업무지를 가지고 가는 전략이며, 두 번째는 도시의 중심부 주변에 주택군을 가져가는 전략이다.

후자의 전략은 이너시티의 주택정책이며 뉴욕, 런던, 파리에서 강력한 계획적 정책으로 이루어져 온 것이나 도쿄에서는 제일 어려운 문제로서 앞으로 새롭게 도전을 해야 할 과제이다.

도쿄의 이너시티 주택정책의 하나로는, 전술한 지하철 12호 순환선의 연선(沿線) 주택을 활용하는 정책에 의해 실현 기회를 얻을 수 있을 것이다.

도쿄의 도시구조는 변화하고 있고 생활행동도 변화를 보이고 있으며, 이것을 계획적 전략으로 대응할 필요가 있다.

기존 주택의 도심, 부도심 등이라는 거점형 계획구상에서 보면 대응할 수 없는 시기에 들어섰다.

도쿄 도시구조의 근간을 이루는 이너시티 계획구상은 각 지역에서 지금까지의 역사와 문화와 전통을 가지고 있는 커뮤니티의 재생화에 있다고 생각된다.

새로운 커뮤니티의 확립과 형성은 사람들이 주택을 중심으로 한 직장과 여가의 선택이 가능한 액스밴드한 도시구조가 되는 것이다.

도시교통은 이러한 생활행동의 집중기능과 분산기능을 하드한 면과 소프트한 면으로 교통수단을 다양화시키는 것이 될 것이다.

또한, 직주근접화의 구조에 의해 도시교통은 종래의 통근길이를 짧게 하고, 거기에 도심으로의 교통혼잡을 완화시키는 것이 가능할 것이다.

다음으로, 마이크로한 일상생활과 교통행동에 관한 최근의 변화와 조류를 파악하고, 마이크로한 일상생활권 확립을 위하여 계획과제를 정리한다.

다음은 1988년의 패션 트립(trip) 조사 및 부대조사의 결과에서 얻은 것이다.

6.1.1 사회적 조류의 변화

① 여성의 사회진출과 맞벌이에 의해 직업여성 증가에 따른 통근교통의 증대 경향이다.
여성의 통근트립은 전체적으로 남성보다 짧고 활동범위에 따라 변화하고 있다. 이것은 남성에 비해 취업형태나 취업장소가 변화하는 것으로 여겨지며, 직주근접형 취업장소의 창출을 도모하는 것이 계획과제가 되었다.

② 또한, 고령화 사회의 진전에 따른 65세 이상 고령자의 외출률이 높아졌다. 교통목적은 퇴직 후의 무직자가 많아져 개인의 일이 중심이 되며, 트립 발생 절정시간은 10~12시가 중심이다.
고령자의 외출 증가에 대응한 계획과제로는 배리어 프리(barrier -free)로서의 보행자 공간의 쾌적성과 안전성이 요청된다.

③ 24시간 도시화의 진행에 의해 심야와 이른 아침 교통이 대폭적으로 증가를 나타내고 있다.
심야와 이른 아침 교통 가운데 통근, 업무 목적의 비율이 높아져 이용교통수단으로서 자동차 이용이 무엇보다도 높고 택시 이용도 높아져서 철도, 버스, 택시 이용의 효율화와 운행시간 연장에 의한 서비스의 향상이 기대된다.

6.1.2 자동차 이용특성의 변화

(1) 자동차 보유 특성

자동차의 보유상황은 도시권내에서 차(자가용차)를 가지지 않는 세대의 비율, 자동차의 복수 보유세대의 비율이 지역에 따라 크게 차이가 나고 있다.(그림 6.1)

도시권 전체에서 차를 가지고 있지 않은 비보유세대는 41%, 1대 보유세대는 43%, 2대 이상의 복수 보유세대는 16% 였다.

지역별로 보면, 도쿄 구부에서는 차를 가지고 있지 않은 세대가 60%로서 높으며 보유세대는 40%, 그 가운데 복수 보유세대는 7%로 기타 지역에 비하여 보유현황은 매우 낮다.

이에 비해, 도시권 외주부의 치바 동부, 이바라키 남부, 사이타마 북부에서는 보유세대가 80%를 차지하며 복수 보유세대가 36~47%에 이르러 복수보유 세대가

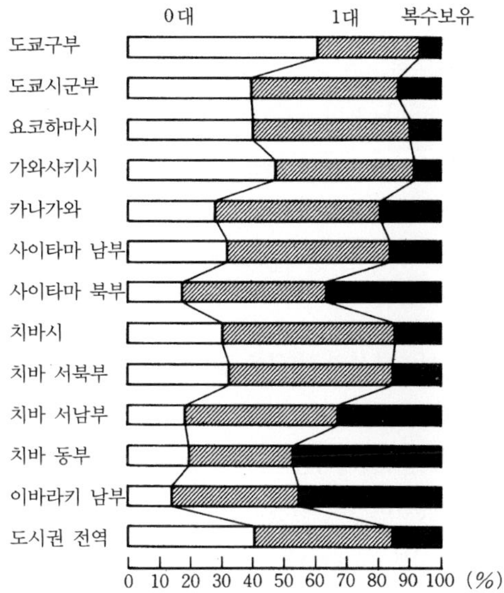

그림 6.1 자가용차 보유대수별 세대수 구성

증가하는 경향이다.

복수보유의 상황을 보면, 1대의 자가용 사용자는 세대주이면 통근목적이지만, 2대 이상은 자녀나 배우자가 사용하고 사적인 일이 주요목적이 된다.

1대의 차는 2대 이상 보유한 것에 비하여 사용빈도가 높은데 2대 이상도 전체의 약 1/3은 대체로 매일 사용된다.

(2) 종착역 교통수단으로서 자가용차 이용상황의 변화

교외 종착역의 자가용차 이용형태는 파크 앤 라이드(Park & Ride, P & R)와 키스 앤 라이드(Kiss & Ride, K & R)로 대별되며 그 10년간의 변화를 보자.

우선 종착역 교통수단은 자가용 이용이 관찰된 역수는 799역으로, 도쿄 도시권내 전역(1,366역)의 약 58%로서 과반수를 넘고 있다. 10년 전의 역수와 비교하면 K & R이 1.6배, P & R이 1.2배가 되었고, 키스 앤 라이드형의 역이 대폭 증가하고 있다.

종착역에서 자가용차를 이용하는 트립수는 K & R, P & R이 1988년 각각 35만대, 27만대가 되며, 10년 전과 비교해서 모두 3.7배로 대폭 증가하고 있다.

K & R형이 많은 역은 철도의 교외역이며 노선으로는 도카이도선의 호츠카 · 오후나역, 오다큐선인 에비나 · 혼아츠기역, 소부선의 츠다누마 · 나시후나바시, 죠반선의 도리데 · 우시쿠역, 다카사키의 쿠마가야, 오미야역, 덴엔도시선의 다마 프라자, 아오바다이역 등이며 2,500 ~ 4,000대나 된다.

K & R형이 되지 않는 경우의 대체교통 수단은 60% 이상이 버스교통이 되었다.

이상으로 자동차 이용 특성의 변화를 살펴보았으며, 지금부터는 자동차 이용 방법에 대하여 고찰해보자.

종래의 도시계획 입안작업에서는 자동차대수의 증가를 전제로 하고 있다. 물론 앞으로도 그 경향에는 변함이 없겠지만 「차를 가지지 못하는 사람들」이 많은 지역지구가 있다는 사실도 분명하다.

지금까지의 예측에서는 인구당 자동차 대수가 상승하는 것에 눈을 돌려왔고, 「차를 갖지 못하는 사람들」이 어느 지역에 어느 정도 있을지에 대한 사실은 별다른 정보가 되지 못한다.

이번 조사결과에서 도쿄구부에서는 「차를 갖지 않은 세대」가 60%로 많았다.

이것은 지구의 중심부에서는 교통수단의 선택이 많이 가능하며, 특히, 철도와 지하철 이용자가 증가하고 있기 때문이다. 한편, 노외주차장 정비의 한계로 인해 차 이용의 확대화에는 일정한 한계가 있는 듯하다.

파리의 중심부에서는 상당한 주택 집적이 있으나 일반서민은 「차를 갖지 않은」것이 일반화되어 있고, 사람들은 지하철을 이용한다고 한다. 무엇보다 파리사람들은 평일에는 파리에서 생활하고 주말을 교외에서 지내는 생활패턴이 정착하고 있다고 할 수 있다.

자동차의 혼잡 완화대책으로 「차를 갖지 않고」 충분히 생활행동을 즐길 수 있다는 것도 중요하다.

한편, 교외 역의 역전 광장 정비는 지금까지 버스와 택시 흐름 중심으로 생각되어 왔으나, K & R의 증가는 광장 정비의 요소로서 충분히 배려할 필요가 있다는 것을 나타내고 있다. 또한, 버스노선이 없는 역은 버스교통의 도입을 높이는 것이 중요하다.

다음으로, 마이크로한 일상생활 행동권의 교통계획에 대하여 그 개념을 정리해보자. 자동차 보급이 일반화된 데 따른 도시에서의 교통계획 문제제기를 교통계획의 이념이란 것으로 처음 시작된 곳이 1963년 영국의 뷰캐넌 레포트라 불리고 있는 「도시의 교통」(Traffic in Towns)이다.

콜린 뷰캐넌(Colin Buchanan)의 보고서는 「거주환경지구」(environmental areas)라 불리는 교통의 계획개념을 설정하고, 지구내의 도로패턴 연구, 간선도로에서 지선도로에 이르는 도로를 단계적으로 네트워크화 하는 것에 의해 주거환경지구에서 통과교통을 배제하고, 지구에 관계하는 자동차 사용의 용이함과 접근의 다양성을 확보하려는 것이다.

이러한 개념 가운데 중요한 것은 지구내 보행자의 안전성이나 쾌적성을 중시하는 것이다.

주거환경지구란 도시 안의 방 개념이며, 그곳은 일상생활이 영위되는 지구이며 당연히 보다 좋은 주거환경이 보전되는 것이 매우 중요하다.

따라서 도시 안의 지구로서 마이크로한 지구교통계획의 수립이 중요하다고 한다.

도로계획체계로서 도로의 기능분담에 의한 체계화를 주거환경지구의 형성에 있어서 생각할 수 있다.

도로가 본래 지니는 기능으로는, 첫 번째로 교통기능으로서 기종점간의 보행을 확보하는 통행성과 연도의 토지이용에 적합한 이용성이다.

두 번째는, 공간기능으로서 도시공간의 경관성과 재해시의 피난기능으로서의 공간, 그리고 가스, 상하수도, 전기 등 공공시설을 수납하는 공간으로서의 기능이다.

계획체계의 측면에서는 자동차도로의 체계, 보행자도로의 체계로 구분된다.

1. 자동차계 도로체계

중요한 것은 자동차 보행과 그 기능을 기초로 하는 체계화의 확립이다. 도시계획으로는 자동차 전용도로, 간선도로(주간선도로, 간선가로), 보조간선가로, 구획가로로 구분된다.

2. 보행자계 도로체계

주요한 지구교통 레벨에서 차와 사람과의 경합상태 중에서 보행자의 통행조건을 확보하기 위한 체계이다.

종래의 교통계획에서 보행자 도로체계의 조성은 없었다고 할 수 있다. 「버스도로와 통행이 불편해서 길로만 사용되는 가게」 정도라고 할 수 있다. 역전의 협소한 버스 도로에는 보도도 없이 보행자는 상시 위험에 노출되어 있다.

지구교통계획에서는 보행자를 위한 도로망의 확립이 시급해지고 있다.

주거환경지구에 상당하는 면적(面的) 정비지구(20ha 이상)에서는 지구의 교통대책으로서 자동차 이용의 편리성을 확보하여 지구의 환경대책을 중시해야 한다. 이를 위하여 지구 내 도로의 치밀한 단계적 구성이 필요하며 지구교통계획의 확립이 중요한 역할을 한다. 도로망의 설계에 있어서 원칙적으로는「사람과 차의 분리」수법을 적극적으로 도입할 수 있다.

6.1.3 보행자계 도로계획

보행자계 도로의 설계에 있어서 자동차로부터 분리하는 형태로는 다음과 같은 공간분리와 시간분리로 분류된다.

■ 공간분리 형태

(1) 평면분리형

도로에 보도를 설계할 경우와 도로에서 차를 배제하여 도로 전면을 보행자공간으로 하는 경우가 있다.

후자는 몰(mall)이라고 불리며 가로의 중심상가 등에 설치되는 예가 많다. 유럽의 여러 도시에서는 상당수 보급되어 가로의 활력을 재활성화 시킨다. 이 경우, 몰을 지원하는 시설로서 상점가의 외곽거리에 노외주차장과 물류 배송센터가 정비되어 있다.

(2) 보차공존형

새로운 형태의 보차공존 도로와 커뮤니티 도로라고 불리는 도로가 보급되었다.

이 도로는 차량 통과제한을 하여 보도를 확장하고 도로공간에 식재를 하여 경관성을 가진 생활도로로서 풍부함을 갖게 하는 것이다. 차의 속도를 억제하기 위하여 차도선형을 지그재그로 하는 등의 조치를 하였다.

도로의 횡단면은 대부분 복단면 구성이었으나 보차도의 단차를 적극적으로 작게 하였고 목책을 설치하거나 통행금지를 하여 보도와 차도를 분리하는 형식이 많다.

보행자의 입장에서 보면 걷기 쉬운 도로가 된다.

이상은 공존도로의 보차분리형이다.

도시개발·도시재개발 시행에 있어서 지방공공단체의 단독시행에 의한 도로 이외에 주택도시정비공단, 공사, 민간의 사업으로 실시되었다. 또한 보차혼합형 공존도로도 보행자계 도로로서 새롭게 신설되었다.

이 도로는 단단면 구조로서, 보차도 경계를 설정하지 않고 포장면과 식수 등에 의해 구별하는 도로로서 교통억제가 목적이라 할 수 있고, 가로의 새로운 경계를 조성하는 것보다 보행자계 도로의 위치를 보다 높이기 위한 것이다.

한편, 새로운 움직임으로서 교통억제와 환경개선의 입장에서 트랜싯 몰(Transit Mall)이 유럽과 미국의 도시 중심부에서 나타났다. 이것은 보차공존 도로의 형태로서 차도는 버스교통인 신형 노면전차가 주로 이용하고 지구 내 화물용 배송차와 긴급차에 한정하고 있는 몰이다.

보차공존 도로의 형식은 네덜란드의 본엘프(Woonerf, woon은 주거, erf는 정원의 의미)가 그 기원으로 알려져 있다.

네덜란드에서는 1976년에 네덜란드 도로교통법으로 규정하여 그 후 유럽 각국에서 도시내 도로로서 보급되었다.

보차공존 도로의 운용에 있어서 일본 도로교통법에서는 아직 인정되지 않은 상황이지만, 앞으로 관계법규의 개정에 의해 검토될 것이다.

보차공존 도로 구조설계의 주요한 수법은 다음과 같다.

치케인(chicane) - 평면 선형으로서 차도를 부드럽게 사행시키다든지, 크랭크상에 굴절시킨다든지 하여 속도를 억제하는 설계이다.

험프(hump) - 차의 주행속도를 적절하게 억제하기 위하여 종단선형으로 차도면을 확장하는 설계이다. 단로부의 험프는 도로 입구에 설치하는 경우와 중간부에 설치하는 경우가 있다.

협착(chocker) - 평면 선형으로 차도를 협소하게 교차시켜 가는 것으로, 운전자에게 시각적인 압박감을 줌으로써 주행속도를 저감하는 수법이다. 매우 좁은 부분에 식재하여 녹지가 풍부한 도로로 될 경우가 많다.

(3) 입체분리형

도시 재개발에서 규모가 커지면 보행자도로는 입체구조가 되고, 다층 구조물(mega-structure)로서 대건축군 내로 일체화되어 간다.

대규모 재개발은 거대한 구성으로 오피스, 점포, 호텔 등을 조합시키고 이에 더하여 주택군을 끌어들임으로써 다목적 복합개발이 된다.

재개발지내에는 차의 흐름과 사람의 흐름이 분리되어 보행자를 위한 인공지반, 보행데크(pedestrian deck), 지하 레벨에서의 콩코스(승강장)의 형태가 된다(예 : 아카사카, 록본기의 아크로비 (그림 4.92(1)(2) 참조).

건축설계에 맞춘 인공지반에서는 보행자 동선의 확보와 함께 광장, 몰 등에 의해 지구내의 변화한 장소가 된다.

메가 스트럭처의 교통처리는 내부교통은 지구 내에서 처리되지만 지구의 발생집중 교통량은 접속하는 일반도로에 영향을 많이 주어 주변도로의 정비에 의한 개발자 부담 문제가 발생한다.

■ 시간분리 형태

일반도로를 보행자를 위해 전면적으로 개방하는 조치이지만, 매일 일정시기·시간에 한정하여 차량 규제를 하는 예로서 토요일 오후나 축제일 하루 동안 차량교통량을 규제하는 경우이다.

일반적으로 보행자 천국이라 불리며 하루 종일 상가를 중심으로 생활하는 쇼핑몰의 경우이다. 이 경우에는 화물의 출입을 위하여 시간을 한정하여 차량을 들이는 경우가 있으나, 쇼핑몰의 매력을 위해서는, 이것을 지원하는 시스템으로서 노외주차장과 하물 적치장의 설치가 필요하다.

6.1.4 중심부에서 지구교통계획의 동향

「도시 : 중심부의 재발견」이라는 책을 1988년, 윌리엄 화이트(William H. Whyte)가 출판하였다.

이 책은 1969년 뉴욕에서 도시계획위원회가 종합계획을 수립하기 위하여 조사연구의 하나로서 지원한 프로젝트이며, 과거 16년간의 성과이다.

가로 중앙에 도로가 있어 시민의 생활행동, 거리의 생활(street life)이 문제점으로 거론되었다.

특히, 중심부에서의 공공공간(public space)인 광장과 공원이 포함되어, 이들 거리가 작은 도시공간에서 사회적 생활행동이 중심부의 활력을 지원하고 있다고 할 수 있다.

도시를 사랑하는 사람들이 추구하는 장소는 어디인가, 그것은 도로이며, 거기에 시민의 얼굴이 있다고 할 수 있다.

도시재개발에서, 특히 도시디자인과 유도 용적제도의 사용법에 있어서 공원, 광장의 유효성, 그리고 활기 없는 거리의 생활화 문제도 거론되었다.

중심부에서의 드라마틱한 효과를 갖는 보행자 공간은 변두리가 가지고 있는 즐거움을 연출하고 있어 흔들흔들 걷고, 윈도쇼핑을 즐기고, 그리고 사람과 만나고, 소리를 듣고, 수다를 떠는, 페이스 투 페이스(face to face)의 장이다.

이러한 환경을 한층 더 높여 주어 중심부의 즐거움을 재발견하려는 계획전략이다.

연출효과로는 공공공간에 태양이 닿고, 수변이 있고, 바람이 산들거리고, 나무들과 조명이 있는, 이러한 것이 중요하다고 할 수 있다.

뉴요커들의 특징은 걸을 수 있는 한 빠른 걸음으로, 움직임은 기민하고, 잠시 신호가 눈에 들어오지 않고, 즉 차 사이를 걸어 돌아 나오는 등의 이동도 많고, 특히 수다를 떨면서 걷는 사람들이 많은 것 등, 대도시의 특징을 나타내고 있다.

한편, 물리적 도로조건으로는 다른 미국의 도시와 같은 양상이며, 도로의 통행권은 대체로 차에게 부여되어 보행자의 부분은 없다. 도로, 특히, 보도에는 여러 가지의 장해물이 설치되어 있다.

여기에서, 보행자를 위하여 안전하고 쾌적한 환경 만들기가 중요하게 되었다.

1961년 유도 용적제도의 제정에 의하여 공공공간의 확보, 건물 내의 관통도로 등이 보도와의 일체가 되도록 가로 중앙의 번화함을 효과적으로 한다.

결론적으로, 최근 도시의 조류는 젠트리피케이션(gentrification)의 움직임과 함께, 「장래의 교외에는 없고, 도시의 중심부에 있다」라고 한다. 거기에는 그리스 시대의 아고라(agora)와 같이 도로 중앙에 사람들이 모이는 장소로서의 기능이 도입될 수 있었다고 한다.

다음으로, 뉴욕 중심부의 교통대책을 살펴보면, 1970년, 주(州)의 대기청정화법(Clean Air Act)에 의해 뉴욕시에서는 1973년에 교통억제계획 [Transportation Control Plan (TCP)] 이 결정되어 시행되었다.

맨해튼을 중심으로 트럭교통의 통행규제와 함께 유입규제의 강화가 진행되었다. 그 가운데 맨해튼 섬의 110번 거리(센트럴 파크의 북측) 이남 지역에 대기 청정화를 목적으로 노외주차장의 규제를 강화해 왔다.

뉴욕시에서는 조닝규제(Zoning Resolution, 1990년)에 의해 기본적으로 모든 건축물에 노외주차장의 설치의무가 정해져 있다.

그러나 위에서 언급한 맨해튼의 상업지역에서는 노외주차장 설치의무가 면제되었다.

그 이유는, 지하철 등의 대량교통기관을 쉽게 이용할 수 있다는 것이며, 만약 주차장 설치를 인정하면 중심부에서의 자동차 혼잡을 가중시키게 된다는 것이다.

또한, 맨해튼 주택지역에 대해서도 부설주차장의 규모를 제한하고 중심부에서는 부설의무가 면제되고 중심부 외주의 주택지에 대하여는 건물의 전 세대수의 40%까지를 한도로 하고 있다.

이후의 문제로는 CBD에서의 보다 효율적인 자동차 교통의 개선과 함께 노외 물류 화물 장소를 확보하는 것이다.

여전히, 노외주차장은 전면적으로 금지되어 처리하기는 어려웠다.

런던 중심부의 교통대책에 대하여 알아보자.

도시계획적 대책을 보면, 뷰캐넌 레포트의 이념 실현화로서 거주환경지구의 지정 도입을 시작으로, 네덜란드의 본웰프 보차공존 도로의 구조설계가 채용되어 주택지나 중심상가로 차의 유입억제책이 행해져 왔다.

중심부의 교통대책으로는 소프트한 면에서 다음과 같은 대책이 전개되었다.

1989년에, 로드 프라이싱(road pricing)제도(유료에 의하여 특별 유입(乘入)된 제도)가 런던에서 여러 차례 화제가 되고 논의의 모토가 되었다.

또 하나의 대책으로는 엄격한 주차규제를 들 수 있다.

런던 중심부에서의 교통사고 감소와 대기중의 소음공해 소멸을 위하여 중심부의 자동차 교통량 억제수단으로서 상기 2개의 소프트한 정책 실현화를 기대한다.

이 실현화에 따라 중심부의 보행자를 위한 환경은 향상되어 왔다.

엄격한 주차규제는 업무, 상업상의 필요 주차공간을 확보하게 되고, 중심부의 혼잡을 저하시키는 직접적인 영향을 주었다.

이 대책에는 중심부 업무와 상업활동의 원활화를 위하여 차가 가진 도어 도트 도어(door. door)의 기능을 보완하기 위한 사람과 물건의 움직임을 지원하는 시스템 도입을 강화할 필요가 있다. 즉 물건의 이동에 대해서는 집배소의 정비를 사람의 움직임에 대해서는 버스 · 지하철의 활성화와 확충이 요청된다.

로드 프라이싱 제도에 대해서는 1960년부터 논의되어 1974년에는 센트럴 런던에서 도심에 유입하는 차량에 대한 특별요금을 부가하는 제도가 런던청(GLC)에 의해 계획 제안되었다.

이 제안에는 센트럴 런던의 자동차 교통량이 1/3 감소된다고 예측되었다.

이 계획에 대한 반대가 센트럴 런던의 외주구에서 일반시민의 여론 지지를 얻지 못하였다.

1979년에는 제2차 계획으로서 GLC가 제1차 안보다 요금과세를 낮게 하여 제안되었다. 이로 인하여 중심부의 교통량은 1/5 감소할 수 있을 것이라고 예측하였다.

이 계획내용에는 센트럴 런던의 유입도로수 70~80노선이 대상이 되었고, 180개소의 유입지점이 생기게 되었다.

이 지점에서의 요금징수 관리인은 600~700명에 달할 것이라고 한다.

그 후에도, 이 제도에 대하여 각 방면에서 논의되었고, 1987년에 런던의 경찰국장(police commissioner)은 이상의 조치를 피크시에 한하여 적용한다는 발언을 하였다.

1988년에는 GLC 해산 후의 계획기관인 LPAG(London Planning Advisory Group)은 로드 프라이싱 제도를 가까운 장래에 채용할 수 있다는 계획을 제안하였다.

앞으로는 런던 중심부의 교통규제지역에 유입하는 차량은 피크시간에는 1일 5파운드의 요금을 지불하게 되었다.

한편, 런던에는 7.5t 이상 화물차의 유입규제 조치가 이루어졌다. 1981년에 도로교통법의 개정에 의하여 런던에서 최초로 화물차의 규제 권한이 GLC에 인정된 것이다.

1983년 5월 이후, 32.5~38t 차가 국도 이용 허가제가 도입되었다.

1986년 1월에는 최종적으로 야간과 주말에 화물차의 런던 유입규제가 적용되게 되었다.

그러나 1986년 4월에 GLC가 해산한 후 각 구에서 반대하여 화물차의 운행을 종래와 같게 허가하게 되는 재판이 있었다.

또한, 런던의 주차규제가 1950년대에 행해졌고 1970년대 후반에는 규제비용의 증가와 규제 건수의 증가가 기본적으로 재정상의 문제가 되는 재판이 있었다.

센트럴 런던에서는 1일 50만대 이상의 주차가 있었는데, 그 중 2/3가 위법주차였다.

엄격한 주차규제의 불평에 대하여 1983년 런던 중심의 웨스트민스트 시에서는 자동차 통행금지 조치를 도입하여 실험하게 되었다.

그 후 1984년의 도로교통규제법의 개정에 따라 1986년의 위법주차규제에 통행금지 조치가 법적으로 채택되어 런던의 중심부에도 적용했다. 통행금지 조치와 위반차량 이동이 병용된 것이다.

스코틀랜드 경찰에서는 매일 35만대의 위법주차를 단속하게 되자 파킹 메타를 설치하여 1주 동안에 5만대 분량의 주차권을 발행하였다.

이상의 조치로 1983년 이래, 센트럴 런던의 위법주차는 30%가 감소되어 왔다고 한다.

1990년 Carmen Hass-klan은 『보행자와 도시교통』(The pedestrian and city traffic)을 발간하였다. 여기에서 독일과 영국의 도시교통 동향을 비교하여 도시교통의 새로운 방향성을 보고주고 있다.

이 가운데 영국의 Traffic calming 운동에 대하여 다음과 같이 서술하고 있다.

Traffic calming 운동은, 「교통의 침정화」이며, 도시에서 자동차 교통량의 억제정책에 의하여 도시 중심부에서의 교통혼잡을 침정화시켜려는 움직임이다.

도시의 교통억제책으로는 자동차 교통의 총량을 억제하고 들어오는 허용 환경상태를 유지하는 목표를 설정하는 한편, 도시생활이 지속될 수 있도록 전제를 두고 있다.

특히, 중심부와 상점가에서 자동차 교통을 금지하고 보행자와 자동차와의 공존을 가능하게 하는 보행자공간의 확대를 목표로 하고 있다.

이 운동에서 강조하고 있는 점은, 도시 내의 자동차 주행속도를 30km/h로 저감시킬 수 있는 것이다. 보행속도가 70km/h일 경우 보행자의 사망사고에 이르는 사고발생은 83%에 달하고, 50km/h일 경우는 37%, 그리고 25km/h일 경우에는 감소하는 것이다.

이를 위해 도시 내의 도로에서는 주행속도를 저하시키는 것이 중요하며 이로 인해 교통사고와 교통공해를 감소하는 것이 가능하며, 자동차 이외의 도로 사용, 특히 보행자에 의한 보다 좋은 환경이 있는 도로의 개선이 가능하게 된다. 센트럴 런던에서 자동차 교통의 억제책을 중심으로 한 「교통의 침정화」(Traffic calming)대책에 병행하여 보행자를 위한 공공교통기관의 개선책이 이루어졌다.

런던의 도시교통에 대하여 장래계획(일부 실시되어 있는 대책) 구상에 대하여 London Planning Advisory Committe, London Boroughs Association, Association of London Authorites 등의 지방자치체를 중심으로 진행되었다.

① 센트럴 런던의 주요 기간 버스노선「슈퍼 버스화」 계획

슈퍼 버스화는 노면전차나 트롤리버스와 같이 액세스가 보다 좋은 화물로서 신형 노면전차 시스템의 도입이다.

이것은 교통혼잡에 고민하는 이너 런던의 지하철과 도로의 중간 교통수단으로 제안되었다.

② 지하철이나 버스의 승하차의 용이

이들 시설에서의 승하차가 쉬우면 길면서 늦게 온다. 그래서 센트럴 런던에서는 1992년 이후 모든 버스에 의무적으로 입법화가 이루어져 승하차가 쉬운 버스, 차 있는 사람들을 포함한 모든 사람들에게 접근하기 쉬운 탈 것을 새롭게 제공하려고 하였다.

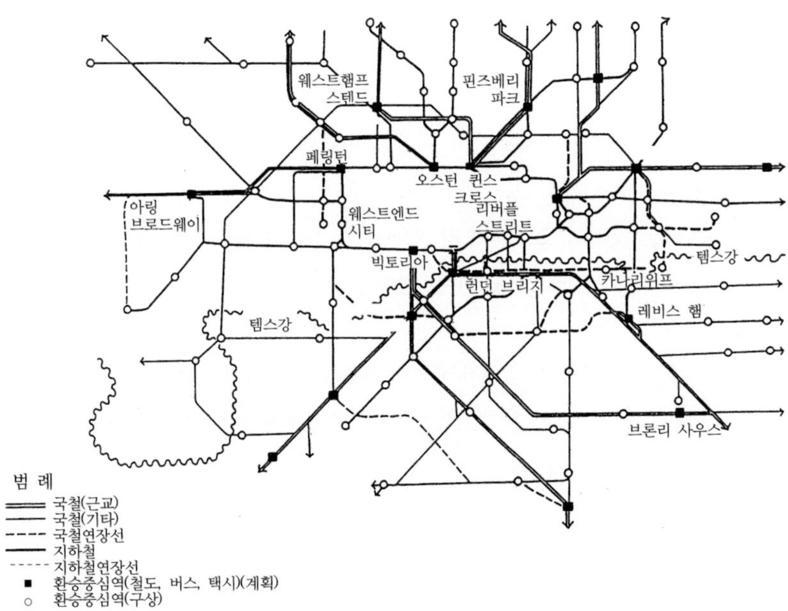

그림 6.2 센트럴 런던과 그 주변의 국철과 지하철과의 접속중핵역

출전 : "The Crisis of London" edited by Andy Thornley Routledge, 1992

또한, 센트럴 런던의 철도와 지하철역 가운데 코어에 해당하는 중심 역에는 엘리베이터, 에스컬레이터, 맹인을 위한 시설을 설치하고 역 시설을 개선하려고 하였다. 이후 5~10년 계획으로 완성시킬 예정이라고 한다.

③ 교통기관의 환승 개선

런던 교통기관의 근간을 이루는 것으로는 철도, 지하철, 버스, 택시 등의 「환승을 쉽게 하는 시스템」의 확립이 중요하다고 한다.

특히, 코어가 되는 중핵 역을 중심으로 한 환승이 쉬운 시스템을 도입함으로써 종래에 차를 이용하는 사람들도 공공기관의 개선에 의해 쉽게 이용 가능하게 되어 자동차 이용이 감소하였다.

그림 6.2는 철도, 버스, 택시의 환승을 편리하게 한 중앙역 배치도이다.

이들 여러 계획과 대책에 의한 센트럴 런던의 교통계획 구상은 그림 6.3과 같이 중심부에 보행자 우선도로, 신 노면전차의 노선계통, 철도중핵 역이 배치되었다.

이상과 같은 계획대책에 의해 장래 런던 중심부의 교통이 어떻게 변화할 것인가를 상상하게 되고, 중심부가 가지고 있는 문화와 사회생활화가 점점 더 사람들에게 매력을 주게 된 것이라고 할 수 있다.

도쿄의 이너 시티 도시구조의 본래 계획구상은 도심·부도심 등 구조의 형성과 함께 예전부터 번화가나 중심상점가를 핵으로 하는 커뮤니티의 재활성화와 부활이 커다란 조류가 될 것으로 서술해왔다.

커뮤니티라는 마이크로한 일상생활 행동권에서는 종합적 지구교통체계가 확립되어 교통체계 가운데 보차공존 도로와 함께 보차공간이 확립되는 것이 뉴욕과 런던에서의 동향이며, 도쿄에 있어서도 이후로 커다란 전략적 목표가 되었다.

이러한 커뮤니티의 재활성화 움직임 가운데 재개발사업이 자리 잡는 것이 중요하다.

새로운 지구교통체계의 실현화를 위해서는 자동차가 가진 특성을 살려 도시활동의 유지 향상을 도모함과 동시에 뉴욕 자동차 발생량의 억제, 유입교통량의 규제조치 등과 런던에서 실시되고 있는 자동차 교통의 침정화 운동 및 공공교통기관의 개선책이 병행하여 전개될 필요가 있다는 것이다.

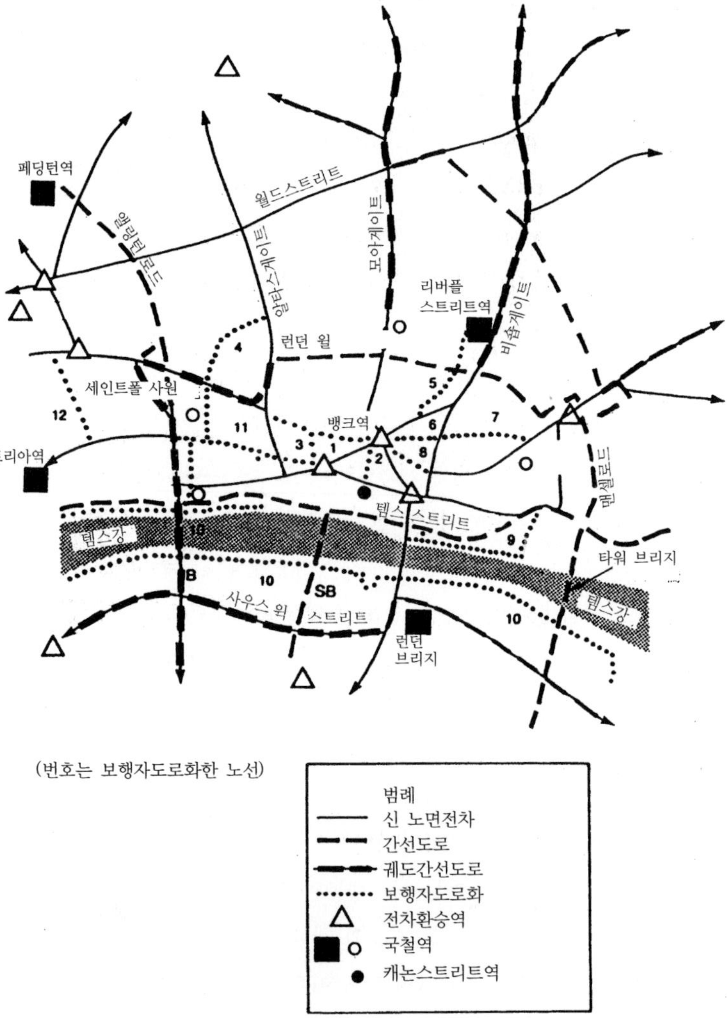

그림 6.3 센트럴 런던의 교통계획 구상

출전 : "The Crisis of London" edited by Andy Thornley Routledge, 1992

도쿄 도심 3구의 주요교통기관인 지하철 이용방법은 20년간 변화하여 이후 지하철의 시대가 되었다.

도쿄의 자동차 교통 억제와 침정화를 위한 움직임을 보면, 교통량의 유입 억제책으로 도쿄도 등의 지자체 차원의 시책으로 겨울철 특정일(수요일)에 자동차 사용의 자제를 요구하는 것 정도이다.

이후, 정부차원의 관계기관 협력에 의해 도와 나란히 지원구에 의하여 합리적인 지구교통의 정책 결정과 실현방책의 실행이 요망되었다.

한편, 일본에서는 대도시지역을 대상으로 하는 질소산화물(NO_x) 총량감소법이 1992년에 입법, 시행되어 도쿄 등 지정지역내의 디젤 트럭버스에 대하여 보다 저공해 차종의 사용 의무화로 NO_x 총량감소를 위한 자동차 사용의 합리화 지침이 책정될 예정이다.

또한, 간선물류의 효율화를 위해 트럭에서 철도로의 모달시프트(modal shift)(주 : 기존에 이용하고 있는 운송수단을 좀더 효율성이 높은 운송수단으로 교체하는 것)를 추진하기 위해 토카이도 본선의 컨테이너 열차 운송력 증강대책이 진행되도록 하였다.

또한, 주차규제에 대해서도 1991년 차고법의 개정에 따라 차고규제가 강화되어 위법주차의 단속은 런던의 예와는 다르게 「아직」이라는 느낌이 강하다.

도쿄의 교통상황에 적합한 자동차 교통의 침정화 대책을 수립하고 실현화를 목표로 한다.

이것은 자동차 공해로부터 환경개선책을 논할 일은 아니다.

6.2 도시재개발 · 도시개발의 동향

이 20년 동안 도쿄의 스카이라인은 도심·부도심에서 크게 변화해 왔다. 지금까지의 이너시티 변화 물결을 보면, 제1파는 1970년 경제 고도성장과 GNP의 확대에 따른 민간 자사 용지로 건물 교체를 중심으로 하는 민간주도의 갱신활동으로 시작하였다고 말할 수 있다.

지역적으로는 오오테쵸·니혼바시·코바시·긴자 등 도심부에서의 신설 빌딩과 개장 빌딩은 자사 용지, 즉 인접지의 매수를 중심으로 대부분이 지정 용적률 범위 내에서 진행되었다.

이 여파는 도심 주변, 신주쿠 등 부도심에도 나타나 이후 계획적으로 종합적

표 6.1 도쿄의 사무소 연면적 추이 (단위 : ha)

연	치요타구	쥬오구	미나토구	3구계	신주쿠	시부야	토시마	부도심3구계	23구계
1972	558.2	506.1	256.6	1,320.9	114.4	83.9	34.5	232.8	2,050.2
1973	577.4	524.9	282.3	1,384.6	120.2	39.6	39.6	249.1	
1974	604.9	545.5	303.0	1,453.4	130.7	96.2	41.0	267.9	2,286.0
1975	654.8	588.3	367.4	1,610.5	141.3	113.6	42.3	297.2	2,518.3
1976	723.1	634.3	406.6	1,764.0	216.4	143.7	49.1	409.2	2,848.2
1977	753.6	657.4	437.2	1,848.2	228.7	161.1	53.0	442.8	3,008.1
1978	787.3	674.9	448.8	1,911.0	248.9	170.0	59.1	478.0	3,144.0
1979	794.2	683.4	463.0	1,940.6	255.5	176.0	61.5	493.0	3,217.1
1980	819.3	693.6	486.9	1,999.8	275.5	179.0	68.9	523.4	3,324.4
1981	858.2	699.0	508.1	2,065.3	305.2	186.0	78.7	569.9	3,469.9
1982	873.0	716.6	529.2	2,118.8	311.4	195.0	81.7	588.1	3,572.8
1983	891.9	729.8	564.3	2,186.0	319.8	200.3	84.2	604.3	3,681.1
1984	925.1	745.9	587.0	2,258.0	323.2	206.1	86.8	616.1	3,793.6
1985	954.4	762.1	607.2	2,323.7	341.5	213.7	90.5	645.7	3,923.6
1986	974.7	768.1	643.6	2,386.4	353.3	220.4	93.2	666.9	4,027.2
1987	1,006.1	794.5	698.3	2,498.9	379.0	232.9	100.2	712.1	4,290.0
1988	1,046.9	821.5	771.6	2,640.0	397.0	249.4	106.8	753.2	4,548.6
1989	1,108.9	850.5	822.2	2,781.6	414.6	269.1	119.9	803.6	4,830.6
1990	1,160.6	886.6	870.5	2,917.7	437.6	290.0	134.1	861.7	5,101.3
1991	1,197.7	903.8	943.7	3,045.2	460.0	303.8	182.2	946.0	5,412.1

출전 : 도쿄도의 토지백서

주 : 1. 과세자료에 의한 격년의 1월1일 현재

2. 사무소 연면적에는 은행 연면적을 포함

인 설계제도와 특정가구제도의 적용을 받고 용적 보너스가 부가되어 왔다.

제2파는 1980년 이후, 외위(外爲)법의 개정에 의거 외국자본계 기업의 일본 진출 박차를 기해 일본에서는 내수 확대를 부르짖었고, 업무계의 연면적 수요가 확대되어 새롭게 면적공급이 강하게 요청된 시대가 되었다.

이 결과, 표 6.1과 같이 사무소 연면적이 증대되었다.

도심 3구의 1975년의 사무소 연면적은 1,610ha였으나, 10년 후인 1985년에는 2,323ha로서 약 50%가 증가하였다.

도심의 업무화 여파 가운데 종래의 상점가와 그것에 인접하는 주택지에 있어서 「지상으로」란 형태의 투기적 매수가 진행되어 왔다.

이것이 지가의 이상폭등에 의한 버블을 발생시키게 되었다. 이 지가폭등은 1983년에 도심에서 시작하여 교외 주택지로 확대되었고, 또한 지방도시까지 비화(飛火)하기에 이르러, 버블 시대라고 불리게 되었다.

1986년 나카소네의 민생생활이란 내수확대를 위한 규제완화의 실시가 국내의 명제가 되어 지가폭등은 한층 박차를 가하여 전국적인 여파를 불러일으켰다.

지가폭등은 1988년을 절정으로 하여(주택지) 하락으로 전환하여 안정화를 나타내고, 1992년 이후 버블 붕괴의 불황과 함께 현저히 하락경향을 나타내왔다.

지가공시에 따르면, 도구부 주택의 지가는 1983년을 100으로 할 경우, 1988년에는 300이었던 것이 1993년에는 193으로 거의 2배 가까이 높은 수준이다.

도시계획 측면의 움직임은 1980년에 지구계획 및 도시재개발 방침 제도가 결정되어 도쿄에서 1986년 도시재개발 지침을 결정하고, 계획적 재개발로서「할 수 있는 지구」와「해야 하는 지구」의 지정이 이루어졌다.

1988년에는 새롭게 재개발지구계획제도가 발족되었다.

이 제도에서는 대규모 토지이용 전환(예 : 대공장 이적지 등)에서 입지조건이 적절한 것에 대해서는 연면적 공급 촉진의 관점에서 생각해 왔던 규제의 탄력화를 도모한다. 즉, 이미 정해진 용도용적지구를 재검토하고, 있어야 하는 용도용적지구로 격상한다. 한편, 지구 내에서 계획적 정비의 실시가 확실한 지구에 대해서는 상세한 토지이용규제를 적용하고 가능한 용적 보너스를 부여하려는 것이다.

이렇게 하여 종래의 개별대지마다 건축규제에 대하여 대규모 면적 집단적 건축군을 슈퍼블록으로 하는 새로운 조합이 가능하게 되었다.

제3파는 제2파의 반사적 영향으로 인해 나타났다.

제2파에서의 「지상으로」에 의하여 이너시티의 인구 · 세대가 감소하고, 도심형 주택을 중심으로 하는 커뮤니티의 붕괴라는 최악의 상황을 보이게 되었다.

쥬오구, 미나토구 등에서는 재개발에 의한 업무계 빌딩의 건설에 대하여 부설주택을 의무적으로 시행하는 방향으로 대응을 시작하였다.

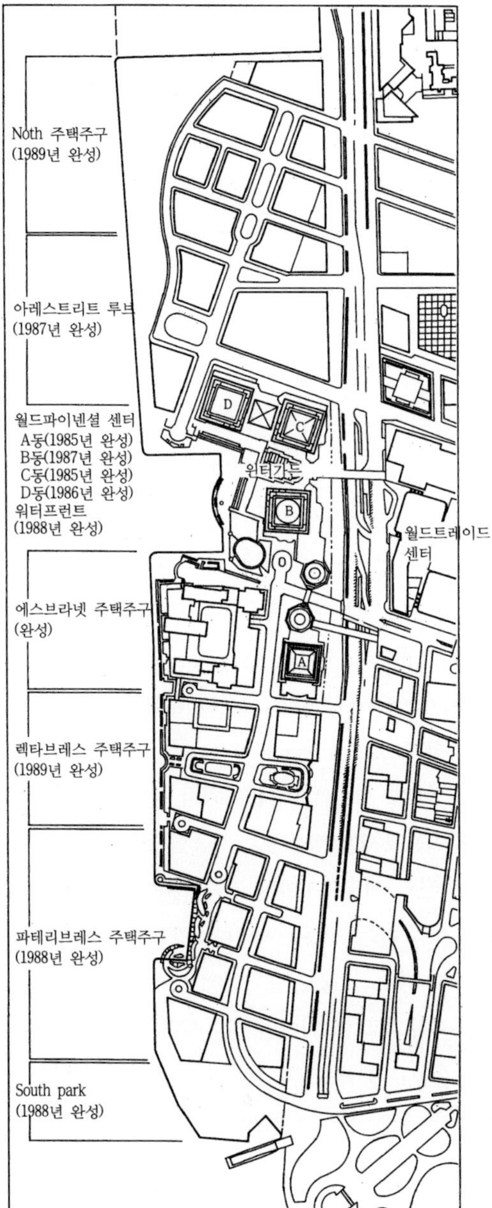

그림 6.4 뉴욕, 배터리 파크 시티의 계획

이러한 동향에 대하여 도시계획 측면에서 재개발계획 내의 도시형 주택건설을 전후방 연쇄(link-age)시키는 것이 문제가 되었다.

위에서 언급한 바와 같이 커뮤니티의 붕괴는 뉴욕에서도 원인은 약간 다르지만 발생하였고, 이미 재개발 개념으로 배터리 파크 시티(Battery Park City)의 개발 방침으로 1960년대부터 논의되어 왔다.

그것은 「도시 가운데의 도시」(city within the city)를 건설하려는 개발구상이며 업무계, 상업계 그리고 주택계로 조합한 계획적 복합형 재개발이다(그림 6.4).

재개발에 있어서 도로, 지하철 통로, 광장 등의 인프라 스트럭처 이외에 환경 개선을 위한 워터 프런트의 정비가 이루어져 용적 인센티브를 부여하였다.

그런데 사무소 연면적이 급증한 시기였던 1985년 이후의 상황을 보면, 도심 3구의 사무소 면적은 1985년에 2,323ha였으나, 1987년 이후 급증하였고 1991년에는 1975년의 약 2배인 3,045ha로 확대하였다.

이 사이 전년 비율을 구별로 보면, 쥬오구와 치요타구에서는 4% 전후이고 미나토구에서는 8% 이상으로, 특히 1988년과 1989년에는 10% 이상이라는 높은 증가율로서 미나토구의 증가가 이루어져 왔다.(그림 6.5)

23구 합계의 사무소 연면적 가운데 도심 3구의 웨이트(weight)는 1975년에는 63%였던 것이 1991년에는 56%로 높은 비율로서, 상대적으로 저하해 왔다.

부도심 3구의 사무소 연면적 상황을 보면 1975년에는 297ha로 신주쿠 부도심의 초고층 빌딩이 3동이 되는 시대였다. 1985년에는 645ha로 10년 동안 약 2배가 되었고, 1991년에는 946ha로 확대되어 왔다.

구(區)별로 보면, 신주쿠에서 증가가 두드러졌고, 다음으로 시부야구이고 토시마구(豊島區)는 저조하였다.(그림 6.6)

도심 3구와 부도심 23구에서의 웨이트는 1975년에는 12%, 1991년에는 17%로 확대하고, 대도심 3구와의 비율에서는 1975년의 도심 3구를 100으로 할 경우 부도심 3구에서는 18이었으나, 1991년에는 31로서 도심 3구의 약 1/3정도의 사무소 연면적의 집적을 점유해 왔다.

다음으로 도심과 부도심 6구의 합계 23구에서의 웨이트는 1975년에는 75%를

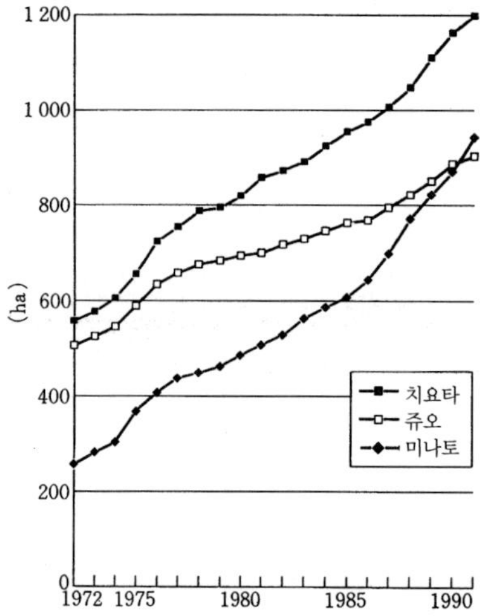

그림 6.5 도심3구 사무소연면적의 추이

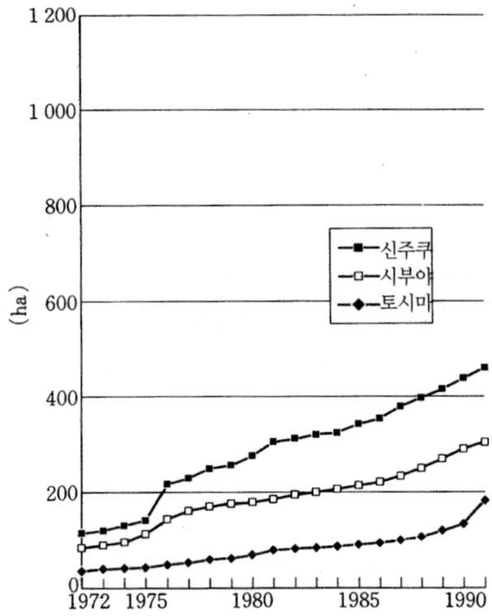

그림 6.6 부도심3구 사무소의 연면적 추이

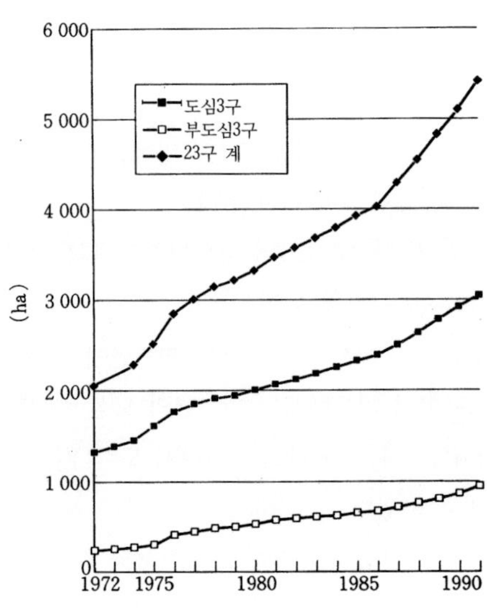

그림 6.7 23구 사무소 연면적 추이

점유하였고 1991년에는 68%이며, 기타 구의 재개발사업이 순조롭게 진행하여 예를 들면, 시나가와구에서는 1975년에는 64ha의 사무소 연면적이 오사키, 오이마치의 재개발 완성으로 1991년에는 164ha가 되었다. 이와 같이 기타 부도심, 부부도심에서의 재개발사업에 의한 사무소 입지에서 보이는 것과 같이 되었다.(그림 6.7)

1991년 후반에 들어서는 버블 붕괴로 경기 후퇴 국면에 들어섰다. 사무실 수요가 저하하여 공실률(空室率)이 문제가 되어 왔다.

새로운 부도심지구로 1987년에 임해부도심 기본구상이 발표되었고 1989년에 개발사업화 계획이 결정되었다.

1950년대 후반부터 1970년대에 걸쳐서 매립된 지역이며 계획면적은 448ha(이 중 80ha는 신규매립)이다.

계획목표는 21세기를 바라보며 정보·교류 국제 비즈니스 센터를 건설하고, 풍부한 수변을 살리는 워터프런트의 매력을 가진 직·주근접형의 주거환경으로 미래형 도시의 건설을 꿈꾸고 있다.

토지이용은 대부분이 도유지이며, 이것을 매각하지 않는 것을 전제로 전체의 52%를 도로와 공원의 용지로 하였다.(그림 6.8)

개발 프레임은 취업인구 11만 명(후에 10.6만 명), 거주인구 6만 명(후에 6.3만 명)으로 하여 직주 근접형의 가로 만들기로 계획된다.

업무지구의 입지는 장래 사무소 연면적 250ha를 가정하여 아우미 지구에 도쿄 텔레포트, 아리아케 남측지구에 국제전시장으로 계획되었다.

교통시설 상황을 보면, 도로는 해안도로뿐이므로 도심 방면과 접근이 불량하며 철도도 지하철 유라쿠죠선이 지구 외 지역인 토요스(豐洲)를 지나는 정도이다.

교통계획으로 광역적 교통체계의 정비가 필요하여 도심부에서 도시고속도로와 간선도로의 연장 도입이 계획되었고, 그 일부가 사업화되었다.

철도는 지구교통으로서 신 교통시스템 정비가 계획되어 부도심 배후권과의 연결노선으로 케이요 화물선의 여객화 및 연장화로 치바 방면과 사이쿄선과의 접속에 의한 도쿄 서부, 사이타마 방면의 연결이 계획되도록 하였다.

개발 프로그램으로 약 20년간을 가정하고, 당면 10년간에 인프라스트럭처를 정비하도록 하였다.

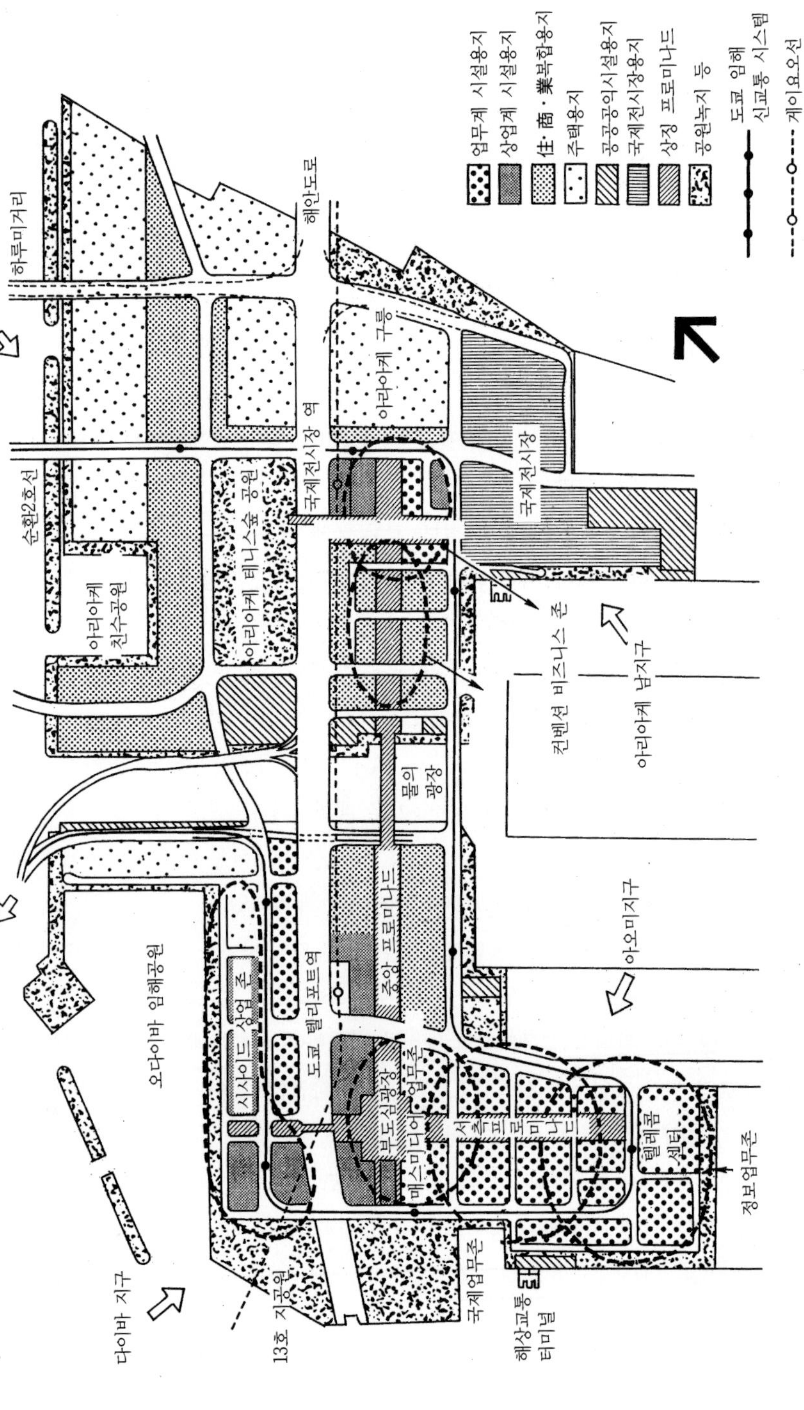

그림 6.8 임해부도심 도시기능 배치 설계도

도심 가까운 임해부에 새로운 재개발의 움직임인 것이다.

전쟁 전부터 항만, 공장, 창고지대였던 토지이용이 최근에는 대폭적으로 전환을 도모하게 되었다. 스미타가와 해안과 도쿄만 만오(灣奧)지구의 재개발이다.

주요한 내용으로는

① 리버시티 21 계획(27.9ha)

조선소 이적지에 중고층 주택을 조성하고 문화 상업시설의 초고층 빌딩이 예정되었다. 완경사 방제와 녹지의 네트워크가 형성되었다.

② 텐노주지구 재개발계획(20ha)

창고가의 이적지에서 업무시설, 문화 레크리에이션시설, 상업시설, 중층주택이 계획되어 워터프런트를 살리는 어메니티가 풍부한 가로 만들기를 목표로, 모노레일 신설역 설치로 젊은 사람을 중심으로 한 새로운 관광지로 재생되었다.

이밖에 대형 재개발로서는 구두부(旧埠頭)의 타케시바(竹芝), 히노데, 시바우라(芝浦)의 재개발, 하루미(晴海) · 토요스(豊洲)지구의 재개발, 시오도메(汐留)역 이적지의 재개발, 하네다 공항 앞바다 전개에 따른 이적지의 재개발사업 등이다.

사무소 면적의 증가는 도시의 모습을 변화시켜 왔으며 광의의 재개발에서 보면 주요한 움직임은 민간의 사적인 측면이며, 공적인 공공의 측면에서는 도시계획으로서 계획유도 수법에 의한 개인과 공공의 파트너십에서의 움직임이다.

도시계획은 계획유도 입장에서 재개발계획을 추진하는 경우, 이후에 견해를 달리하여 생각될 수 있다.

지금까지 서술한 바와 같이, 도쿄 이너시티의 새로운 조류의 고찰은 다음과 같다.

오늘날의 커다란 조류의 변화는

① 산업구조의 변혁에 의한 큰 흐름이고

② 생활행동에 대하여 가치관의 변혁에 의한 큰 흐름이며

③ 중심부의 급속한 커뮤니티의 붕괴를 방지하고 커뮤니티의 부활이란 지역요망에 의한 큰 흐름이다.

이 조류를 포함하여 도시계획으로서 계획유도의 한 방법으로 재개발계획의 계획전략(planning strategy) 위치가 중요하게 되었다.

하나는, 매크로한 도시구조 변혁 시점에서의 계획전략이라고 할 수 있다.

두 번째는, 토지이용의 전환이란 마이크로한 지구구조의 변혁을 위한 재개발 계획 전략이라고 할 수 있다.

세 번째는, 이너시티 커뮤니티의 재활성화를 위하여 주거지역을 중심으로 하는 수복, 보존, 개발정비를 포함한 복합재개발이란 계획전략으로 전개해 왔다고 할 수 있다.

네 번째는, 이너시티의 교통혼잡을 완화시키기 위하여 자동차 이용을 억제하고 지하철 등의 대량교통기관의 이용을 촉진시키는 보행자공간의 확대화를 위한 계획전략이라고 할 수 있다.

다음으로 최근 뉴욕의 재개발 동향을 보자.

1961년 뉴욕에서 유도용적제(incentive zoning)가 도입되었다. 그 후 10년이 경과했던 시기에 제도 자체를 검증하는 제도의 개혁이 이루어졌다.

뉴욕에서 그 기간의 모습을 W. Whyte는 앞서 언급한 “City, Rediscovering the Center”에서 소개하고 있다.

처음 10년간을 보면, 개발사업자(developer)는 가능한 큰 건축물을 원했고, 이를 규제하는 기준이 계획자(planner)가 생각하고 있는 구상이었다고 한다.

그 기준은 공공광장(public plaza)이며 아케이드이고 질이 좋은 어메니티였다.

결과적으로 개발업자는 여유 연면적을 확보하고, 공공의 측면에서는 어메니티를 확보하고, 시(市)로서는 세수원으로서의 질 높은 부동산을 확보하며 각각의 입장에서 만족감을 느껴왔다.

그 후, 용적을 부가하는 새로운 공간으로서 갤러리아, 아트리움, 가든 코트, 가구 내외를 관통하는 보행자 통로, 데크형의 보행몰 광장, 루프 가든 등이 등장해 왔다.

이것들은 「뉴욕의 아름다운 조닝제도」라고 불리며 각 입장에서 각각 만족하고 있다.

그러나 그 후 「사물은 잘 되지 않는 시대」에 들어섰다.

그것은 개발업자가 거대한 건물을 지어 건물의 그림자가 길게 늘어져 도로 특히, 보도가 어둡게 됨으로써 시민그룹이나 매스컴에서도 문제가 된다고 지적되어 조닝제도의 수정 요구가 시에 제출되어 왔다.

인센티브 조닝의 본래 있어야 할 모습을 수정할 수 있다는 움직임이 일어났다.

원래 1916년 뉴욕의 조닝제도 채택은 태양과 빛을 시민을 위하여 확보하려는 움직임에서 출발하였다고 한다.

18세기, 파리에서는 건물의 높이는 도로의 폭원에 의해 제한되어 협소한 도로에서는 낮고 넓은 도로에서는 높게 하였다. 당초 뉴욕의 조닝별 용적률을 이용하는 것이었다.

상업지역에서는 최고 용적률 1,500%로 결정되어 높이의 제한은 없었다. 당시는 업무빌딩은 30~32층 정도가 실용적이라고 생각되어 특별히 높이제한을 하지 않았다.

그 후 건축대지 내에 광장을 설치할 경우에는 보너스로 20% 올려 1,500%에서 1,800%로 할 수 있는 조치가 취해져 1961년의 조닝 개정에 의해 광장 등의 설치에 의한 유도 용적률 제도가 채택되었다.

초고층의 건폐율은 40%로 하고, 도로에서 50피트 셋백한다는 지정기준이었다.

1970년대에 완화시킨 건폐율은 40% 이상이 되고 최대 80%가 되었던 예도 나왔다. 셋백도 50피트보다 협소하게 되었다.

그 결과, 1,800%의 용적률은 2,160%까지 인가되는 경우도 나왔다.

1961년부터 1973년 동안에 새로운 오픈 스페이스는 110만 feet^2(102만 m²)로 확대되어 건설되었다. 그러나 이후 시민그룹과 매스컴에서 비판이 일어났다.

한편, 1970년대에 들어서 뉴욕시는 재정위기를 직면하면서 빌딩 붐이 붕괴되었다.

업무빌딩의 건설은 1973년에는 122.6만 feet^2(114만 m²)였던 것이, 1976년에는 36만 feet^2(33만m²)까지 추락하였다.

이 시기에 지금까지의 유도 보너스제도의 한 방법에 대하여 수정이 이루어졌다.

이와 때를 같이해서 유도 보너스로 만들어진 여러 시설이 어떻게 도움이 되는지 조사검증이 이루어졌다.

(1) 관통도로(그림 6.9)

이 공간은 보도의 혼잡을 완화하기 위하여 건축물내의 도로를 일반에게 개방하는 것이 목적이었다. 조사결과에서는 도로를 쇼트 커트하는 움직임으로 사용되고 있는 것이 보였지만, 혼잡완화로 보도의 흐름을 감소시키지는 못했다.

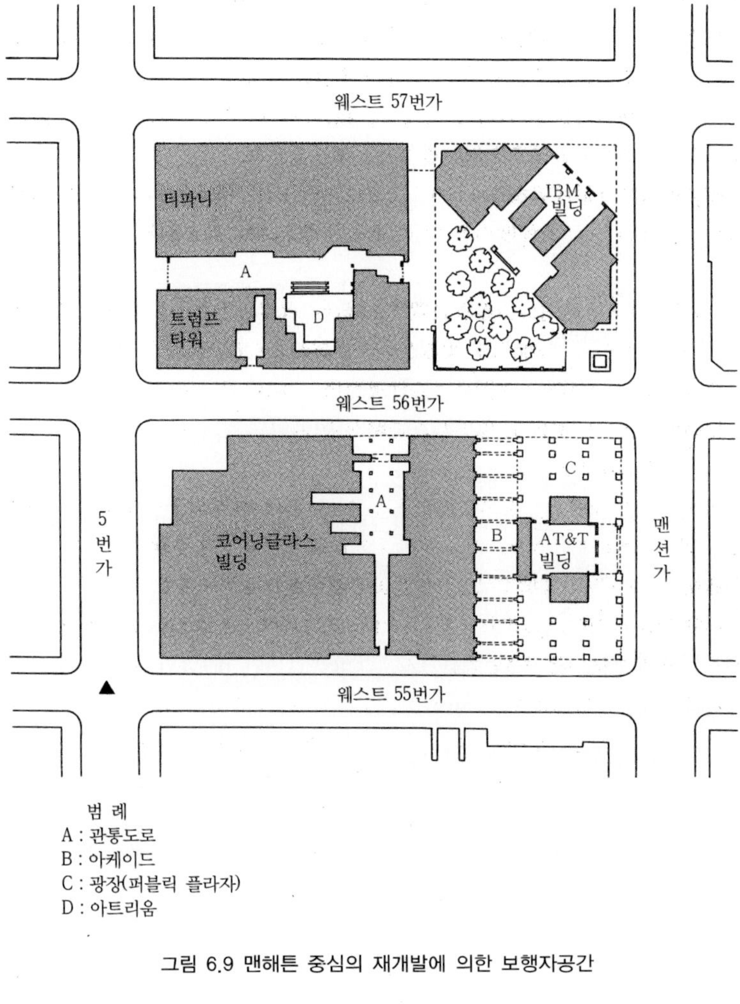

그림 6.9 맨해튼 중심의 재개발에 의한 보행자공간

(2) 관통도로의 네트워크

이 네트워크에 의해 도로를 횡단하는 보도의 혼잡을 완화하려 하였다.

5번가와 6번가의 사이에서 네트워크가 만들어질(연장 : 200feet) 경우, 도로 외의 보행자 흐름이 주가 되어 어메니티로서는 좋으나 통행자수는 평균 피크 시에 200인/시로서 양적으로 적다.

(3) 아케이드 보도

아케이드 보도는 어반 디자인으로서 광고효과도 높고 사람들에게 즐거움을 주며 유럽에서도 성공한 예가 많다.

아케이드 보도를 확대시켜 소매점이나 윈도쇼핑을 즐기게 할 경우 특히 우수하였다.

그러나 약간 어두운 아케이드는 보행자가 기피하는 경우도 있다.

(4) 쇼핑 · 아케이드

재래의 쇼핑 아케이드가 대부분 시민에게 흥미를 주지 못해 재개발한 경우에는 점포의 배치가 좋고 쇼핑객을 불러들이는 강력한 어메니티의 연출효과를 발휘시키는 경우가 많다.

(5) 내부의 보행자 공간

내부공간으로서는 아트리움, 갤러리, 가레리아 등의 보행자 공간에 대하여 높은 평가가 부여되었다.

내부공간의 어메니티로서는 여러 가지 연출이 행해지는 공간이 보이는데 점포나 레스토랑이 여러 층에 배치되어 중앙공간에는 앉을 수 있는 장소와 편안한 장소가 되는 것이 대표적인 경우이다.

이상의 여러 시설은 오픈스페이스로서 보행자를 위한 유효한 공간이며, 다수의 사람들에게 이용되어 인기를 얻고 있다.

한편 개발업자 측면에서 보면, 이들 시설이 마이너스의 효과보다는 이익을 주는 시설이기도 하다.

유도 보너스라는 인센티브 조닝에 대하여 재검토 방안이 정리되었다.

이것은 유도 보너스라는 제도 가운데 사람들은 기준을 업시켜 기준에서 이탈함으로써 예외가 조장되어 왔으나,「예외는 예외를 만든다」라는 생각이 제도를 고치게 되는 것이다. 예외의 형벌이다.

인센티브 조닝에서 가로 내에서 기타의 방법으로는 할 수 없었던 많은 오픈 스페이스를 창출하였다. 이것은 자체로도 훌륭한 것이며 사람들에게도 좋게 사용되어졌다.

재검토 후, 1975년의 가이드라인에는 이들의 시설을 의무화하고 용적 보너스를 부여하지 않게 되었다.

그러나 보다 어메니티가 높은 공공시설과 공원조성에 대한 보너스는 남겨졌다.

1982년의 미드타운 조닝에서는 대폭적인 개정이 이루어졌다.(전출).

동측 지역(성장지역)에서는 종래의 1,800~2,160%의 용적률을 1,500~ 1,800% 로 다운 조닝되었다.

지정기준에 의한 경우　　　　특별허가에 의한 경우

그림 6.10 미드타운 조닝에서의 지정기준과 특별허가의 예시

그리고 보너스제도에 대해서도 대부분 폐지되어 지정기준으로서 광장 등의 시설을 의무화시켰다. 또한, 의무화의 내용에 대해서도 조사검증의 결과에 기초로 하는 종래보다 어메니티가 높은 시설을 요구하고 있다.

남아 있던 보너스제도는 특별허가의 경우이며 어메니티는 지하철과의 연락 등 공적시설에 가까운 시설이 되었다.(그림 6.10)

1989년의 조닝제도(Zoning Resolution)에 의해 뉴욕시의 제도를 정리하면 다음과 같다.

맨해튼 중심부 상업지역의 최고 기준 용적률은 1,500%이며, 용적 보너스의 특별허가의 경우에는 20% 업하고 1,800%를 한도로 하고 있다.

특별허가는 종래에 비해 관계기관, 공청회 등 엄격한 과정을 거쳤고 1992년 현재는 신청건수가 남아 있지 않다.

조닝제도의 최근 동향은 기준 용적률로 규제, 병행하여 교통발생을 규제하기 위하여 부설 주차장의 설치의무를 없도록 하는 것으로, 중심부에서 도시성장을 관리하는 방향이 되었다.

특별 조닝제도로서의 주요한 수법에 대하여 소개해 보자.

(1) 저소득주택 포괄제도(Inclusionary Housing)

1987년, 저소득주택 포괄제도에서는 고밀도 주구(住區)에 있어서 차제에 고소득자의 주택이 증가하고 있는 상황 속에서 성질이 다른 소득계층을 유지하기 위하여 저소득자용 주택공급을 하도록 결정하였다.

이 주택계획을 적용하는 지역은 중심부의 고밀도 주택지역이나 상업시설지역으로 한다.

중심부의 고밀도 주택지역(R_{10})에서는 기준 용적률이 1,000%이지만, 주택계획에 따르는 저소득자용 주택을 확보하는 경우에는 1,200%까지 용적을 인정하고 있다.

이 경우, 저소득자용 주택은 계획가구내에 건설하지만, 가구 외의 경우에는 그 근방 800m 이내의 동일한 지역에 건설하는 것을 의무화하고 있다.

재개발은 특별주택보호개발국(Department of Housing preservation and Development(HPD))의 확인수속을 필요로 하고 있다.

(2) 공중권의 이전제도(Development Rights Transfers)

재개발 가구에 접하는 지정 랜드마크의 미이용 개발 용적의 이전을 인정하는 수법이다. 중심부의 고밀도 지역에 있어서 지역의 랜드마크 보존과 유지는 극히 어려운 문제이다.

중심부의 랜드마크로서 지정된 건물은 지역의 재개발에 있어서 그 건물이 가진 미사용의 용적분을 매각하였으며, 건물 소유자가 할 수 있는 개발이용을 보호하기 위하여 특별조닝으로서 공중권의 이전이라는 수법을 정하였다.

이 경우, 개발자는 랜드마크의 보존·유지의 계획을 랜드마크 보존위원회(Landmark Preservation Commission)에 제출하고 승인을 득한 후 도시계획의 수속을 하였다.

(3) 제한 용적제도의 적용(Use of Restrictive Declarations)

장래 조닝을 변화하려는 재개발의 특별허가 수법이다.

장래 재개발에서 보다 계획적으로 토지이용을 변경하는 경우, 제한을 포함한 계획규제의 모토로 재개발계획을 하는 것이다.

계획구역 내에 공공공간이나 지역을 위한 시설을 설치하는 것으로 용적을 완화함으로써 계획구역 건축디자인의 조정이나 계획적 토지이용을 의무화하였다.

이 수법은 토지이용을 전환할 때에 유효한 수법이다.

1992년 현재에 이르기까지 맨해튼 중심부 대부분의 재개발은 지정기준대로(as-of-right) 건축되어 왔다.

이것에 의해 건축물의 거대화에 의해 미드타운 거리 가운데 무엇보다도 주요한 어메니티였던 태양과 빛이 사라지는 것을 보호하게 되었다고 할 수 있다.

1989년 말 이후 경기후퇴에 의하여 뉴욕 중심부의 사무실 수요는 저하되어 왔다.

다음으로 최근의 런던에 있어서 재개발의 동향을 보자.(그림 6.11)

런던에 있어서 전후 3번째의 부동산 붐(1980년대)은 대처 정권과 함께 개발행동권의 상승기운이 나타났다.

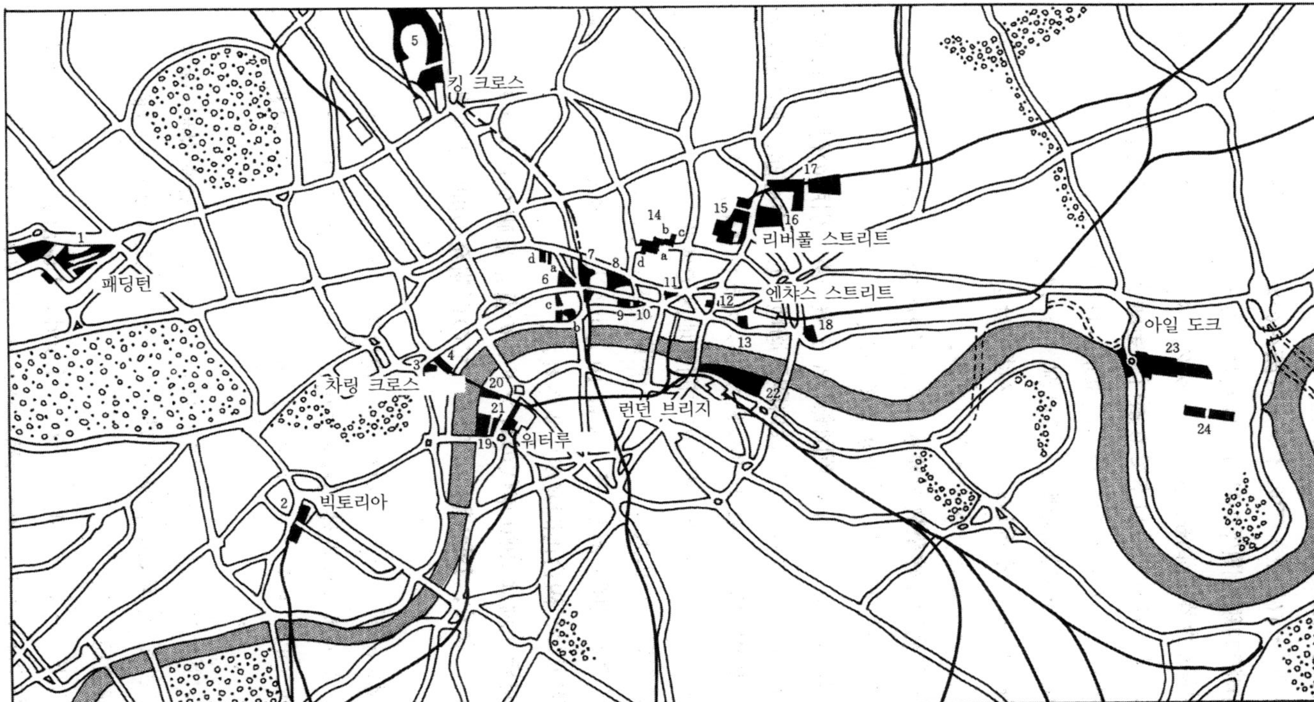

그림 6.11 센트럴 런던의 재개발계획(1955~95)

출전 : "The Crisis of London" edited by Andy thornley Routledge, 1992

범례 8 Paternoster Square
15 Broadgate
20 South Bank
23 Canarywarht

특히, 센트럴 런던에서 사무실 연면적의 수요는 금융서비스 부문의 성장이며, 국제적 은행관계의 특수한 성장에 의해 초래된 것이다.

1986년 영국의 세계적 금융자유화(빅뱅)에 의해 런던은 물론 미국, 유럽, 일본에서도 은행이나 금융회사에 의한 규제완화가 사무실 연면적의 증대성장을 가져다주었다. 특히 도쿄, 런던, 뉴욕의 증권거래소가 연동하여 24시간 가동되는 상황이었다.

이들 금융기관에 의한 새로운 사무실 건축은 넓게는 트레이드센터 정보통신, 컴퓨터 케이블, 에어컨디션이 있는 광대한 연면적에 의한 고층 건축을 요구하였다. 그것은 국제수준으로서 고도로 질 높은 건축과 어반 디자인을 요구하고 있었다.

이들 요구에 대해 시티의 영국은행이나 왕실 증권거래소 부근에는 만족할 만한 토지가 없어 개발업자는 재개발 이적지로서 중심부에 있는 교외철도 터미널역 주변이나 광대한 토지가 있는 도크랜드에 주목하였다. 또한, 런던·워터루 등 1960년대 재개발지구로서 악화된 장소였다.

새로운 수요에 대응한 광대한 규모의 재개발로는 수년에 걸쳐서 건축군을 공급할 수 있는 지역으로서 10만㎡ 이상의 건축 연면적, 사무소 연면적 외에 상업면적 등 복합재개발이 요구되었다.

이들 재개발계획은 1980년대 런던의 도시경관을 드라마틱하게 변혁시킨 것만은 아니며 1990년대 들어서 재개발의 문제점을 남기고 있다.

재개발 개발업자들은 설계의 스케일과 속도에 있어서 미국형의 대규모 건축양식을 사용하였고, 국제 금융의 글로벌화는 건축디자인 면에서도 국제화 하고, 대부분 「미국형의 침략」이라고 불릴 정도의 설계가 되어 왔다.

1986년에 런던청(GLC)의 폐지에 따라 중앙정부의 계획규제 완화정책이 침투하였다. 또한, 새로운 계획기관으로서의 LPAC도 전략적 계획으로서 고층건축정책을 지지하였다.

1986년, 런던 로컬 플랜(London Local Plan)에서는 건축용적률의 최고기준을 500%로 하고, 유도용적률은 특별허가로서 인정하게 되었다. 이 500%에는 지층부분의 용적률은 포함되어 있지 않다.

1980년대 후반의 재개발에서는 건축과 어반 디자인에 대한 새로운 움직임을 볼 수 있다.

그것은 빅토리아 왕조 이후 영국의 건축정신의 부활이라고 한다.

런던 중심부의 파타노스터 광장(Paternoster Square)의 재개발이, 새로운 재개발의 용적, 형태, 스타일로 표현하고 있다고 할 수 있다.

총체적으로는「높이는 낮게 양식은 클래식하게, 1870년대의 가로 패턴을 가진」이라는 것이다.

이 재개발 근처에는 세인트 폴 대성당이 있고 런던의 최대 심벌로서 오랜 세월 경관계획의 지침으로 보호되고 있으나 이 재개발에서 새로운 움직임이 나왔던 배경이라고 한다.

파타노스터 광장의 재개발은(그림 6.11의8) 다음과 같이 계획되었다.

① 용적률은 950%로 계획되어 기준 용적률의 약 2배이며, 현황은 전후부흥시의 약 3배이다.

② 예전의 가로 패턴이 확충 복원되어 커졌으며 동일한 건축군이 연면적의 양적 공급이라는 조건을 만족시켰다.

③ 스타일은 클래식한 디자인의 복원에 의해 네오 클래식의 새로운 해석으로 일반대중에 받아들여졌다.

어반 디자인에 대해서 논쟁이 되었던 것은 리차드 로저스가 설계한 로이드사(Lloyd's)의 건축과 같이, 런던의 전통적인 건축물 가운데 두드러지게 눈에 띄는 특이한 것으로서 세상의 비판은「최고로 양호한 것에서 최악까지」로 분리되었던 까닭이다.

건축 스타일이나 입면에 대한 관심사로부터 재개발이 가진 보다 넓은 어반 디자인의 한 방법에 대한 논쟁이 되었다.

어반 디자인은 어반 폼으로서의 높이, 용적, 거대함 등에 대해 관심을 가졌으나, 한편으로는 새로운 건축군에 의해 만들어져 나온「공적 의미에 맞는」공간이 특히 중요하였다.

그것은 공공공간이면서 도로이며, 건축물 내부의 세미 퍼블릭한 공간이다. 지상층을 중심으로 하는 동선처리, 건물의 마감과 공간과의 사이에 만들어지는 랜드 스케이프가 중요하며, 인간에게 있어서 단순히 시각적인 것만은 아니라는 것을 강조하고 있다.

이러한 재개발로는 1980년대에 일부 완성한 Broadgate 재개발의 후기계획(6~8기)(그림 6.11의 15) 가운데 새로운 어반 디자인으로서의 기준이 적용되어, 특히 리버풀 스트리트역의 새로운 승강장 계획안에도 포함되었다.

이 계획의 제1기 ~ 5기까지는 기준 용적률로 층수가 6 ~ 8층이었으나 후기에는 용적률 750%에 상당하는 12층 건물이 계획되었다. 이 설계는 미국적 디자인이 적용되어 1990년대 중반에 완성되었다.

1987년 이후, 경기 후퇴로 의해 런던 중심부에서의 사무실 수요는 저하되어 왔다.

재개발의 새로운 동향으로서 유럽에서는 전술한 것과 같이 국제적인 금융, 경제경쟁이라는 목표에서 프로젝트 이외에 지역환경 향상 및 문화 · 예술적으로 풍부함을 목표로 하는 움직임이 있었다.

그 중 문화 · 예술의 재개발로는 파리가 대표적이다.

파리에서는 새로운 미술관, 콘서트 홀, 스포츠시설, 새로운 공공건물, 새로운 공적 오픈 스페이스 등에 의해 문화투자의 확대가 진행되어 왔다.

런던에서는 국립미술관의 확장계획이 오랫동안 화제가 되어 왔으나 좀처럼 실현화하지 못했다.

문화시설로는 사우스 뱅크 아트(South Bank Arts) 의 재개발이 주목을 받았다. 국립극장이나 엘리자베스 콘서트 홀 등의 중심시설로서 계획되었다.

GLC 폐지 후에는 사우스 뱅크 보드(South Bank Boad)가 계획 책임을 가지고 있었고, 여기에 세계적이고 최대의 예술과 엔터테인먼트 센터가 될 것이라고 했다.

1989년의 건설계획에서는 공적 보조금 없이 개발업자에게 150년간의 책임을 부여하고 건설비를 담보로 하여 Hungerford Bridge의 동측에 3만m²의 사무소와 소매점 계획을 부여한다는 조건이다.

다음으로 이너 런던 재생의 최후거점으로 불리는 도크랜드의 재개발(계획면적 2,000ha)은 1981년에 개발공사(LDDC)가 설립되어 사업이 진행되어 왔다.

특히, 엔터프라이즈 존으로서의 아일 오브 도크(면적 170ha)의 업무계 개발이 주목받았다.

당초 1980년대의 건물은 파이낸셜 타임즈(Financial Times) 빌딩이나 포프형태의 역사, 「Conran Roche」 나 「Micheal Hopkins」의 모던한 빌딩, 그리고 조각, 컬러풀한 건물 등 질적으로 보더라도 새로운 어바니즘의 표현이라고 불린다.

이들 어반 디자인의 기본 프레임으로는 각각의 빌딩 간에 넓은 오픈 스페이스와 예술공간을 연속적으로 배치하려는 컨셉을 가지고 있다.

그러나 1980년대 후반에는 올림피아 요크가 개발업자로서 참여하면서 새로운 어반 디자인의 가이드 라인으로 변화해 왔다.

1986년까지 카나리 와프(Canary Wharf)지구에서 오피스 연면적은 400만 $feet^2$ (36ha)였던 것이, 올림피아 요크의 계획 참여에 의하여 1991년까지 오피스 면적은 2,500만 $feet^2$(250ha, 런던 시티의 1/3에 해당한다)가 되었다.

올림피아 요크의 제 1기 계획은 1988년에 착공되어 런던에서 최고 높이 244m의 카나리 와프 타워와 50m를 초과하는 빌딩군이 1991년까지 건설되면서 제1기 대부분이 완성되었으며 취업인구는 4~6만 명으로 예정하고 있다.

현재는 불황의 영향으로 비어있는 사무실이 눈에 띄고 있다.

그 결과, 오늘날에는 전체를 아우르는 어반 디자인의 통일성이 결핍되어 디자인 컨트롤이 불가할 정도이다.

이것은 개발공사(LDDC)의 방임주의적 정책에 의한 것으로서 계획내용의 찬반에 휩싸이게 되었다.

부정적 비평으로는 「20세기 최후의 최악인 건축군의 집합이다」 「건축의 동물원이다」 라고까지 불리고 있다.

또한, 주요한 인프라스트럭처인 라이트 레일웨이(Light Railway)는 당초, 1시간에 1,500명의 운송력을 가지고 1986년에 개통하였으나, 그 후 오피스 연면적의 계획이상의 증가에 의해 새로운 라이트 레일웨이의 보강과 주요도로의 확충이 요청되게 되었다.

또한, 수면에 접한 부분이 민간 개인사용부분이 많고 유효한 공공공간이 부족하였다. 따라서 토지이용과 빌딩형태가 무질서하였다. 전체로 볼 때 시각적으로도 기능적으로도 불연속성의 반복 등이 부정적 평가로 나타나고 있다.

아일 오브 도크의 건설 프로그램은 약 20년간으로 예정되었으며, 지금은 그 중간지점이며 앞으로의 계획방향으로 기준이 되고 있는 점은 다음과 같다.

어반 디자인 프레임의 기본형을 확립시켜 인프라 스트럭처와 건축 밀도의 상관관계, 수면에 접한 부분의 키 어메니티로서의 공공용지 확보와 액세스의 확보, 에코로지컬에서 레크리에이션적 어메니티의 확보, 그리고 토지이용과 상이하였던 형태의 건축물의 공존 속에서 디자인 컨트롤이 중요하였다.

도쿄의 임해 신도심에서도 어렵게 착공된 곳이 있으며, 아일 오브 도크의 선례는 타산지석으로서 충분히 참고할 만한 것이다.

다음으로 센트럴 런던에서의 커다란 계획과제인 「커뮤니티의 부활」에 대하여 살펴보자.

최근 40년 동안 센트럴 런던에서의 커뮤니티는 분산되고 무너져 내리고 있는 상황이라고 할 수 있다.

이것은 중심상업 시설이 광대함에서 비롯된 심각한 개발압력에 의한 것이며, 동시에 과거의 계획정책(정부의 정책과 지방자치체의 투자계획)이라는 부작용이 혼재하여 나타났다.

제2차 대전 후부터 1970년대까지의 계획정책은 센트럴 런던에서 주택과 직장을 분산시키는 것에 중점을 두었다.

1980년대의 조사에서는 10년간에 센트럴 런던의 거주인구는 1/4이 감소하였고, 이너 런던에서의 제조업이 41%가 감소한 상황이었다.

계획면에서는 GLDP가 1976년에 개정되었으나 센트럴 런던 장래의 마스터플랜으로서는 적절치 않았다.

GLC의 폐지 후 중앙정부는 LPAC에 의해 새로운 로컬 플랜을 작성하여 통일개발계획(Unitary Develoment Plans)을 만들었다.

1970년대, 80년대에 직면한 센트럴 런던의 상업시설 부동산 붐은 토지와 건물의 투자에 의해 토지가격을 폭등시켰고, 그로 인해 주택계 용지는 가격이나 수량면에 있어서도 공급이 부족하게 되었고 지역의 소매점이나 그 외의 커뮤니티 시설이 없어졌다.

주택에 대한 공적투자의 감소나 임대가옥의 축소는 소득에 맞는 아호 더블(ahoo double)주택의 공급을 감소시켜 왔다.

센트럴 런던에서는 거주인구의 극적인 감소, 특히 어린아이가 있는 가정의 감소가 나타났으며 그것은 커뮤니티 라이프를 계속 악화시킴으로써 오늘날에는 커뮤니티의 존속 가능성을 위협받기에 이르렀다.

기본적인 일상생활을 위한 상점이나 학교가 폐쇄되고 남아있던 사람들은 구성이 불균형해지고 일상생활을 위한 서비스도 사라지게 되었다.

1988년의 조사에서 아호 더블(ahoo double) 주택은 임대주택과 자가주택에서도 완전히 없어지고 있다 한다.

1986년에 센트럴 런던의「주택을 생각하는 운동」(Campaign for Homes in CL (CHiCL))에서는 런던의 중심상업 핵을 둘러싼 주변의 커뮤니티에서 운동에 참가하는 그룹을 결성시켰다.

이 운동의 슬로건은「라이프 벨트(Life Belt) 정책」의 추진이다.

이것은 런던의「그린벨트」계획이념을 도입하고 센트럴 런던의 커뮤니티를 확립시키는 정책을 추진할 수 있었던 것이다.

이것은 GLC가 진행하고 있는 커뮤니티 에리어 정책으로 지정한 지역보다 넓은 지역이다.

GLC의 폐지 이후에도 전략계획으로서 지지되어 CHiCL의 운동과 함께 LPAC에서 중앙정책도 자치체의 계획으로서 추진되어, 1989년의 LPAC에 의해 전략수법으로서 안정한 주택지구의 근린지구 가로 만들기를 진행하고 있다.

커뮤니티 계획은 각 지구에서 전개되었으며, 런던 사우스 뱅크(London's South

Bank)의 Coin Street project가 성공 예로서 소개되었다.

도쿄의 이너 시티에서의 커뮤니티 붕괴에 대해 살펴보면, 센트럴 런던에서 일어나고 있는 사태는 도쿄 중심에서도 발생하고 있었다.

표 6.2 세계도시 이너시티의 인구구조

뉴욕

	면 적 (ha)	인 구(만 명)			
		1920년	1960년	1980년	1990년
맨해튼	5,811	230	170	143	146
기타	69,989	350	608	564	586
뉴욕시	76,800	580	778	707	732

런던

	인 구(만 명)		
	1971년	1981년	1991년 (예측)
이너보로	303	259	247
다운보로	442	426	420
계	745	685	667

파리

	면 적 (ha)	인 구(만 명) 1975
파리시	10,540	230
내부교외	35,471	303
소계	46,011	533
외부교외	100,043	207
계	146,054	740

도쿄

	면 적 (ha)	인 구(만 명)				
		1922년	1937년	1965년	1985년	1989년
구15구	8,164	248	222	148	112	105
외주구	51,038		395	741	723	710
구부계	59,202		617	889	835	815

도쿄에서도 도심 3구의 인구감소는 극적이며, 구 행정의 존속에도 위기감이 나타나고 있었다.

여기에서 세계 도시의 이너시티 인구구조를 보면 표 6.2과 같다.

뉴욕의 맨해튼은 도쿄의 도심 3구(치요타·쥬오·미나토구)와 신주쿠를 더한 면적이었으며, 뉴욕시 인구의 약 20%인 150만 명이 살고 있다.

런던은 시티와 주변 14보로(구)를 포함하는 이너시티로 도쿄의 야마테선 내측의 면적(구(旧) 15구 상당)이었으며 런던의 인구 약 37%인 247만 명이 살고 있다.

파리를 보면 파리시는 도쿄의 야마테선 내측에 있는 구(旧) 15구보다 작고 넓은 면적이지만 파리 인구의 31%인 230만 명이 살고 있다.

도쿄의 이너시티 크기는 도쿄의 발전 성장단계에서 볼 때 도쿄시라고 불리는 구(旧) 15구가 적당하다고 생각된다.

서측은 야마테선의 내측이며 동측은 스미타가와를 넘어 혼죠·후카가와를 포함하는 범위이다.

전전(1922년), 전후(1937년)를 지나 인구는 220만 명 이상의 사람들이 살고 있다. 거기에는 노면전차를 중심으로 하여 커뮤니티가 형성되어 왔다.

인구감소는 1985년을 전후로 극적으로 감소하였고 1989년에는 겨우 100만 명이 되었다.

이너시티의 인구비중을 보면, 도쿄구부 인구의 13%이며, 전술한 뉴욕에서는 20%, 런던에서는 37%, 파리에서는 31%와 비교하여 매우 낮고 도시구조면에서 볼 때도 매우 불균형적이고 불안정한 상황이다.

이너시티의 인구 배분량은 도쿄에서도 20% 전후의 인구를 확보하는 일이 지역사회의 안정화를 도모하는 데에도 중요하다.

도쿄의 이너시티는 에도시대에서 도쿄로 변하여 옛 15구의 도쿄시대를 거쳐 전통적 성격을 가지게 되고 서측은 예전의 야마노테의 지역으로서, 동측은 변두리지역으로서 각 지역의 문화와 생활을 가지고 있다.

21세기를 바라보는 이너시티의 도시상으로는 계획적으로는 양질의 거주환경을 창출할 수 있는 주택지역의 개발이 요구되며, 지역 특성에서는 단순한 주택지가 아닌 도시의 중심부에 생활하는 장소라는 지역에 대해 깊이 생각하게 한다.

이너시티에는 그곳에 직(職) · 주(住) · 유(游)가 있기 때문에 직장으로서, 문화시설로서, 일상생활로서의 의 · 식 · 주를 즐기는 라이프 스테이지로서「도시를 사용하는」편리성과 쾌적성이 요구되고 있다.

이너시티의 직장으로는 중심업무지역도 있지만, 중심업무를 지지하고 지원하는 직장이 전통적으로 이 지역에 상당량이 존재하고 있다.

이것은 뉴욕에서도 동일한 경향이 있다고 할 수 있다.

이 개요를 소개하면, 뉴욕시의「변화하는 경제에 대한 새로운 도전」(1993년 1월)이라는 보고서가 발표되었다.

뉴욕시에서 과거 30년간(1960~90년)의 제조업 취업자는 극적인 감소를 보여왔다. 현재의 제조업은 약 1/3로 감소하였고 건설업, 영업, 운송업, 통신 · 공익사업이라는 산업구조를 형성하고 있다.

이러한 직장의 지리적 분석을 보면, 오늘날에도 놀랄만한 것이며 역사적으로 존재해 온 동일한 분포패턴이라고 할 수 있다.

그러한 직장의 1/2이 맨해튼에 입지하고 맨해튼의 중심업무지에서 반경 6km 이내에 2/3가 입지해 있다고 할 수 있다.

또한, 이러한 산업의 3/4은 지역밀착형 시장을 대상으로 하고 있고 바닥이 낮은 분야이다. 나머지 1/4은 국내 전 지역과 국제시장을 대상으로 하고 있다.

국제적 시장 연관산업으로는 금융서비스, 정보 · 통신 · 인쇄 등의 메시지 관련, 예술 · 패션 디자인을 중심으로 하는 업종이 있는데, 패션 관계의 의상(apparel)업종은 매매관계가 있는 공업으로서 활기를 띤다.

이러한 도시형 산업의 입지는 맨해튼 중심업무지의 주변에 상업계와 주택계의 혼잡지역에 입지하는 동향이 있고 조닝제도로서는 금후 혼합용도지역(Mix-used)형의 지역제를 검토하려는 것이다.

그런데 도쿄 이너시티에서도 뉴욕과 동일한 경향이 산재함을 볼 수 있다. 이후 동일한 조사를 실시하여 실태를 파악할 필요가 있을 것이다

도쿄의 이너시티 계획방향을 보면, 기본적으로는 국제적 조류 속에서 도심부의 업무화가 재개발에 의해 갱신될 예정이며, 그 업무지의 면적 확대화에 대해 억제시킬 수 있으며 부도심, 부부도심, 업무 핵 도시군으로 기능을 분산시킬 것이다.

따라서 도심부 업무지역의 면적 확대를 억제하기 위해서는 현행의 도심부 상업지역을 직시하고, 필요한 지역에서는 거주기능의 보전과 회복을 위하여 중고층 주택으로 주로 이용되는 지역으로 변경하게 될 것이다.

신 개정으로 「중고층계 주거전용지구」라는 용도별 용적제도가 적용될 것이다.

이 때 용도별로는 주거 · 업무 · 상업의 혼합용도, 주거 · 경공업 · 상업의 혼합용도 등의 조합혼합이 검토되어야 할 것이다.

이너시티의 주택 확보는 당면한 중요과제이다. 양질의 아호더블(ahoo double) 주택을 건설하기 위해서 지가를 반영한 시장원리뿐 아니라, 도시정책으로서 건설비, 관리비에 있어서 공적지원을 행할 수 있을 것이다. 지금이야말로, 도시로서의 귀중한 새로운 사회자본으로서 주택 스톡을 집적하는 시간이다.

이것에 의해 이너시티가 가진 지역특성을 보전 유지시키게 되었다.

한편, 이너시티 내에 도로공원 등 기반시설의 미정비지구가 상당하다.

이러한 지구에서는 현재의 도로율이 10 ~ 15% 정도이고, 4m 미만의 좁은 도로가 많다. 정비수준은 도로율을 25% 이상으로 끌어올려 지금까지 서술해 온 자동차 공간과 보행자 공간을 확립할 필요가 있다.

또한, 이러한 지구에서는 공공시설의 정비와 함께 거주기능의 확보, 건축의 디자인 컨트롤 등 지구의 장래상을 명확화한 가로 만들기가 요청되었다.

이 때 지구계획제도와 함께 용적배분을 상정하였다. 「유도용적제도」를 활용하여 사업수법으로서 실현화 가능한 구체적인 수법을 지역주민의 참여 속에 검토되게 될 것이다.

다음으로 도쿄 도심부에서 재개발의 새로운 움직임으로 가로정비에 의한 슈퍼블록화의 계획이 검토되었다.

도심부의 가구는 칸토대지진 후의 부흥구획정리사업(시행면적 3,117ha)에 의해 완성되고 있다. 도로율은 35% 전후가 되어 도로율의 점에서 본다면 높은 수준이나 대지규모는 작고, 그 때문에 좁은 도로도 많은 실태이다.

100m² 미만의 소규모 대지의 비율을 보면 쥬오구에서는 71.9%이며, 50m² 미만도 상당수 있다. 도로폭원도 계획도로를 제외한 4m 미만, 4~6m, 6~8m 미만의 좁은 도로가 많다.

이러한 도시기반에서의 토지이용, 특히 건축용적 상황을 보면, 법정용적률의 충족률이 적당한 수준에 이르지 못하고 토지의 유효한 고도이용이 도모되지 않은 상황이다.

쥬오구의 니혼바시, 교바시, 긴자 지구에서는 법정 용적률이 900%, 800%, 700%로 지정이 이루어졌으나, 현황 용적률을 보면, 650%, 657%, 480%의 상황이며 법적 용적률의 70% 전후의 충족률이 되었다.

미나토구 신바시지구에서 보면 충족률이 70% 전후가 일부이지만 대부분은 50% 전후로 낮다.

이후의 가로 조성하기는 지역 안에서 충분히 검토하여 커뮤니티의 확립과 지역발전을 공존시킴으로써 보다 유효한 토지이용형태의 구상을 학립시키는 것이 절실하다.

특히, 높은 수준의 도로율을 활용하고 토지소유자의 합의를 이끌어 토지의 교환분합(交換分合)과 공동화를 행하고, 가구의 슈퍼블록을 이루고 가구내의 좁은 도로를 통폐합하여 가구 주변의 도로를 확폭하며, 충분한 보도와 식수대를 가진 광폭원 간선도로의 용지를 확보하도록 사업수법을 연구 개발할 필요가 있다.

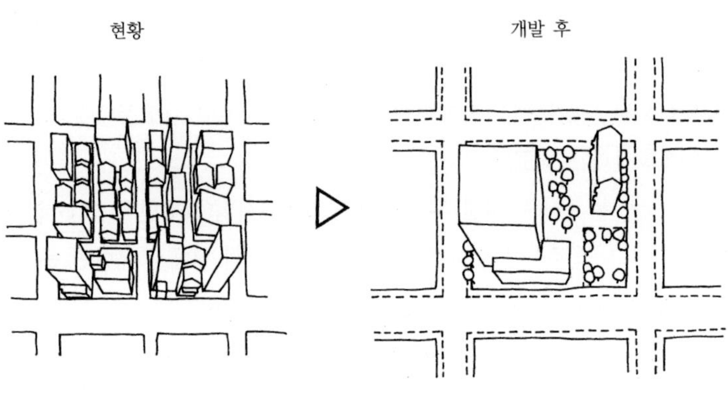

그림 6.12 도시기반을 현황으로 한 경우와 슈퍼블록화한 경우의 개발동향

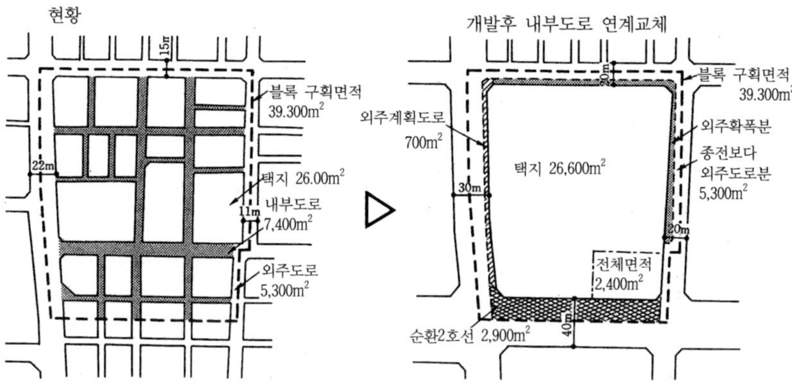

그림 6.13 슈퍼블록화에 의한 일례(**환** 2주변 블록)

슈퍼블록화한 대가구에는 재개발에 의한 민간의 건축행위가 이루어지게 된다.

이러한 사업수법에 의하면 택지면적을 감소시키지 않고 지가를 현재화시키는 것도 없이 도시기반을 재정비시키는 것이 가능하게 된다.

현재 상황의 작은 가구, 작은 대지규모, 그리고 협소한 도로인 경우 가로의 장래 이미지와 슈퍼블록화한 경우를 비교하면 그림 6.12와 같다.

신바시지구의 환상 2호선(계획폭원 40m) 블록에 대하여 블록내의 좁은 도로를 폐도한 상당분의 토지를 블록에 접한 외주도로의 확폭 정비로 교체한 경우의 안을 검산하면 그림 6.13과 같이 된다.

경우에 따라서는 택지면적을 감소시키는 일 없이 외주도로를 확폭하여 나머지 여분의 토지를 발생시킬 수도 있다. 여분의 토지에 대해서는 공원 등으로 전용하고, 또한, 재개발사업에 의해 택지내의 공개공지와 조합시켜 넉넉하게 유보도를 창출하는 것도 가능할 것이다.

순환 2호선은 신바시지구가 미정비되었으나, 장래에 시오도메(汐留)개발에 더하여 임해 부도심으로 연결되는 노선이다.

신바시지구에서 새로운 불바르(bluevard)를 가진 도시축이 풍부하게 형성된다면, 지역 전체의 활력은 측정하지 않아도 알 수 있다.

앞으로 현지 주민의 협력에 의하여 이러한 움직임이 활발해져 도쿄 도심이 새로운 시대로 교체하는 것을 크게 기대하는 바이다.

참고문헌

1) "The Crisis of London" edited by Andy Thornley Routledge, 1992
2) William H. Whyte "City-Rediscovering the center" Doubaleday, 1988
3) Carmen Hass-Klau "The pedestrian and city traffic" Belhaven Press, 1990
4) "Midtown Development Review" Department of City Planning New York city, 1987
5) 鈴木信太郎「スーパーブロック化による街路整備」新都市 62 年 11 月号
6) "Zoning Handbook" A Guide to New York City's zoning Resolution, 1990, New York City
7) "New Opportunities for A Changing Economy" 1993, Department of City Planning, New York City

7 도시계획의 신조류

오늘날 도시계획의 큰 조류는 정치, 경제, 사회, 문화의 변혁이라는 흐름과 고차원 정보를 포함한 기술혁신의 흐름 속에서 도시계획도 개혁의 흐름 속에서 발상의 전환과 패러다임 시프트가 요구되고 있다.

현실의 도시생활을 보면, 시대의 흐름 속에서 변혁을 가진 생활양식과 생활행동의 변화 움직임이 일고 있다.

이들의 변혁, 변화에 따라 진보라는 긍정적인 면도 있으나, 한편으로는 사회적 혼란이 발생하는 부정적인 면이 생기고 있다.

도시구조 면에서 보더라도, 오래된 것과 새로운 것이 혼재하는 카오스 같은 상황을 볼 수 있다.

도시계획체계에 있어서도 종래의 물적 계획에서 볼 수 없는 사회계획을 포함한 계획체계의 수립이 요구된다.

이러한 가운데 도시를 계획화 한다는 의의를 생각해 볼 필요가 있다.

계획자의 입장에서는 「시대의 변화와 차이를 어떠한 방식으로 조정해오고 있는가」「장래를 바라보는데 있어서 어느 방향으로 계획유도를 해 왔는가」일 것이다.

또한, 도시생활을 영위하는 사람들에게는 직(職)·주(住)·유(遊)를 통한 생활양식, 생활행동으로서 「무엇을 선택할 것인가」「무엇을 선택하게 할 것인가」의 문제일 것이다.

이러한 선택의 폭은 다양하나 선택하는 기준으로는 쾌적성, 경제성, 안전성, 편리성 그리고 환경성 가운데에서 선택될 것이다.

현행 도시계획의 법제도를 중심으로 전개되는 과정 속에서 오늘날과 같은 격변기에는 적시에 대응하는 것이 어렵고, 이 10년 동안 각 국과의 관계법 개정속도가 빠르게 되어 왔다.

이러한 의미에서 도시를 계획하는 의의와 철학을 변혁기에 있어서의 패러다임 시프트 시대에 부합시키는 생각의 시기일 것이다.

도시계획 학문의 영역에서 보면, 종래의 도시계획에 취해진 영역에 비해 매우 다양화해져 온 것이다.

한편으로는 광범위한 영역을 취하는 분야이고, 또 한편으로는 전문분야에서의 세분화된 영역을 취하는 분야이다.

지금까지도 도시계획으로서 물적 계획 대상으로 하고 있던 시대에서 사회계획의 중요성이 강조되면서 도시공학에서는 공학이라 불리는 분야로 영역을 확대해왔다.

앞으로는 도시공학에 추가하여 정치, 법률, 경제, 사회, 지리, 역사, 예술 등의 학문을 종합하는 인문과학과 자연과학의 중간영역을 포함하는 광범위하고 종합화되었던 새로운 계획학 분야의 개발연구가 중요시될 것이다.

그리고 위에서 언급한 각 분야의 학자그룹과 실무자의 테크노크라이트에 의해 학술적 공동연구의 체제가 요구되고 있다.

한편, 새로운 시대의 도시계획을 지도하는 인재교육도 학교, 관청, 민간과의 폭을 넓히려는 체제가 요구되고 있다.

이들 학술적 연구개발의 체제를 전제로 하는 새로운 도시계획의 조류를 보면 다음과 같은 흐름을 볼 수 있다.

① 세계경제를 한눈에 바라보는 경제개발계획

② 성장관리계획

③ 환경관리계획

④ 사회계획

7.1 세계경제를 한눈에 바라보는 경제개발계획

세계경제의 구조변화로 지구상의 특정 도시의 역할이 변화해왔다.

선진국이라고 불리는 미국, 유럽, 일본 등 각국의 공업화 정보화에 대하여 새로운 발전도상국의 가속적 공업화의 진행에 의해 세계적인 규모로 생산과 소비가 분산하고, 다국적 기업, 금융산업의 급속한 국제화가 진행하고 있다.

이러한 지구규모 차원의 경제활동 움직임 가운데 중핵적 센터 기능을 가진 도시가 오늘날 도쿄, 뉴욕, 런던이라고 할 수 있다.

이들 도시는 세계도시로서의 국제적 지위를 확보하고 국제적 무역, 금융센터 기능으로 역사를 축적해왔다.

앞으로는 다음과 같은 방향으로 새로운 기능의 추가 및 확장이 이루어질 것이다.

① 세계경제의 시스템 속에서 고도로 집중화된 지역의 중핵으로서,
② 금융 및 특수한 서비스 산업 - 제조업에 대체하여 첨단기술의 지도적 역할을 담당하는 중핵으로 한다.
③ 기술혁신의 산물인 지도적 첨단기술공업의 생산지점으로서
④ 상기 산업의 소비시장으로서
⑤ 위의 기능과 함께 세계규모의 문화, 예술의 중핵 센터로서

세계경제의 구조변화는 이들의 도시구조에도 커다란 충격을 주어 왔다.

도시구조의 중심부에서의 재구축은 선도적 도시인 뉴욕, 런던, 도쿄의 중심부 재개발에 의해 진행되어 왔다.

이들 3도시의 경제기반, 공간적 구조, 사회적 구조의 변혁은 동시 평행적으로 변화하고 양적으로도 크게 변화가 이루어진 것이 매우 특징적이다.

뉴욕, 런던, 도쿄는 그 역사, 문화, 정치, 경제에서는 다른 양상의 길을 걸어왔으나, 오늘날 세계경제의 변동과 함께 짧은 시간에 동시 평행적 변화가 도시 안에서 집중적으로 발생하는 것은 지금까지의 예가 없는 사건이다.

이러한 새로운 타입의 도시가 세계도시(World city)이며 지구도시(Global city)로 불리는 것이다.

이후의 새로운 글로벌 시티는 지구규모 속에서 세계경제의 기능분화와 함께 국제공항을 중심으로 탄생하는 것이다.

일본에서도 간사이 신공항을 중심으로 킨키권(近畿圈)에 새로운 글로벌 시티로서의 기능이 분화되고, 이에 더하여 현재 진행중인 지방공항의 국제선 운항으로 세계, 즉 국제적인 안목으로 경제활동의 분화가 진행되는 것이다.

이것에 의해 현재 도쿄의 일극 집중현상을 전환하여 국제공항을 중심으로 하는 일본 전 국토의 주요지점에서 세계경제에 대응하는 시스템화가 확립되어 지방도시권의 경제 강화가 도모되는 것이 기대된다.

지방공항의 국제선 운항에 의해 지방도시의 경제개발이 진행되고 있는 것은 미국, 유럽, 호주의 각 도시에서 보여지고 있다.

이상과 같이 세계경제를 한눈에 바라보는 경제개발계획을 일본의 주요도시 기본계획에 조합되는 것이 중요하다.

7.2 성장관리계획

성장관리계획(Growth Management Program)은 세계경제의 단계적 프로그램의 설정이며 재개발 · 신개발에 의한 성장속도와 지역사회의 변화속도를 정비하여 재개발 · 신개발의 총량 및 위치, 규모, 사업시기를 조절하자는 것이다.

종래의 도시종합계획에 있는 마스터플랜 가운데 여러 계획의 하나로서 성장관리계획이라 불리는 것은 없고, 도시정책에서 종합적으로 여러 계획의 방향을 잡는다는 계획관리의 입장에서 채택되는 경우가 많다.

미국에서는 1970년 전후부터 성장관리가 문제로 채택되어 1975년에 랜달 스코트(Randall W. Scott)의 "Management and Control of Growth"에 의해 성장관리와 성장규제에 대한 언급이 정착되어 왔다고 할 수 있다.

또한, 동일한 시기에 제로성장(no growth)이라는 현상도 문제화되어 "small is beautiful"(작은 것은 좋은 것이다)이라는 논리 전개 등이 이루어졌다.

일본에서도 최근에 도시의 급격한 변화— 급격한 성장에 있어서는 버블 붕괴의 급격한 쇠퇴—에 대하여 성장관리의 필요성이 논의되어 왔다.

일반적으로 성장관리정책은 낙후된 지방중심도시에서는 문제가 되지 않는다. 그곳에서의 문제는 심한 자유분방한 성장이라는 것도 대부분이 성장축소라든가 하는 침체상황이 되었기 때문이다.

성장관리정책의 필요성은 실질적 성장의 잠재력이 큰 중심도시에서의 문제이며, 대도시권에서의 성장 가능성이 있는 지역에서의 문제이다.

성장관리의 커다란 목표로는,

① 급속한 성장을 보이고 잠재력도 큰 지역에서 커뮤니티 환경이 붕괴되며, 그 방지책으로 기존 커뮤니티의 보전을 되찾아 이루어지는 경우가 많다.

② 전술한 것과 같은 지역에서 대기오염, 수질오염 등 환경적으로 상당히 악화된 문제발생이 일어날 경우, 환경대책이란 동기에 의하여 이루어지는 경우가 많다. 이 경우에는 문제해결을 위하여 기반정비를 행할 필요가 있고 재정투자 수준에서의 조정이 필요하다.

③ 동일한 지역에서, 특히 대도시 중심부에서 최근 업무기능 강화를 위한 재개

발의 진행, 그리고 연동해서 발생해온 자동차 교통 혼잡, 대기오염 등 환경 문제의 발생에 의해서 성장관리의 한 방법이 크게 문제가 되어 왔다.

성장관리 내지 계획관리에 의하여 장래의 토지이용과 용적규제를 시행하고, 교통시설계획과 교통수요관리를 시행하여 도시구조에서 적절히 안정화시키는 것이 중요하다.

토지이용과 용적규제에 의한 성장관리 프로그램에서는 재개발 유도지역으로서의 지역을 억제하고, 어느 지역을 재개발할 것인가를 선정하여 재개발 규모와 사업실시 시기를 결정해야 한다.

미국의 현상을 보면 다음과 같다.

뉴욕 맨해튼에서는 언급한 바와 같이 1961년의 유도용적제도가 도입되어 1975년 이후에 용적규제가 엄격해졌고, 미드타운 조닝 등에 의해 성장지구, 안정지구, 보존지구의 지역을 구분하고 부대주차장의 폐지 등 조치가 이루어짐으로써 전반적으로 건축물의 용적규제가 강화되어 왔다.

샌프란시스코 중심부에서는 1985년 시민의 의견에 의해 신축빌딩의 총량규제가 이루어져, 그때까지 연간 200만 $feet^2$의 건설비가 100만 $feet^2$로 규제되었다.

또한, 용도지역 변경을 하고 중심업무지역을 3분의 1축소하여 용적률을 2,000%(유도용적에 의하면 최대 2,600%)에서 900%로 끌어내렸다. 이로 인해 다운타운의 개발이 질서 있게 억제됨으로써 시민의 지지를 얻을 수 있었다.

한편으로는 다운타운의 주변, 마켓가(街)의 남측(지금까지 저층의 창고 공업지역)에 새로운 재개발을 유도하려는 계획이 진행되고 있다.

보스턴에서는 「성장」과 「변화」와의 균형을 이루기 위하여 성장관리를 기본적으로 채용하고 있다. 성장관리에 의해 질 높은 어반 디자인의 추구와 경제개발로의 어프로치를 요구하고 있다.

최근의 「다운타운조닝」 계획에서는 다운타운 지역을 5종류의 지구로 분류하여 성장관리 개념을 도입하고 있다.

- 우선보존지구 : 기존의 건축구조와 역사적 성격을 보존한다.
- 성장제한지구 : 대규모 재개발은 제한시키고 용도변경은 인정한다.

- 중성장지구 : 적절한 규모에서의 재개발을 환경면 측면에서 마이너스 파급효과가 낮은 범위에서 허용한다.
- 경제개발지구 : 도로, 지하철, 전차의 접근으로 혜택 받는 지구로서, 미이용지구의 토지이용 전환에 의해 대규모 재개발을 진행한다.

이들 지구 지정에 의해 전에는 다운타운 내에 4,000㎡ 이상의 토지 소유가 있을 수 있는 180~240m의 높은 빌딩을 건설하는 것이 가능하였으나, 지정 후에는 금융지구의 12블록으로 한정시키게 되었다.

교통수요관리에 의하여 성장관리 프로그램에 대해서는 다음 절에서 서술한다.

7.3 환경관리계획

환경관리계획(Environmental Management Program)이란 친밀한 도시형 · 생활형 환경문제에서 지구규모의 환경문제가 표면화된 것에 대한 환경개선과 보전을 위한 규제관리의 계획적 대책이다.

최근 도쿄의 대기오염 측정결과에 의하면, 이산화유황 및 일산화탄소는 환경기준에 다다르고 있으나 이산화탄소, 부유입자상 물질, 광화학 옥키톤에 대하여는 환경농도의 개선이 진행되지 않았다. 또한, NO_x(탄소산화물) 등이 원인으로 보이는 산성비도 관측된다.

1985년도의 탄소산화물 배출량을 보면 자동차의 배출이 전체의 70%를 차지하는데, 특히 디젤차는 주행비율에 비해 배출비율이 크다.(그림 7.1)

자동차의 총배출량을 억제하기 위하여 디젤차의 배출가스대책 및 자동차 교통량 대책이 커다란 과제가 되고 있다.

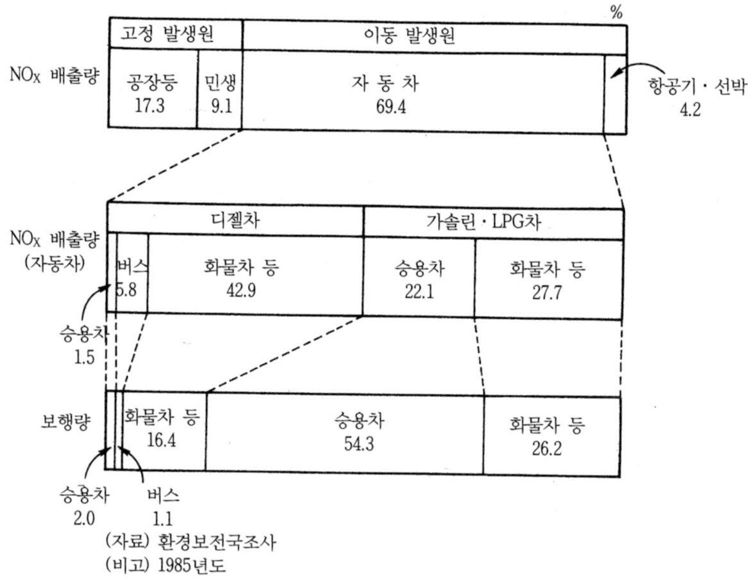

그림 7.1 NO_x(탄소 산화물)배출량과 자동차 주행량(도쿄도)

디젤차의 배출가스 대책으로는, 차량의 최신 규제에 적합한 자동차로 대체하도록 저리 융자제도 등에 의하여 계획적으로 진행함과 동시에 전기자동차, 메탄올 자동차 등 저공해 차의 보급과 확대화를 도모해야 한다.

특히, 전기자동차의 보급은 커뮤니티 내의 단거리 물류에는 최적이며, 보조 · 융자제도에 의해 시급하게 보급시키려는 것이다.

다음으로 자동차 교통량 대책에 대해서는 전술한 성장관리계획의 일환으로서도 중요한 정책이며, 교통수요관리의 대책이 이루어져야 한다.

교통수요관리(Transportation Demand Management)란 자동차 교통의 혼잡 완화를 위한 정책이기도 하며, 일반적으로는 도시 중심부에서 종래의 자동차 사용방법을 변화하여 지하철 등 대량운송기관의 이용을 편리하게 하고, 이용자의 전환을 촉진하는 대책에 의해 자동차 교통량을 억제함으로써 저감시키는 것이다.

도시계획으로는 대도시 중심부에서 환경대책과 함께 보행자 교통을 중심으로 하는 어메니티의 향상이라는 방향성이 앞으로의 어반 디자인의 커다란 조류라는 것은 서술한 바와 같다.

전 장의 도시교통에서 서술한 바와 같이 뉴욕, 런던에서는 자동차 교통의 억제책과 침정화 대책이 계획되었고, 도쿄에서도 종합적인 대책 실시가 강하게 요청되었다.

한편, 지구의 온난화나 산성비에 의해 삼림, 호수와 늪의 피해 등 지구의 환경파괴가 진행되고 있다.

도시에서 에너지 수요는 최근에 크게 증가하고 있다. 도쿄도의 에너지 수요의 특징은 전국 평균과 비교하여 단위면적당 소비량이 현저히 높고 또는 민생용(일반가정, 상점, 사무실용) 비율이 높다는 것이다.

이후로 생활양식의 변화, 생활수준의 향상이나 서비스산업, 정보산업의 집적 등에 의해 이 경향은 더욱 강화될 것으로 예상된다.(그림 7.2)

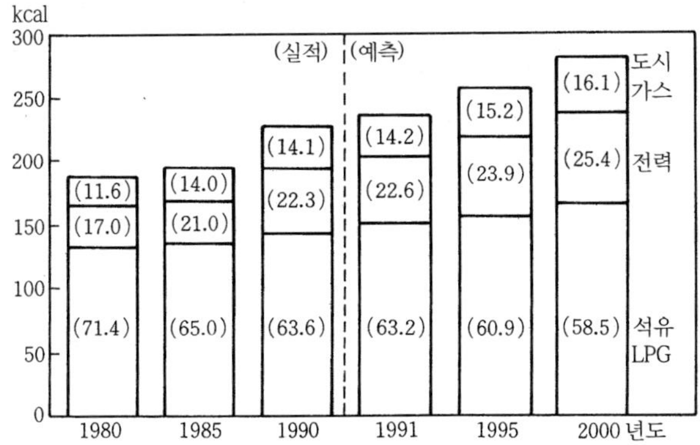

(자료) 생활문화국
(비고) ( )내의 숫자는 구성비(%)

그림 7.2 에너지 수요량의 추이(도쿄도)

환경대책으로는 화석연료의 사용 억제나 효율적 이용에 의해 탄소가스(CO_2) 등의 배출량을 억제하는 등 환경으로의 부하를 경감시키는 에너지 시책의 추진이 중요한 과제이다.

이를 위해 태양, 지열 등 신 에너지의 개발을 진행함과 동시에 히트펌프 시스템이나 코제너레이션 등 미이용 에너지원의 효율적 이용 기술의 도입이 필요하다.

이들의 동향은 도시 안에서도 성(省) 에너지형 도시 만들기로서 각종의 시책이 진행되었다.

재개발 지구에서 지역냉난방의 보급과 촉진은 성 에너지대책으로서도 유효하다.

또한, 청소공장이나 하수처리 과정의 남은 열을 도시배열에 유효하게 이용하는 등 에너지원의 다양화가 도모되었다.

주 : 「히트펌프 시스템」으로는 기화열의 원리에 의하여 저온의 열원에서 열을 흡수하는 시스템

「코제너레이션 시스템」은 가스터빈, 가스엔진 등으로 발전하여 그 배열을 냉난방, 냉탕 등의 열원으로서 이용하는 시스템

도시 환경관리의 새로운 움직임은 계속 확대되어 왔다.

자원의 측면에서는 쓰레기, 건설 잔토, 산업폐기물의 발생량의 증대에 대하여 쓰레기가 되기 쉬운 것을 생산하지 않는 것. 예를 들면 종이류·가구·캔·병 등 재이용이나 재자원화 될 수 있는 것은 최대한 이용하려는 운동에서 리사이클링 시스템의 확립이 요청된다.

또한, 자연환경으로서의 공존을 지키는 에코 시티(Ecological City)만들기의 움직임도 확대되어 왔다.

7.4 사회계획

금세기에 있어서 도시사회의 성장은 도시화, 근대화, 경제발전이라는 과정을 거쳐 왔다.

이 사이에 도시의 내부구조는 물리적인 변화와 함께 사회적 변화도 매우 컸다.

도시사회학은 도시에 발생하는 사회행동, 사회구조, 사회변동에 관한 학문이며, 오늘날의 도시문제를 해명하기 위해서는 중요한 역할을 가지고 있다.

미국에서 사회생태학(Human Ecology)의 아버지라고 불리는 로버트 파크(Robert Park)는 1916년 「도시 — 도시환경에 있어서 인간의 행동에 관한 연구」를 발표하고, 그 후 시카고학파의 흐름을 형성하고 있다.

1900년대에 들어서 파크의 제자인 시카고 대학의 루이스 워스(Louis Wirth)는 도시의 사회생태학과 인구 통계구조를 분석하고, 사회심리학이라고 불리는 도시 생활에서 행동을 좌우하는 원인을 어바니즘이라고 불리는 새로운 생활양식이 형성하고 있다고 한다.

1938년에 「생활양식으로서의 어바니즘」 "Urbanism as a way of life" 를 발표하였다.

그의 주장 몇 가지를 소개해보자.

도시의 내부구조는 일반적으로 거기에 사는 사람들과 그 행동에 있어서 동질성을 가지는 지역이 모자이크 모양으로 분포하고 있다.

예를 들면 매일매일의 생활행동을 보면, 스테레오 타입(주 : 틀에 박힌 행동양식)의 행동이 지역적으로 분포하고 있다.

이와 동시에 사회생태학으로 보면, 지금까지의 사회학의 중심테마였던 커뮤니티 컨셉의 변혁이 진행되고 있다.

종래의 가정, 동족, 근린주구라는 전통적인 연대가 약해지면서 공적인 사회규율이라는 새로운 연대가 지역사회 안으로 형성되게 되었다.

사회심리학에서는 도시로의 인구집중에 의해 다양한 인간이 밀도 높게 집적하면서 새로운 사회문제가 발생하고 있다.

이러한 가운데, 어바니즘이라고 하는 새로운 생활양식이 나타나고, 그 인자로는 도시 규모의 거대화와 고밀도화, 그리고 여기에 이질 혼재화에 의해 살아나고 있다고 할 수 있다.

도시생활 안에서 사람들은 개인으로서 보다는 대중(mass) 안에서 살아가고, 급격한 탄막(彈幕) 속에서 생활하며, 긴장과 피로해진 생활 속에 있다.

이러한 가운데 사회구조는 분리현상이 발생하고 사회와 동떨어진 현상도 보이게 된다.

이들의 현상에 대하여 사회적 구제책을 생각할 수 있는 것이다.

또 하나의 사회학파로서, 칼 마르크스(Karl Marx)와 유럽 학파에 의한 마르크스주의를 중심으로 하는 학문의 전개이다.

유럽 학파는 도시의 신 마르크스주의로서 활약하고 있다.

1960년대 후반부터 도시는 변화라는 시련을 겪고 시민권, 반전 등의 사회적 운동이 전개되었으며, 1970년대에는 오일쇼크 위기, 불황, 주택 부족 등 생활수준의 저하에 대하여 단계투쟁이라는 형태로 운동이 진행되었다.

1977년, 스페인의 사회학자 마뉴엘 까스텔(Manuel Castells)은「도시문제」"The Urban Question"을 발표하여 도시로의 신 마르크스주의의 어프로치를 주장하고 있다.

까스텔은 도시기능은 경제라고 하여 특히 생산기능보다 소비기능의 한 방법을 문제시 하고 있다.

자본주의는 개인재산을 증대시키기 위해 개인이 자기의 이익집적을 추구하는 시스템으로서, 그 이익을 최대로 하기 위해서는 정상적인 노동력을 유지하기 위해 필요한 주택, 교육, 의료 등의 서비스에 대하여는 최소한의 투자는 해야 한다는 것이다.

이러한 노동자의 생활수준을 확보하기 위해 국간·지자체 등의 공적 기관의 개입이 필요해지고 있다.

까스텔은 자본주의는 그것 자체의 움직임에 의해 파멸을 요구하기 위해서는 사회복지 국가의 창조 이외에는 없다고 한다.

1990년대에 들어서 뉴욕, 필라델피아 등의 대도시에서는 자본주의 시스템의 진행에 의하여 도시의 중심부에 은행, 재정, 법률, 마케팅, 광고업, 그 외의 서비스 산업을 집중화시켜 한편으로는 행정체인 시의 재정지출도 증대시키고 있다.

동시에, 계급문제를 최소화시키기 위해 이너시티에 집중하고 있는 방대한 실업상태의 인구를 흡수하고 복지나 사회 서비스에서 용이한 시책을 강화할 수 있는 것이다.

미국의 도시에서는 수백만 명의 집 없는 사람들이 있다는 것이 이러한 배경이다.

사회계획에 대한 제정책의 수립이 반드시 필요한 오늘날, 도시계획의 물적 계획을 주로 하는 일본에서도 사회계획적 입장에서 계획의 패러다임을 직시하는 시기가 되었다.

일본에서는 고령화 사회와 지역복지에 관한 시책과 지가폭등에 따른 주택시책을 주로 실시하고 있다.

(1) 지역복지를 위한 가로 만들기

일본은 세계에서 예외를 찾기 힘든 속도로 인구의 고령화가 진행되고 있다. 이것은 수명의 연장과 함께 사회적 문제인 출산율의 대폭적인 저하가 요인이다.

도쿄도에서도 65세 이상의 고령자의 비율이 1990년의 10%에서 2000년에는 15%이고, 21세기 초(2020년)에는 5명 중 1명으로 65세 이상의 고령화 사회가 된다.

또한, 핵가족화의 진행에 따라 고령자의 일인세대도 증가하고 있다.

지역사회의 한 방식으로서 고령자도, 젊은 사람도, 장애를 가진 사람도 그 외 사람도 함께 살고 함께 살아가는 사회가 보통의 사회라고 할 수 있으며, 표준화(normalization)의 사고방식이 확대되고 있다.

앞으로의 사회복지 서비스에서는 소득이나 가정의 상황이 아니라 누구라도 서비스를 받을 수 있도록 하려는 것과 복지와 보건, 의료 등의 연관분야가 연대하여 적절한 속도로 서비스를 받도록 하는 것이 요구된다.

지역복지를 위한 기반정비로는 쾌적한 도시생활을 할 수 있고 지역에 정주할 수 있는 주택의 확보를 시작으로 주택개량과 공적 시설의 개량, 역이나 철도 등의 개선정비가 이루어질 수 있다.

복지의 가로 만들기, 고령화 사회 대응형 모델 도시 등의 사업화도 진행되고 있다.

이들의 시설정비에 의해 사회계획으로서 사업을 하는 것을 재인식해야 한다.

(2) 주택개량

최근의 지가폭등에 따라 평균적 노동자가 도시형 주택을 취득하는 것은 매우 곤란하게 되었다.

정부는 노동자를 위하여 연수익의 5배 정도로 주택을 얻을 수 있도록 「생활대국」의 건설을 목표로 하고 있다.

또한, 주택정책이 정부 및 대도시권의 자치체에서 앞으로 커다란 정책으로 채택되어 주택 마스터플랜이 진행되었다.

도쿄에서는 5장, 6장에서 서술했던 바와 같이, 도시구조로서의 이너시티에서는 커뮤니티의 붕괴나 공공시설의 유휴화(遊休化) 등에 대한 계획적인 커뮤니티의 재활성화가 도시계획의 커다란 과제이다.

이것은 도시사회학 상위에서의 사회구조상 중요한 시책이다.

커뮤니티의 재활성화에 있어서 지역특성에 대응한 가로 만들기를 진행함과 동시에, 도시형 주택의 대량 공급을 정책적으로 추진할 필요가 있다.

최근의 재개발계획에서는 업무, 상업의 건축물과 함께 도시형 주택의 공급에 의한 복합토지 이용이 진행되었다.

도시 주변의 이너시티에서는 용도별 용적형 지구계획의 채용, 목조 임대주택 지구정비 촉진사업, 특정주택 시가지 종합정비촉진사업, 대도시 우량주택공급 촉진사업 등 도시계획적 수법을 사용하여 효율적인 사업화를 도모할 수 있다.

참고문헌

1) 鈴木信太郎「都市の潮流」日本都市計画学会，No.173，1992 年
2) 鈴木信太郎「アーバンデザインの新しい潮流」土木施工 3 月号，1993 年
3) William A. Schwab “The Sociology of cities” 1992, Prentice-Hall, Inc.

찾 아 보 기

ㅋ

ㅌ

ㅍ

ㅎ

기타

역자 ‖ 김 영 훈

1990 한양대학교 건축공학과 졸업
1999 한양대학교 환경대학원 도시 및 지역계획 전공
/ 공학석사
경력
(주)무영 종합건축사사무소
(주)신한 종합건축사 사무소
(주)하우드 엔지니어링 종합건축사 사무소
디자인 본부 본부장 / 건축사

도시계획의 조류

2007년 8월 1일 1판1쇄 인쇄
2007년 8월 5일 1판1쇄 발행

저 자 스즈키 신타로우
역 자 김 영 훈
발 행 인 강 해 작
발 행 처 기 문 당
주 소 서울시 성동구 공명길 39
(하왕십리동 966-22)
전 화 02)2295-6171(代)~5
팩 스 02)2296-8188
출판등록 1976. 10. 7(1-44)
홈페이지 http://기문당
http://www.kimoondang.com
I S B N 978-89-7086-612-3 93540
정 가 18,000원